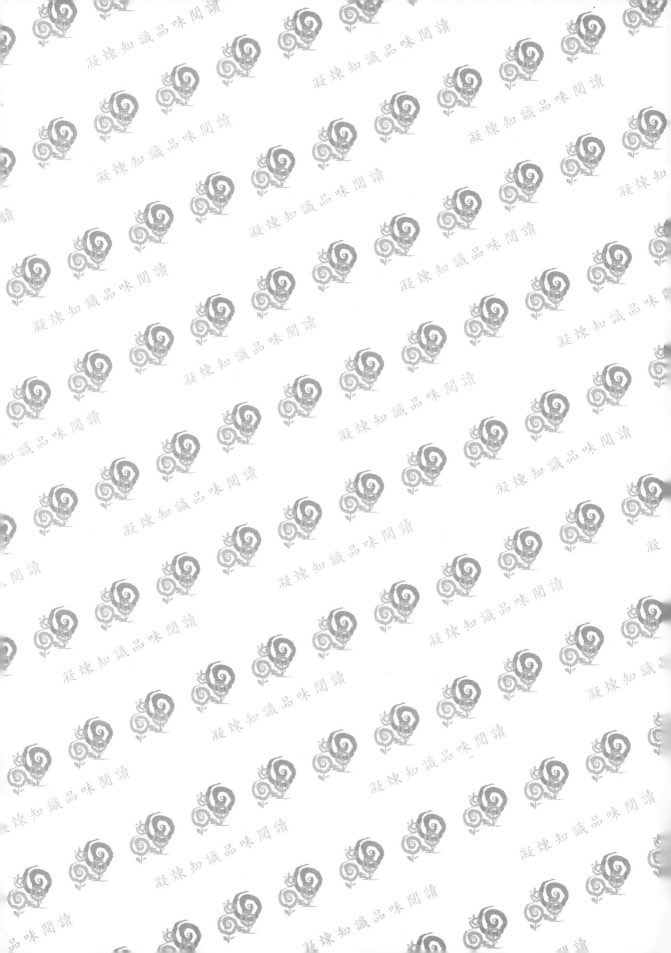

魚類耳石
探索神祕的魚類生活史
Fish Otoliths
Discovering the Mysterious Life History of Fishes

曾萬年 著

Editor
Wann-Nian Tzeng

五南圖書出版公司 印行

序

　　耳石位於魚類內耳，是生物礦化作用所形成的碳酸鈣結晶。其主要生理功能是聽覺和運動平衡。但是，很少人知道耳石在魚類生活史和生態研究上，也扮演很重要角色。耳石是魚類的記時器，因為耳石隨著魚類的成長形成日週輪和年輪，記錄魚類的日齡、年齡和發育階段變化的歲月痕跡，述說其生活史故事。以往研究魚類的成長，只能用鱗片、脊椎骨和耳石上的年輪。1970年Pannella發現了耳石日週輪後，改寫了百年來魚類年齡和成長研究的歷史，開啟了以日為單位，研究魚類初期生活史的新紀元。因為日週輪的發現，而有了「會寫日記的魚類」之稱讚。

　　耳石也是魚類的環境記錄器。近年來，耳石化學元素測量技術突飛猛進，帶動了耳石微化學和魚類洄游環境研究的熱潮，翻轉了漁業科學的研究領域。魚類的耳石含有40多種化學元素，隨著魚類的洄游環境而改變，凡走過必留下痕跡。利用電子微探儀或質譜儀測量耳石化學元素，可以研究魚類過去的洄游環境史、棲地利用、族群結構、攝食生態、環境監測和氣候變遷等。

　　耳石的微細構造和微化學的導入，開啟了魚類學和漁業科學研究的新紀元。工欲善其事必先利其器，本書從耳石日週輪和年輪以及耳石化學元素指紋圖，探索魚類的神祕生活史和洄游環境，從基礎理論到實際應用，全書共分為四個單元26章，包含16頁彩色圖。第一單元認識魚類的耳石，第二單元耳石研究方法論，第三單元從耳石日週輪探索魚類的初期生活史，第四單元從耳石微化學探索魚類的洄游環境史。本書可作為魚類學、漁業生物學和海洋生命科學的輔助教材，也適合一般讀者雅俗共賞、增廣見聞。

曾萬年 謹識

國立臺灣大學漁業科學研究所 名譽教授

國立臺灣海洋大學環境生物與漁業科學系 講座教授

2018年7月於臺大漁業科學研究所101室

作者簡介

作者：曾萬年（Tzeng, Wann-Nian），1945年4月在臺灣高雄市左營蓮潭風景區萬年縣公園旁的農家誕生。原名曾萬牛，因姓名不雅，1964年大學國文老師史次耘教授，根據「說文解字」中的「年穀熟也」，將原名改為曾萬年，字子穀。

學歷：左營國小，高雄市立第一初級中學（今左營高中），臺灣省立高雄高級中學（今高雄中學），國立臺灣大學動物學系學士和海洋研究所碩士，日本東京大學博士。

現職：國立臺灣大學漁業科學研究所名譽教授，國立臺灣海洋大學環境生物與漁業科學系講座教授，財團法人臺灣區鰻魚發展基金會顧問，東亞鰻魚學會副會長。

經歷：國立臺灣大學動物學系助教、講師、副教授、教授，漁業科學研究所教授兼所長，國立臺灣大學教授聯誼會理事長，東亞鰻魚資源協議會會長，2010年屆齡退休。

榮譽：中華民國57年度（1968年）公務人員高等考試及格，1977-1980年日本交流協會留日獎學金，1991年中華民國中山學術董事會學術著作獎，2002-2005年行政院國家科學委員會（今科技部）傑出研究獎，2007-2010年國立臺灣大學特聘教授，2011年左營高中第一屆傑出校友，2014年行政院農業委員會海洋奧斯卡漁業資源永續楷模獎。

著作：海洋的科學編譯（1990年明文出版社），動物學（上、下冊）總校閱（2001年藝軒圖書出版社），漁業生物學及生態學第一至第四冊（2010年國立臺灣大學圖書館「臺大人」文庫收藏），鰻魚生活史及保育論文集（上、下冊）（2010年國立臺灣大學圖書館「臺大人」文庫收藏），鰻魚傳奇合著（2012年宜蘭縣立蘭陽博物館出版）。

專長：漁業生物學、海洋學、水產資源學、魚類生態學、鰻魚生物學、耳石微化學。

本書獻給我最敬愛的父母親和家人：父親曾順安先生（1920～2016年）出生貧農，家無恆產，刻苦耐勞，白手起家。雖然不識字，卻會用一些通俗諺語勉勵我們，如：「國用大臣家用長子」、「不用助他人威風滅自家志氣」、「兄弟不合交友無益」、「田興要雙犁，家敗娶雙妻」。1964年我考上國立臺灣大學，記得即將離開左營家鄉前往臺大報到的前一晚，父母親在高雄火車站依依不捨、含淚相送的那一幕猶歷歷在目。身為長子，背負家人期待，希望有朝一日能衣錦還鄉、孝敬父母。不料，母親曾邱在女士（1923～1965年）卻在我大一暑假，中秋節的前一天與世長辭，子欲養而親不在，留下無限的遺憾。父母親鶼鰈情深，父親喪偶後未再續弦，父兼母職含辛茹苦扶養七名子女長大，把我培養到大學畢業，父母恩情深似海。1975年我與臺大經濟系畢業的周玲惠女士結婚，隔年考取日本交流協會獎學金，1977年2月起程前往日本東京大學攻讀博士學位。本以為可以攜家帶眷共享天倫，奈何戒嚴時期，妻女出國受限，不得已只好把妻女寄託在岳母周許阿丹女士住處，請她老人家照顧。1979年秋天，內人申請到東京大學入學許可，前往日本東京大學進修和團聚。1980年3月我順利取得博士學位，她毅然決然放棄學業，一起整裝回國。在日本半年的短暫團聚，有如二度蜜月，留下難忘回憶。內人相夫教子、勤儉持家、教育4名子女考上臺大、次女和三女赴美留學，取得碩士或博士。內人40歲才又重拾課本，半工半讀完成臺大碩士和博士學位，堅定不移的精神，讓我非常敬佩，她已於2017年1月從財政部基隆關副關長屆齡退休，過著詩詞創作、與世無爭的生活。

1980年3月作者學成歸國前，偕夫人前往位於小田原的東京都水產試驗所相模灣支所辭行，感謝該支所提供定置網鯖魚漁獲量統計資料，讓作者完成博士論文。

緣起

　　耳石（Otolith）研究在魚類的生活史和生態的應用，是一個跨領域性的研究，需要不同學門的配合和團隊合作，研究才會有成果。在因緣際會下，筆者從1980年代起領導研究團隊投入耳石的研究，直到2010年退休為止，從未間斷。以下是筆者30年來從事耳石研究的心路歷程：

1. 耳石研究的發跡

　　1977～1980年筆者在日本東京大學留學期間，因耳石日週輪（Otolith Daily Growth Increment）的發現，全球興起一股耳石研究的熱潮，可惜博士論文鯖魚漁業生物學的研究與耳石無關，無緣參與耳石研究。直到學成歸國，延續一段博士論文的研究後，在一次偶然的機會，從中央研究院魚類生理學專家黃鵬鵬博士的斑馬魚組織切片中，發現耳石日週輪，才又憶起耳石研究的重要性。於是轉換跑道，從鯖魚轉入耳石日週輪的研究。從此，與耳石結下不解之緣，全心全力投入耳石的研究，往下紮根培育人才，帶領研究生參加國際耳石研討會發表論文，把臺灣的耳石研究成果帶上國際舞臺。筆者是臺灣第一個專門從事耳石研究者，臺灣耳石研究的開路先峰和教父。

2. 建立耳石日週輪的觀察技術及其應用

　　耳石研究最早是應用在魚類的年齡和成長的估算、生活史和生態、族群動態、資源評估和漁業管理等（Ricker 1975; King 2007）。據考證，Reibisch（1899）是第一個利用耳石年輪（Annulus）測定魚類年齡和成長的生物學家。Pannella（1971）是第一個發現耳石日週輪的科學家，改寫了魚類年齡與成長研究的歷史。以往只能用鱗片、耳石和脊椎骨等魚類的硬組織上的年輪，測量魚類的年齡（Summerfelt and Hall 1987）。耳石日週輪的發現，開啓了魚類初期生活史研究的新紀元，因日週輪一天形成一輪，可以測量魚類的日齡，了解魚類每天生活史的變化，因而有了「會寫日記的魚類」之稱讚。

　　1980年代後半，筆者積極開發耳石日週輪的研究技術，在國立臺灣大學前動物學系主任黃仲嘉教授的協助下，利用高倍率相位差光學顯微鏡，拍攝了全世界第一張虱目魚苗耳石日週輪的微細構造照片，並且將日週輪應用至虱目

魚初期生活史的研究（詳Tzeng and Yu 1988, 1989, 1990, 1992a）。接著在國立臺灣大學前動物學系副教授陳家全先生的協助下，研究團隊利用國立臺灣大學理學院的掃描式電子顯微鏡（Scanning Electron Microscope, SEM），建立了耳石日週輪的SEM觀察技術（Tzeng 1990），應用至日本鰻鰻線初期生活史的研究（Cheng and Tzeng 1996）。後來，也將SEM觀察耳石日週輪的技術，擴展至歐洲鰻和美洲鰻（Wang and Tzeng 1998, 2000）以及澳洲和紐西蘭短鰭鰻初期生活史的研究（Shiao *et al.* 2001a, b; 2002）等。

3.建立耳石鍶鈣比的測量技術及其應用研究

耳石鍶鈣比（Sr/Ca ratio）是研究兩側洄游性魚類（Diadromous fishes）洄游環境的天然化學指標。1990年代耳石化學元素測量技術突飛猛進，帶動了魚類耳石微化學研究的熱潮（Campana 1999）。耳石的主要成分爲碳酸鈣，碳酸鈣中的鈣離子在耳石形成過程中容易被同屬鹹土族元素的鍶所取代，形成碳酸鍶。海水的鍶濃度是淡水的100倍，當魚類在海水和淡水環境來回洄游時，耳石鍶鈣比也會起變化，利用電子微探儀（Electron Probe Micro-Analyzer, EPMA）測定耳石鍶鈣比的時序列變化，可以再現其洄游環境史。耳石微化學的應用，翻轉了魚類學和漁業生物學的研究領域（Begg *et al.* 2005; Campana 2005）。

1994年研究團隊在前國立臺灣大學地質學系陳正宏教授的協助下，利用EPMA建立了耳石鍶鈣比的測量技術，發表了第一篇日本鰻耳石鍶鈣比的學術論文（Tzeng and Tsai 1994），揭開了柳葉鰻從太平洋馬里亞納海溝西側誕生之後洄游到臺灣河口的奇幻旅程。由耳石鍶鈣比，也發現有一部分淡水鰻族群不必溯河，在海水環境也能完成其生活史，改變了教科書上所寫的淡水鰻必須溯河進入河川生長的刻板印象（Tzeng1996; Tzeng *et al.* 2000b, 2002, 2003a）。

上述耳石鍶鈣比的研究技術，受到國外學者的青睞，紛紛與研究團隊洽談合作。在中央研究院地球科學研究所Dr. Yoshiyuki Iizuka的支援下，研究團隊展開了耳石微化學研究的國際合作計畫。例如與瑞典（Tzeng *et al.* 1997）、立陶宛和拉脫維亞（Lin *et al.* 2007, 2009d, 2011b; Shiao *et al.* 2006; Tzeng *et al.* 2007）、法國（Daverat *et al.* 2006; Panfili *et al.*

2012）、義大利（李玟瑜2011; Capoccioni *et al.* 2014）和土耳其（Lin *et al.* 2011a）等國家合作研究歐洲鰻，與加拿大合作研究美洲鰻和鮭魚（Cairns *et al.* 2004; Jessop *et al.* 2002, 2004, 2006, 2007, 2008a,b, 2011, 2013; Lamson *et al.* 2006, 2009; Thibault *et al.* 2007, 2010），與菲律賓合作研究鱸鰻（Briones *et al.* 2007），與澳洲合作研究洞穴盲魚（Humphreys *et al.* 2006），與墨西哥合作研究烏魚（Ibáñez *et al.* 2012），以及與非洲馬達加斯加合作研究莫三鼻克鰻（Lin *et al.* 2012, 2014）等。

4.建立耳石微量元素的測量技術及其應用研究

　　2004年起在國立成功大學地球科學研究所游鎮烽教授的協助下，研究團隊投入魚類耳石微量元素的應用研究。感應耦合電漿質譜儀（Inductively coupled plasma-mass spectrometry, ICP-MS）可以偵測ppm以下的耳石微量元素，其所能測量的元素種類比電子微探儀多很多，能解釋的魚類洄游現象也較多。

　　ICP-MS是利用高溫高壓使耳石中的元素離子化，不同元素的質荷比（質量／離子電價）不同，其離子通過質譜儀的磁場時，偏轉程度不一樣，由偵測器可分辨元素種類和定量。ICP-MS的分析過程有些複雜，恰巧過去從本研究室碩士班畢業的王佳惠（現為海洋大學環漁系副教授）在英國留學期間曾學習過ICP-MS的分析技術，回來加入本研究團隊。ICP-MS因進樣系統和測量的元素不同，分為雷射剝蝕-感應耦合電漿質譜儀（Laser Ablation-Inductively Coupled Plasma-Mass Spectrometry, LA-ICP-MS）、液態進樣-感應耦合電漿質譜儀（Solution Based-Inductively Coupled Plasma-Mass Spectrometry, SB-ICP-MS）和熱離子源質譜儀（Thermal Ionization Mass Spectrometry, TIMS）等。

　　研究團隊利用SB-ICP-MS測量蝦虎和鯛科魚類耳石液態樣本的微量元素組成，研究其仔魚在臺灣沿近海的洄游擴散機制（張美瑜 2008；Chang *et al.* 2006, 2008, 2012）。利用LA-ICP-MS測量烏魚（許智傑 2009；楊士弘 2011；Wang *et al.* 2010, 2011）、日本鰻（楊竣菘 2007；江俊億 2009）、歐洲鰻（Tzeng *et al.* 2007）、美洲鰻（Jessop *et al.* 2011）和南方黑鮪（林育廷 2013；Lin *et al.* 2012; Wang *et al.* 2009）等魚類的耳石固態樣本的微

量元素的時序列變化，研究其洄游環境史。利用TIMS測量日本鰻耳石粉末樣本的鍶穩定同位素，研究其微棲環境（林世寰 2011）。

此外，有鑑於耳石氧穩定同位素的應用性非常廣泛，2003年指定當時尚在就讀博士班的蕭仁傑（現為臺大海洋所教授）與挪威的Dr. H Høie合作，學習耳石氧穩定同位素的測量技術，利用同位素比質譜儀（Isotope Ratio Mass Spectrometry, IRMS）測量南方黑鮪的耳石粉末樣本的氧同位素，再現其洄游環境溫度史（詳第26章）。

利用電子微探儀、耦合電漿質譜儀，和氧同位素質譜儀等精密儀器測量耳石微量元素和碳氧同位素等，將是今後耳石微化學研究的主流。

5. 參加國際耳石研討會讓臺灣的耳石研究與世界接軌

國際耳石研討會是交換最新耳石研究訊息的重要平臺。國際耳石研討會於1993年首度在美國東岸的南卡羅萊納州召開，以後每隔四到五年在不同國家舉辦，至今已舉辦了六屆，筆者幾乎每屆都帶領研究團隊發表論文（詳附錄2），讓臺灣的耳石研究與世界接軌。第二屆起筆者受邀擔任耳石年會的國際科學委員、參與研討會的規劃和論文審查。2010年屆齡退休後，由王佳惠博士等門徒繼續發揚光大。近年來，台灣的耳石研究成果斐然，2014年第五屆耳石年會在西班牙舉行時，國際委員一致贊同2018年的第六屆國際耳石研討會移師到亞洲舉行，由臺灣主辦，這次總共有來自37個國家239位學者與會，耳石研究已經成為世界潮流。

6. 編輯耳石教科書

耳石研究是一門新興領域。目前除了耳石圖鑑和一些研究手冊外（Campana 2004; Lin and Chang 2012; Panfili *et al.* 2002; Stevension and Campana 1992），能夠提供初學者參考的入門書籍非常少，更遑論中文書籍了。筆者在2008年編寫了一本耳石研習手冊《隱藏在魚類內耳裡的生活史秘密——耳石的構造和微化學及其生態應用》，供參加臺灣水產學會耳石研習會的學員參考，參加研習會的人數超乎預期，包括來自大專校院的教師、研究生、助理和大學部學生，可見大家對於耳石知識的渴望。2010年筆者從國立臺灣大學屆齡退休後，有系統地積極編輯本書，介紹耳石的基本知識、研究方法及其研究應用。

　　本書彙整了筆者30多年來在國立臺灣大學任教期間發表的耳石國際期刊論文，指導的碩士和博士生論文，以及國際合作計畫的研究成果等，編纂而成。書中探討的魚類包括：(1)臺灣沿近海的洄游性魚類（虱目魚、海鰱、鯷魚、烏魚、花身雞魚、鰕虎和鯛科魚類等），(2)河海之間的兩側洄游性魚類（日本禿頭鯊、日本鰻、鱸鰻、美洲鰻、歐洲鰻、澳洲鰻、紐西蘭鰻和非洲鰻等），(3)印度洋的遠洋洄游性魚類南方黑鮪等。本書著墨最多的是兩側洄游性鰻魚，其標本採集，從西北太平洋的亞洲國家，擴展到大西洋北美州的加拿大、北歐的波羅的海、南歐的地中海國家、印度洋的南非和馬達加斯加，以及南太平洋大洋洲的澳洲和紐西蘭等國家。

　　從基礎理論到實際應用，全書共分為四個單元26章和16頁彩色圖片：第一單元（第1～3章）耳石基本知識，第二單元（第4～10章）耳石研究方法論，第三單元（第11～18章）耳石日週輪在魚類初期生活史研究的應用，第四單元（第19～26章）耳石微化學在魚類洄游環境史研究的應用。每章內容皆註明資料來源和延伸閱讀文獻，以便讀者深入了解。希望本書的出版，能讓臺灣的耳石研究薪火相傳源遠流長，也希望讓讀者體會到魚類生活史進化的奧妙，珍惜魚類資源和保護環境，學習與大自然和諧共處的智慧。

延伸閱讀

Begg GA, Campana SE, Fowler AJ and Suthers IM (eds.) (2005) Otolith research and applications: current directions in innovation and implementation. Mar. Freshw. Res. 56: 477-483.

Campana SE (1999) Chemistry and composition of fish otolith: pathways, mechanisms and application. Mar. Ecol. Prog. Ser. 188: 263-297.

Campana SE (2005) Otolith science entering the 21st century. Mar. Freshw. Res. 56: 485-495.

Høie H, Otterlei E and Folkvord A (2004a) Temperature-dependent fractionation of stable oxygen isotopes in otoliths of juvenile cod (*Gadus morhua* L.). ICES J. Mar. Sci. 61: 243-251.

King M (2007) Fisheries biology, assessment and management(2nd ed.). Fishing New Book. Blackwell Science Ltd. 341pp.

Panfili J, Pontual H, Troadec H and Wright PJ (2002) Manual of fish sclerochronology. Brest,

France: Ifremer-IRD coedition. 464pp.

Pannella G (1971) Fish otolith: daily growth layers and periodical patterns. Science 173: 1124-1127.

Ricker WE (1975) Computation and interpretation of biological statistics of fish populations. Bull. Fish. Res. Board Can. 191: 382pp.

Summerfelt RC and Hall GE(eds.) (1987) Age and growth of fish. Iwowa State University Press/AMES, USA. 544pp.

Tzeng WN and Yu SY (1988) Daily growth increments in otoliths of milkfish, *Chanos chanos* (Forsskål), larvae. J. Fish Biol. 32: 495-405.

Tzeng WN and Yu SY (1989) Validation of daily growth increments in otoliths of milkfish larvae by oxytetracycline labeling. Trans. Am. Fish. Soc. 118: 168-174.

Tzeng WN (1990) Relationship between growth rate and age at recruitment of *Anguilla japonica* elvers in a Taiwan estuary as inferred from otolith growth increments. Mar. Biol. 107: 75-81.

Tzeng WN and Tsai YC (1994) Change in otoilth microchemistry of young eel, *Anguilla japonica*, during its migration from the ocean to rivers of Taiwan. J. Fish Biol. 45: 671-683.

Tzeng WN (1996) Effects of salinity and ontogenetic movements on strontium: calcium ratios in the otoliths of the Japanese eel, *Anguilla japonica* Temminck and Schlegel. J. Exp. Mar. Biol. Ecol. 199: 111-122.

Tzeng WN, Severin KP and Wickström H (1997) Use of otolith microchemistry to investigate the environmental history of European eel *Anguilla anguilla*. Mar. Ecol. Prog. Ser. 149: 73-81.

Tzeng WN, Shiao JC and Iizuka Y (2002) Use of otolith Sr:Ca ratios to study the riverine migratory behaviours of Japanese eel *Anguilla japonica*. Mar. Ecol. Prog. Ser. 245: 213-221.

Tzeng WN, Iizuki Y, Shiao JC, Yamada Y and Oka HP (2003b) Identification and growth rates comparison of divergent migratory contingents of Japanese eel (*Anguilla japonica*). Aquaculture 216: 77-86.

Tzeng WN, Chang CW, Wang CH, Shiao JC, Iizuka Y, Yang YJ, You CF and Lozys L (2007) Mis-identification of the migratory history of anguillid eels by Sr/Ca ratios of vaterite otoliths. Mar. Ecol. Prog. Ser. 348:285-295.

Wang CH, Lin YT, Shiao JC, You CF and Tzeng WN (2009) Spatio-temporal variation in the elemental compositions of otoliths of southern bluefin tuna *Thunnus maccoyii* in the Indian Ocean and its ecological implication. J. Fish Biol. 75: 1173-1193.

目　　錄

第一單元
認識魚類的耳石
The Basic Knowledge of Fish Otoliths

耳石，英文稱之為otolith（Ear stone），是由oto-（ear）和lithos（a stone）兩字合成，意思是魚類內耳裡的一粒石頭。耳石是由生物礦化作用（Bio-mineralization）所形成的碳酸鈣結晶，是魚類聽覺和運動平衡的感受器。魷魚和章魚是無脊椎動物，其內耳也有類似魚類耳石的構造，稱之為平衡石（Statolith）。所有脊椎動物只有魚類有耳石。其他脊椎動物都只形成耳砂（Ear dust），不會結晶成為耳石，更不會形成日週輪和年輪。耳石可用來測定魚類的日齡和年齡，有如魚類的計時器（Chronometer）。耳石也是魚類的環境記錄器（Environmental recorder），耳石中有40多種化學元素，其元素組成會隨魚類的洄游環境而改變，由耳石的化學元素變化可以再現魚類的洄游環境史。

第一單元共3章（第1至3章）。第1章介紹魚類耳石的形態和演化，第2章介紹魚類耳石的日週輪和年輪，第3章介紹耳石的微化學和結晶構造。透過本單元的介紹，可以了解耳石為什麼是魚類的計時器和環境記錄器，以及耳石的日週輪、年輪和化學元素組成在魚類生活史和生態研究的應用潛能。

第 1 章

魚類耳石的形態和演化
Morphology and Evolution of Fish Otoliths

　　魚類有三對耳石，隨著魚體成長而增大。每一對耳石的成長速度不同，形狀也不一樣。種類不同，耳石形狀差異很大。除魚類之外，其他脊椎動物不會形成耳石，只會形成耳砂。耳石是由生物礦化作用所形成的碳酸鈣結晶。從耳石或耳砂是單晶型或多晶型，以及碳酸鈣同分異構物（Isomers）的不同結晶型，可以了解魚類耳石的演化及其與其他脊椎動物的類緣關係。

1.1　魚類的硬組織

　　耳石、鱗片和脊椎骨是魚類的三種主要硬組織（圖1.1）。這三種硬組織都會形成年輪，可以用來測定魚類的年齡和成長。硬組織的成長是魚類的代謝產物隨時間一層一層堆疊上去的，稱之為添加成長（Accretionary growth）。魚體軟組織的成長，則是細胞分裂的細胞數目增加和細胞增大現象。魚類的新陳代謝，有季節性或日夜週期性的快慢變化，所以硬組織會形成年輪（Annulus）和日週輪（Daily growth increment）記號。早在

1795年，魚類學家就知道利用脊椎骨上的年輪來測定鰻魚的年齡（Heder-ström 1959）。第一次用鱗片來測定魚類的年齡，則是在1888年（Carlander 1987）。用耳石來測定魚類年齡的年代較晚，Reibisch（1899）是第一個用耳石年輪來測定比目魚（*Pleuronectes platessa*）年齡者。Pannella（1971）發現了耳石日週輪後，魚類定齡的單位，從年變成日，從此改變了魚類年齡成長測定的歷史。只有耳石會形成日週輪，鱗片和脊椎骨則不會。因此，耳石的應用研究非常受到重視。

利用鱗片和脊椎骨測定魚類的年齡和成長有其缺點。鱗片位於魚體體表，容易脫落，鱗片脫落後會很快產生再生鱗，再生鱗無法復原其年輪，會低估魚類的年齡。高年魚鱗片的成長遲緩，也會低估其年齡和成長。此外，不是所有魚類一出生就有鱗片，例如鰻魚出生後2～3年才長出鱗片，用鱗片測定鰻魚的年齡會低估2～3歲。脊椎骨有再吸收的問題，會喪失年齡資訊，也不是很好的年齡形質。耳石沒有脫落和再吸收的現象，是測量魚類年齡和日齡及測量其耳石化學元素組成的理想硬組織。

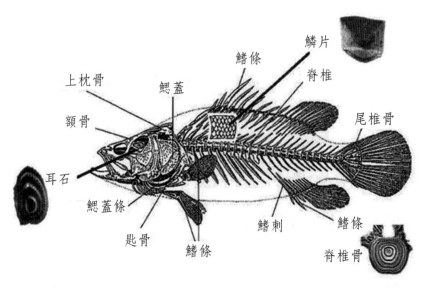

圖1.1 魚類的硬組織。耳石、鱗片和脊椎骨是測定魚類年齡和成長最常用的三種硬組織（改自Panfili *et al.* 2002）。

1.2 魚類內耳的構造和功能

魚類的三對耳石：矢狀石（Sagitta）、扁平石（Lapillus）和星狀石（Astericus），位於其內耳前庭器（Vestibular apparatus）膜質迷路系統（Labyrinth system）的耳石囊內（圖1.2a）。

因內耳構造不同，魚類分為骨鰾型魚類（Ostariophysean fishes）（如鯉科魚類的鯉、鯰和鰍等）和非骨鰾型魚類（Non-ostariophysean fishes）（如典型的真骨魚類）（圖1.2b）。骨鰾型魚類有韋伯氏器（Weberian apparatus）與泳鰾相通，可增加聽覺敏感度，非骨鰾型魚類則沒有韋伯氏器。

魚類內耳的膜質迷路系統，分為上、下兩部分。上半部由三個相互垂直的半規管（Semicircular canals）、橢圓囊（Utriculus vestibule）和位於橢圓囊內的扁平石所構成。下半部由球囊（Sacculus vestibule）、位於球囊內的矢狀石、壺囊（Lagena vestibule）和位於壺囊內的星狀石所構成（圖1.2b）。上半部的功能為運動平衡，下半部的功能為聽覺。

1.3 三對耳石的形態和成長

真骨魚類的三對耳石，彼此的形狀和大小差異很大。矢狀石的體積最大，扁平石次之，星狀石最小。鯰形目和鯉形目等骨鰾型魚類的三對耳石中，也是矢狀石最大，星狀石次之，扁平石最小（Adams 1940）。

1.三對耳石的形態差異

相片1.1是烏魚（*Mugil cephalus*）三對耳石的外側面觀和相對大小的比較。三對耳石的形狀和大小，彼此差異很大。矢狀石的體積比其他兩者大很多。矢狀石為扁平橢圓形，背面隆起而且有明顯的齒狀突起、腹面凹陷，外形類似碗豆。扁平石為半圓形。星狀石為不規則狀。

(a)

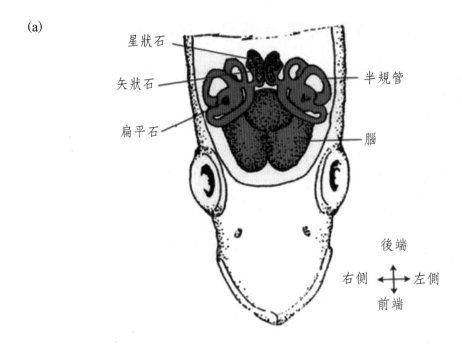

(b)

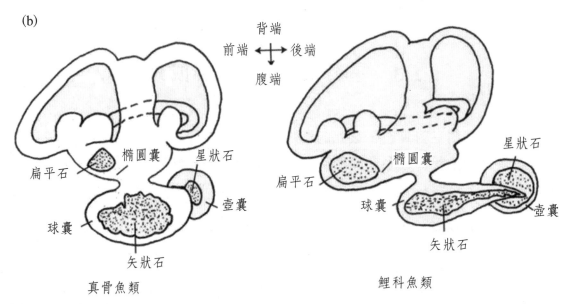

圖1.2　(a)真骨魚類的內耳前庭器和三對耳石（矢狀石、扁平石和星狀石）位置（改自Secor *et al.* 1992）（彩圖P1），(b)真骨魚類和鯉科魚類的內耳膜質迷路系統之比較（改自Lowenstein 1971）。

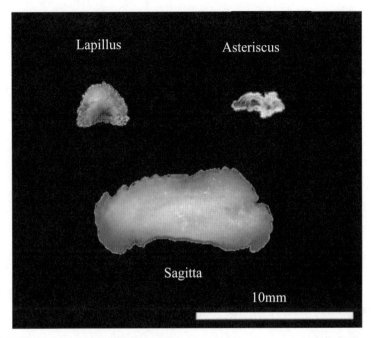

相片1.1　烏魚三對耳石的外側面觀和相對大小的比較（Sagitta：矢狀石，Lapillus：扁平石，Asteriscus：星狀石）（彩圖P1）。

2.三對耳石的成長差異

相片1.2是日本鰻三對耳石的外側面觀及相對大小。三對耳石的形狀和大小，彼此差異很大。因耳石形狀不規則，以表面積（A）表示其成長：

$$A = \pi \times (OL/2) \times (OH/2)$$

式中，π為圓周率，OL（耳石長）指前吻突（Rostrum）至後吻突（Post-rostrum）的長度，OH（耳石高）指垂直於耳石長的背、腹端之最大距離。

圖1.3是日本鰻三對耳石的成長速度之比較。體長10公分以下，三對耳石的成長速度差異不明顯。之後，矢狀石的成長速度隨著魚體的成長而快速增大，扁平石和星狀石的成長速度卻逐漸減緩。

大部分魚類在胚胎時期，矢狀石和扁平石就已形成，而星狀石則是在孵化後兩至三星期才出現（Campana 1989）。魚類發育初期，扁平石的成長速度

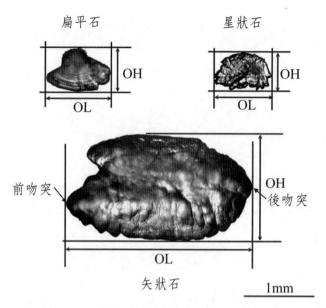

相片1.2　日本鰻三對耳石的外側面觀及其表面積的測量。OL：耳石長，OH：耳石高
　　　　（江俊億 2009）。

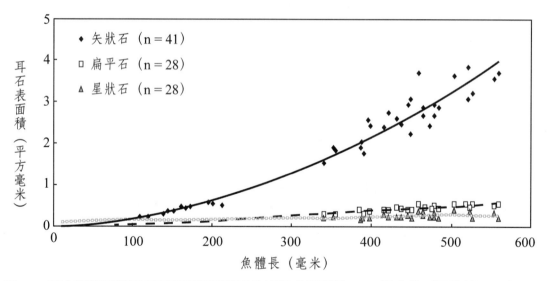

圖1.3　日本鰻的三對耳石表面積與其體長的相對成長關係。n＝標本數（江俊億 2009）。

比矢狀石快。稚魚期後，矢狀石的成長速度比扁平石快。因爲矢狀石比其他兩
對耳石大，且隨著魚體的成長明顯增大，所以耳石日週輪、年輪和微化學的測
量，都以矢狀石爲主。

1.4　耳石的各部位名稱

研究耳石之前，必須先了解耳石的立體構造及其各部位名稱，建立共同的語言，方便研究者相互溝通。圖1.4a,b是矢狀石內側面（Internal face）和外側面（External face）形狀的示意圖及其各部位名稱。耳石三個方向的成長速度不同，其三個切面：水平切面（Frontal plane）、橫切面（Transverse plane）和縱切面（Sagittal plane），呈現不同的形狀（圖1.4c）。前後軸（Anterior-Posterior axis）成長最快，其次是背腹軸（Dorsal-Ventral axis），內外軸（Proximal-Distal axis）成長最慢，於是耳石的外觀呈現內外側扁的橢圓形。

耳石表面出現前背圓頂（Anterodorsal dome）、背圓頂（Dorsal dome）、後背圓頂（Posterodorsal dome）、前腹圓頂（Anteroventral dome）、後腹圓頂（Posteroventral dome）以及細齒狀構造（Crenulations）。耳石前後端因分叉，出現主缺口（Excisura major）、前吻突（Rostrum）、次前吻突（Anti-rostrum）、後凹槽（Postcaudal trough）和後吻突（Post-rostrum）。耳石靠近魚體頭部中軸線的內側面與第八對腦神經（聽覺神經）的接觸區（Neuron insertion area）出現凹陷，稱之為聽覺深溝（Sulcus acusticus）（圖1.4a）。

耳石的原始生長點稱之為原基（Primordium），中心部分稱為核心（Core或nucleus），耳石在透視光下，呈現年論等生長記號（Growth marks）（圖1.4b）。耳石形態的其他用語，可參考Kalish *et al.*（1995）。

1.5　耳石形態的多樣性

不同魚類，其耳石形態不同。耳石形態可從耳石的內側面形狀、聽覺深溝的形狀和邊緣的齒狀構造等，予以歸類（林揚瀚 2010）。

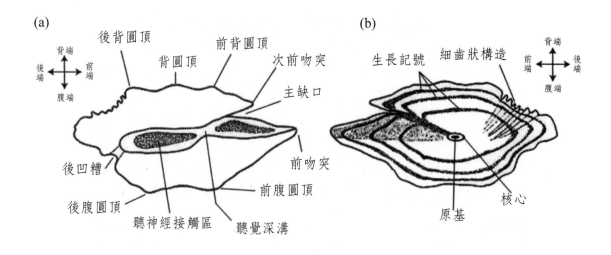

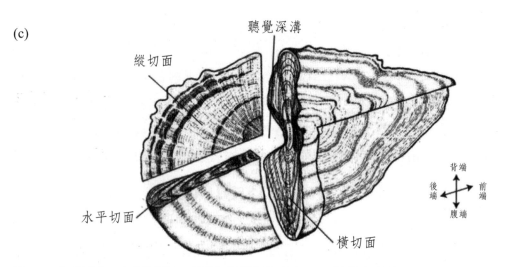

圖1.4 矢狀石(a)內側面和(b)外側面形狀的示意圖及其各部位名稱。(c)耳石的三個切面：水平切面、橫切面和縱切面構造（改自 Pannella 1980）。

1.耳石內側面的形狀

耳石每個面向的形狀都不一樣。一般，以內側面來描述其外部形態。不同的魚類，其耳石內側面的形狀不同。大致上，耳石可分為箭矢形等19種形狀（相片1.3）。

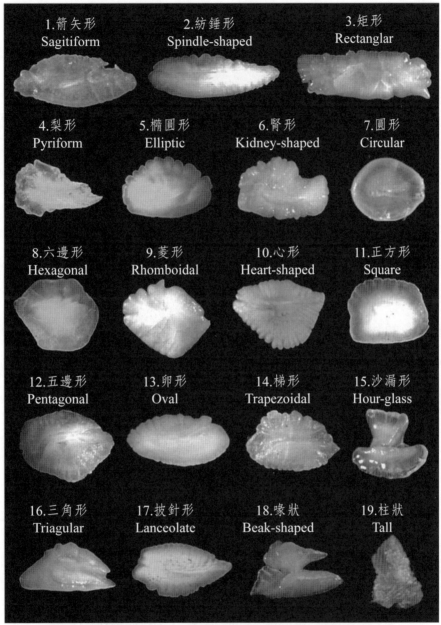

相片1.3　魚類耳石內側面的外觀形狀（林千翔 2010）。

2. 耳石的聽覺深溝

　　耳石（矢狀石）的聽覺深溝（Sulcus acusticus），與第8對腦神經（聽覺神經）末稍相接觸，是耳石一個很重要的構造。耳石的聽覺深溝可分爲圓形等6種形態（相片1.4）。

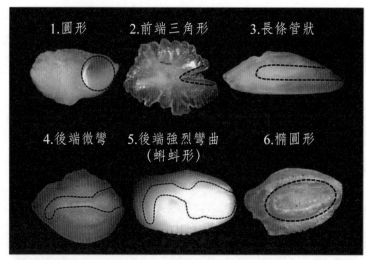

相片1.4　魚類耳石內側面的聽覺深溝形狀（虛線面積）（林千翔 2010）。

3. 耳石邊緣的齒狀構造

　　耳石邊緣的齒狀構造，是辨別不同魚類的耳石之重要特徵。大致上，其齒狀構造可分為邊緣光滑、不規則突起狀、波浪狀和鋸齒狀等4種形態（相片1.5）。

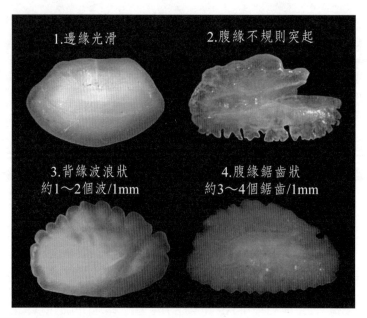

相片1.5　魚類耳石邊緣的齒狀構造。1～4的耳石長度分別為7.0、4.3、7.2和5.0毫米（林千翔 2010）。

耳石形態的種類專一性（Species-specific），可以做為現生魚類的種類鑑別、生活史、攝食生態和資源管理等研究之應用，以及化石魚類的種類鑑定和古氣候的研究等。例如，耳石在海獸和鳥類攝食生態的應用研究，優於魚類的鱗片和脊椎骨等硬組織，因耳石被海獸和鳥類捕食後不易消化。因此，檢查海獸和鳥類胃內含物中或其糞便中的耳石，根據耳石的形狀和大小，能夠重建海獸和鳥類捕食的魚類種類和體長，進而了解海獸和鳥類的攝食生態，以及其與魚類的食物鏈關係（Murie and Lavigne 1985; Jobling and Breiby 1986; Barrett *et al*. 1990）。

1.6　耳石形態的種間差異

耳石的形狀和大小，因種類而異。游泳速度快的表層洄游性魚類（例如鮪魚、旗魚），其耳石與體長的相對大小比游泳速度慢的底棲性魚類（例如黃花魚）小。游泳速度慢的魚類，耳石比較發達、聽覺也比較敏銳。石首科魚類（Sciaenidae）的耳石，是所有魚類中最發達的。

各種魚類的耳石形態，可參考各地區出版的耳石圖鑑。例如，西北大西洋的魚類耳石圖鑑（Campana 2004）和臺灣的魚類耳石圖鑑（Lin and Chang 2012）。後者蒐集了1,004種魚類的耳石，其種類數幾乎占了臺灣魚類總數3,000多種的三分之一。相片1.6是臺灣沿近海七種魚類的耳石（矢狀石）形態之比較，種類不同，其耳石形狀差異很大。

1.7　耳石形態變異的原因

耳石形態受生物及非生物因素的影響，變異錯綜複雜。耳石形態變異的原因和機制大都不甚清楚。耳石形態的變異受生物因子的影響比受非生物因子的影響大，從遺傳、個體發育、乃至個體差異都會造成耳石的形態變異。不同科或屬的魚類，因適應不同環境，耳石的形態和功能會產生變異。同一種魚類，

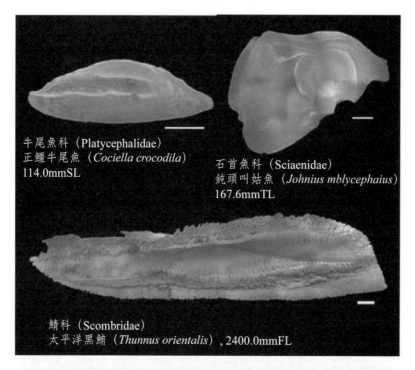

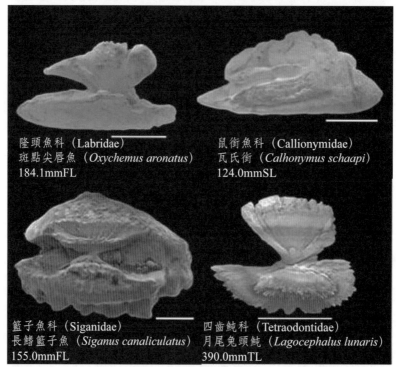

相片1.6　臺灣沿近海七種魚類耳石內側面的外觀形態。FL：魚類標本的尾叉長、SL：標
　　　　準體長、TL：全長。比例尺＝1微米（張至維，未發表）。

其耳石形態也會因族群、性別、發育階段和成長率不同而異。魚類在仔魚階段的耳石形狀相對較爲平滑，接近扁圓形，隨著魚體的成長，其耳石逐漸增大、外觀形狀也逐漸分歧（Campana 2004）。

　　耳石形態受發育階段及魚體大小的影響，會比性別、族群以及成長率等因素的影響來得明顯。因此，研究耳石形態的性別及族群差異時，必須先排除發育階段及成長的影響（Campana and Casselman 1993; Cardinale *et al.* 2004）。圖1.4爲烏魚耳石半徑與體長的指數迴歸關係式，目的在了解耳石大小隨魚體成長的變化。耳石形態學的發展時間並不長，其基礎研究及實際應用仍有相當大的進步空間。

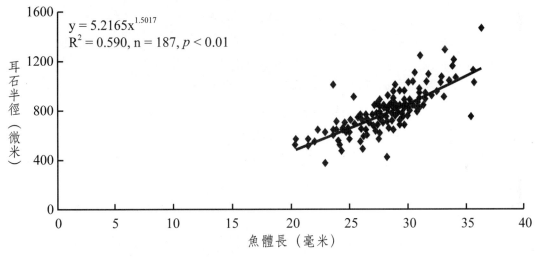

圖1.4　烏魚耳石半徑（y）與體長（x）的指數式關係（許智傑 2009）。

1.8　魚類耳石的演化

　　脊椎動物中，只有魚類具有耳石，耳石會形成日週輪和年輪，可以測量魚類的日齡和年齡。魚類以外的其他脊椎動物，只形成顆粒狀的耳砂（Ear dust）（Carlström 1963），耳砂不會形成日週輪和年輪。以紐氏副盲鰻（*Paramyxine nelsoni*）的耳砂爲例，其耳砂的顆粒直徑從1至26微米（平均3.4±0.29微米）（相片1.7），顆粒大小和數量與魚體的成長無關，故不具定

相片1.7　紐氏副盲鰻耳砂的結晶構造（李懿欣 2002）。

齡功能（李懿欣2002）。無脊椎動物頭足類的耳石，稱之為平衡石（Stato-lith）。平衡石也會形成日週輪，但頭足類的壽命通常不滿一歲，沒有年輪（劉必林等著2011）。

　　圖1.5是魚類耳石的演化及其與其他脊椎動物的類緣關係樹。除了魚類之外，其他脊椎動物只形成耳砂，耳砂的結晶構造分為單晶型（Single crys-tal）和多晶型（Polycrystalline）。耳石都是多晶型，多晶型是由化學元素組成相同、結晶構造不同的複數晶體所組成。耳砂的結晶包括磷酸鈣及由碳酸鈣形成的霰石（Aragonite）和方解石（Calcite）。耳石的結晶包括由碳酸鈣形成的霰石和球霰石（Vaterite）。霰石、方解石和球霰石是碳酸鈣的三種同分異構物，其結晶構造不同，耳石的化學元素組成也不一樣（詳第3章）。

　　無頜首綱（Aganatha）是地球上最早出現的脊椎動物，只形成耳砂，不會形成耳石。其圓口綱（Cyclostomata）的八目鰻（Lamprey）和盲鰻（Hagfish）的耳砂是由多晶型的磷灰石（Apartite）所形成的圓形顆粒結晶。頜口首綱（Ganathostomata）軟骨魚綱（Chondrichthyes）板鰓亞綱

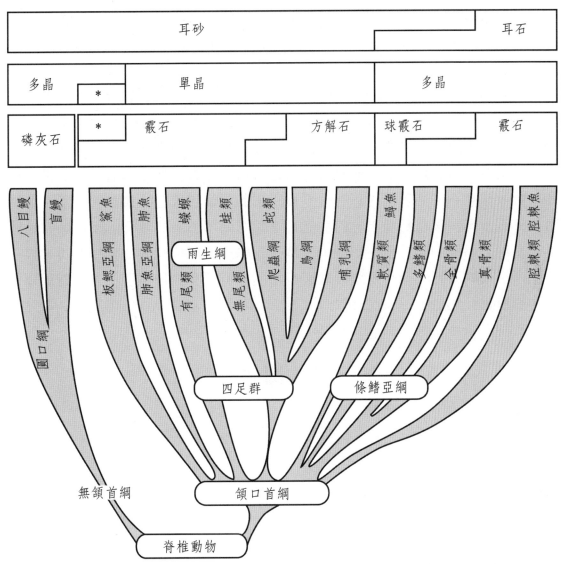

圖1.5 魚類耳石的演化及其與其他脊椎動物的類緣關係。*鯊魚的耳砂是由方解石結晶、含結晶水的碳酸鈣以及少部分從體外經由淋巴腺管吸收的外生性礦物質形成的（改自Carlström, 1963）。

（Elasmobranchii）的鯊魚、魟和銀鮫，其耳砂是由單晶型的方解石、含結晶水的碳酸鈣及少部分從體外經由淋巴腺管吸收的外生性礦物質所構成。硬骨魚綱（Osteichthyes）肺魚亞綱（Dipnoi）的肺魚、兩生綱（Amphibia）有尾類（Urodela）的蠑螈和無尾類（Anura）的蛙類和蟾蜍等，其耳砂是由單晶型的霰石結晶所構成。爬蟲綱（Reptilia）的蛇類、蜥蜴和烏龜、鳥綱

（Aves）和哺乳綱（Mammalia）等，其耳砂是由單晶型的方解石所構成。

　　條鰭亞綱魚類（Actinopterygii），開始有了發達的耳石結晶。碳酸鈣有三種同分異構物結晶，霰石、方解石和球霰石。軟質類（Chondrostei）鱘魚的耳石是由多晶型的球霰石結晶所形成，其餘的種類包括多鰭類（Cladistia）、全骨類（Holostei）的弓鰭魚、眞骨類（Teleostei）的硬骨魚和腔棘類（Coelacanthus）的腔棘魚（Latemeria）等，其耳石則是由多晶型的霰石結晶所形成。霰石結晶形成的耳石，具正常的年輪和日週輪構造，可測量日齡和年齡。球霰石結晶形成的耳石，不具正常的年輪和日週輪構造。換言之，鱘魚的耳石不具測量日齡和年齡的功能。球霰石除了不具測量日齡和年齡的功能外，受同分異構物結晶型的影響，其耳石化學元素組成與霰石結晶不同。霰石結晶所形成的耳石，有時會鑲嵌球霰石結晶，若沒有加以區別，會誤判魚類的洄游環境史（Tzeng *et al.* 2007）。

延伸閱讀

江俊億（2009）日本鰻耳石的錳元素上升原因之探討。國立臺灣大學漁業科學研究所碩士論文。

李懿欣（2002）紐氏副盲鰻內耳之組織學及耳石型態之研究。國立中山大學海洋生物研究所碩士論文。

林千翔（2010）臺灣現生和古魚類的形態學研究。國立臺灣大學動物學研究所碩士論文。

劉必林、陳新軍、陸化杰、馬金著（2011）頭足類耳石。北京科學出版社，202頁。

Barrett RT, Rov N, Loen J and Montevecchi WA (1990) Diets of shags *Phalacrocorax aristotelis* and cormorants *P. carbo* in Norway and possible implications for gadoid stock recruitment. Mar. Ecol. Porg. Ser. 66: 205-218.

Campana SE (1989) Otolith microstructure of three larval gadids in the Gulf of Maine, with inferences on early life history. Can. J. Zool. 67: 1401-1410.

Campana SE and Casselman JM (1993) Stock discrimination using otolith shape analysis. Can. J. Fish. Aqust. Sci. 50: 1062-1083.

Cardinale M, Doering-Arjes P, Kastowsky M and Mosegaard H (2004) Effects of sex, stock and environment on the shape of Atlantic cod (*Gadus morhua*) otoliths. Can. J. Fish. Aquat. Sci. 61: 158-167.

Carlström D (1963) A crystallographic study of vertebrate otoliths. Biol. Bull. (Woods Hole) 125: 441-463.

Jobling M and Breiby A (1986) The use and abuse of fish otoliths in studies of feeding habits of marine piscivores. Sarsia, 71: 265-274.

Lin CH and Chang CW (2012) Otolith Atlas of Taiwan Fishes. National Musseum of Marine Biology and Aquarium (NMMBA) Atalas Series 12. Pingyung, Taiwan. 415pp.

Lowenstein O (1971) The labyrinth, pp.207-240. *In*: WS Hoar and DJ Randall (eds.) Fish Physiology. Academic Press, New York, USA.

Murie DJ and Lavigne DM (1985) Interpretation of otolith in stomach content analyses of phocid seals: quantifying fish consumption. Can. J. Zool. 64: 1152-1157.

Panfili J, Pontual H, Troadec H and Wright PJ (eds.) (2002) Manual of fish sclerochronology. Brest, France: Ifremer-IRD coedition. 464pp.

Pannella G (1974) Otolith growth patterns: an aid in age determination in temperature and tropical fishes, pp 28-39. *In*: TB Bagenal (ed.) The ageing of fish. London, UK: Unwin Brothers Ltd.

Ricker WE (1975) Computation and interpretation of biological statistics of fish populations. Bull. Fish. Res. Board. Can. 191: 382pp.

Secor DH, Dean JM and Laban EH (1992) Otolith removal and preparation for microstructural examination, pp 19-57. *In*: DK Stevenson and SE Campana (eds.) Otolith microstructure examination and analysis. Can.Spec.Publ.Fish. Aquat. Sci.117.

Summerfelt RC and Hall GE (eds.) (1987) Age and growth of fish. Iwowa State University Press/AMES, USA.544pp.

Tzeng WN, Chang CW, Wang CH, Shiao JC, Iizuka Y, Yang YJ, You CF and Lozys L (2007) Misidentification of the migratory history of anguillid eels by Sr/Ca ratios of vaterite otoliths. Mar. Ecol. Prog. Ser. 348: 285-295.

第 2 章

耳石是魚類的時間記錄器
—日週輪和年輪
Otolith as Chronometer of Fishes
—Daily Growth Increment and Annulus

　　魚類的耳石中有日週輪、年輪、變態輪（Metamorphosis check）、淡水輪（Freshwater check）和產卵輪（Spawning check）等時間記號。這些記號可以用來測定魚類的日齡、年齡和發育階段的變化，以及生理和棲地轉換的時機。耳石的主要成分為碳酸鈣，魚類經由鰓的呼吸作用，從水中吸收鈣離子，經由血液輸送，進入耳石囊內的內淋巴液後，與碳酸根離子結合成碳酸鈣，然後沉積在耳石上。其沉積速率隨新陳代謝的日夜光週期變化形成日週輪，隨水溫的季節性變化形成年輪，隨發育階段變化形成變態輪、淡水輪和產卵輪等（Campana 1984b; Mugiya 1986; Tzeng and Yu 1988; Lin 2013）。這些時間記號是研究魚類生活史的重要地標。

2.1　耳石的核心構造

　　魚類耳石在胚胎時期就已開始形成了。耳石形成的起始點，稱之為「原基」。原基是魚類內耳上皮細胞所形成的特殊鈣化構造（Mann *et al.* 1983）。原基的型態因魚種而異，有圓形和細長形。原基數目有單一個或複數個（相片2.1）。耳石的原基是由球霰石結晶所構成，原基之後的部分則是由霰石結晶所構成。耳石從原基至第一個日週輪的部分，也就是魚類從胚胎到卵黃囊吸收完畢前所形成的耳石部分，稱之為核心（Core或Nucleus）。核心有單核心（相片2.1a）和雙核心（相片2.1b），耳石核心為非結晶構造（Amorphous structure），沒有日週輪。受精卵孵化時，耳石核心部分出現孵化輪（Hatching check）。

　　孵化輪至第一個日週輪之間的厚度與卵黃的含量或卵黃囊期仔魚階段的長短有關。第一個日週輪通常是仔魚將其卵黃囊的營養耗盡後，開始攝食時形成的。有些魚種的第一個日週輪是在孵化輪之前就出現（Geffen 1982）。第一個日週輪形成的時間，受胚胎期長短和生理等因素影響，了解第一個日週輪形成時機，可準確地計算魚類日齡和估算其成長率。仔魚孵化後到開口攝食前，其發育所需的營養，全仰賴來自受精卵時期的卵黃。仔魚的卵黃耗盡後，能否遇到適當的餌料是仔魚存活的最關鍵時刻，稱之為危險期。仔魚在危險期的死亡率高達99%。

2.2　耳石日週輪的微細構造

　　耳石日週輪（Daily growth increment）是Pannella（1971）在偶然的情況下從海洋沉積物中發現的。日週輪的發現，改變了魚類生活史研究的歷史。以前用年輪研究魚類的生活史，只能知道其年變化。發現了日週輪後，可以測量魚類生活史的日變化，尤其是對未滿一歲的仔稚魚之研究，幫助非常大。

　　耳石的日週輪是由碳酸鈣與有機基質交互形成的（Carlström 1963; Morales-Nin 1987）。耳石結晶的增大是一種非細胞性的添加成長現象（Sim-

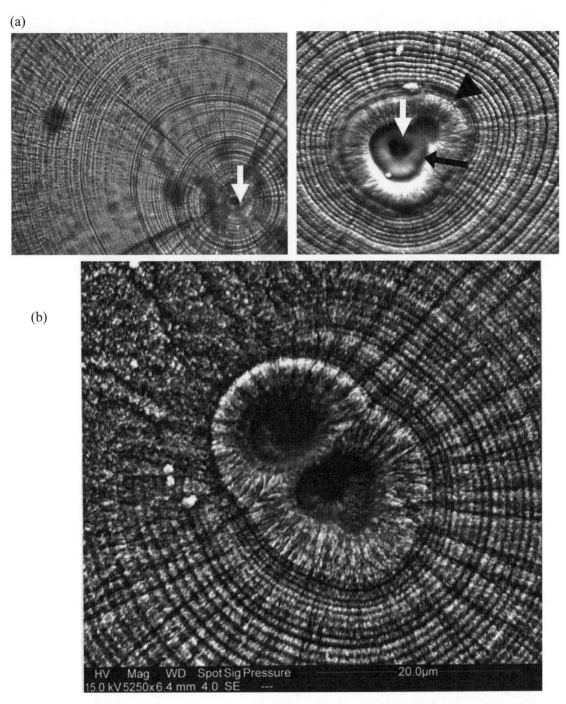

相片2.1 (a)鱸鰻（*Anguilla mamorata*）鰻線的耳石切面經過鹽酸處理後，在穿透光光學
顯微鏡下（左圖）及掃描式電子顯微鏡（SEM）下（右圖）所呈現的核心構造
及日週輪，白色箭頭指原基（Primordium），黑色箭頭為孵化輪，黑色三角形
表示第一個日週輪的位置，原基至第一個日週輪的部分稱之為核心。(b)雙核心
（Leander 2014）。

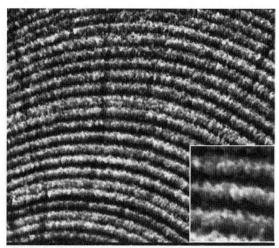

相片2.2 鱸鰻鰻線的耳石切面經過鹽酸處理後，在穿透光光學顯微鏡下（左圖）及掃描式電子顯微鏡下（右圖）所呈現的日週輪構造。右圖右下角插圖是日週輪的放大圖，亮帶：成長帶，暗帶：不連續帶。

kiss 1974）。耳石的成長速率受魚類生理和環境的影響。一天24小時中，因魚類的日夜成長速度不同，於是在耳石中形成日週輪（Pannella 1971; Mugi-ya *et al.* 1981; Morales-Nin 2000）。一般而言，魚類白天活動量大，新陳代謝速率快，耳石沉積的碳酸鈣多，於是形成日週輪的成長帶（Incremental zone）。反之，夜間新陳代謝速率下降，耳石沉積的碳酸鈣量變少，有機基質沉澱量增加，於是形成日週輪的不連續帶（Discontinuity zone）（相片2.2）。一個成長帶和一個不連續帶形成的時間大約是24小時，故稱之為日週輪。日週輪的成長帶和不連續帶因碳酸鈣的含量不同，耳石切面經鹽酸處裡後，呈現凸凹面，在掃描式電子顯微鏡下，成長帶呈現凸面（明帶）、不連續帶呈現凹面（暗帶）。通常耳石一天形成一輪的週期性不會改變（Pannella 1971; Campana and Neilson 1985）。但是光週期或水溫變化，以及飢餓或餵食頻率改變時，會影響日週輪的形成速率（Campana and Neilson 1985; Tzeng and Yu 1988, 1989）。

2.3　柳葉鰻的變態輪和鰻線的淡水輪

　　一般而言，鰻魚耳石的變態輪不太容易識別（相片2.3a,b）。從耳石鍶鈣比（Sr/Ca ratio）和日週輪輪寬的時間序列變化，可以輔助變態輪位置的判斷（圖2.1）。變態時，耳石鍶鈣比急速下降、耳石成長迅速、日週輪間距急遽變寬。輪寬到達最高點時，就是變態完成的時候。變態完成後，耳石的成長速度逐漸變慢、日週輪的輪寬變窄。因此，柳葉鰻的變態輪形成的時間點，應該是位於其耳石鍶鈣比急遽下降和日週輪輪寬到達最高點之間。鱸鰻的柳葉鰻完成變態的時間，大約需要2～3星期（圖2.1）。柳葉鰻變態成玻璃鰻時，其生理和行為發生急遽的變化，因此耳石才會形成變態輪記號。柳葉鰻成長到其體長極限後，成長速率逐漸變慢，若不變態成為玻璃鰻，轉換環境進入河川生長，就會繼續走上海洋漂游的不歸路。玻璃鰻到達河口域的鹹淡水環境時，因餌料豐富，耳石又開始迅速成長、日週輪輪寬變大，於是形成淡水輪（鰻線輪）（相片2.3a, c）。淡水輪之後，就是鰻線階段。

　　變態輪和淡水輪，是利用日週輪計算柳葉鰻期和玻璃鰻期長短，探討鰻魚初期生活史的重要指標（Tzeng 1990）。研究團隊將其應用到日本鰻（鄭普文1994; Cheng and Tzeng 1996）、美洲鰻（*Anguilla rostrata*）和歐洲鰻（*A. Anguilla*）（王佳惠1996; Wang and Tzeng 1998, 2000）、澳洲鰻和紐西蘭鰻（蕭仁傑2002; Shiao *et al.* 2001a,b, 2002）、鱸鰻（Leander *et al.* 2013; Leander 2014）、烏魚（張至維1997; Chang *et al.* 2000）、蝦虎魚（陳昱翔2011）和日本禿頭鯊（Shen and Tzeng 2002, 2008; Shen *et al.* 1998）等魚類的初期生活史之研究。

2.4　年輪的成因

　　春夏季魚類攝食活動旺盛，體成長速度變快，碳酸鈣堆積在耳石的量變多，耳石形成半透明帶（Translucent zone或稱Hyaline zone）。秋冬季光照減弱，水溫變低，魚類攝食和新陳代謝率降低，體成長速度變慢，耳石碳酸

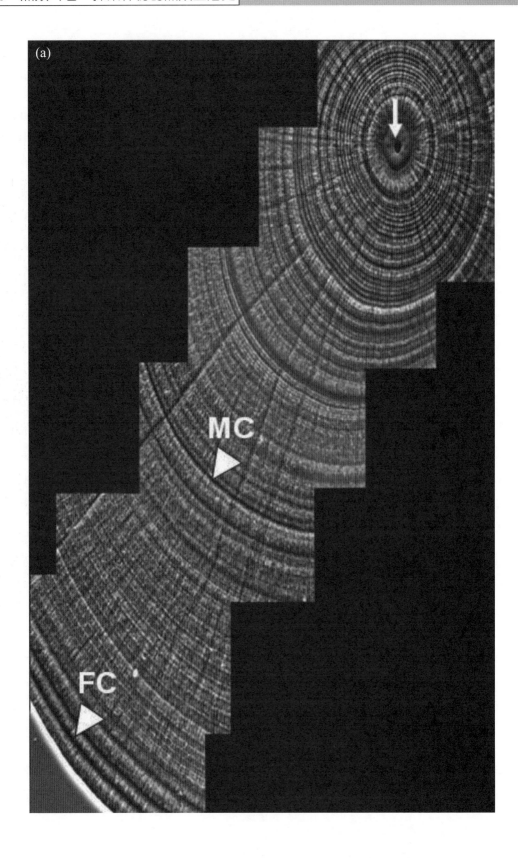

相片2.3　鱸鰻鰻線的耳石切面經過鹽酸處理後，在掃描式電子顯微鏡下所呈現的微細構
　　　　造。(a)變態輪（MC）和淡水輪（FC），白色箭頭指耳石原基。(b)變態輪放大
　　　　圖（黑色箭頭），比例尺=20微米。(c)淡水輪（鰻線輪）放大圖（白色箭頭），
　　　　黑色箭頭指耳石邊緣，比例尺＝20微米（Leander 2014）。

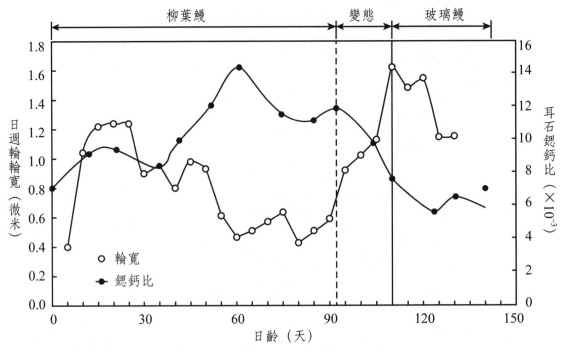

圖2.1 鱸鰻鰻線耳石的鍶鈣比和日週輪輪寬隨日齡的變化。垂直虛線指變態開始的日齡，實線指變態結束日齡（改自Leander 2014）。

鈣的堆積速度也變慢，於是形成不透明帶（Opaque zone）。在穿透光顯微鏡（Tansmitted light microscope）下，耳石年輪的半透明帶呈現亮帶，不透明帶呈現暗帶。在反射光顯微鏡（Reflected light microscope）下，耳石年輪的不透明帶呈現亮帶，半透明帶呈現暗帶。相片2.4a是烏魚的全耳石在反射光顯微鏡暗視野下所呈現的年輪（不透明帶）。將耳石切割、研磨至核心，讓年輪呈現在同一平面上，用酸腐蝕後，則年輪更清晰（相片2.4b, c）。年輪一般是指不透明帶，年輪清晰與否，除了耳石標本的製作技巧外，水溫季節性變化的影響更明顯。

2.5 熱帶性和溫熱性魚類的耳石年輪構造

熱帶地區水溫季節性變化不明顯，魚類成長速度的季節性變化也不明顯，

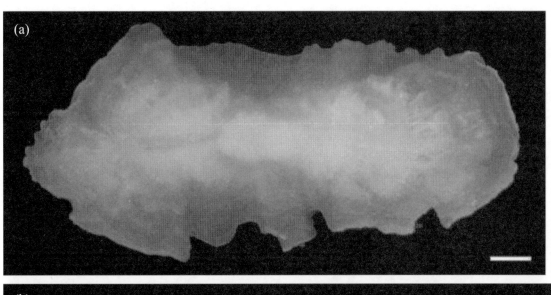

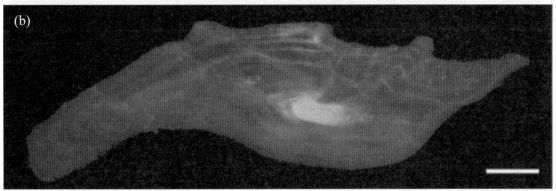

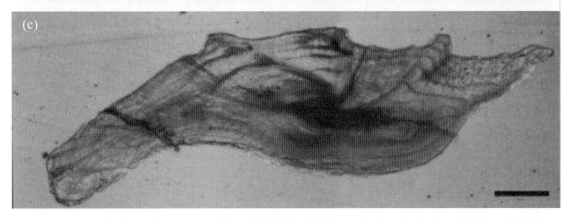

相片2.4　(a)野生烏魚全耳石在反射光顯微鏡暗視野下的年輪，標本來自法國，尾叉長585
　　　　毫米。(b)野生烏魚耳石橫切面在反射光顯微鏡暗視野下及(c)在透視光顯微鏡下
　　　　的年輪，標本來自臺灣，尾叉長465毫米。(b, c)是2007年10月國立臺灣大學研
　　　　究團隊參與歐盟FP6 MUGIL烏魚計畫，在法國Montpellier大學製作的烏魚耳石
　　　　標本，耳石有5輪，表示烏魚的年齡5歲。比例尺 = 1毫米(a)，500微米(b, c)（來
　　　　源：Panfili *et al*. 2009）。

因此年輪也不清楚。反之，溫帶地區四季分明，魚類年輪清楚（Yosef and Casselman 1995）。臺灣屬於亞熱帶，冬季水溫很少下降至15℃以下，臺灣的日本鰻，冬季不會停止生長，只是生長速度偶爾變慢，於是耳石年輪就不是那麼明顯（相片2.5a）。相反的，北溫帶地區的加拿大，冬季河川結冰，水溫下降到4℃左右，美洲鰻在冬季幾乎停止生長，於是耳石年輪就非常清楚（相片2.5b）。

　　亞熱帶臺灣的日本鰻生長快，七歲左右就可達到性成熟年齡，降海產卵（例如相片2.5a）。加拿大的美洲鰻生長慢、性成熟年齡晚，十八歲左右才到達性成熟年齡（例如相片2.5b）。熱帶性和溫帶性魚類耳石的年輪構造，很明顯地反映了地區的環境差異性。

2.6　魚類的性成熟年齡及其耳石記號

　　魚類性成熟後，能量幾乎都用在生殖，於是體成長和耳石成長速度都變慢，耳石會留下第一次性成熟的記號和往後每年產卵的記號。南方黑鮪（*Thunnus maccoyii*）性成熟前後的體成長速度變化非常大，耳石的形狀和年輪構造也產生明顯變化（相片2.6）。

　　南方黑鮪為溫帶性鮪類，壽命長、體型大，最大壽命為40歲，10歲左右性成熟。南方黑鮪耳石橫切面的三個成長軸的成長速度不一樣、腹軸的成長速度最快、耳石的形狀變化明顯。性成熟年齡前，耳石成長速度快、年輪帶寬，性成熟年齡後，耳石成長速度變慢，形成第二轉折點，年輪帶變窄（相片2.6a）。相片2.6(b, c)的兩尾南方黑鮪的年齡分別為25歲和36歲，性成熟年齡分別為11歲和12歲。性成熟年齡後耳石成長速度快，年輪帶變窄，年輪反而比較清楚。性成熟年齡是資源管理和保育的一個重要指標。要想讓南方黑鮪的資源可持續利用，至少要等到牠長到10歲以後再捕撈，牠才有機會傳宗接代。

(a)

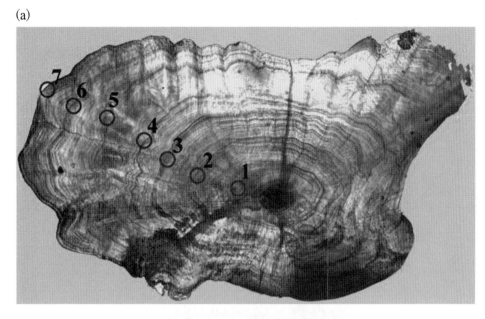

(b)

相片2.5　(a)亞熱帶臺灣的日本鰻耳石年輪和(b)溫帶加拿大的美洲鰻耳石年輪的比較。數字為年齡。

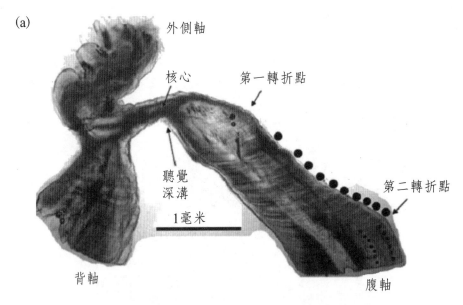

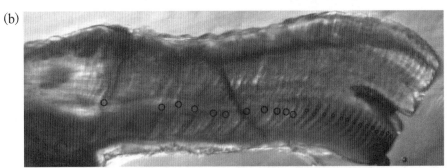

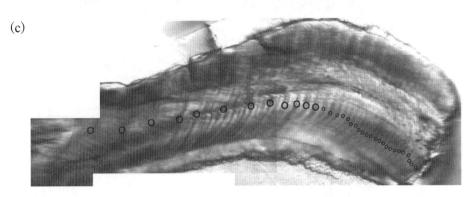

相片2.6　南方黑鮪耳石的轉折點和年輪構造。(a)耳石橫切面的三個成長軸（背軸、腹軸和外側軸），魚體長172公分，腹軸又稱長軸，長軸上的黑色圓圈（暗帶）指耳石年輪，第一和第二轉折點（Inflection point）分別指仔魚變稚魚階段和性成熟年齡。(b, c)兩尾南方黑鮪的耳石腹軸上的年輪（圓圈），顯示其年齡分別為25歲和36歲，性成熟年齡為11歲和12歲（Lin 2013）。

2.7　魚類的成長方程式

　　魚類的成長率，是漁業資源管理的重要資訊。從魚類被捕獲時的耳石半徑（Rc）和魚體長（Lc）以及各年輪形成時的耳石半徑（Ri），依耳石成長和體成長的比例關係，Li = Lc（Ri/Rc），可求得各年齡別體長（Li），然後套用范氏成長方程式（von Bertalanffy growth equation），$Lt = Lmax（1 - e^{-K(t - t_0)}）$，即可求解方程式中的各項參數：極限體長（Lmax）、成長率（K）和體長等於零時的理論年齡（t_0）。上述各年齡別體長的計算和理論成長方程式中的各項參數之求解，可參考曾萬年（1972）、Ricker（1975）或King（2007）。

　　圖2.2是臺灣沿岸日本海鰶（*Nematalosa japonica*）的理論成長方程式，其極限體長為218.3毫米，成長率為0.31／年，體長等於零時的理論年齡為–0.8歲。第一年就長到95.02毫米，隨年齡增加成長逐漸變慢，第五年才增加到182.69毫米。

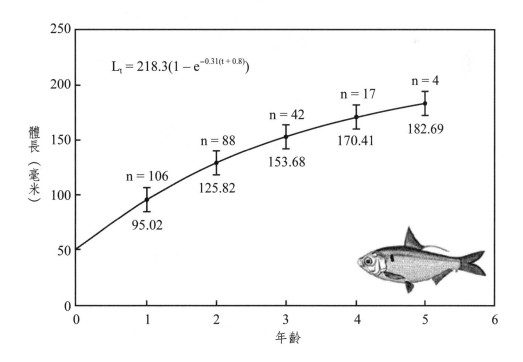

圖2.2　日本海鰶各年齡別的逆算平均體長（尾叉長）及其理論成長方程式。曲線下方數字為平均體長，n = 樣本數（李浩祥 2007）。

延伸閱讀

李浩祥（2007）耳石結構及微化學應用在大肚溪河口日本海鰶的成長與洄游環境史之研究。國立臺灣大學漁業科學研究所碩士論文。

Campana SE (1984b) Interactive effects of age and environmental modifiers on the production of daily growth increments in otoliths of plainfin midshipman, *Porichthys notatus*. Fish. Bull. 82: 165-177.

Campana SE and Neilson JD (1985) Microstructure of fish otoliths. Can. J. Fish. Aquat. Sci. 41: 1014-1032.

Carlström D (1963) A crystallographic study of vertebrate otoliths. Biol. Bull. (Woods Hole) 125: 441-463.

Cheng PW and Tzeng WN (1996) Timing of metamorphosis and estuarine arrival across the dispersal range of the Japanese eel *Anguilla japonica*. Mar. Ecol. Prog. Ser. 131: 87-96.

Geffen AJ (1982) Otolith ring deposition in relation to growth rate in herring (*Clupea barengus*) and turbot (*Scopbtbalmus maximus*) larvae. Mar. Biol. 71: 317-326.

Leander NJ, Tzeng WN, Yeh NT, Shen KN and Han YS (2013) Effect of metamorphosis timing and larval growth rate on the latitudinal distribution of the sympatric freshwater eels, *Anguilla japonica* and *A. marmorata*, in the western North Pacific. Zool. Stud. 52(1): 30-45.

Lin YT (2013) Life history and migratory environment of southern Bluefin tuna (*Thunnus maccoyii*) as reavealed by age mark and elemental composition in otolith. PhD thesis, Institute of Fisheries Science, National Taiwan Unicersity.

Mann S, Parker SB, Ross MD, Skarnulis AJ and Williams RJP (1983) The ultrastructure of the calcium carbonate balance organs of the inner ear: an ultra-high resolution electron microscopy study. Proceedings of the Research Society of London 218: 415-424.

Morales-Nin B (1987) Ultrastructure of the organic and inorganic constituents of the otoliths of the sea bass, pp.331-343. *In*: C Robert and EH Gordon (eds.) The age and growth of fish. The Iowa State University Press.

Morales-Nin B (2000) Review of the growth regulation processes of otolith daily increment formation. Fish Res. 46: 53-67.

Mugiya Y (1986) Effects of calmodulin inhibitors and other metabolic modulators on in vitro otolith gormation in the rainbow trout, *Salmo gairdnerii*. Comp. Biochem. Physiol. 84 (A) : 57-60.

Mugiya Y, Watabe N, Yamada J, Dean JM, Dunkelberger DG and Shimuzu M (1981) Diurnal rhythm in otolith formation in the goldfish, Carassius auratus. Camp. Biochem. Physiol. 68: 659-662.

Otake T, Ishii T, Ishii T and Nakamura R (1997) Changes in otolith strontium: calcium ratios in metamorphosing *Conger myriaster* leptocephali. Mol. Phylogenet. Evol. 128: 565-572.

Pannella G (1971) Fish otolith: daily growth layers and periodical patterns. Science 173: 1124-1127.

Pfeiler E (1984) Glycosaminoglycan breakdown during metamorphosis of larval bonefish *Albula*. Mar. Biol. Lett. 5: 241-249.

Radtke RL (1988) Recruitment parameters resolved from structural and chemical components of juvenile *Dascyllus albisella* otoliths. Proceedings of the 6th International Coral Reef Symposium. 2: 821-826.

Shen KN and Tzeng WN (2002) Formation of a metamorphosis check in otoliths of the amphidromous goby *Sicyopterus japonicus*. Mar. Ecol. Prog. Ser. 228: 205-211.

Shen KN and Tzeng WN (2008) Reproductive strategy and recruitment dynamics of amphidromous goby *Sicyopterus japonicus* as revealed by otolith microstructure. J. Fish Biol. 73: 2497-2512.

Shen KN, Lee YC and Tzeng WN (1998) Use of otolith microchemistry to investigate the life history pattern of gobies in a Taiwanese stream. Zool. Stud. 37 (4) : 322-329.

Shiao JC, Tzeng WN, Collins A and Iizuka Y (2001a) Comparison of the early life history of *Anguilla reinhardtii* and *A. australis* by otolith growth increment. J. Taiwan Fish. Res. 9 (1&2) : 199-208.

Shiao JC, Tzeng WN, Collins A and Jellyman DJ (2001b) Dispersal pattern of glass eel *Angulilla australis* as revealed by otolith growth increments. Mar. Ecol. Prog. Ser. 219: 214-250.

Shiao JC, Tzeng WN, Collins A and Jellyman DJ (2002) Role of marine larval duration and growth rate of glass eels in determining the distribution of *Anguilla reinhardtii* and *A. australis* on Australian eastern coasts.Mar. Freshw. Res. 53: 687-695.

Tzeng WN (1990) Relationship between growth rate and age at recruitment of *Anguilla japonica* elvers in a Taiwan estuary as inferred from otolith growth increments. Mar. Biol. 107: 75-81.

Tzeng WN and Yu SY (1988) Daily growth increments in otoliths of milkfish, *Chanos chanos* (Forsskål), larvae. J. Fish Biol. 32: 495-405.

Tzeng WN and Yu SY (1989) Validation of daily growth increments in otoliths of milkfish larvae by oxytetracycline labeling. Trans. Am. Fish. Soc. 118: 168-174.

Wang CH and Tzeng WN (1998) Interpretation of geographic variation in size of American eel *Anguilla roatrata* elvers on the Atlantic coast of North American using their life history and otolith ageing. Mar. Ecol. Prog. Ser. 168: 35-43.

Wang CH and Tzeng WN (2000) The timing of metamorphosis and growth rates of American and European eel leptocephali – a mechanism of larval segregative migration. Fish. Res. 46: 191-205.

Yosef TG and Casselman JM (1995) A procedure for increasing the precision of otolith age determination of tropical fish by differentiating biannual recruitment, pp.247-269. *In*: DH Secor, JM Dean and SE Campana (eds.) Recent developments in fish otolith research. Columbia, SC, USA: University of South Carolina Press.

第 3 章

耳石的微化學和結晶構造
Otolith Microchemistry and Crystal Structure

　　耳石是生物礦化作用（Bio-mineralization）所形成的碳酸鈣（$CaCO_3$）結晶。生物礦化是指礦物質在生物體內的形成過程。通過體內的有機巨分子，生物體可以在奈米的尺度上精確地控制體內無機礦物的結晶行爲。到目前爲止，我們知道生物體的外殼、牙齒、骨骼、鱗片和耳石等硬組織中，含有60多種的礦物質。生物礦化有兩種模式：其一爲細胞改變周遭微環境（Micro-environment）的化學成分，讓礦物質得以沉澱和結晶，稱爲生物誘導礦化（Biologically induced mineralization)；其二，生物也會以有機基質（Organic matrix）形成特定空間，讓無機礦物質在其中結晶，稱爲有序邊界礦化（Boundary-organized mineralization)（陳振中2004）。水中的化學元素經由魚類的鰓吸收，血液循環，生物礦化，沉積到耳石上。元素沉積到耳石的比例，除了受水中化學元素的種類和濃度的影響外，也受魚類的發育階段、生理作用、吸收過程和耳石結晶構造的影響（Tzeng 1996; Campana 1999; Tzeng *et al.* 2007）。耳石化學元素組成與魚類洄游環境有關。水中的化學元素一旦沉積到耳石中就不會再改變。配合耳石日週輪和年輪的解析，呈現耳石化學元素組成的時間變化，能再現魚類的洄游環境史。了解化學元素特性、水中化學

元素進入耳石的途徑，以及魚類生理和耳石結晶構造對耳石化學元素組成的影響，才能正確地應用到魚類洄游環境史的研究。

3.1　耳石的化學元素組成

　　耳石中可偵測到的化學元素，大約有47種（圖3.1）。依濃度區分，耳石中的化學元素可分為：(1)主要元素（Major elements）：濃度大於100 ppm，有鈣（Ca）、碳（C）、氧（O）、鈉（Na）、鍶（Sr）、鉀（K）、磷（P）、硫（S）和氯（Cl）等10種元素。(2)次要元素（Minor elements）：濃度1-100 ppm，有鎂（Mg）、矽（Si）、鋰（Li）、鈹（Be）、鋇（Ba）、錳（Mn）、鐵（Fe）、鎳（Ni）、銅（Cu）、鋅（Zn）、汞（Hg）、硼（B）、鋁（Al）、溴（Br）和氮（N）等15種元素。(3)微量元素（Trace elements）：濃度小於1ppm，有銣（Rb）、銫（Cs）、鐳（Ra）、釷（Tu）、鉬（Mo）、鈾（U）、鈷（Co）、銀（Ag）、鎘

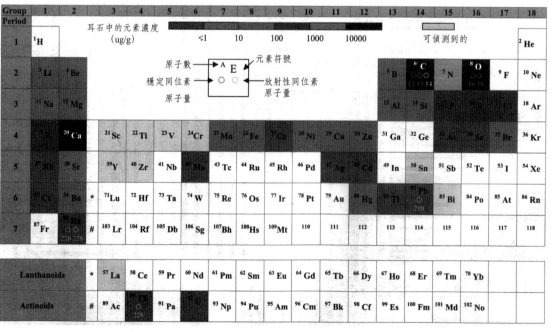

圖3.1　化學元素週期表中耳石出現的元素種類和濃度範圍（改自Panfili *et al.* 2002）。

（Cd）、鉈（Tl）、鉛（Pb）、砷（As）和硒（Se）等13種。其他還可以偵測到的超微量化學元素有9種。

鈣、碳和氧是構成耳石碳酸鈣結晶的主要元素，碳酸鈣占耳石總重量的96.2%。硫、氯、磷和氮是構成耳石有機基質的主要元素，約占耳石總重量的3.1%。其餘的主要、次要和微量元素加起來，還不到耳石總重量的1%，含量雖少，但能提供的魚類洄游環境訊息量，卻非常大（Campana, 1999）。

3.2　耳石化學元素的吸收、輸送和沉積過程

魚類的耳石在胚胎時期就已形成，但為非結晶構造（Carlström 1963; Degens *et al.* 1969; Morales-Nin 1987, 2000）。魚類胚胎時期的耳石化學元素來自母體的卵黃。卵黃耗盡後，仔魚開始尋求外部營養，利用鰓呼吸，吸收水中的化學元素、經由血液循環輸送到全身，到了耳石囊外圍時，透過耳石囊細胞的鈣通道，把元素從血液輸送到耳石囊內淋巴液，然後沉積至耳石上。

環境中的每一種元素經過魚類鰓吸收、血液輸送、通過耳石囊細胞和耳石結晶作用沉積至耳石上的篩選比率，因元素的種類不同而有所不同（圖3.2）。例如海水中的鈣離子（Ca^{+2}），經由魚類的鰓吸收，只有36%進入血液，但通過耳石囊細胞進入耳石囊內的淋巴液卻增加到50%。主要元素鈉（例如Na/Ca）可以100%通過鰓吸收和耳石囊的細胞，但卻只有2%形成耳石結晶。鍶與鈣同屬鹼土族元素，兩者的化學屬性和離子半徑皆相似，鈣形成耳石碳酸鈣結晶時，碳酸鈣結晶中的鈣離子容易被鍶離子取代，海水中的鍶鈣比有50%會進到耳石。因鍶鈣比進到耳石的比率高，成為研究魚類洄游環境的絕佳代言者。

重金屬元素（例如鎘和鉛）在生物體內有累積和放大效應。魚類經由鰓呼吸，吸收海水中的重金屬進入血液，血液中的鎘／鈣、鉛／鈣的濃度比可以增加到水中濃度比的3000%。但重金屬大都累積在肝臟組織中，且不容易和碳酸離子結合，最後到達耳石的比例只有海水濃度的0.1%。此外，耳石元素的輸送過程中，也受溫度、鹽度和魚類發育階段的影響（例如Tzeng 1996）。

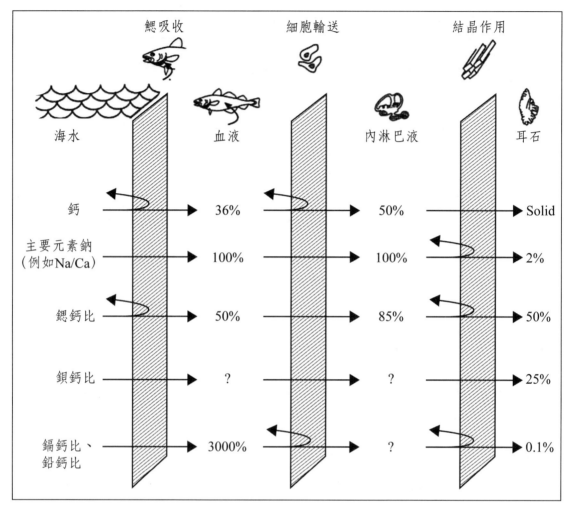

圖3.2　環境中的不同化學元素經過魚類的鰓吸收、細胞輸送和結晶作用後進入耳石的每一個環節的篩選比例不同（改自Campana 1999）。

3.3　耳石碳酸鈣結晶的形成過程

　　魚類利用鰓呼吸，吸收水中鈣離子，經由血液循環通過耳石囊細胞進入內淋巴液，與碳酸氫根離子（HCO_3^-）結合形成碳酸鈣。其化學反應式為：

$$Ca^{2+} + 2\ HCO_3^- = CaCO_3 + CO_2 + H_2O$$

　　圖3.3a是鈣離子從血液通過耳石囊細胞進入內淋巴液的過程。鈣離子從血液至耳石的沉積過程很複雜。魚類從水中吸收鈣離子後，經由血液循環輸送到全身，到了耳石囊細胞外時，利用鈣—鉀ATP合成酶的主動運輸作用，使鈣離子通過配基控制的耳石囊細胞膜的鈣離子通道（Ligand-gated Ca^{2+} channel）進入囊細胞內，再由鈉—鈣交換器或由鈣的受體蛋白（CaM）做為載體，協助鈣離子通過耳石囊細胞進入耳石囊內的內淋巴液與碳酸氫根離子結合，形成碳酸鈣結晶（Mugiya *et al.* 1981; Mugiya and Yoshida 1995）。碳酸鈣沉積至耳石的速率受魚類攝食、新陳代謝、日夜週期和季節性變化的影響，於是形成日週輪和年輪記號。

　　圖3.3b是碳酸氫根離子從血液通過耳石囊細胞進入內淋巴液的過程。魚體內的二氧化碳溶於水就形成碳酸氫根離子。其化學反應式為：

$$CO_2 + H_2O = H^+ + HCO_3^-$$

　　魚類行呼吸作用時體內的血液和細胞會產生二氧化碳，血液中的二氧化碳溶於水形成碳酸氫根離子，碳酸氫根離子利用HCO_3^-- ATP合成酶的主動運輸作用進入細胞，再由Cl/HCO_3^-交換器協助碳酸氫根離子通過耳石囊細胞進入內淋巴液與鈣離子結合形成碳酸鈣，沉積於耳石表面。另外，細胞內的二氧化碳也溶於水形成碳酸氫根離子，同樣由Cl/HCO_3^-交換器協助通過耳石囊細胞進入內淋巴液與鈣離子結合形成碳酸鈣結晶。

3.4　耳石碳酸鈣結晶構造影響其化學元素組成

　　自然界的碳酸鈣有三種同分異構物（Isomers），分別為霰石（Aragonite）、方解石（Calcite）和球霰石（Vaterite）結晶（相片3.1）。耳石是生物礦化作用所形成的碳酸鈣結晶。因此，耳石的碳酸鈣也會有三種不同的結晶構造。魚類從水中吸收化學元素，經血液循環進入耳石囊的淋巴液後，若耳石的碳酸鈣結晶構造不同，耳石的化學元素組成也會受影響。因此，利用耳石化學元素組成回推魚類洄游環境史時，必須知道耳石碳酸鈣的結晶構造，否則會誤判魚類的洄游環境史。拉曼光譜儀（Raman microspectroscopy）可用來區

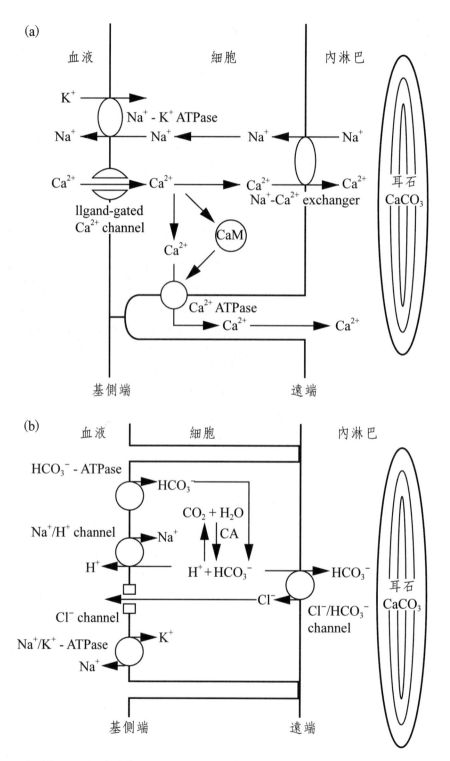

圖3.3 鈣離子(a)和碳酸氫根離子(b)從血液通過耳石囊細胞進入耳石腔形成碳酸鈣結晶沉積於耳石的輸送途徑和離子交換機制的模式圖（改自Mugiya and Yoshida 1995）。

相片3.1　碳酸鈣的三種同分異構物結晶構造之比較。(a)方解石，(b)霰石，(c)球霰石（取自Mukkamala *et al.* 2006）。

別耳石的碳酸鈣結晶是霰石、方解石或球霰石結晶。魚類三對耳石的碳酸鈣結晶構造不同，矢狀石和扁平石爲霰石結晶，星狀石爲球霰石結晶（Oliveira *et al.* 1996; Lenaz *et al.* 2000）。矢狀石爲霰石結晶，有時也會鑲嵌球霰石的結晶構造（Tzeng *et al.* 2007）。

1.三對耳石的結晶構造和化學元素組成

　　三對耳石的結晶構造不同，其元素組成會有差異。以日本鰻三對耳石的十種元素分別與Ca的比值爲例（Mg/Ca, Sr/Ca, Pb/Ca, Fe/Ca, Cu/Ca, Mn/Ca, Ni/Ca, Na/Ca, Zn/Ca and Ba/Ca）（表3.1），三對耳石的十種元素與Ca的比值，彼此之間互有高低（江俊億2009）。Na/Ca、Mg/Ca的比值在矢狀石（S）和扁平石（L）之間皆無顯著性差異，但兩者的比值卻小於星狀石（A）。反之，Sr/Ca的比值則是扁平石大於矢狀石大於星狀石。Fe/Ca、Ni/Ca和Cu/Ca的比值則是矢狀石大於扁平石，等於星狀石。因三對耳石的結晶構造和化學元素組成不同，耳石的物理、化學性質不同，如前第1章1.2節所述，其生理功能也不一樣。

2.耳石碳酸鈣結晶的鑲嵌構造

　　魚類三對耳石中，矢狀石的體積最大，是研究魚類生活史優先考慮的一對。矢狀石爲霰石結晶，有時卻鑲嵌著球霰石結晶，因而造成同一顆耳石出現不同結晶構造的情形。結晶構造不同，耳石化學元素組成也就不一樣。

表3.1   日本鰻矢狀石、扁平石和星狀石中十種元素與鈣的比值之比較

	矢狀石 (S, n = 19)		扁平石 (L, n = 19)		星狀石 (A, n = 20)		變方分析		
	平均	標準差	平均	標準差	平均	標準差	F	p	比較
Na/Ca($\times 10^{-2}$)	0.44	1.39	0.03	0.02	10.93	20.43	5.32	*	S = L < A
Mg/Ca($\times 10^{-3}$)	0.18	0.22	0.04	0.10	4.55	0.61	878.59	***	S = L < A
Mn/Ca($\times 10^{-4}$)	1.34	0.88	0.48	1.06	0.96	0.74	4.39	*	S > L
Fe/Ca($\times 10^{-3}$)	9.34	6.64	0.82	0.43	0.42	0.38	32.54	***	S > L = A
Ni/Ca($\times 10^{-3}$)	1.36	0.96	0.30	0.25	0.57	1.19	7.49	**	S > L = A
Cu/Ca($\times 10^{-4}$)	7.07	7.91	0.51	0.86	1.83	1.38	10.49	***	S > L = A
Zn/Ca($\times 10^{-3}$)	8.98	10.08	1.37	1.42	7.35	7.68	5.63	**	S = A > L
Sr/Ca($\times 10^{-3}$)	3.49	0.36	4.17	0.38	0.47	0.07	786.84	***	L > S > A
Ba/Ca($\times 10^{-4}$)	0.15	0.07	0.11	0.04	0.16	0.11	1.67		
Pb/Ca($\times 10^{-4}$)	0.31	0.18	0.27	0.17	0.45	0.59	1.31		

註：n = 樣本數，顯著性水準*: $p < 0.05$，**: $p < 0.01$，***: $p < 0.001$（江俊億 2009）。

以波羅的海沿岸國家立陶宛境內的歐洲鰻耳石為例（Tzeng *et al.* 2007），其矢狀石的霰石結晶構造中鑲嵌著球霰石（相片3.2a）。球霰石結晶的鍶含量和鍶鈣比皆明顯低於霰石結晶（相片3.2b, c）。鍶鈣比是最常用來判斷鰻魚洄游環境的元素。一般而言，鰻魚若在海水環境，其耳石鍶鈣比則高於4×10^{-3}。反之，若在淡水環境，其耳石鍶鈣比則低於4×10^{-3}。如果一時不察，誤把矢狀石中鑲嵌的球霰石之偏低鍶鈣比拿來研判鰻魚的洄游環境，則會把鰻魚的海水洄游環境誤判為淡水洄游環境（相片3.2c）。

耳石（矢狀石）的球霰石結晶鑲嵌比率有時高達48%（Tomas and Geffen 2003），耳石結晶構造的判別不容忽視，否則以耳石鍶鈣比研判魚類洄游環境時就會失準。

霰石結晶中出現球霰石結晶的原因，可能與魚類受到缺氧緊迫、酵素活性及耳石有機質的蛋白質組成改變有關。當這些變化造成霰石結晶受損時，球霰石結晶就會快速形成、修補霰石結晶的缺損（Tzeng *et al.* 2007）。

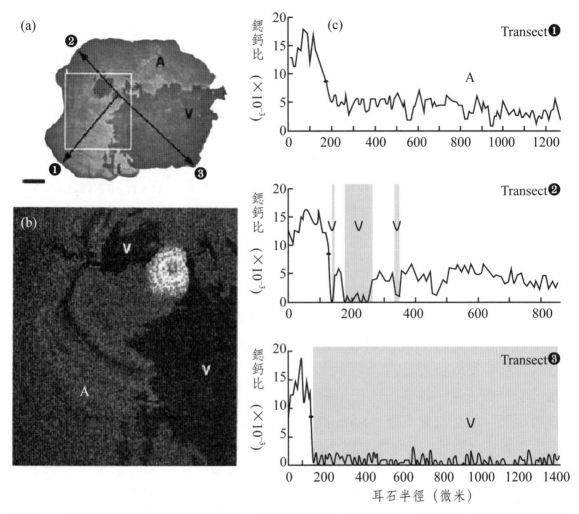

相片3.2　歐洲鰻耳石結晶的鑲嵌構造(a)及其鍶含量(b)和鍶鈣比(c)的變化。歐洲鰻標本採
自波羅的海三小國立陶宛境內水域，魚體長64公分，體重634克，年齡11歲。(a)
耳石縱切面，A為霰石結晶，V為球霰石結晶，①、②和③是耳石核心至邊緣的
鍶鈣比測量線，標尺 = 300微米。(b)圖為(a)圖白色框之放大，核心白色部分的
鍶含量最高，其次是霰石結晶（A，灰色），球霰石結晶最低（V，黑色）。(c)
耳石核心至邊緣的鍶鈣比變化，測量線Transect ①、②和③與(a)同（取自Tzeng
et al. 2007）。

3.霰石和球霰石化學元素組成的比較

耳石碳酸鈣的結晶型不同，其化學元素組成會有很大差異。以波羅的海國家立陶宛的歐洲鰻耳石為例（Tzeng et $al.$ 2007），球霰石結晶中的Mg/Ca、Mn/Ca濃度比的平均值分別比霰石結晶高16～30倍和3.8～4.3倍。反之，球霰石結晶的Na/Ca, Sr/Ca和Ba/Ca則分別比霰石結晶低約2.0、7.0和7.0倍（表3.2）。霰石結晶兩條穿越線的任何元素與鈣濃度比的平均值皆沒有顯著性差異（A1 = A2,Tukey HSD檢定 P>0.05），但是球霰石結晶的Na/Ca, Mg/Ca和Mn/Ca平均值在兩條穿越線之間則有顯著性差異（V1>V2或V1<V2, P<0.01）。

霰石和球霰石的結晶構造不同，其化學元素組成不同的原因，與元素的離子半徑、晶體結構的陽離子配位數（Coordination number）有關。球霰石和霰石為碳酸鈣的同分異構物，兩者的化學元素組成比較結果，顯示Mg^{+2}離子和Mn^{+2}離子比較容易取代球霰石的Ca^{+2}離子，而Na^{+1}離子、Sr^{+2}離子和Ba^{+2}離子則比較容易取代霰石的Ca^{+2}離子。主要原因是球霰石和霰石的晶體結構的陽離子配位數不同，球霰石的配位數為6、霰石為9（kamhi 1963）。陽離子的有效半徑會隨配位數改變（Shannon 1976）。Mg^{+2}離子和Mn^{+2}離子的有效半徑與氧離子（O^{-2}）的有效半徑之比例較小，適合球霰石的晶格大小。反之，Na^{+1}離子、Sr^{+2}離子和Ba^{+2}離子的有效半徑與氧離子的有效半徑之比例較大，只適合進入霰石的晶格。因此，利用耳石化學元素組成解釋魚類的洄游環境時，要特別注意耳石結晶的鑲嵌構造。

3.5 耳石微化學在魚類生態研究的應用

耳石微化學在魚類生態研究的應用很廣。耳石的化學元素可以辨別不同的魚類族群和再現魚類的洄游環境史，耳石的穩定氧同位素可用來再現魚類的洄游水溫，耳石的放射性碳同位素可用來推測原子彈試爆時間和證明長壽命魚類的年齡，穩定碳同位素可用來再現古氣候和追蹤魚類的食性等。進一步說明如下：

表3.2 歐洲鰻耳石的霰石（Aragonite, A）和球霰石（Vaterit, V）結晶的五種元素比值的平均值（±標準偏差）之比較

Element/Ca	Specimen code	Transect 1	Transect 2		Tukey HSD test
		Aragonite A_1	Aragonite A_2	Vaterite V	
Na/Ca	1	5.28±2.06(0.47－9.10, 59)	7.72±2.77(2.35－14.87, 80)	3.26±1.06(2.08－6.47, 18)	$A_1 = A_2 > V$
(×10⁻³)	6	6.74±2.06(1.74－11.65, 95)	6.77±2.12(4.01－11.61, 68)	3.70±1.06(1.94－5.54, 25)	$A_1 = A_2 > V$
	7	10.42±1.34(7.57－13.34, 79)	10.97±1.33(6.82－13.17, 47)	5.32±0.52(4.41－6.51, 44)	$A_1 = A_2 > V$
	9_1	-	-	4.04±1.36(0.50－6.53, 72)	$V_1 > V_2$
	9_2	-	-	3.40±1.00(1.05－5.58, 111)	
	Subtotal	7.62±2.85(0.47－13.34, 233)	8.17±2.79(2.35－14.87, 195)	3.90±1.26(0.50－6.53, 270)	$A_1 = A_2 > V$
Mg/Ca	1	0.15±0.09(0.05－0.42, 59)	1.47±2.50(0.03－11.17, 80)	16.03±2.23(12.59－20.21, 18)	$A_1 = A_2 < V$
(×10⁻³)	6	0.38±0.13(0.14－0.88, 95)	0.47±0.81(0.10－5.43, 68)	20.46±3.77(8.99－25.45, 25)	$A_1 = A_2 < V$
	7	0.42±0.08(0.29－0.63, 79)	1.29±3.12(0.34－15.94, 47)	18.50±2.67(13.94－24.85, 44)	$A_1 = A_2 < V$
	9_1	-	-	15.89±2.83(10.14－22.61, 72)	$V_1 < V_2$
	9_2	-	-	17.09±2.81(12.21－24.91, 103)	
	Subtotal	0.34±0.15(0.05－0.88, 233)	1.08±2.30(0.03－15.94, 195)	17.25±3.15(8.99－25.45, 262)	$A_1 = A_2 < V$
Mn/Ca	1	5.25±1.31(3.22－9.06, 59)	5.78±5.00(1.70－28.75, 80)	23.14±7.09(9.16－32.27, 18)	$A_1 = A_2 < V$
(×10⁻⁴)	6	6.36±3.42(2.16－15.93, 95)	2.82±1.07(1.51－5.64, 68)	8.93±1.40(5.94－11.38, 25)	$A_1 = A_2 < V$
	7	1.00±0.53(0.19－2.06, 79)	1.78±4.85(0.07－20.73, 49)	28.48±8.34(19.00－49.83, 44)	$A_1 = A_2 < V$
	9_1	-	-	15.71±6.12(7.91－40.15, 72)	$V_1 > V_2$
	9_2	-	-	12.45±5.01(5.35－29.18, 111)	
	Subtotal	4.26±3.31(0.19－15.93, 233)	3.76±4.38(0.07－28.75, 197)	16.32±8.56(5.35－49.83, 270)	$A_1 = A_2 < V$
Sr/Ca	1	3.60±1.98(0.75－6.91, 59)	3.02±2.03(0.84－7.54, 80)	0.83±1.00(0.34－4.10, 18)	$A_1 = A_2 > V$

（下頁繼續）

（接上頁）

Element/Ca	Specimen code	Transect 1 Aragonite A_1	Transect 2 Aragonite A_2	Vaterite V	Tukey HSD test
$(\times 10^{-3})$	6	$3.73 \pm 0.92(2.65 - 7.29, 95)$	$4.44 \pm 1.28(2.49 - 8.11, 68)$	$0.57 \pm 0.42(0.26 - 2.02, 25)$	$A_1 = A_2 > V$
	7	$5.11 \pm 0.89(2.89 - 6.87, 79)$	$4.93 \pm 1.35(2.50 - 7.26, 49)$	$0.43 \pm 0.23(0.24 - 1.63, 44)$	$A_1 = A_2 > V$
	9_1	-	-	$0.57 \pm 0.19(0.29 - 0.96, 72)$	$V_1 = V_2$
	9_2	-	-	$0.55 \pm 0.28(0.25 - 1.46, 111)$	
	Subtotal	$4.16 \pm 1.43(0.75 - 7.29, 233)$	$3.99 \pm 1.83(0.84 - 8.11, 197)$	$0.56 \pm 0.37(0.24 - 4.10, 270)$	$A_1 = A_2 > V$
Ba/Ca	1	$3.76 \pm 1.37(1.83 - 7.32, 59)$	$3.98 \pm 1.47(1.13 - 8.15, 80)$	$0.55 \pm 0.47(0.20 - 2.08, 18)$	$A_1 = A_2 > V$
$(\times 10^{-6})$	6	$3.02 \pm 2.62(0.63 - 11.67, 95)$	$3.25 \pm 2.48(0.88 - 11.08, 68)$	$0.50 \pm 0.39(0.06 - 1.38, 25)$	$A_1 = A_2 > V$
	7	$4.08 \pm 1.51(0.94 - 6.83, 79)$	$3.83 \pm 1.83(1.37 - 7.87, 49)$	$0.41 \pm 0.35(0.07 - 2.12, 44)$	$A_1 = A_2 > V$
	9_1	-	-	$0.46 \pm 0.25(0.04 - 1.21, 72)$	$V_1 = V_2$
	9_2	-	-	$0.64 \pm 1.08(0.00 - 5.96, 111)$	
	Subtotal	$3.57 \pm 2.06(0.63 - 11.67, 233)$	$3.69 \pm 1.97(0.88 - 11.08, 197)$	$0.53 \pm 0.74(0.00 - 5.96, 270)$	$A_1 = A_2 > V$

註：歐洲鰻樣本來自立陶宛，樣本編號分別為1,6,7,9-1,9-2，括弧內數字為元素比值之範圍和測量樣本數（取自Tzeng et al. 2007）。

1.魚類族群辨別

族群辨別（Stock identification），是研究魚類族群動態的首要工作。族群辨別的方法包括形態學、遺傳學和耳石微化學。不同族群的洄游路徑和環境不同，耳石沉積的化學元素不一樣。因此，分析耳石的化學元素組成可區別不同的魚類族群，以及不同魚類族群的混合比例（Campana *et al.* 1994, 2000; Edmonds *et al.* 1992; Gillanders 2002; Gillanders and Kinsford 1996; Kennedy *et al.* 1997; Secor *et al.* 1998; Swan *et al.* 2006; Zenitani and Kimura 2007）。

2.仔魚出生地和擴散途徑的追蹤

耳石核心是卵黃囊仔魚期形成的。卵黃囊仔魚的發育和成長所需的營養靠卵黃囊供給，而卵黃囊是來自母魚的卵細胞。因此，耳石核心的化學元素組成是反映母魚成熟階段棲息環境的水中化學元素組成。分析耳石核心的元素組成可辨別仔魚的出生地和仔魚誕生後的擴散情形（Campana *et al.* 1994; Gillanders and Kinsford 1996; Thorrold *et al.* 1997, 1998, 2001, 2006）。

3.個體洄游環境史的再現

耳石鍶鈣比是研究魚類洄游環境史應用最廣的化學元素（Radtke 1988,1989; Radtke and Shafer 1992; Radtke *et al.* 1990, 1993）。魚類耳石鍶鈣比與水體環境的鹽度呈正比，由耳石核心至邊緣的鍶鈣比之時間變化可以再現兩側洄游性魚類在海水和淡水之間的洄游環境史，例如鰻魚（Casselman 1982; Tzeng *et al.*1997, 2000, 2005; Daverat *et al.* 2005）、鮭鱒類（Kalish 1990）、鱸魚（Secor 1992）和鰕虎魚（Shen *et al.*1998）等。

4.耳石氧同位素與水溫的關係

自然界中的氧，有三種常見的穩定性同位素，亦即^{16}O，^{17}O和^{18}O。其中以^{16}O比例最高，占99.757%，其次是^{18}O（0.205%），^{17}O只占0.038%。海水蒸發時，比較輕的$H_2^{16}O$水分子會先蒸發，因此水氣中^{18}O含量較少，而^{16}O較多。水氣凝結後的雨水或雪水的^{18}O含量，則比原先水氣中的^{18}O含量要多。

^{18}O同位素的分餾比例（Fractionation of oxygen isotope）視水溫而定，海水每增加1%的δ^{18}O，表示水溫下降4.2℃。因此，魚類耳石碳酸鈣中的δ^{18}O$_{oto}$與水溫呈反比關係（圖3.4）。

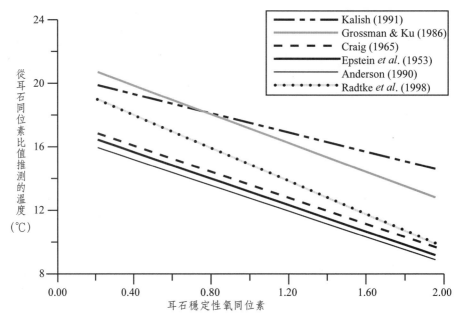

圖3.4　耳石中的穩定性氧同位素與水溫的關係（引自Panfili 2002）。

以下是耳石穩定性氧同位素（δ^{18}O$_{oto}$）與水溫（T, ℃）的關係式（Campana 1999）：

$$T(℃) = 18.00971 - 4.854 \ (δ^{18}O_{oto} - δ^{18}O_{water})$$

式中，δ^{18}O$_{water}$為全球海水^{18}O的測定值。透過上式方程式，可以藉由耳石穩定性氧同位素的測定值，再現魚類的洄游環境水溫。此外，考古學家與演化學家也曾利用保存完整的魚類耳石化石，測量化石中的穩定性氧同位素之時間變化，來推測古氣候（Paleoclimate）（Nolf 1985; Andrus et al. 2002）。氧同位素對探討過去的全球暖化現象，提供一個便捷的研究方向。

5.耳石放射性碳同位素的應用

碳有15種同位素，自然界中最常見的有^{12}C，^{13}C和^{14}C等三種同位素。其中，^{12}C和^{13}C是穩定同位素，占99.1%，^{14}C是放射性同位素，比例較少。

　　水中的放射性[14]C同位素會經由魚類的鰓呼吸，通過血液循環，進入耳石，魚類死亡後才停止。放射性[14]C同位素的半衰期是5,700年，在耳石中保存很久，可以用來追蹤原子彈試爆時間和試爆後產生放射性[14]C同位素的擴散範圍。過去因原子彈試爆產生大量放射性[14]C同位素進入大氣和海洋中，魚類吸收[14]C同位素與鈣結合形成含放射性[14]C同位素的碳酸鈣（$Ca^{14}CO_3$）沉積在耳石中。圖3.5是南太平洋原子彈試爆前後（1918-1990年）紐西蘭北島東部海域銀金鯛（*Pagrus auratus*）耳石的放射性碳同位素[14]C的含量，與斐濟和澳洲赫倫島海域造礁珊瑚骨骼組織中的放射性碳同位素[14]C含量的比較。1950年代原子彈試爆後，不論是耳石或珊瑚皆出現高劑量的[14]C。原子彈試爆威力非常大，產生的放射性碳同位素影響深遠，耳石所汙染的放射性碳同位素，見證了過去原子彈試爆發生的時間（Kalish 1993）。

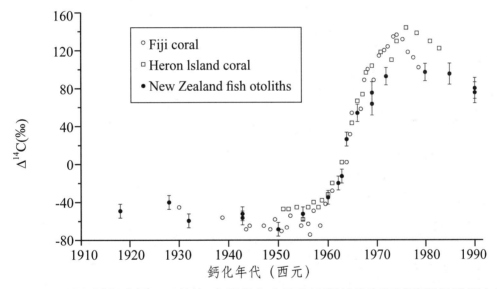

圖3.5　紐西蘭海域銀金鯛耳石的[14]C含量與在斐濟和澳洲赫倫島海域珊瑚骨骼標本的[14]C含量之比較（引自Kalish 1993）。

　　此外，耳石中的[12]C和[13]C比例（$\delta^{13}C$）可用來推測古氣候和追蹤魚類的食性（Lynch-Stieglitz *et al.* 1995）。因為海洋溫度高低不同時，從大氣溶解至海洋的[12]C和[13]C比例不同，魚類和植物進行光合作用吸收的[12]C和[13]C比例也不一樣。所以分析耳石中$\delta^{13}C$可推測古氣候和追蹤魚類的食性。

$$\delta^{13}C = \left(\frac{\left(\frac{^{13}C}{^{12}C} \right)_{sample}}{\left(\frac{^{13}C}{^{12}C} \right)_{standard}} - 1 \right) * 1000‰$$

延伸閱讀

江俊億（2009）日本鰻耳石的錳元素上升原因之探討。國立臺灣大學漁業科學研究所碩士論文。

Andrus CF, Crowe DE, Sandweiss DH, Reitz EJ and Romanek CS (2002) Otolith $\delta^{18}O$ record of mid-Holocene sea surface temperatures in Peru. Science 295: 1508-1511.

Carlström D (1963) A crystallographic study of vertebrate otoliths. Biol. Bull. (Woods Hole) 125: 441-463.

Casselman JM (1982) Chemical analyses of the optically different zones in eel otoliths, pp.74-82. *In*:K H Loftus (ed.) Proceedings of the 1980 North American eel conference, Ontario Fish. Tech. Rep.

Campana SE, Fowler AJ and Jones CM (1994) Otolith elemental fingerprinting for stock identification of Atlantic cod (*Gadus msrhua*) using laser ablation ICPMS. Can. J. Fish. Aquat. Sci. 51: 1942-1950.

Campana SE (1999) Chemistry and composition of fish otolith: pathways, mechanisms and application. Mar. Ecol. Prog. Ser. 188: 263-297.

Campana SE, Chouinard GA, Hansen M, Freched A and Brattey J (2000) Otolith elemental fingerprints as biological tracers of fish stocks. Fish. Res. 46: 343-357.

Daverat F, Tomas J, Lahaye M, Palmer M and Elie P (2005) Tracking continental habitat shifts of eels using otolith Sr/Ca ratios: validation and application to the coastal, estuarine and riverine eels of the Gironde-Garonne-Dordogne watershed. Mar.Freshw.Res. 56: 619-627.

Degens ET, Deuser WG, and Haedrich RL (1969) Molecular structure and composition of fish otoliths. Mar. Biol. 2:105-113.

Gillanders BM (2002) Temporal and spatial variability in elemental composition of otoliths: implication for determining stock identity and connectivity of populations. Can. J. Fish. Aquat. Sci. 59: 669-679.

Gillanders BM and Kingsford MJ (1996) Elements in otoliths may elucidate the contribution of estuarine recruitment to sustaining coastal reef populations of a temperate reef fish. Mar. Ecol. Prog. Ser. 141: 13-20.

Gillanders BM and Kingsford MJ (2000) Element fingerprint of otoliths may distinguish estuarine "nursery" habitats. Mar. Ecol. Prog. Ser. 201: 273-286.

Kalish JM (1990) Use of Otolith microchemistry to distinguish the progeny of sympatric anadromous and non-anadromous salmonids. Fish. Bull. 88: 657-666.

Kalish JM (1993) Pre- and post-bomb radiocarbon in fish otoliths. Earth and Planetary Science Letter 114: 549-554.

Lenaz D and Miletic M (2000) Vaterite otoliths in some freshwater fishes of the Lower Friuli Plain (NE Italy). Neues Jahrbuch fur Mineralogie, Monatshefte 11: 522-528.

Lynch-Stieglitz J, Stocker TF, Broecker WS and Fairbanks RG (1995). The influence of air-sea exchange on the isotopic composition of oceanic carbon: Observations and modeling. Global Biogeochemical Cycles 9: 653-665.

Morales-Nin B (1987) Ultrastructure of the organic and inorganic constituents of the otoliths of the sea bass, pp.331-343. *In*: C Robert and EN Gordon (eds.) The age and growth of fish. The Iowa State University Press.

Morales-Nin B (2000) Review of the growth regulation processes of otolith daily increment formation. Fish Res. 46: 53-67.

Mugiya Y, Watabe N, Yamada J, Dean JM, Dunkelberger DG and Shimuzu M (1981) Diurnal rhythm in otolith formation in the goldfish, *Carassius auratus*. Camp. Biochem. Physiol. 68: 659-662.

Mugiya Y and Yoshida M (1995) Effects of calcium antagonists and other metabolic modulators on in vitro calcium deposition on otoliths in the rainbow trout *Oncorhychus mykiss*. Fish. Sci. 61: 1026-1030.

Mukkamala SB, Anson CE and Powell AK (2006) Modelling calcium carbonate biomineralisation processes. J. Inorg. Biochem. 100: 1128-1138.

Nolf D (1985) Otolithi Piscium. *In*: HP Schultze and GF Verlag (eds.) Handbook of paleoichthyology. New York. Vol. 10: 145pp.

Oliveira AM, Farina M, Ludka IP and Kachar B (1996) Vaterite, calcite, and aragonite in the otoliths of three species of Piranha. Naturwissenschaften 83: 133-135.

Panfili J, Pontual H, Troadec H and Wright PJ (2002) Manual of fish sclerochronology. Brest, France: Ifremer-IRD coedition. 464pp.

Radtke RL (1988) Recruitment parameters resolved from structural and chemical components of juvenile *Dascyllus albisella* otoliths. Proceedings of the 6th International Coral Reef Symposium. 2: 821-826.

Radtke RL (1989) Strontium-calicum concentration ratios in fish otolith as environment indicators. Comp. Biochem. Physiol. 92A: 189-193.

Radtke RL, Townsend DW, Folsom SD and Morrison MA (1990) Strontium: calcium concentration ratios in otoliths of herring larval as indicators of environmental histories. Env. Biol. Fish. 27: 51-61.

Radtke RL and Shafer DJ (1992) Environmental sensitivity of fish Otolith microchemistry. Aust. J. Mar. Freshw. Res. 43: 935-951.

Radtke RL, Hubold SD, Folsom and Lenz PH (1993) Otolith structural and chemical analysis: the key to resolving age and growth of the Antractic silverfish, *Pleuragramma antarcticum*. Ant. Sci. 5(1): 51-62.

Secor DH (1992) Application of otolith microchemistry analysis to investigate anadromy in Chesapeake Bay striped bass. Fish. Bull. 90: 798-806.

Shannon RD (1976) Revised effective ionic radii and systematic studies of interatomic distancesin halides and chalcogenides.Acta Cryst.32: 751-767.

Shen KN and Tzeng WN (2002) Formation of a metamorphosis check in otoliths of the amphidromous goby *Sicyopterus japonicus*. Mar. Ecol. Prog. Ser. 228: 205-211.

Thorrold SR, Jones CM and Campana SE (1997) Response of otolith microchemistry to environment variations experienced by larval and juvenile Atlantic croaker (*Micropogonias undulatus*) . Limnol. Oceanogr. 42: 102-111.

Thorrold SR, Jones CM, Swart PK and Targett TE (1998) Accuracy classification of juvenile weakfish *Cynoscion regali* to estuarine nursery areas based on chemical signatures in otolith. Mar.

Ecol. Prog. Ser.173: 253-265.

Thorrold SR, Latkoczy C, Swart PK and Jones CM (2001) Natal homing in a marine fish metapopulation. Science (Washington, D.C.) 291: 297-299.

Thorrold SR, Jone's GP, Planes S and Hare JA (2006) Transgenerational marking of embryonic otoliths in marine fishes using barium stablc isotopcs. Can. J. Fish. Aquat. Sci. 63: 1193-1197.

Tomas J and Geffen AJ (2003) Morphometry and composition of aragonite and vaterite otoliths of deformed laboratory reared juvenile herring from two populations. J. Fish Biol. 63: 1383-1401.

Tzeng WN (1990) Relationship between growth rate and age at recruitment of *Anguilla japonica* elvers in a Taiwan estuary as inferred from otolith growth increments. Mar. Biol. 107: 75-81.

Tzeng WN, Severin KP and Wickström H (1997) Use of otolith microchemistry to investigate the environmental history of European eel *Anguilla anguilla*. Mar. Ecol. Prog. Ser. 149: 73-81.

Tzeng WN, Wang CH, Wickström H and Reizenstein M (2000) Occurrence of the semi-catadromous European eel *Anguilla anguilla* (L.) in the Baltic Sea. Mar. Biol. 137: 93-98.

Tzeng WN, Severin KP, Wang CH and Wickström H (2005) Elemental composition of otoliths as a discriminator of life stage and growth habitat of the European eel, *Anguilla anguilla*. Mar. Freshw. Res. 56: 629-635.

Tzeng WN, Chang CW, Wang CH, Shiao JC, Iizuka Y, Yang YJ, You CF and Lozys L (2007) Misidentification of the migratory history of anguillid eels by Sr/Ca ratios of vaterite otoliths. Mar. Ecol. Prog. Ser. 348: 285-295.

Zenitani H and Kimura R (2007) Elemental analysis of otoliths of Japanese anchovy: trial to discriminate between Seto Inland Sea and Pacific stock. Fish. Sci. 73(1): 1-7.

第二單元
耳石研究方法論
Methodology of Otolith Studies

　　耳石內蘊藏許多魚類的生命密碼，例如測量魚類日齡和年齡的日週輪和年輪，以及再現魚類洄游環境史的化學元素指標。這些密碼可讓我們揭開魚類的神祕面紗，探索其生活史祕密。但要破解這些密碼，首先要從魚類的頭部摘取耳石，將耳石切割、研磨至核心，使魚類的整個成長過程呈現於耳石的同一平面。再利用電子微探儀或雷射耦合電漿質譜儀等精密儀器，從耳石核心至邊緣，測量魚類耳石化學元素組成的時間序列變化。並利用光學或電子顯微鏡辨識耳石日週輪和年輪、推測其日齡和年齡，然後從耳石化學元素組成隨其日齡和年齡的變化，拼湊其洄游環境史。

　　第二單元共7章（第4至第10章）。第4章是耳石的摘取和樣品製備方法，第5章耳石日週輪和年輪的判讀，第6章耳石化學元素的分析，第7章耳石的人工標識，第8章日週輪的驗證，第9章年輪的驗證和應用，第10章耳石化學元素與魚類洄游環境的關係之驗證。

耳石的摘取和樣品製備方法
Otolith Removal and Specimen Preparation

　　魚類耳石的摘取方法，因發育階段和體型大小不同而不同。耳石摘取後，因分析的項目和使用的儀器不同，其樣品製備的方法也不一樣。耳石樣品製備，主要分為切面樣品和粉末樣品。切面樣品主要用在掃描式電子顯微鏡（Scanning Electron Microscope, SEM）觀察日週輪或年輪，以及電子微探儀（Electron Probe Micro-Analyzer, EPMA）和雷射剝蝕—感應耦合電漿質譜儀（Laser Ablation-Inductively Coupled Plasma-Mass Spectrometry, LA-ICP-MS）測量耳石化學元素之用。粉末樣品，主要用在同位素質譜儀（Isotope Ratio Mass Spectrometry, IRMS）偵測耳石中的碳、氧同位素，以及熱離子源質譜儀（Thermal Ionization Mass Spectrometer, TIMS）測量耳石的鍶同位素。此外，液態進樣—感應耦合電漿質譜儀（Solution Based-Inductively Coupled Plasma-Mass Spectrometry, SB-ICP-MS）分析的是整顆耳石的溶液，而不是切面或粉末樣品。液態樣品會喪失時間資訊，無法像切面樣品和粉末樣品一樣，呈現耳石化學元素的時間變化，但是其化學元素的偵測精度較高。

4.1　耳石的摘取方法和使用的工具

　　以仔魚、成魚和體型較大的南方黑鮪為例，分別敘述其耳石的摘取方法和使用的工具如下：

1.仔魚耳石的摘取

　　仔魚體型小、肌肉及皮膚色素尚未發育完全、全身透明。在光學顯微鏡下，從頭頂就能看見矢狀石和扁平石，星狀石體積較小且被球囊遮住而看不到（相片4.1a），以解剖針移除其頭蓋骨及大腦之後，就可取出其耳石（相片4.1b）。仔魚耳石體積小，容易和骨格、肌肉等組織粹片混淆。如果解剖顯微鏡加裝偏光鏡，利用耳石結晶的折射原理，很容易區別耳石和異物。

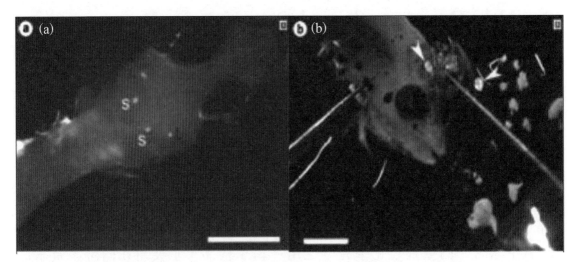

相片4.1　仔魚耳石的摘取。(a)在偏光解剖顯微鏡下所看到的智利串光魚*Vinciguerria nimbaria*（Photichthyigae）仔魚的耳石，S為矢狀石，L為扁平石，比例尺 = 500微米，相片來源：J. Tomas；(b)利用解剖針移除其頭蓋骨及大腦之後取出耳石，黃色箭頭指矢狀石，紅色箭頭指扁平石（詳彩圖P2），比例尺 = 1毫米，相片來源：Ifremer O. Dugomay。

2.成魚耳石的摘取

　　成魚體型大、頭蓋骨堅硬，必須用銳利的解剖刀切開頭蓋骨和移除肌肉、掀開大腦，才會看到耳石（以下皆指體積較大的矢狀石）。然後再用鑷子將耳石取出（相片4.2）。

3.南方黑鮪耳石的摘取

　　南方黑鮪為大型鮪類。因價格昂貴，業者不輕易讓研究人員摘取其耳石，

因摘取耳石會影響賣相。必須用傷害最小，且快速的摘取方法，業者才能接受。首先測量體長（相片4.3a），然後從鮪魚頭部下方的鰓蓋內側用電鑽鑽取內耳的肌肉組織（相片4.3b, c），再由肌肉組織中取出耳石（相片4.3d）。

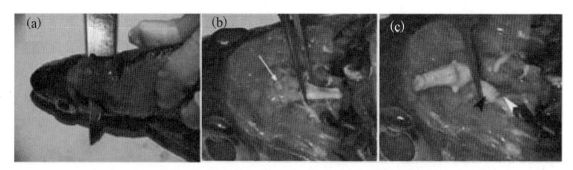

相片4.2 　成魚耳石的摘取。(a)用解剖刀以水平切方式切開條長臀鱈 *Trisopterus luscus*（Gadidae）成魚的頭蓋骨，魚的標準體長25公分。(b)掀開頭蓋骨和肌肉之後大腦明顯可見（白色箭頭）。(c)用鑷子夾取耳石，白色三角形指內耳位置、黑色三角形指矢狀石（詳彩圖P2），相片來源：Ifremer O. Dugomay。

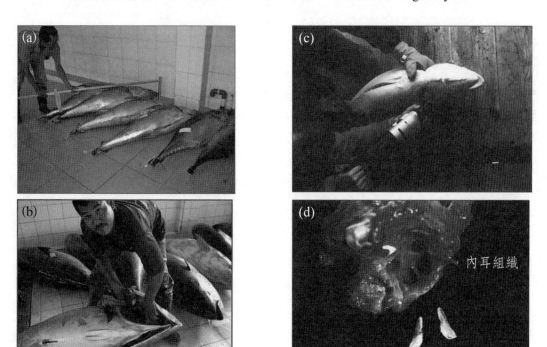

相片4.3 　南方黑鮪耳石的摘取。(a)測量南方黑鮪體長，(b)利用電鑽從冰藏去鰓後的南方黑鮪魚頭部鑽取內耳組織，或(c)從急速冷凍的南方黑鮪頭部側面鑽取內耳組織，(d)從電鑽取出的南方黑鮪內耳組織中取出一對矢狀石（相片：蕭仁傑博士攝影）。

4.2　耳石切面樣品製備流程

　　耳石切面樣品製作的目的，是呈現耳石從原基至邊緣的全程生活史於同一平面，提供：(1)電子微探儀（EPMA）和雷射剝蝕-感應耦合電漿質譜儀（LA-ICPMS）測量耳石化學元素的時序列變化，(2)掃描式電子顯微鏡（SEM）測量耳石的日週輪或年輪，以及(3)同位素質譜儀（IRMS）或熱離子源質譜儀（TIMS）測量耳石氧同位素時，鑽取耳石粉末樣品等之用。

　　圖4.1是分析耳石微化學和微細構造時，其樣品的製備過程和使用的工具。耳石摘取後，先經乾燥、包埋（被膠）、切割、研磨和刨光至耳石原基，呈現耳石從原基至邊緣的整個生活史於同一個平面。然後利用LA-ICPMS測量耳石化學元素，耳石切面樣品不必鍍金，耳石切面樣品刨光至耳石原基後就可

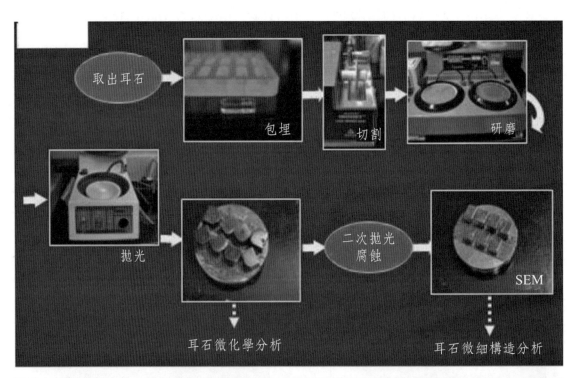

圖4.1　電子微探儀、雷射剝蝕-感應耦合電漿質譜儀和掃描式電子顯微鏡（SEM）測量耳石化學元素和微細構造時的樣品製備流程。耳石經包埋（被膠）、切割、研磨、刨光後進行耳石微化學（Otolith microchemistry）分析。耳石微化學分析後，經二次刨光和腐蝕後，鍍金增加導電度，再利用SEM進行日週輪和年輪等耳石微細構造的分析。

測量耳石化學元素。LA-ICPMS是利用雷射剝蝕的方法，讓元素離子化後測量其元素。利用EPMA測量耳石化學元素時，必須鍍金（Coating），以便增加導電度。耳石粉末樣品，也是耳石研磨至原基後，進行粉末鑽取，而不必用酸腐蝕和鍍金。一般是耳石化學元素測量後，再測量魚類的日齡（日週輪）或年齡（年輪）。以SEM觀察耳石日週輪或年輪時，必須把耳石研磨至原基，再用酸腐蝕耳石樣品的研磨面，使日週輪或年輪呈現凸凹面，鍍金後利用SEM觀察耳石日週輪或年輪。要把耳石研磨、拋光至原基，很難一步到位。一般是先用較粗的研磨紙，由粗磨逐漸進入細磨，其間要不斷利用光學顯微鏡的垂直對焦方式，反覆檢查是否磨到原基，若是磨到原基，則原基和研磨面的焦距是一致的。以SEM觀察日本鰻鰻線耳石日週輪時的耳石樣品製作過程為例，說明如下：

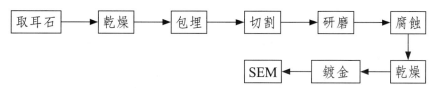

(1) 取耳石：鰻線的耳石有三對，取其中最大的一對（矢狀石）來觀察。首先將鰻線放在培養皿中，在解剖顯微鏡下，用鑷子把鰓蓋掀開，取出耳石。

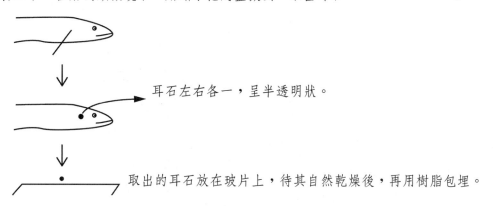

耳石左右各一，呈半透明狀。

取出的耳石放在玻片上，待其自然乾燥後，再用樹脂包埋。

(2) 包埋：以Petropoxy 154包埋劑包埋耳石，包埋劑的調配和耳石被膠的過程如下：

以100℃加熱板或烘箱使樹脂（Resin）預熱五分鐘，每一杯約5ml

趁熱加入凝固劑（Curing agent），凝固劑與樹脂的比例約1：10

攪拌一分鐘使其混合均勻，注意攪拌時勿產生氣泡

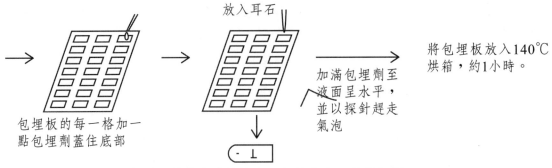

把耳石放在靠邊的地方，勿放中央，以便切割

(3) 切割：以慢速切割機將包有耳石之樣品膠塊切成約3mm×5mm×2mm的適當大小。

(4) 研磨：用光學顯微鏡連續檢查耳石的研磨面，以垂直對焦方式檢查耳石是否磨到核心，若接近核心則改成細磨直到原基為止，再用水磨使研磨平滑並去除研磨劑。

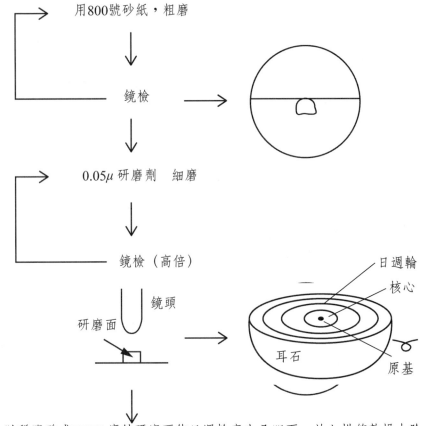

(5) 腐蝕：以稀鹽酸或EDTA腐蝕研磨面使日週輪產生凸凹面，放入烘箱乾燥去除水分。

(6) 鍍金：將樣品鍍金增加導電度，最後利用SEM觀察日週輪。

4.3 耳石樣品製備的工具

1. 耳石包埋劑

　　耳石體積很小，無法用手直接拿來操作，必須被膠，才能切割和研磨。首先將耳石置於塑膠模具中（相片4.4a），然後依一定比例調合環氧樹脂和硬化劑（相片4.4b），澆在耳石上，靜置一兩天後，使樹脂硬化，或放入70℃烤箱經過30～40分鐘加熱使樹脂快速硬化，就完成樹脂包埋的耳石標本，等待樹脂切割、耳石研磨和拋光等動作。包埋劑種類不同，加熱的溫度和時間也不一樣。

2. 耳石切割機

　　樹脂包埋的耳石標本，從包埋模具中取出後，利用慢速切割機（相片4.5），將包埋著耳石的樹脂切割成適當的大小，進行後續的研磨動作。

3. 耳石研磨機

　　相片4.6a是平置轉盤式耳石研磨機。在平置轉盤式研磨機的轉盤上貼上2400號砂紙（相片4.6b），將耳石研磨至原基，再以絨布加上0.05微米的三氧化二鋁刨光劑溶液（1:20）（相片4.6c），將研磨面刨光，最後再用去離子水將刨光面洗淨，就得到經過耳石原基的切面樣本。耳石樣本可保存於96孔塑膠模具中並維持乾燥，以備電子微探儀和雷射剝蝕—感應耦合電漿質譜儀測量耳石化學元素之用，或利用掃描式電子顯微鏡拍攝耳石日週輪影像。

(a)
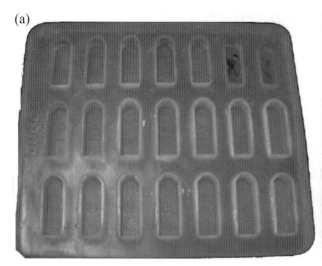

(b)
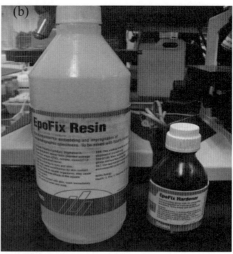

相片4.4　(a)包埋耳石的塑膠模具，(b)環氧樹脂及硬化劑。

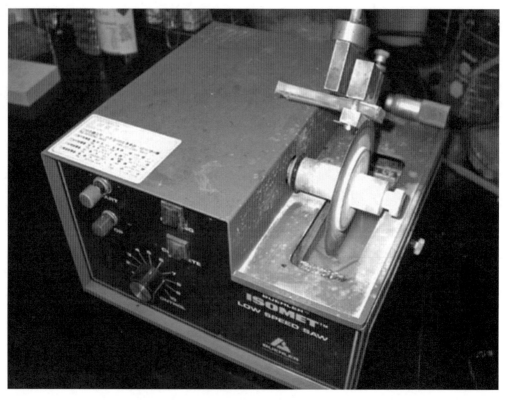

相片4.5　耳石慢速切割機（彩圖P3）。

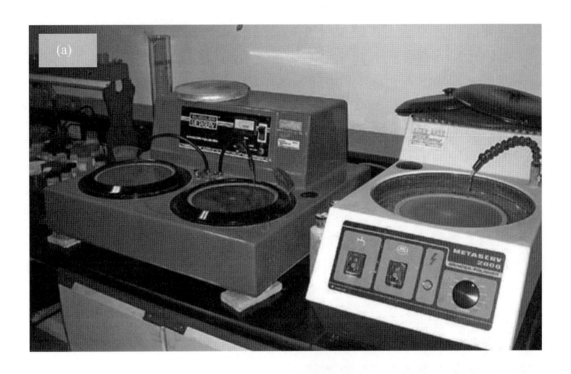

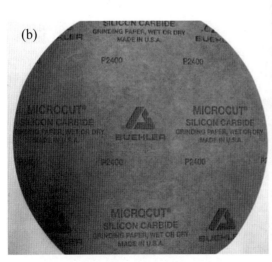

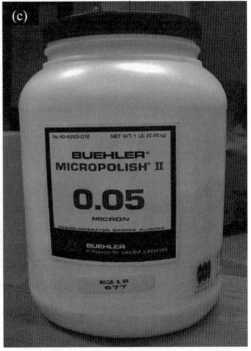

相片4.6　(a)單槽和雙槽平置轉盤式耳石研磨機（彩圖P3），(b)2400號砂紙，(c)耳石拋光劑——三氧化二鋁。

　　耳石要研磨至原基，才能分析魚類從出生至死亡的全生活史過程中的日週輪、年輪和化學元素資訊。如果是直接用透射光或反射光顯微鏡觀察日週輪和年輪，就不必經過上述包埋、切割和研磨步驟。光學顯微鏡的解析度低，只能觀察魚類的年輪或成長快的魚苗的日週輪。掃描式電子顯微鏡的解析度高，可觀察日週輪的微細構造。

　　耳石的研磨面有縱切面、橫切面和水平切面三種（圖4.2）。耳石不同面的生長速度不同，前後軸生長最快、背腹軸次之、內外軸最慢。換句話說，前後軸的輪紋展開度最佳，內外軸最差，尤其是內側方向幾乎看不到輪。因為耳石的生長不對稱、不是正球體，縱切面不容易經過前後方向的最大軸（圖4.2a）。橫切可呈現背腹軸和內外軸的輪（圖4.2b），水平切能呈現前後軸和內外軸的輪（圖4.2c）。不同方向的研磨各有優缺點。鰻線耳石的成長慢，為了讓日週輪的輪距拉大，易於判讀，大都採用水平切方向研磨。柳葉鰻耳石則採用縱切方向研磨，比較方便。成魚耳石的年輪比較沒有解析度問題，為了方便起見，大都採用橫切方向切割再研磨。

4.耳石的腐蝕劑

　　耳石腐蝕的目的，是加強耳石輪紋的對比。乙二胺四乙酸（Ethylenedi-aminetetraacetic acid, EDTA）是製備掃描式電子顯微鏡耳石日週輪樣本的常用腐蝕劑（相片4.7）。耳石日週輪的成長帶和不連續帶在透射光顯微鏡下呈現明帶和暗帶。耳石的研磨面經EDTA或稀鹽酸腐蝕後，明帶和暗帶就變成凸凹面，然後才能用掃描式電子顯微鏡觀察耳石日週輪。耳石日週輪的成長帶生長快、有機質少、碳酸鈣多，不連續帶生長慢、有機質多、碳酸鈣少，經EDTA或稀鹽酸腐蝕去除碳酸鈣後，不連續帶形成凹面、連續帶形成凸面，掃描式電子顯微鏡才能觀察到日週輪。

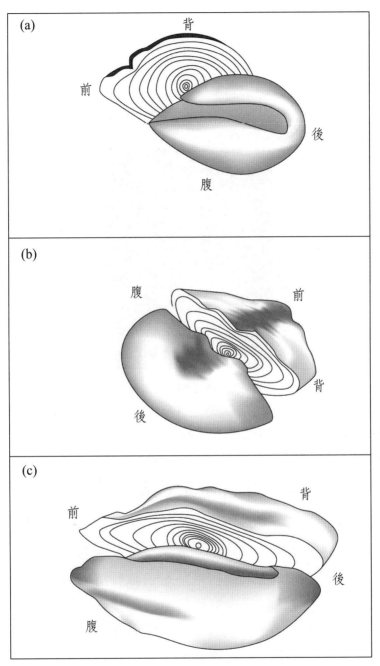

圖4.2　耳石的縱切面(a)、橫切面(b)和水平切面(c)的示意圖。

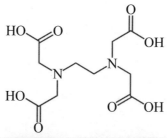

相片4.7 耳石的腐蝕劑——乙二胺四乙酸（EDTA）。EDTA為六齒配體，它的4個酸和2個胺可與鈣離子組成螯合物，帶走耳石表面的鈣，讓日週輪呈現凸凹狀，以便於掃描式電子顯微鏡觀察日週輪（相片來源：維基百科）。

4.4　耳石粉末樣品的製備

　　因為耳石中的穩定性碳、氧同位素或鍶同位素非常微量，利用同位素比質譜儀偵測耳石中的碳、氧同位素或利用熱離子源質譜儀偵測耳石中的鍶同位素時，無法像電子微探儀或雷射耦合電漿質譜儀那樣直接在耳石上打點來取樣進行原位（in situ）分析，必需利用電腦自動化控制的微取樣儀（Micromill）鑽取足夠量的耳石粉末樣品。耳石體積小，鑽取耳石粉末樣品有一點難度，因為微取樣儀的鑽頭直徑只能縮小至20～50微米，單一個鑽取點的粉末量又必須到達50～100微克（Gao and Beamish 1999）。若鑽取的面積太小，粉末量會不足以量測，鑽取面積過大，則喪失耳石的時間解析度。

1. 耳石粉末樣品鑽取前的樣品製備

　　以南方黑鮪的耳石為例，說明微取樣儀如何鑽取耳石粉末樣品。首先，將耳石置於塑膠模具中，然後用環氧樹脂及硬化劑包埋耳石，再利用大型切割機將耳石橫向切割成薄片（相片4.8a～d）。接著進行研磨和刨光，然後以複合式光學顯微鏡拍攝耳石年輪（相片4.8e），再沿著腹側的耳石年輪鑽取粉末。

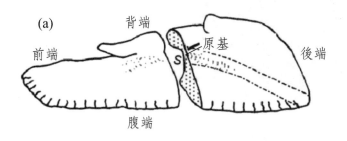

(e)

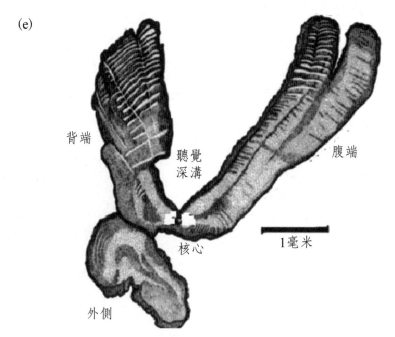

背端

聽覺
深溝

腹端

1毫米

核心

外側

相片4.8　南方黑鮪耳石樣品的包埋、切割、研磨和刨光。(a)耳石外觀和橫切面示意圖，
　　　　S：聽覺深溝，(b)耳石整齊排列在環氧樹脂包埋的塑膠模具中，(c)利用大型切
　　　　割機將耳石橫向切割，(d)橫切後的耳石薄片標本，(e)耳石橫切面的三個軸和年
　　　　輪（相片b～d：澳洲研究人員提供）。

2.利用微取樣儀鑽取耳石粉末

　　首先用熱溶膠將耳石薄片標本固定在微取樣儀（Micromill）的取樣臺
上。然後根據所需的耳石粉末量和耳石密度，決定鑽頭要鑽取的面積和深度。
耳石粉末量（V）的計算如下：

$$V = 面積 \times 深度 \times 耳石密度$$

　　電腦設定取樣面積和深度等參數後，由半自動控制的微取樣儀鑽取耳石粉
末（相片4.9a）。以平行年輪的方式，由耳石邊緣至原基每隔10或20微米的
距離鑽取耳石粉末（相片4.9b）。每取一次粉末，隨即裝入微取樣瓶封存，等
待質譜儀分析。

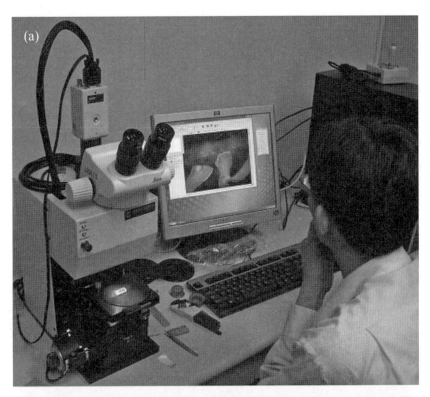

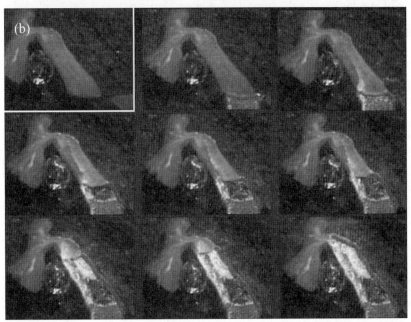

相片4.9 微取樣儀鑽取南方黑鮪耳石粉末樣品的過程。(a)由電腦自動控制微取樣儀鑽頭,設定要鑽取的耳石樣品面積和深度;(b)微取樣儀的鑽頭從耳石腹軸邊緣往原基陸續鑽取粉末(彩圖P4)(蕭仁傑博士提供)。

延伸閱讀

Gao YW and Beamish RJ (1999) Isotopic composition of otoliths as a chemical tracer in population identification of sockeye salmon (*Oncorhynchus nerka*). Can. J. Fish. Aquat Sci. 56: 2062-2068.

Panfili J, Pontual H, Troadec H and Wright PJ (2002) Manual of fish sclerochronology. Brest, France: Ifremer-IRD coedition. 464pp.

Secor DH, Dean JM and Laban EH (1992) Otolith removal and preparation for microstructural examination, pp.19-57. *In*: D.K.Stevenson and S.E. Campana (ed.) Otolith microstructure examination and analysis. Can. Spec. Publ. Fish. Aquat. Sci.117.

Stevenson, DK and Campana SE (eds.) (1992) Otolith microstructure examination and analysis. Can.Spec. Publ. Fish. Aquat. Sci. 117: 126.

Tzeng WN (1990) Relationship between growth rate and age at recruitment of *Anguilla japonica* elvers in a Taiwan estuary as inferred from otolith growth increments. Mar. Biol. 107: 75-81.

Tzeng WN (1996) Effects of salinity and ontogenetic movements on strontium: calcium ratios in the otoliths of the Japanese eel, *Anguilla japonica* Temminck and Schlegel. J. Exp. Mar. Biol. Ecol. 199: 111-122.

第 5 章

耳石日週輪和年輪判讀
Examination of Daily Growth Increment and Annulus in Otolith

　　耳石日週輪和年輪的判讀，是揭開魚類神祕生活史面紗的第一步工作。本章以虱目魚（*Chanos chanos*）魚苗和日本鰻（*Anguilla japonica*）鰻線，以及烏魚和美洲鰻的成魚爲例，分別說明耳石日週輪和年輪的構造和判讀方法。

　　虱目魚苗生長快，其耳石日週輪的輪距寬，光學顯微鏡的解析度即足以觀察其日週輪。日本鰻鰻線生長慢，其耳石日週輪的輪距窄，耳石必須經過切割、研磨和酸蝕刻後，用高倍數的掃描式電子顯微鏡觀察其日週輪才會比較清楚。年輪的輪距，理論上比日週的輪距寬365倍，耳石不必切割和研磨，用低倍的光學顯微鏡即可觀察其年輪。但耳石經過切割、研磨和酸蝕刻後，使年輪聚焦在同一平面上，會比較清楚，而不會出現年輪投影時的模糊和扭曲現象。

5.1　虱目魚苗的耳石日週輪構造

　　虱目魚苗生長快，耳石薄且透光度佳，日週輪輪距寬，高倍光學顯微鏡的解析度即可觀察其日週輪（Tzeng and Yu, 1988, 1989, 1990, 1992）。耳石（矢狀石）從魚體取出後，先用鑷子去除耳石表面附著的組織、用清水洗去組織液、再用去離子水（ddH$_2$O）洗淨耳石、自然風乾或置入50℃的烘箱烘乾24小時後，取出耳石，用透明樹脂和蓋玻片將耳石固定在載玻片上，在光學顯微鏡下即可觀察日週輪。

　　相片5.1a是放大5100倍所看到的一尾孵化後6天、體長5.4毫米的虱目魚苗的耳石日週輪（Tzeng and Yu, 1988）。這是世界上第一張虱目魚耳石日週輪照片，由前動物系組織學專家黃仲嘉教授協助拍攝。虱目魚的耳石日週輪和其他魚類一樣，由一個「成長帶」和一個「不連續帶」交互沉積而成。一個日週輪的形成時間大約24小時。白天虱目魚苗生長較快，耳石形成成長帶，清晨呈飢餓狀態、血鈣濃度低，於是形成不連續帶。成長帶碳酸鈣含量較多。不連續帶碳酸鈣含量較少，有機物相對較多。在透射光相位差光學顯微鏡的暗視野下，成長帶呈現暗帶（Dark band），不連續帶呈現明帶（Light band）。相片5.1a的第一個成長帶（暗帶）為非結晶構造（Amorphous structure），是虱目魚苗的卵黃囊仔魚期階段形成的，亦即由卵黃囊營養所形成，虱目魚苗孵化後大約兩天卵黃囊就吸收完畢，接下來的四個輪寬不一致的成長帶，為針狀結晶構造，是虱目魚開始攝取餌料之後所形成。成長帶之間為不連續帶（明帶），第三個不連續帶的輪寬較小。

　　相片5.1b是孵化後第13天的虱目魚苗的耳石日週輪，其構造與上述相片5.1a相似。但是放大倍數只有1600倍，以致日週輪的微細構造沒有那麼清楚。

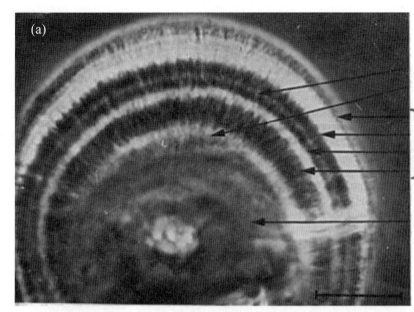

第3個不連續帶
第1個不連續帶

之後的成長帶

第一個成長帶

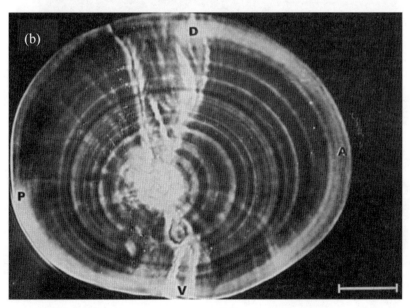

相片5.1　虱目魚苗耳石（矢狀石）日週輪的光學顯微鏡相片，耳石日週輪在透射光相位差顯微鏡暗視野下成長帶呈現暗帶，不連續帶呈現明帶。(a)孵化後第6天體長5.4毫米的虱目魚苗的耳石日週輪，日週輪的第一個成長帶（暗帶）為非結晶構造，是魚苗在卵黃囊階段形成的，之後的成長帶為針狀結晶構造，是魚苗開始攝食後、從水中吸取鈣離子時形成的。(b)孵化後第13天體長8.4毫米的虱目魚苗的耳石日週輪。圖(a)放大5100倍、比例尺為10微米；圖(b)放大1600倍、比例尺為20微米。A＝前端，P＝後端，D＝背部，V＝腹部（Tzeng and Yu 1988）。

5.2 耳石日週輪的電腦輔助判讀

利用光顯微鏡結合影像處理系統（Video-Microscope–IBM/PC image analysis system, VISION VID-512）（相片5.2），半自動判讀耳石日週輪，可以減少人為誤差。例如相片5.1a虱目魚苗耳石的第三個成長帶和不連續帶的輪寬均較窄，肉眼觀察很容易忽略。但經由影像處理系統處理後，輸出的耳石日週輪灰階數位圖，則很清楚地呈現第三個成長帶（I3）和不連續帶（D3）（圖5.1）。影像處理不失為判讀耳石日週輪的絕佳輔助工具（Tzeng and Yu 1988）。

相片5.2　影像處理系統（包括顯微鏡、攝影機和電腦）及顯示器銀幕上的耳石日週輪和灰階度變化。

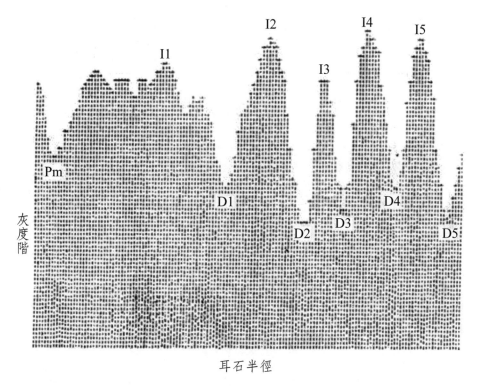

圖5.1　耳石日週輪的數位灰階圖。波峰（I1～4）和波谷（D1～4）分別表示相片5.1的成長帶和不連續帶。Pm：耳石原基（Tzeng and Yu 1988）。

5.3　利用掃描式電子顯微鏡判讀耳石日週輪

　　鰻魚在柳葉鰻的海洋浮游期階段，其成長速度非常慢，耳石日週輪輪距窄，不易判讀。相片5.3是在掃描式電子顯微鏡下所看到的日本鰻鰻線耳石的外觀以及經切割、研磨和酸腐蝕等處理後的日週輪。鰻線的耳石為橢圓形，外側面光滑（相片5.3a），內側面有第八對腦神經與耳石接觸的聽覺深溝（相片5.3b），耳石的前後軸生長最快，其次是背腹軸，內外軸最慢（相片5.3c）。相片5.3d是在掃描式電子顯微鏡下放大2000倍所看到的日週輪，一年形成365輪。耳石原基腐蝕之後呈現凹陷，接著是卵黃囊期形成的放射狀結晶，開始攝餌後形成緊密的日週輪。一個日週輪包括一層成長帶和一層不連續帶。

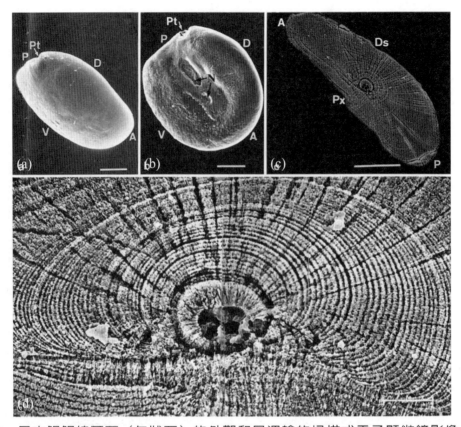

相片5.3　日本鰻鰻線耳石（矢狀石）的外觀和日週輪的掃描式電子顯微鏡影像。(a)鰻
　　　　線耳石的外側觀，其魚體長58.7毫米，1985年12月14日捕自臺灣北部雙溪入海
　　　　口；(b)鰻線耳石的內側觀、其魚體長63.8毫米；(c)耳石水平切面的日週輪、其
　　　　魚體長56.0毫米；(d)是(c)圖的局部放大、明帶為日週輪的成長帶、暗帶為日週
　　　　輪的不連續帶。大寫英文：A ＝ 前端，D ＝ 背面，Ds ＝ 外側端，N ＝ 聽覺深溝，
　　　　P ＝ 後端，Pt ＝ 後端凹槽，Px ＝ 內側端，V ＝ 腹端，比例尺 ＝ 50微米（a,b,c）和
　　　　10微米(d)（Tzeng 1990）。

5.4　用光學顯微鏡直接判讀未經研磨和蝕刻的耳石年輪

　　秋冬季烏魚生長速度變慢，耳石形成年輪。年輪不易透光，在穿透光
顯微鏡下呈現暗帶（相片5.4a）。反之，在反射光顯微鏡下呈現明帶（相片
5.4b）。烏魚每年冬至前後從中國大陸沿岸洄游到臺灣西南海域產卵，相片

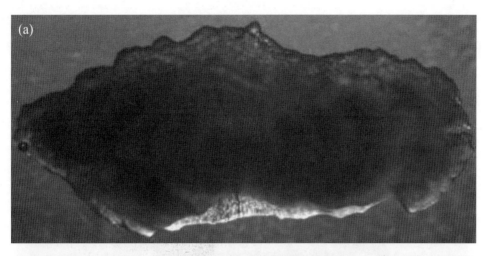

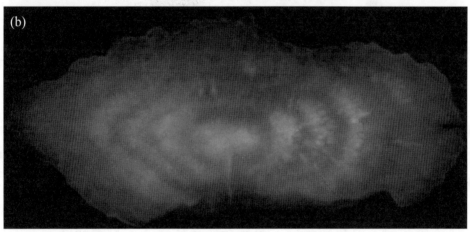

相片5.4　烏魚耳石（矢狀石）的年輪，(a)在穿透光光學顯微鏡下呈現暗帶，(b)在反射光
光學顯微鏡下呈現明帶（彩圖P5）。

5.4a, b，分別有四個年輪，表示四歲。烏魚出生後大約四年後成熟，且一定回
來產卵，因此烏魚又稱之為信魚。

5.5　用光學顯微鏡判讀經研磨和蝕刻後的耳石年輪

耳石是一個球體，用光學顯微鏡把耳石的年輪投影至一個平面時，每個
年輪因無法聚焦在同一平面上而模糊（相片5.4）。如果將上述烏魚的耳石橫

切、研磨至原基、經酸蝕刻後，用光學顯微鏡觀察年輪，則可發現耳石的年輪（暗帶）比較聚焦而薄（相片5.5）。烏魚冬季成長慢，年輪的厚度變薄，經切割、研磨至原基、酸蝕刻後的年輪則比較清楚而沒有不易聚焦的模糊現象。

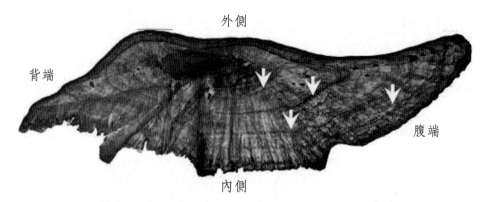

相片5.5　烏魚耳石（矢狀石）橫切面經拋光、酸蝕刻之後，在光學顯微鏡下所呈現的年輪（白色箭頭）。

　　相片5.6是捕自加拿大新科斯河的美洲鰻耳石年輪。耳石經縱切、研磨和酸蝕刻後，在光學顯微鏡下所呈現的年輪非常清楚。因加拿大位於高緯度地區，四季分明，冬季停止生長，年輪清楚。

　　耳石經切割、研磨至原基後，所有年輪呈現在同一平面上，沒有球面投影時不易聚焦的問題。用酸蝕刻後，年輪和非年輪部分會呈現凹凸面，增加年輪的光學折射效果。因此，經切割、研磨和酸蝕刻後的耳石，在光學顯微鏡下，其年輪更清楚。

　　雖然耳石不必切割、研磨和酸蝕刻，在光學顯微鏡下也能看到年輪，但是很模糊。耳石的切割、研磨和酸蝕刻處理，雖較費工，但年輪比較聚焦，在測量年輪半徑和逆算其年齡和體長的關係時，會比較精準。另外，因同一研磨面經過耳石原基可以呈現魚類從出生（原基）到被捕獲為止（耳石邊緣）的耳石成長過程，也是魚類耳石化學元素測量時必須的工作。

相片5.6　美洲鰻耳石（矢狀石）縱切面經拋光、酸蝕刻之後在穿透光顯微鏡下所呈現的年輪。這尾美洲鰻捕自加拿大新科斯河，數字1至18表示年輪（彩圖P5）。

延伸閱讀

Campana SE and Neilson JD (1985) Microstructure of fish otoliths. Can. J. Fish. Aquat. Sci. 41: 1014-1032.

Tzeng WN and Yu SY (1988) Daily growth increments in otoliths of milkfish, *Chanos chanos* (Forsskål), larvae. J. Fish Biol. 32: 495-405.

Tzeng WN (1990) Relationship between growth rate and age at recruitment of *Anguilla japonica* elvers in a Taiwan estuary as inferred from otolith growth increments. Mar. Biol. 107: 75-81.

第 6 章

耳石化學元素的儀器分析
Intrumental Analysis of Otolith Chemical Elements

　　耳石中含有40種以上的化學元素（Chemical elements），依其濃度分為：(1)主要元素（Major elements），濃度大於100 ppm；(2)次要元素（Minor elements），濃度介於1～100 ppm；(3)微量元素（Trace element），濃度小於1 ppm。

　　耳石化學元素的濃度不同，分析的儀器也不一樣（圖6.1）。常用的分析儀器有：(1)電子微探儀（EPMA），可分析主要元素；(2)質子激發X-射線發射分析儀（Proton-induced X-ray emission, PIXE），可分析次要元素，改良式的PIXE，可偵測40種以上的元素，包括氧同位素（Elfman *et al.* 2015）；(3)感應耦合電漿質譜儀（ICP-MS），可測量濃度1 ppm以下的微量元素。

　　本章僅介紹電子微探儀和感應耦合電漿質譜儀兩種常用的儀器，及其分析原理和分析時的耳石樣品製備方法。

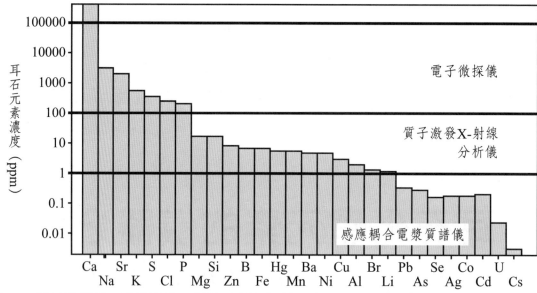

圖6.1　電子微探儀、質子激發X-射線發射分析儀和感應耦合電漿質譜儀所能測定的耳石元素濃度（ppm或ugg^{-1}）範圍，不含耳石的主要元素碳、氧、氮以及稀有放射性元素Ra、Th。

6.1　電子微探儀的分析原理

　　電子微探儀的分析原理，是利用電子束或高能量的質子撞擊耳石樣品表面的測量點，使測量點中元素的原子核內層電子激發，當外層電子回到內層補位時，便釋放出多餘能量的特徵X-射線，由特徵X-射線的波長和強度可偵測耳石樣品中的元素種類和濃度。

　　電子微探儀可測量耳石中的7種主要元素。其中，鍶／鈣元素比值是研究兩側洄游性魚類的重要環境指標。圖6.2是電子微探儀分析耳石中化學元素之示意圖。當耳石樣品元素之電子受到電子微探儀的入射電子束撞擊時，會產生能階跳動，而釋放出X-射線、二次電子和背向散射電子，以及穿透電子等三種訊號。由釋放出的X-射線之波長和強度，與標準樣品者比對之後，就可推定耳石樣品中的元素種類和含量。二次電子和背向散射電子，以及穿透電子訊號可供掃描式和穿透式電子顯微鏡的耳石成像之用。

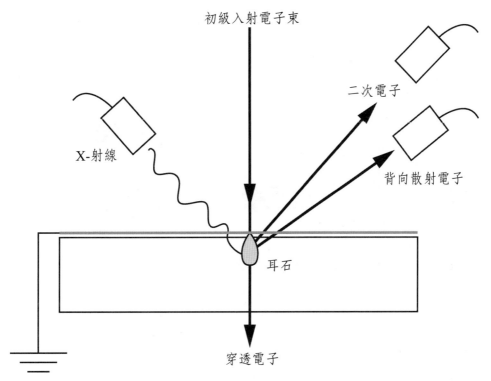

初級入射電子束

二次電子

X-射線

背向散射電子

耳石

穿透電子

圖6.2　入射電子束撞擊到耳石樣品表面時所產生的三種訊號及其應用。(1)X-射線，其波長和強度可供元素定性和定量，(2)二次電子和背向散射電子，供掃描式電子顯微鏡成像之用，(3)穿透電子，供穿透式電子顯微鏡成像之用。

　　圖6.3a是X-射線產生的原理，當樣品中的元素的內層電子受到外來電子束、離子束或光源的激發而脫離電子軌道時，外層電子很快就遷降至內層補位，並釋放出特徵X-射線，或者再激發另外一層電子使其脫離能階產生連續X-射線。圖6.3b顯示鍶、鈣元素所產生的鈣$K\alpha$及鍶$L\alpha$層的特徵X-射線的波長和強度。分析該特徵X-射線的波長和強度，與已知濃度的鈣和鍶標準試片（碳酸鈣$CaCO_3$，Calcite NMNH 136321和碳酸鍶Strontianite $SrCO_3$，NMNH R10065）的特徵X-射線的波長和強度比對（Jarosewich and White 1987），並以ZAF（Z: Atomic number, A: Absorption, F: Fluorescence correction）方法校正計算後，便可推算耳石中的鍶、鈣元素含量（Philibert and Tixier, 1968）。

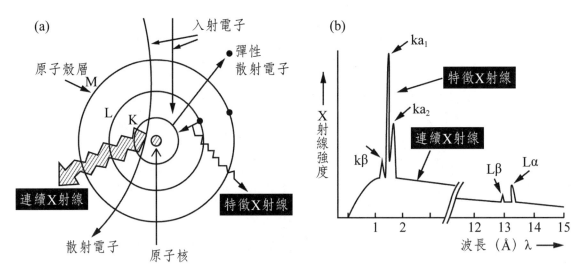

圖6.3　電子微探儀的分析原理。(a)耳石元素的特徵X-射線的產生原理，(b)根據特徵X-射線的波長及強度分析元素的種類和含量（改自林鈞安 1988）。

　　利用電子微探儀測量耳石元素含量時，需要製備耳石切面樣品（製作方法詳第4章）。耳石樣品經乾燥後，以碳膠固定在樣本臺上，再以鍍碳儀在高真空（10^{-5}-10^{-6}torr）環境下鍍上一層約500 Å的碳膜或鍍金，以增加耳石樣品的導電性。設定電子微探儀入射電子束的加速電壓（15 KV）、電流強度（10 nA）和電子束半徑（25微米）。電子束以穿越線打點的方式，從耳石切面上的原基至耳石邊緣撞擊耳石樣品表面，分析撞擊後產生的特徵X-射線的波長及強度與碳酸鍶和碳酸鈣（$Sr_{0.95}$ $Ca_{0.05}$ CO_3）標準試片比對，計算每個測量點的鍶和鈣的重量百分比或鍶鈣濃度比值。

　　除了耳石鍶鈣濃度比的點和線之測量外，也可進行耳石鍶元素濃度的二維掃描，了解整個耳石的元素分布均勻性。圖6.4是捕自立陶宛Curonian潟湖的一尾歐洲鰻的耳石鍶濃度分布，耳石核心是歐洲鰻的柳葉鰻的海洋生活期階段，因海水的鹽度高，所以耳石的鍶濃度也高。歐洲鰻來到波羅的海時，鹽度降低，耳石的鍶濃度也降低。外層是進入淡水性潟湖的生活期，鍶濃度最低。外層出現5個鍶濃度較高的年輪，表示在潟湖生長5年後才被捕，年輪於冬天形成，其鍶濃度升高，表示該歐洲鰻冬天時會從淡水性的潟湖洄游到鍶濃度較高的波羅的海越冬，第21章還有詳細的說明。

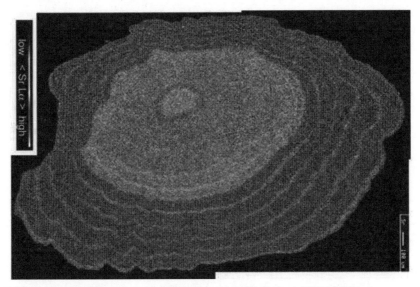

圖6.4　歐洲鰻耳石鍶濃度的二維掃描圖。這隻鰻魚在大西洋藻海（Sagasso Sea）誕生、
　　　　洄游到立陶宛的Curonian潟湖時被捕獲。其耳石鍶濃度和年輪可再現其洄游環境
　　　　史。核心鍶濃度最高，表示大洋的海水生活期。來到波羅的海，海水鹽度下降，
　　　　耳石鍶濃度也下降。進入鹽度接近零的潟湖後，耳石鍶元素濃度更低，同心圓為
　　　　年輪，共5輪，表示在潟湖生長5年後才被捕（Dr. Toshiyuki Iizuka製作）。

6.2　感應耦合電漿質譜儀的分析原理

　　感應耦合電漿質譜儀的分析原理，是利用高溫高壓使耳石測量點中的元素
離子化，不同元素的質荷比（質量／離子電價，m/e）不同，離子通過質譜儀
的磁場時，偏轉程度不一樣，由偵測器可分辨元素種類和定量。

　　感應耦合電漿質譜儀結合了感應耦合電漿熔炬（ICP）的絕佳游離性能，
以及質譜儀（MS）的高靈敏度與分辨同位素的能力（圖6.5），可用於含量
ppm以下的耳石微量元素的定性和定量。

　　ICP的熔炬管由三層同心石英管組成，皆通入氬氣（圖6.5a）。最外層氬
氣稱為電漿氣流，會於炬管口形成穩定電漿。中層氬氣稱為輔助氣流，有防
止電漿燒熔樣品注入管口的功能，並可調整取樣位置。最內層氬氣稱為載物氣
流，可攜送霧化的液態樣品或樣品微粒進入電漿。熔炬管開口外環繞有連接無

(a)

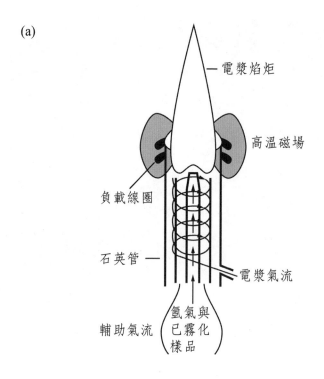

電漿焰炬

高溫磁場

負載線圈

石英管

電漿氣流

輔助氣流

氬氣與
已霧化
樣品

(b)

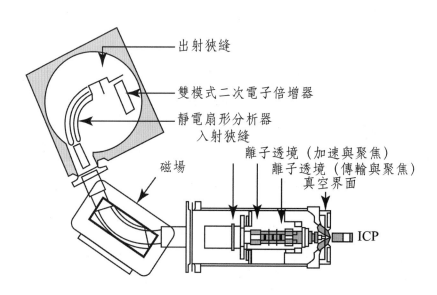

出射狹縫

雙模式二次電子倍增器

靜電扇形分析器
入射狹縫

離子透鏡（加速與聚焦）
離子透鏡（傳輸與聚焦）
真空界面

磁場

ICP

圖6.5　感應耦合電漿質譜儀的構造。(a)產生離子源的感應耦合電漿焰炬管（ICP），(b)
　　　　耦合電漿質譜儀的主體構造。

線電頻率產生器的負載線圈，通電流的線圈會產生感應磁場，促使中性氬原子迅速且大量游離，產生高溫達10000 K的離子化氣體，即電漿。電漿的高溫將載物氣流輸入的樣品乾燥、原子化，進而離子化，使其成為以帶一價正電荷為主的原子態離子或化合物離子。高游離能力及樣品游離後在電價上的均一性，使ICP成為無機質譜儀中相當理想的離子源。

　　經ICP游離的樣品隨後藉由採樣錐與擷取錐建構的真空界面，進入質譜儀的真空環境中，經過離子透鏡的傳輸、聚焦、濾除負離子和不帶電粒子及干擾後，再利用質量分析器，依據離子的質荷比來分辨元素的種類（圖6.5b）。常見的質量分析器有磁場式與四極桿式兩種。磁場式質譜儀是以磁場影響入射離子的行進路徑，使不同元素的離子依序進入偵檢器量測訊號，並在磁場之前或之後配載靜電分析器，以降低離子能量差異影響離子行進路徑。四極桿式質譜儀則是藉由快速改變通過兩對四極桿的直流電與無線電頻率電流的電壓大小，依次使具有特定質荷比的離子通過，進入偵檢器（電子倍增器）測定訊號大小，以進行元素的定性及定量。質譜儀的定量分析，同樣是利用外部標準品建立元素濃度的檢量線，並以內部標準品來校正訊號漂移與取樣的不均一性等，從而計算出元素的絕對濃度，否則測得的含量僅為半定量的結果，比值數據具有較高的精準度。

　　ICP-MS的另一大特點是真空界面的設計，可於常溫常壓下進樣。因樣品型態和進樣系統不同，質譜儀分為雷射剝蝕感應耦合電漿質譜儀（LA-ICP-MS）、液態進樣感應耦合電漿質譜儀（SB-ICP-MS）、熱離子源質譜儀（TIMS），同位素比質譜儀（IRMS）和二次離子質譜儀（Secondary Ion Mass Spectrometry, SIMS）等。質譜儀的耳石樣品製備要求嚴格，且必須在無塵室內進行測量，否則會受空氣中的微量元素汙染。以下僅介紹LA-ICP-MS和SB-ICP-MS的耳石樣品製備和分析方法。

6.3 感應耦合電漿質譜儀的耳石樣品製備和分析

ICP-MS分析耳石微量元素時，因進樣系統不同，耳石樣品的製備方法分為：(1)SB-ICP-MS的液態樣品，和(2)LA-ICP-MS的耳石切面樣品。LA-ICP-MS可藉由數十微米直徑的雷射光束自耳石原基至邊緣，分別取樣分析其元素組成，然後與耳石的日（年）輪對應，來測量耳石微量元素組成的時序列變化。SB-ICP-MS的精度與靈敏度比LA-ICP-MS高，但其樣品導入系統是將整顆耳石溶解於硝酸後分析其元素組成，無法獲得耳石成長過程中元素組成變化的時間訊息。

1.耳石切面樣品

以南方黑鮪的耳石為例（Wang *et al.* 2009），說明LA-ICP-MS分析耳石的微量元素時，樣品製備過程。從南方黑鮪的內耳取出其耳石後，放入離心管中加入10%的H_2O_2水溶液，以超音波震盪5分鐘，去除耳石表面殘留的有機質，洗淨後放入烘箱中烘乾，然後依前述第4章耳石樣品製備方法，將耳石包埋、切割和研磨至原基，再利用高能量的雷射聚焦在樣品上，把剝蝕的樣品激發成電漿狀態，送入高靈敏度的ICP-MS，分析耳石的元素組成。所用的雷射光之波長有266奈米（1,064奈米四倍頻）、213奈米（1,064奈米五倍頻）與193奈米。雷射光經過能量與光徑大小調節裝置，通過一個聚焦鏡片，聚焦在樣品上。其聚焦的孔洞直徑可達到1微米。波長較短的雷射光，可得到比較好的剝蝕效果。由於雷射可聚焦至小於微米的孔洞大小，因此雷射剝蝕法可達到樣品高度空間解析的偵測效果。若使用磁場式質譜儀與聚焦50微米孔洞大小來取樣，其元素濃度的偵測極限約在十億分之0.5～20 ppb之間。

2.液態樣品

以蝦虎魚仔魚的耳石為例（Chang *et al.* 2006, 2008, 2012），說明SB-ICP-MS分析耳石的微量元素時，樣品的製備過程。首先，在解剖顯微鏡下利用玻璃毛細管尖端，從仔魚內耳取出耳石，去除耳石表面組織後，將一對矢狀石的其中一顆放入離心管中加入10%的過氧化氫（H_2O_2）水溶液，以超

音波震盪5分鐘去除耳石上殘留的少量有機質，然後將H_2O_2水溶液抽出，再加入二次蒸餾水，同樣以超音波震盪5分鐘，並重複三次，以洗去耳石上殘留的H_2O_2。洗淨的耳石，置於烘箱中烘乾後，以七位數字的天平，秤重至精度0.01毫克，裝入事先已秤重至精度0.01克的離心管中，並加入2ml 0.3N的硝酸，再秤重至精度0.01克，以超音波震盪兩小時，使其完全混合。為了達到ICP-MS測定的標準，根據耳石秤重的結果計算鈣濃度後，同樣以0.3N的硝酸稀釋至鈣濃度達4ppm。實驗中所使用的離心管，均事先以20～30%的硝酸溶液浸泡24小時後，並以去離子水清洗、晾乾。

　　SB-ICP-MS可測定耳石中的鋰、鈉、鉀、鈣、鍶、鋇、鎂、錳、鐵、鎳、銅、鋅和鉛等13個元素。首先，在實驗室中配置上述13個元素之標準品，將標準品以0.3N的硝酸稀釋，例如，鈣濃度稀釋為0.5ppm、1.0ppm、2.5ppm與5ppm等四個濃度，建立各元素的檢量線。並以0.3N的硝酸做為空白試樣，連續測定空白試樣12次後，計算各個元素濃度的平均值，即為各元素的偵測極限值。在每天分析開始前及結束後各測定一次檢量線與空白試樣，做為計算元素濃度校正的依據。其中2.5ppm為內部標準品，每分析十個樣品便插入一個內部標準品與空白試樣做為校正的依據。

延伸閱讀

林鈞安編（1988）實用生物電子顯微鏡。遼寧科學技術出版社，221頁＋圖版4頁。

Campana SE (1999) Chemistry and composition of fish otolith: pathways, mechanisms and application. Mar. Ecol. Prog. Ser. 188: 263-297.

Chang MY, Wang CH, You CF and Tzeng WN (2006) Individual-based dispersal patterns of larval gobies in an estuary as indicated by otolith elemental fingerprints. Sci. Mar. 70: 165-174.

Jarosewich E and White JS (1987) Strontianate reference sample for electron microprobe and SEM analyses. J. Sediment. Petrol. 57(4): 762-763.

Philibert J and Tixier R (1968) Electron penetration and atomic number correction in electron probe microanalysis. J. Physics D Applied Physics 1(6): 685.

Wang CH, Lin YT, Shiao JC, You CF and Tzeng WN (2009) Spatio-temporal variation in the elemental compositions of otoliths of southern bluefin tuna *Thunnus maccoyii* in the Indian Ocean and its ecological implication. J. Fish Biol. 75: 1173-1193.

第 7 章

耳石的人工標識
Artificial Marking of Otolith

　　耳石含有40多種天然化學元素，可以當做魚類洄游環境的天然指標。利用人工合成的化學元素或改變元素的組成，經由浸泡或注射魚體，使其進入耳石，當做人工標記，可用來區別天然個體和標識的個體。耳石的人工標識，也可用來追蹤標識魚類的洄游和擴散行為、分析仔稚魚族群的加入動態、估計族群的成長率和死亡率、以及驗證耳石日週輪形成的規律性等。本章將介紹鍶同位素和螢光染劑的耳石人工標識法。

7.1　鍶同位素的耳石繼代標識

　　鍶同位素的耳石人工標識原理，是利用耳石碳酸鈣在沉積過程中，其鈣離子會被物理化學性質相近的鍶離子所取代的特性，將人工調配的鍶同位素溶液浸泡或注射於魚體，讓鍶同位素進入耳石，或經由母體吸收，產卵時傳遞到下一代的耳石上。然後利用質譜儀分析標識魚耳石的元素組成，便可識別人工標識的個體。魚體對於同位素沒有生理上的選擇效應，標識之後也不易消失，能

夠永遠記錄在耳石內。鋇同位素的耳石標識技術已成功應用在海洋浮游期仔魚的擴散行為及其族群加入動態等研究（Thorrold *et al.*, 2001, 2002）以及繼代標識（Thorrold *et al.* 2006）。舉例說明鋇同位素的耳石繼代標識方法如下：

　　自然環境中，$^{138}Ba/^{137}Ba$的鋇同位素比大約是6.4。如果以81.9%的^{137}Ba和17.4%的^{138}Ba，也就是$^{138}Ba/^{137}Ba$比值為0.21的高濃度氯化鋇（$^{137}BaCl_2$）溶液注射至即將產卵的條紋鋸鮨（*Centropristis striata*）母魚腹腔內，就能將比值為0.21的鋇同位素（$^{138}Ba/^{137}Ba$）標識到其卵巢，仔魚發育初期吸收來自母體的卵黃囊時，鋇同位素就會傳遞至仔魚的耳石內（Thorrold *et al.* 2006）。換句話說，由人工的鋇同位素標識，就可識別條紋鋸鮨產生的子代，研究其子代的擴散行為、成長率和死亡率，以及族群加入動態等。此概念可用來嘗試鰻魚的繼代標識，因為到現在為止還不知道在我們的河川長大、成熟、降海產卵的日本鰻，其生下來的子代會不會回到原來的河川，還是隨機漂到中國大陸或日、韓等其他國家。

　　圖7.1是一個成功的繼代標識案例。受標識的母魚，所生的子代之耳石，其$^{138}Ba/^{137}Ba$比值（0.21），明顯低於實驗對照組。鋇同位素的耳石繼代標識是一個非常有創意的研究。市售的鋇同位素有四種：^{135}Ba、^{136}Ba、^{137}Ba與^{138}Ba，可以做不同的組合來標示不同的個體。鋇同位素的價格昂貴且易汙染環境，使用時要特別小心。

7.2　耳石的螢光染劑標識法

　　耳石的螢光標識原理，是利用能與鈣離子產生螯合作用的螢光染劑，透過碳酸鈣沉積於耳石時產生螢光環標記。螢光標識能永久保存於耳石。常用的螢光染劑有：氧化四環黴素（Oxytetracycline, OTC）和茜素（Alizarin complexone, ALC）兩種。標識時，將魚體浸泡或是注射OTC和ALC溶液，讓OTC或ALC進入魚體內隨著血液循環系統到達耳石囊的內淋巴液，然後與鈣離子產生螯合作用，沉積在耳石內，形成黃綠色OTC或是紅色ALC的螢光記號。小型魚採用浸泡法、大型魚採用注射法。耳石螢光標識是野外魚類的標

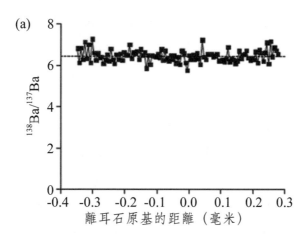

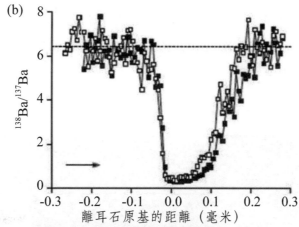

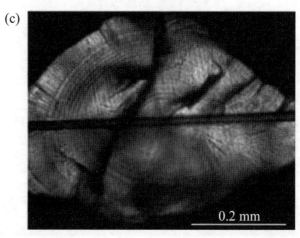

圖7.1　鋇同位素的耳石繼代標識。(a)控制組注射NaCl後，耳石^{138}Ba/^{137}Ba比的變化（虛線為自然界的^{138}Ba/^{137}Ba比值），(b)注射高濃度^{137}BaCl$_2$溶液的母魚所生產的後代，在仔魚階段的耳石核心出現低比值的^{138}Ba/^{137}Ba標識記號，箭頭表示雷射光取樣的移動方向，(c)耳石樣品經雷射剝蝕—感應耦合電漿質譜儀從耳石邊緣經過原基到另一邊緣測量^{138}Ba/^{137}Ba時的痕跡（取自Thorrold *et al.* 2006）。

識放流實驗，用來研究個體成長、洄游和族群動態的常用方法。標識方法和應用例說明如下：

1.浸泡法

螢光染劑濃度愈低、標識時間愈短愈好，以免造成魚類的緊迫感或死亡。日本鰻鰻線在100 ppm OTC的海水（10 psu）浸泡6小時，耳石就會出現OTC螢光環記號（Lin *et al.* 2011）。相片7.1是耳石OTC螢光標記，應用在加拿大美洲鰻銀鰻降海年齡及其成長史的追蹤實驗。美洲鰻的鰻線經OTC浸泡後，在其耳石上產生黃綠色螢光環（相片7.1a）。鰻線在河川中成長，5～9年後由黃鰻變成銀鰻，降海產卵時被捕獲，解剖其耳石，發現當初鰻線被OTC標識的螢光環，依然清晰可見（相片7.1b）。配合耳石上的年輪，分析其成長率與銀鰻降海的年齡之關係，發現成長快者5歲、慢者9歲就會降海產卵（相片7.1c）。

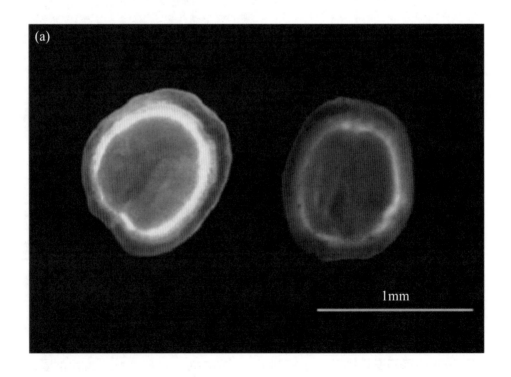

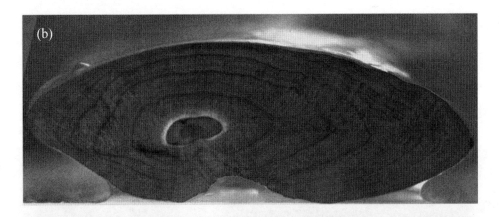

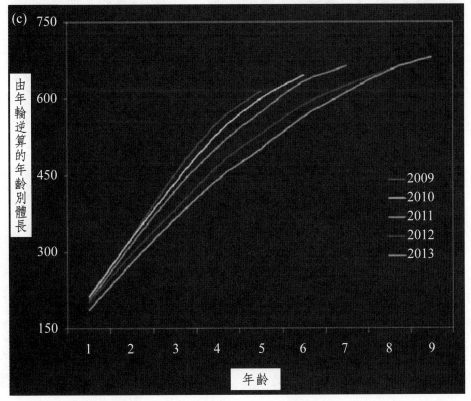

相片7.1　美洲鰻鰻線的標識及其成長和成熟年齡的追蹤調查。(a)加拿大學者於2005年
　　　利用氧化四環黴素（OTC）標識美洲鰻鰻線，使其耳石產生黃綠色OTC螢光標
　　　識環，然後放流於加拿大的Richelieu河。(b)5年後的2009年於St. Lawrence河出
　　　海口捕獲一尾曾經被標識的鰻線，已經長大變成即將降海產卵的銀鰻，其耳石
　　　上的OTC螢光標識環依然清晰可見，有5個年輪，證明年輪與年齡相符（彩圖
　　　P6）。(c)由標識5年後再捕獲的銀鰻的體長和耳石年輪回推其成長曲線，成長
　　　快者5歲（2009年再捕）、慢者9歲（2013年再捕）就降海產卵（相片來源：Dr.
　　　Guy Verreault提供）。

2.注射法

　　黃鰻的體型較大，採用注射法標識其耳石。以OTC 100 ppm/Kg或ALC 75 ppm/Kg的濃度經腹腔注射，飼育一個月後，將之犧牲，取出耳石，在螢光顯微鏡下，就能觀察到耳石上的OTC和ALC螢光標識環（相片7.2）。

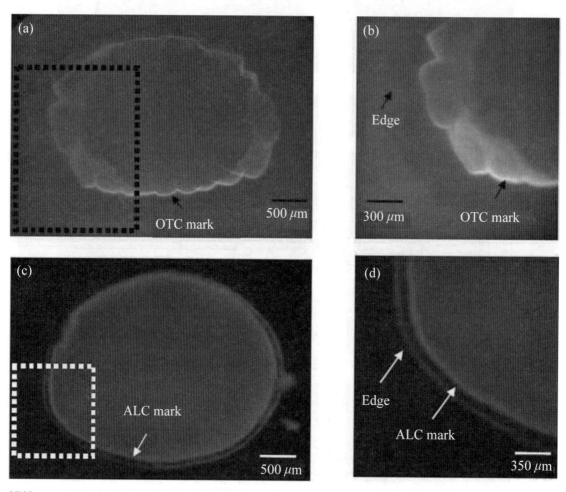

相片7.2　耳石的螢光標識法。日本鰻經由腹腔注射氧化四環黴素和茜素溶液後耳石在螢光顯微鏡下呈現黃綠色OTC標示環（a, b）和紅色ALC螢光標示環（c, d）。（b, d）是（a, c）相片的局部放大。Edge指耳石邊緣，OTC和ALC mark指螢光環記號（彩圖P7）（取自林世賢2011）。

延伸閱讀

林世寰（2011）利用耳石元素組成和標識放流實驗研究日本鰻在河川內的洄游環境史及棲地利用特徵。國立臺灣大學漁業科學研究所博士學位論文。

Lin SH, Chang SL, Iizuka Y, Chen TI, Liu FG, Su MS, Su WC and Tzeng WN (2009) Use of mark-recapture and otolith microchemistry to study the migratory behaviour and habitat use of Japanese eels (*Anguilla japonica*) . J. Taiwan Fish. Res. 17(2): 47-65.

Thorrold SR, Latkoczy C, Swart PK and Jones CM (2001) Natal homing in a marine fish metapopulation. Science (Washington, D.C.) 291: 297-299.

Thorrold SR, Jone's GP, Hellberg ME, Burton RS, Swearer SE, Neigel JE, Morgan SG and Warner RR (2002) Quantifying larval retention and connectivity in marine population with artificial and natural markers. Bull. Mar. Sci. 70: 291-308.

Thorrold SR, Jone's GP, Planes S and Hare JA (2006) Transgenerational marking of embryonic otoliths in marine fishes using barium stable isotopes. Can. J. Fish. Aquat. Sci. 63: 1193-1197.

第 8 章

耳石日週輪的驗證
Validation of Otolith Daily Growth Increments

　　日週輪是否一天形成一輪，必須驗證，才能用來推測魚類的日齡。本章以虱目魚苗、大眼海鰱（*Megalops cyprinoides*）的柳葉型仔魚和烏魚苗為例，證明其耳石日週輪一天形成一輪。

　　虱目魚苗容易取得，且其耳石日週輪清晰，是驗證沿岸性魚類耳石日週輪的代表性魚種。柳葉鰻變態日齡是研究日本鰻初期生活史的重要參數，但日本鰻在大洋產卵，其柳葉鰻不易取得和飼養。大眼海鰱和日本鰻同樣都是兩側洄游性魚類，大眼海鰱在沿近海產卵，其柳葉型仔魚容易取得和飼養，而且生命週期短，是取代日本鰻驗證柳葉鰻耳石日週輪的代表性魚種。烏魚是臺灣沿近海的經濟魚類，其魚苗也容易取得和飼養，是驗證沿近海魚類耳石日週輪的代表性魚種。

8.1　利用人工虱目魚苗驗證耳石日週輪

耳石日週輪是否一天形成一輪，有兩種驗證方法：(1)從魚卵孵化後，逐日檢查魚苗耳石的日週輪數目與孵化後的天數（或日齡）之關係（Tzeng and Yu 1988）。(2)利用氧化四環黴素螢光標識劑溶液，浸泡從野外採集的魚苗，計算耳石標識後新生的日週輪數目與飼養天數之關係（Tzeng and Yu 1989）。以虱目魚苗為例，分別說明兩種驗證方法如下：

1.繁殖場的虱目魚苗之採集和測量

為了驗證虱目魚苗的耳石日週輪，1986年4月和8月派遣研究助理于學毓小姐前往屏東縣林烈堂先生的東興魚蝦繁殖場採集孵化後1～17天的虱目魚苗，第17天後魚苗陸續從繁殖場賣至養殖戶後，就不再採集。相片8.1是人工虱目魚苗的發育過程和形態變化，剛孵化的魚苗，其平均體長約為3.6毫米（範圍3.2～4.3毫米），孵化後第9天可長到6毫米左右，第21天可長到12毫米。每天從繁殖場採集虱目魚苗5～10隻，隨即用絕對酒精保存，魚苗標本帶回國立臺灣大學動物系漁業生物學研究室，測量其體長，取出耳石，用光學顯微鏡和個人電腦的影像處理系統拍攝耳石日週輪，計算每天採集的虱目魚苗的耳石日週輪數與孵化後的天數（日齡）之關係。

2.虱目魚苗的成長

圖8.1是虱目魚苗的成長曲線圖。可能是水溫的影響，8月分採集的虱目魚苗成長速度比4月分快。8月4～6日上午6:00的平均水溫為29.04℃，下午3:00為33.11℃，分別比4月12～19日上午6:00的平均水溫（26.15℃）和下午3:00的平均水溫（29.48℃）高約3度（Tzeng and Yu 1988）。

3.虱目魚苗耳石日週輪數與日齡的關係

4月分和8月分虱目魚苗的成長率雖然不同，但其耳石日週輪數目（Y）與孵化後的天數（X）之關係不變（圖8.2）。

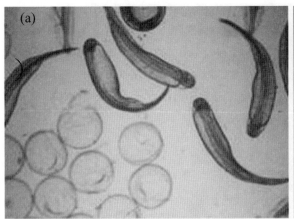
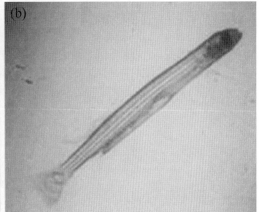
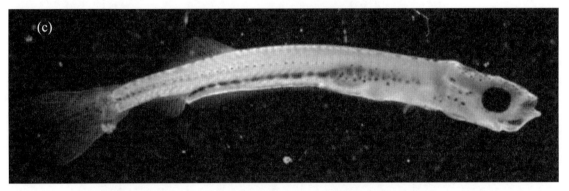

相片8.1　人工虱目魚苗的發育過程和形態變化。(a)剛孵化的虱目魚苗，球體為卵殼。(b)
　　　　孵化後第9天的虱目魚苗。(c)孵化後第21天的虱目魚苗，全長約12毫米，背鰭、
　　　　臀鰭和尾鰭以及消化道色素胞都很明顯，表示運動和消化器官已很發達。相片
　　　　(a)、(b)是東港水產試驗所張賜玲博士提供，相片(c)的標本是周瑞良先生於2017
　　　　年5月15日取自屏東縣林烈堂先生的東興魚蝦繁殖場（彩圖P7）。

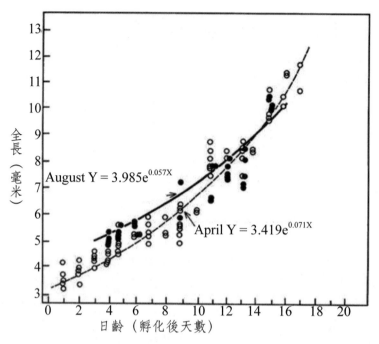

圖8.1　虱目魚苗孵化後1-17天的指數式成長方程式的月間比較。虱目魚苗標本於1986年4月和8月取自屏東縣東興魚蝦繁殖場（Tzeng and Yu 1988）。

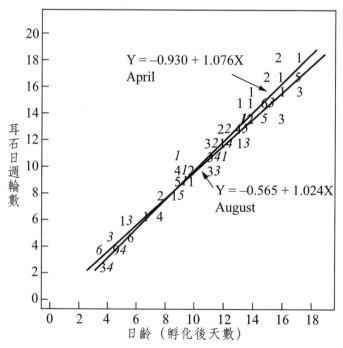

圖8.2　虱目魚苗孵化後的天數與耳石日週輪數的直線關係式之月間比較。虱目魚苗標本於1986年4月和8月取自屏東縣東興魚蝦繁殖場。圖中數字為檢查耳石日週輪的樣本數（正體：4月，斜體：8月）。

$$4月\ Y = -0.930 + 1.076X\ (n = 80,\ r = 0.979)$$
$$8月\ Y = -0.565 + 1.024X\ (n = 67,\ r = 0.984)$$

上述兩條迴歸方程式的斜率分別為1.076（4月）和1.024（8月），皆與1.0無顯著性差異，表示其耳石日週輪，不論月分如何都是一天形成一輪。截距為-0.930（4月）和-0.565（8月），表示虱目魚苗從孵出後皆在第二天開始攝餌後才形成第一個日週輪。因此，利用日週輪數來推算虱目魚的日齡時都要往前加一天（Tzeng and Yu 1988）。8月分的水溫雖然比4月分高約3℃，並沒有在孵出後當天就開始形成日週輪。以上實驗證明利用日週輪來推算虱目魚苗的日齡（孵化後天數）是可信的。

8.2　利用野生虱目魚苗驗證耳石日週輪

野生虱目魚苗從沿岸水域採集後，利用OTC溶液標識其耳石，計算標識後新生的日週輪數與飼養天數之關係（Tzeng and Yu 1989）。1987年8月5日和8日研究團隊於臺灣北部宜蘭縣沿岸，利用手操網採集野生虱目魚苗，其體長為11.2毫米至14.5毫米，平均13.5毫米。採集後，將虱目魚苗馴養於自然光週期、28℃室溫、鹽度16.5 psu的天然海水中。首先測試OTC的有效濃度和最適標識時間，在7種OTC濃度（50、100、200、300、400、500、600毫克／公升）和5種浸泡時間（1.5、3.0、6.0、12.0、24.0小時）的35種組合的標識實驗測試中，發現最適標識濃度為400～500毫克／公升、最適標識時間為24.0小時。以此濃度和時間進行野生虱目魚苗耳石OTC標識，來證明其日週輪。標識之後，將魚苗分成成長率快和慢的兩組進行飼育。成長率快的飼育組，飼育密度為1.5尾魚／公升，水溫28～30℃；慢者密度為15尾魚／公升，水溫25～26℃。食物供給也有差異，以便加強成長率的快慢差異程度。成長率快的飼育組每隔0、10、20和30天取樣一次，成長率慢的飼育組每隔0、7、14和21天取樣一次。魚苗測量體長後，取出耳石，首先利用螢光顯微鏡（入射紫外光的激發波長400～440奈米，濾鏡波長470奈米）確認OTC標識環，然後再利用穿透光顯微鏡結合個人電腦影像處理系統（詳第5章5.2節）計算每一

隻虱目魚苗標本在耳石OTC標識環之後的新增日週輪數與飼育天數之關係，並分析虱目魚苗成長率快慢，會不會影響耳石日週輪形成的規律性，詳細分別說明如下：

1. 耳石的標識和辨識

　　虱目魚苗浸泡OTC溶液後，OTC隨著血液循環，進入耳石囊後，會和Ca^{2+}離子產生螯合作用沉積於耳石，形成金黃色螢光環的日週輪，在螢光顯微鏡下可辨識OTC標識環的位置。相片8.2a，c和d分別為上述虱目魚苗成長率慢的飼育組的耳石OTC標識環，以及OTC標識之後耳石新增的日週輪數。相片8.2b，e分別為成長率快的飼育組的耳石OTC標識環，以及OTC標識之後耳石新增的日週輪數。

　　野生虱目魚苗的平均體長（全長）為13.5毫米，成長率快的虱目魚苗經過10天的飼育，體長增加至19.1毫米。成長率慢的虱目魚苗經過14天的飼育，體長才增加到14.1毫米。體長增加的快慢也反應在耳石成長，體長增加快者，其耳石的新增部分（相片8.2b）遠大於體長增加慢者的新增部分（相片8.2a，c）。成長率快者和慢者的新增日週輪數分別為10和14，與OTC標識之後的飼育日數皆吻合（相片8.2d, e）。

2. 體成長與耳石成長

　　圖8.3和圖8.4是虱目魚苗經OTC標識後，分別飼養在兩組不同密度、溫度和餌料量之下，其體成長和耳石成長的快、慢之差異。OTC標識前，兩組虱目魚苗的平均全長很相似，分別為13.8和13.0毫米。飼養過程中，兩組的體成長和耳石成長的差異逐漸加大，成長快的飼養組每日平均體成長率為0.37～0.44毫米，成長慢者的成長率為0.07～0.26毫米（圖8.3）。兩組的耳石日平均成長率之差異也有同樣的傾向（圖8.4）。

　　圖8.5是上述成長快和成長慢的兩組虱目魚苗的體長和耳石半徑的相對成長關係之比較。以共變數分析法（Covariance analysis）檢定結果，發現成長率快者的相對成長方程式的斜率（1.668）比成長率慢者（1.712）小。也就是說，耳石成長率隨魚體增大而遞減。

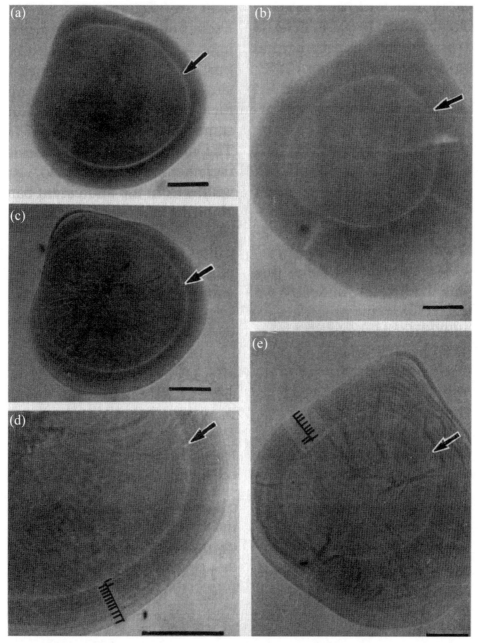

相片8.2　虱目魚苗耳石的OTC標識和標識後形成的日週輪。魚苗在OTC溶液（400～500毫克／公升）浸泡24.0小時後耳石產生的OTC螢光環。（a、c、d）OTC標識後飼育14日（體長14.1毫米），（b、e）OTC標識後飼育10日（體長19.1毫米）。（a、b）螢光照片顯示螢光標識環，（c、d、e）螢光和穿透光照片顯示螢光標識環之後的日週輪。（d）是（c）的局部放大。箭頭指OTC的螢光標識環，比例尺 = 50微米（Tzeng and Yu 1989）。

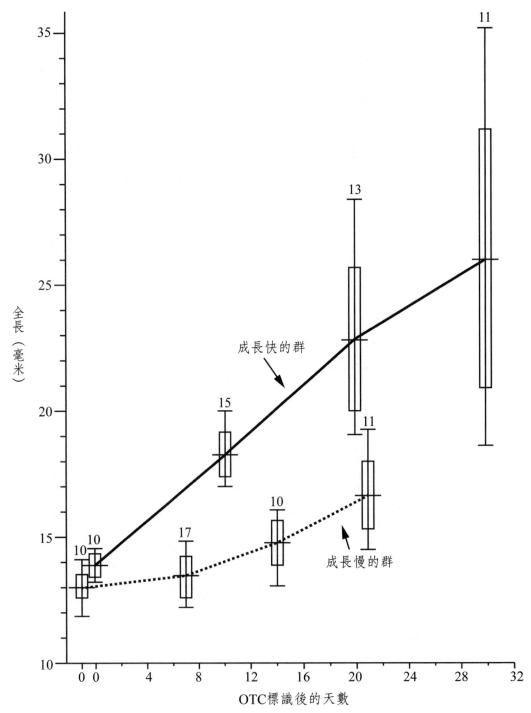

圖8.3　虱目魚苗耳石經OTC標識後，成長快者和成長慢者的平均全長之比較。圖中數字為測量的樣本數，長方型為平均值±1SE，垂直線表示測量值的高低值（Tzeng and Yu 1989）。

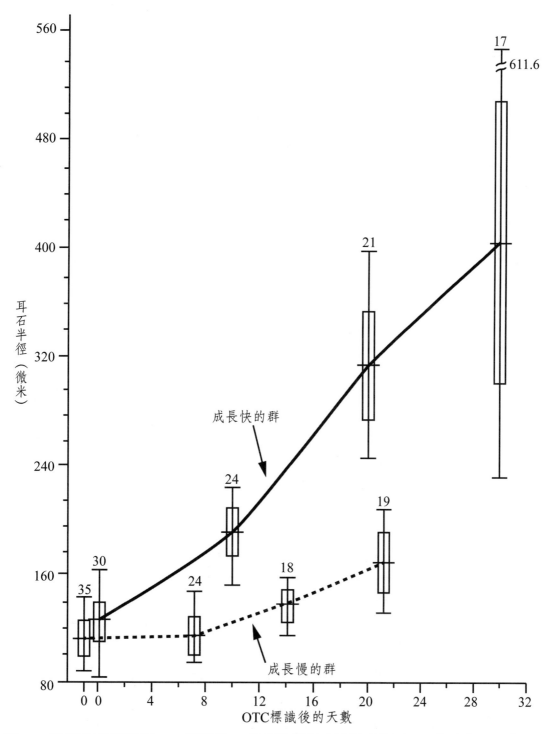

圖8.4　虱目魚苗耳石經OTC標識後，成長快者和成長慢者的耳石平均半徑之比較。圖中數字為測量的樣本數，長方型為平均值±1SE，垂直線表示測量值的高低值（Tzeng and Yu 1989）。

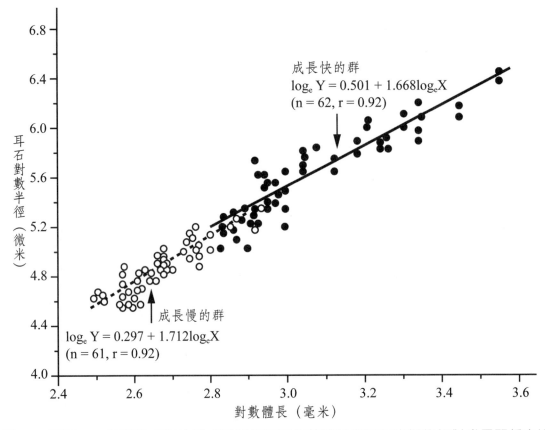

圖8.5 耳石OTC標識後成長快和成長慢的虱目魚苗體長和耳石半徑的相對成長關係之比較（Tzeng and Yu 1989）。

3. 成長速率不會影響耳石日週輪一天形成一輪的規律性

圖8.6分別爲OTC標識後成長快和成長慢的虱目魚苗耳石的新增日週輪數（Y）與飼育天數（X）之關係。兩者的迴歸直線之斜率分別爲0.94（成長快者）和1.07（成長慢者），皆與1.0沒有顯著性差異（t-test, $p > 0.05$），表示耳石日週輪一天形成一輪的規律性不受成長快慢的影響。

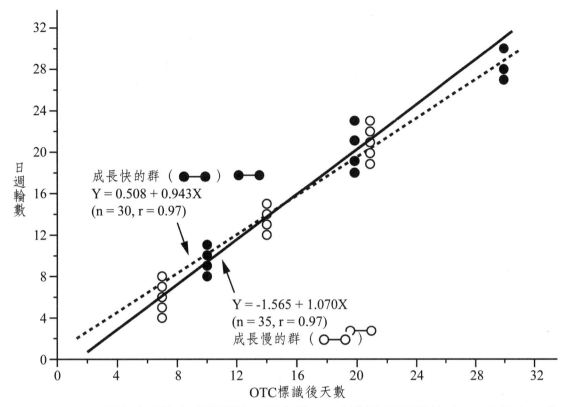

圖8.6　OTC標識後成長快和成長慢的虱目魚苗耳石新增的日週輪數（Y）與飼育天數
　　　　（X）的關係之比較（Tzeng and Yu 1989）。

8.3　飢餓對虱目魚苗成長和耳石日週輪形成的影響

1.實驗設計

　　天然水域餌料生物的分布不是很均勻和豐富，虱目魚苗經常出現飢餓狀況
（Taki *et al.* 1990）。為了了解付飢餓對虱目魚苗成長和耳石日週輪形成的
規律性之影響，1988年8月18日研究團隊從宜蘭縣頭城鎮海邊的碎波帶採集虱
目魚苗，其體長（全長）為11.0～17.0毫米，平均14.2毫米。採集之後，將虱
目魚苗在密度6～7尾魚／公升、水溫29℃、鹽度10psu、自然光週期下馴化4
天，並餵食鰻苗人工飼料，然後以OTC（濃度400毫克／公升）浸泡虱目魚苗
24.0小時，標識虱目魚苗的耳石。標識完成之後，隨即移至鹽度10psu的天然

海水，進行不同餵食頻率和飢餓對虱目魚苗耳石日週輪形成規律性的影響之實驗。十天之後，再進行第二次OTC標識，然後所有的實驗組別都恢復一天餵食三次的頻率。第二個10天之後完成實驗，犧牲虱目魚苗，取出耳石，檢查OTC標識記號和兩次標識後耳石日週輪形成的情形（表8.1）。

表8.1　不同餵食頻率和飢餓對虱目魚苗耳石日週輪形成規律性的影響之實驗設計，以及實驗期間的死亡率之比較

| 組別 | 餵食頻率 | | 重複數 | 樣本數 | 死亡數 | | | 死亡率 (%) |
	階段1	階段2			階段1	階段2	合計	
控制組	1/24h	3/24h	1	50	1	0	1	2
F1	1/24h	3/24h	1	50	0	3	3	6
			2	50	0	1	1	2
F3	3/24h	3/24h	1	50	0	0	0	0
			2	50	0	0	0	0
飢餓組	STAV	3/24h	1	50	4	9	13	26
			2	50	2	3	5	10

註：控制組無OTC標識，實驗組（F1，F2和飢餓）兩次OTC標識之後的餵食頻率不同：1/24h和3/24h指一天餵食一次和三次，STAV指飢餓組在第一階段一天餵食一次後飢餓4天（Tzeng and Yu 1992a）。

2.飢餓對虱目魚苗成長和耳石成長的影響

虱目魚苗實驗開始前（Start）的平均體長（全長）為14.2毫米，兩個不同餵食頻率的實驗組F1和F3，飼育20天後的平均體長分別為19.7和19.2毫米（圖8.7）。經t-test檢定結果，發現F1和F3組之間的平均體長沒有顯著性差異（$P > 0.05$），但飢餓組的平均體長（17.0毫米）則明顯小於F1和F3組的平均體長（$P < 0.01$）。同理，耳石的平均半徑（圖8.8）和耳石日週輪的平均輪寬（圖8.9），經t-test檢定結果也是飢餓組小於F1和F3組。

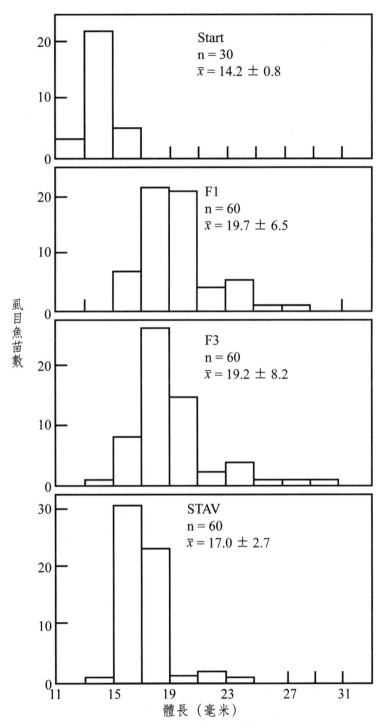

圖8.7 虱目魚苗實驗開始前（Start）以及實驗20天後兩種餵食頻率（F1, F3）和飢餓（STAV）組的平均體長之比較。F1、F3、STAV參考表8.1，n＝樣本數，x̄＝平均值±標準偏差。

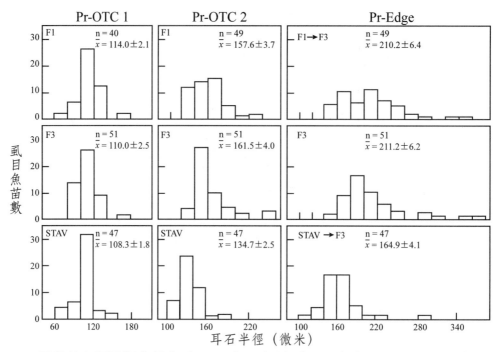

圖8.8   虱目魚苗在不同餵食頻率（F1, F3）、飢餓（STAV）飼育下不同階段（Pr-OTC1,
　　　　Pr-OTC2, Pr-Edge）耳石平均半徑的比較。Pr-OTC1, Pr-OTC2, Pr-Edge分別指原基
　　　　（Pr）至第一次和第二次OTC標識位置以及至耳石邊緣（Edge）的耳石半徑。F1,
　　　　F3, STAV參考表8.1，n＝樣本數，$\bar{x}$＝平均值±標準偏差。

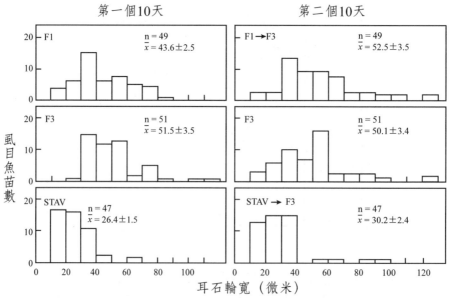

圖8.9   虱目魚苗在不同餵食頻率（F1,F3）和飢餓（STAV）飼育下的第一個10天和相同
　　　　餵食頻率（F3）的第二個10天耳石日週輪輪寬的頻度分布變化。F1, F3, STAV參考
　　　　表8.1，n＝樣本數，$\bar{x}$＝平均值±標準偏差。

3.飢餓對虱目魚苗耳石日週輪形成的影響

餵食頻率改變和飢餓會對虱目魚苗耳石日週輪形成規律性產生影響（相片8.3）。相片8.3a, c, e的虱目魚苗經兩次OTC溶液浸泡標識耳石後，每天皆餵食3次（F3，表8.1），實驗結束後虱目魚苗全長為18.7毫米，第一次和第二次標識之後的10天內，耳石產生的日週輪數分別為14輪和12輪。

飢餓組的虱目魚苗（相片8.3b, d, f），第一次標識之後飢餓4天後餵食一次，第二次標識之後恢復每天餵食3次（ATAV，表8.1），實驗結束後虱目魚苗的全長為17.0毫米，第一次和第二次標識之後的10天內耳石產生的日週輪數分別為8輪和6輪。第二次標識之後，飢餓的虱目魚苗雖然恢復每天3次的餵食頻率，但10天只產生日週輪6輪，這是生物飢餓之後的不可逆反應。

這兩個案例顯示：飢餓會影響日週輪數形成的規律性，而且飢餓會有延遲效應的影響，也就是說，飢餓的影響是一種不可逆反應。

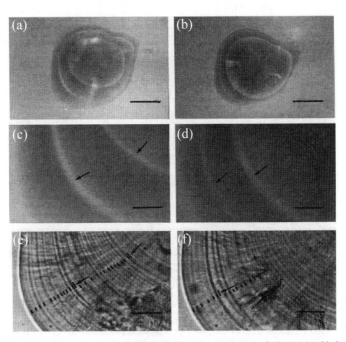

相片8.3　虱目魚苗經過兩次氧化四環黴素標識後，其耳石產生兩個黃色OTC螢光環。(a, c, e)為每天餵食3次，(b, d, f)為飢餓組的虱目魚苗耳石。(e, f)分別為(a, b)的局部放大，顯示OTC標示後新生的日週輪。比例尺(a)、(b) = 100微米、(c)～(f) = 25微米（彩圖P8）（Tzeng and Yu 1992a）。

　　統計顯示，虱目魚苗在第一個10天的不同餵食頻率（F1, F3）和第二個
10天的相同餵食頻率（F3）飼育下，耳石形成的平均日週輪輪數分別為9.7
輪和9.8輪（圖8.10，表8.1）與飼育天數（10天）沒有顯著性差異（t-test檢
定，$P > 0.05$），但是第一個10天飢餓組（STAV）的平均日週輪輪數（7.3
輪）則明顯小於飼育天數10天應該形成的10輪（$P < 0.01$）。第二個10天飢
餓組（STAV）雖然恢復一天餵食三次的餵食頻率（F3），耳石形成的平均日
週輪輪數也只有8.8輪，小於飼育天數10天應該形成的10輪（$P < 0.01$）。由
此可見，日週輪的形成雖然不受餵食頻率的影響，但會受飢餓的影響且有延遲
效應（Tzeng and Yu 1992a）。因此，日週輪應用於野生虱目魚苗日齡的推
算時，對於有飢餓者可能會低估其日齡。

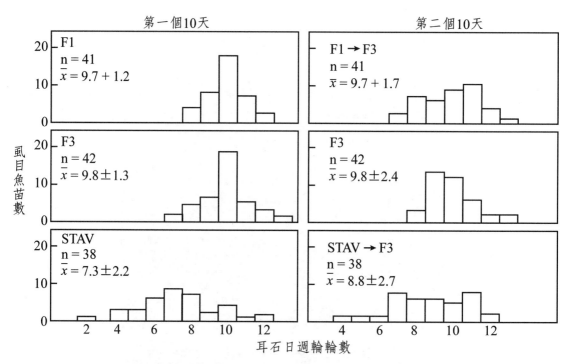

圖8.10　虱目魚苗在不同餵食頻率（F1, F3）和飢餓（STAV）飼育下的第一個10天和相同
　　　　餵食頻率（F3）的第二個10天耳石日週輪輪數的頻度分布變化。F1、F3、STAV
　　　　參考表8.1，n＝樣本數，x̄＝平均值±標準偏差。

8.4　大眼海鰱耳石日週輪的驗證

全世界兩萬多種魚類中，只有海鰱首目（Elopomorpha）的海鰱目（Elopiformes）、鰻鱺目（Anguilliformes）、北梭魚目（Albuliformes）和囊鰓鰻目（Saccopharyngiformes）等四個目的魚類，具有柳葉型仔魚（Leptocephalus）（Robins 1989; Forey *et al.* 1996; Pfeiler 1999; Obermiller and Pfeiler 2003）。柳葉型仔魚變態成為稚魚，就如同蝌蚪變青蛙。變態後，身體構造、生理和洄游行為也都改變，並轉換棲習地進入新的環境、繼續發育和成長。Cieri and McCleave（2000）曾指出美洲鰻柳葉型仔魚變態時，其日週輪會消失或變模糊。果真如此，利用其耳石日週輪來推算美洲鰻的日齡將會失真。

鰻鱺目中的日本鰻、歐洲鰻和美洲鰻是大家所熟悉的陸海兩側洄游性魚類，在外洋產卵，其柳葉型仔魚（柳葉鰻）的海洋浮游期生活長達半年、採集不易。至目前為止，對其柳葉型仔魚的變態過程所知有限。海鰱目為沿近海魚類，其柳葉型仔魚的標本採集和飼養皆容易，且仔魚期短，是觀察柳葉型仔魚變態是否影響日週輪形成的最佳材料。臺灣近海的海鰱目魚類，有大眼海鰱（*Megalops cyprinoides*）和夏威夷海鰱（*Elops Hawaiensis*），兩者的柳葉型仔魚之外型相似，但可藉由背鰭和臀鰭的相對位置加以區別（曾和于1986）。大眼海鰱的柳葉型仔魚，比夏威夷海鰱和日本鰻容易取得，因此以大眼海鰱的柳葉型仔魚為實驗魚，觀察其仔魚變態時的形態和耳石日週輪的變化，以期了解變態是否影響耳石日週輪形成的規律性。

1.大眼海鰱柳葉型仔魚變態過程中的形態變化

由新北市沙崙海水浴場公司田溪出海口捕獲的大眼海鰱柳葉型仔魚，全身透明，經2～4天飼養後，柳葉型仔魚開始變態，體色逐漸變深，身體內部器官開始發育，6～8天後腹部出現銀白色光澤，16天後就變成稚魚，泳鰭也發育完成（相片8.4）。

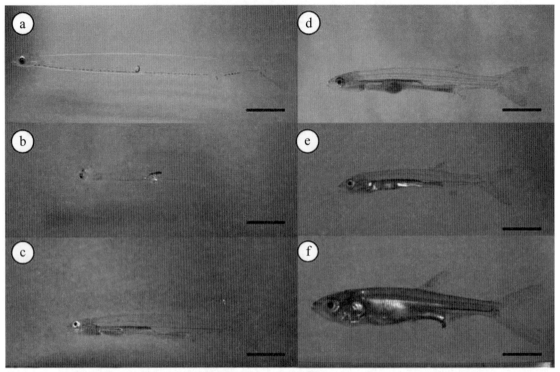

相片8.4　大眼海鰱柳葉型仔魚變態過程中的形態變化。(a)剛剛從野外捕獲回來的大眼海
鰱柳葉型仔魚，全身透明。(b)、(c)飼養2、4天後柳葉型仔魚開始變態，體色逐
漸變深，身體內部器官開始發育。(d)、(e)飼養6、8天後腹部出現銀白色光澤，
發育良好。(f)16天後變成稚魚。比例尺 = 5毫米（Chen and Tzeng 2006）。

2.柳葉型仔魚變態過程中日週輪輪寬的變化

　　用OTC溶液標示甫從河川出海口捕獲的大眼海鰱柳葉型仔魚的耳石，
可以了解大眼海鰱變態過程中耳石日週輪輪寬的變化（Chen and Tzeng
2006）。相片8.5a, b是柳葉型仔魚經OTC標識後，飼養12天的耳石（矢狀
石），經研磨腐蝕後，在光學顯微鏡與螢光顯微鏡下所呈現的耳石日週輪和
螢光標記（TC mark）。相片8.5c, d是在掃描式電子顯微鏡下所呈現的日週
輪，變態前（TC記號前的A zone）輪寬較窄，變態中和變態後（TC記號後的
B zone，即OTC標識後第3～8天）輪寬先急遽變寬再變窄。此說明柳葉型仔
魚變態時耳石成長快速、輪寬急遽增大。另外，變態期間耳石日週輪明暗帶所
沉積的碳酸鈣和有機基質，比柳葉型仔魚多，明暗帶也更為分明，表示仔魚變

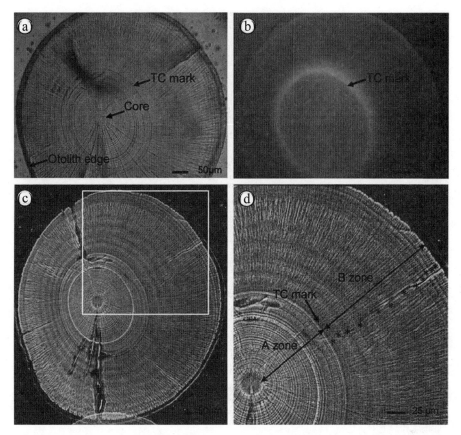

相片8.5　大眼海鰱柳葉型仔魚變態過程中耳石的微細構造變化。(a)耳石在光學顯微鏡下
所顯示的構造。(b)在螢光顯微鏡下所顯示的TC螢光環記號。(c)在掃描式電子顯
微鏡下所顯示的日週輪構造。(d)是(c)的局部放大，顯示螢光環記號前後的耳石
日週輪輪寬的明顯差異，A zone（柳葉型仔魚期）日週輪輪寬很窄，B zone（變
態中和變態後）日週輪輪寬由寬變窄。＊號為日週輪的不連續帶（彩圖P10）
（Chen and Tzeng 2006）。

態前所累積的能量很快用來變態。耳石的快速沉積與前述柳葉型仔魚的快速變
態很吻合。快速變態，可減少仔魚被捕食的風險。

　　大眼海鰱柳葉型仔魚變態時，耳石平均輪寬的變化非常劇烈（圖8.11）。
柳葉型仔魚期（StageⅠ）耳石的日平均輪寬很窄，而且沒有明顯變化，表示
柳葉型仔魚變態前呈穩定的緩慢成長。到了變態期（StageⅡ），耳石輪寬急
速增大，表示柳葉型仔魚變態時迅速成長。變態之後（StageⅢ），耳石輪寬
逐漸變小，表示柳葉型仔魚變態後成長速度變慢。大眼海鰱柳葉型仔魚變態

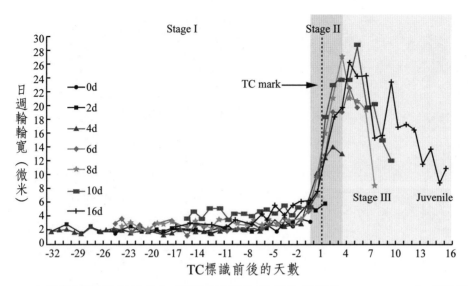

圖8.11　大眼海鰱柳葉型仔魚耳石日週輪平均輪寬的日變化。TC mark為實驗開始的第一
　　　　天，0-16d表示不同的實驗天數，負的天數是由耳石日週輪逆推TC標識前的仔魚
　　　　的日齡。Stages Ⅰ-Ⅲ與Juvenile表示發育階段（Chen and Tzeng 2006）。

時，身體組織快速重組、骨骼鈣化迅速形成。這些快速變化現象，都忠實地記
錄在耳石輪寬的變化上。

3. 柳葉型仔魚變態不會影響日週輪一天形成一輪的規律性

　　柳葉型仔魚變態時，耳石一天形成一輪的規律性是否改變，可利用前述氧
化四環黴素溶液，標識尚未變態的柳葉型仔魚的耳石，然後觀察耳石標識後，
新增的日週輪輪數與飼育天數之關係（Chen and Tzeng 2006）。圖8.12是大
眼海鰱柳葉型仔魚經氧化四環黴素標識之後，其耳石新增的日週輪數（Y）與
飼育天數（X）的關係：

$$Y = 0.1454 + 0.9848\ X$$
$$(n = 27 ; R^2 = 0.9851, p < 0.01)$$

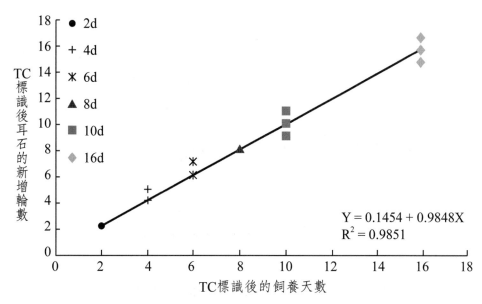

圖8.12　四環黴素（TC）標識後新增的耳石日週輪數（Y）與實驗飼養天數（X）之直線迴歸關係（Chen and Tzeng 2006）。

上式迴歸直線的斜率為0.9848，與1.0無顯著差異，表示大眼海鰱耳石一天形成一輪的規律性不受變態的影響。因此，利用耳石日週輪來測量大眼海鰱的日齡是無庸置疑的。

以上的實驗顯示：雖然大眼海鰱柳葉型仔魚變態過程中魚體外部形態急遽變化、耳石急速增長。但是，耳石日週輪的輪數並沒有因為變態而消失或減少。另外，因變態而留下可辨識的明顯記號，可做為耳石日週輪推算柳葉型仔魚變態日齡的查核記號。

4.河口域大眼海鰱柳葉魚的日齡和成長

河口域大型掠食者少、食物豐富，是大多數河口依賴型的海洋性魚類的哺育場、生命的搖籃。大眼海鰱在外海產卵，其柳葉魚會隨海潮流來到河川出海口。1995年9月15～24日夜間，研究團體於新北市沙崙海水浴場公司田溪出海口，利用定置網捕撈順著漲潮流進來的大眼海鰱柳葉魚，其發育階段為第一變態期（Tzeng and Yu 1986）、全長範圍為17.8～32.9毫米（平均25.6毫米），耳石日週輪測定結果，日齡範圍從20至39天（平均28.5天）（Tzeng *et al.* 1998）。換言之，大眼海鰱的柳葉型仔魚在外海出生之後，經過一個月左

右就來到河口域。日週輪的測定結果，也發現成長快的柳葉型仔魚，比成長慢者早抵達河口（Tzeng *et al.* 1998）。大眼海鰱為肉食性，非常兇猛，常常隨潮水進入虱目魚塭中，長大後會殘殺虱目魚，是虱目魚養殖魚塭的有害魚類。

8.5　烏魚耳石日週輪的驗證

　　烏魚在胚胎時期，其耳石就已經形成了，孵化後第一天就能看到耳石（相片8.6a）。三對耳石中，因星狀石體積小，且被球囊遮住，只能看到矢狀石和扁平石。孵化後大約2～3天後仔魚就耗盡卵黃囊，開始攝食後形成第一個耳石日週輪（相片8.6b, c）。

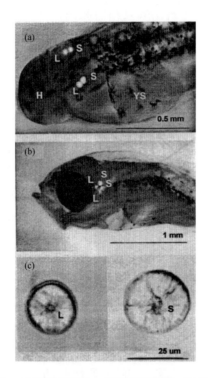

相片8.6　烏魚仔魚及其耳石。(a)孵化後第一天的卵黃囊（YS）仔魚，H：頭部，S：矢狀石，L：扁平石。(b)孵化後第七天的仔魚，卵黃囊已經吸收殆盡，扁平石（L）和矢狀石（S）仍然清淅可見。(c)孵化後第四天的烏魚仔魚的扁平石（L）和矢狀石（S），最外圈為第一個日週輪（張至維1997）。

　　烏魚的耳石日週輪，也是由一個成長帶和一個不連續帶所構成，在光學顯微鏡下，分別呈現明、暗帶（相片8.7a）。經EDTA腐蝕後，明、暗帶成為凸凹狀，在掃描式電子顯微鏡下，日週輪更明顯（相片8.7b, c）。耳石核心部分為非結晶構造，由仔魚的卵黃囊營養所形成，日週輪基本上是仔魚開始攝食後形成的（相片8.7c）。

　　耳石的氧化四環黴素（OTC）標識實驗顯示：烏魚的耳石日週輪也是一天形成一輪（圖8.13）。因此，烏魚耳石的日週輪，可以用來推算其日齡和孵化日，進而了解烏魚的產卵生態及其仔魚的成長（張至維 1997）。

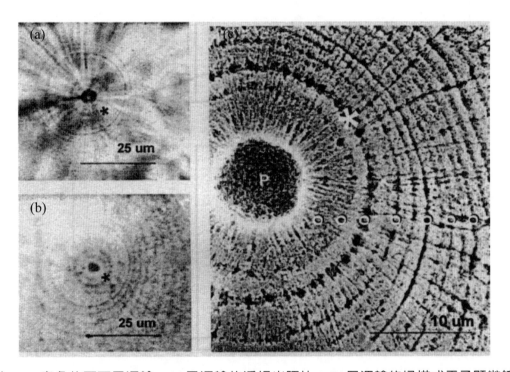

相片8.7　烏魚的耳石日週輪。(a)日週輪的透視光照片，(b)日週輪的掃描式電子顯微鏡照片及其(c)放大圖。P：耳石原基，星號：第一次攝食輪，圓圈：日週輪的不連續帶（張至維 1997）。

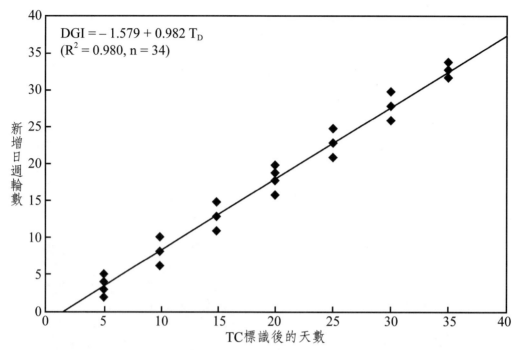

圖8.13　烏魚耳石經OTC標識後的新增日週輪數（DGI）與標識後的飼養天數（T_D）之關係（張至維 1997）。

延伸閱讀

曾萬年和于學毓（1986）台灣北部公司田溪河口域夏威夷海鰱和大眼海鰱仔魚之出現。海洋生物科學學術研討會論文集，國科會（今科技部）生物科學研究中心專利第十四集，165～176頁。

張至維（1997）由耳石的微細構造探討淡水河口域烏魚稚魚的日齡及成長。國立臺灣大學漁業科學研究所碩士論文。

陳慧倫（2004）大眼海鰱*Megalops cyprinoides*變態過程中耳石的微細構造與微化學改變之研究。國立臺灣大學漁業科學研究所碩士論文。

Chen HL and Tzeng WN (2006) Daily growth increment formation in otoliths of Pacific tarpon (*Megalops cyprinoids*) during metamorphosis. Mar. Ecol. Prog. Ser. 312: 255-263.

Tzeng WN and Yu SY (1988) Daily growth increments in otoliths of milkfish, *Chanos chanos* (Forsskål), larvae. J. Fish Biol. 32: 495-405.

Tzeng WN and Yu SY (1989) Validation of daily growth increments in otoliths of milkfish larvae by oxytetracycline labeling. Trans. Am. Fish. Soc. 118: 168-174.

Tzeng WN and Yu SY (1992a) Effects of starvation on the formation of daily growth increments in the otoliths of milkfish, *Chanos chanos* (Forsskål), larvae. J. Fish Biol. 40: 39-48.

Tzeng WN, Wu CE and Wang YT (1998) Age of Pacific tarpon *Megalops cyprinoides* at estuarine arrival and growth during metamorphosis. Zool. Stud. 37(3): 177-183.

第 9 章

耳石年輪的驗證和應用
Validation and Application of Otolith Annulus

「年輪」在魚類年齡和成長的研究，應用非常廣。但研究者經常會忽略耳石年輪的驗證（Beamish and McFalane 1983）。本章以日本鰻和烏魚為例，驗證其年輪是否一年形成一輪，和檢驗耳石成長與體成長的關係。並由體長與年齡的關係資料，推導理論成長方程式，將之容入資源管理模式，評估高屏溪日本鰻資源是否過漁（Overfishing）。

9.1   日本鰻耳石年輪的驗證

臺灣位於亞熱帶地區，日本鰻耳石年輪沒有溫帶地區的鰻魚清楚，因此更需要驗證其耳石年輪。研究團隊從養殖池採集已知是兩歲大的日本鰻，檢查其耳石年輪，結果發現31尾養殖鰻中，有26尾的耳石可清楚地分辨年輪（相片9.1a），與其年齡吻合的比率高達83.9%，其餘5尾出現一輪或三輪。從耳石推算養殖鰻的平均（±標準偏差）年齡為1.97±0.4歲，與其真實年齡無顯著

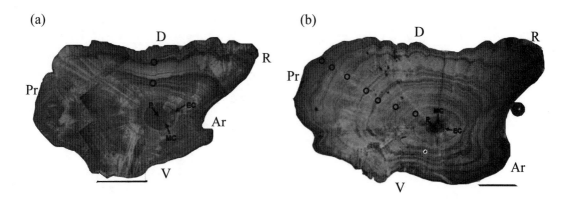

相片9.1　日本鰻耳石年輪的驗證。(a)已知年齡（兩歲）的養殖日本鰻耳石，(b)高屏溪
　　　　採集的未知年齡的野生日本鰻耳石。圖中圓圈表示年輪，P ＝ 原基，MC ＝ 變態
　　　　輪，EC ＝ 鰻線輪，R ＝ 前端，Ar ＝ 次前端，Pr ＝ 後端，D ＝ 背端，V ＝ 腹端，
　　　　比例尺 ＝ 500微米（Lin *et al*. 2009a）。

差異，表示用日本鰻耳石年輪來推估其年齡是可信的（Lin *et al*. 2009a）。
相片9.1b是一尾高屏溪野生日本鰻的耳石，可以辨識其變態輪、鰻線輪和七個
年輪，推算其年齡，大約七歲。

　　耳石年輪的驗證，除了利用已知年齡的養殖標本之外，也可按月採集未知
年齡的野生標本，檢查其耳石邊緣成長率（Marginal increment rate, MIR）
的月別變化，驗證耳石是否一年形成一輪。邊緣成長率的計算公式如下（Les-
sa *et al*. 2006）：

$$\mathrm{MIR} = (R - R_i)/(R_i - R_{i-1})$$

　　式中R、R_i和R_{i-1}分別爲耳石原基至邊緣的半徑，以及原基至最後一輪和
倒數第二輪的半徑。以高屏溪下游採集的未知年齡野生日本鰻黃鰻和銀鰻的標
本爲例（圖9.1），發現冬季（11～3月）全年水溫最低時，耳石的月平均邊緣
成長率最小，表示冬季耳石成長速度變慢時，形成年輪。且耳石邊緣成長率一
年只有一個最低值，表示耳石一年只形成一輪。因此，用耳石年輪來推估日本
鰻的年齡是無庸置疑的。

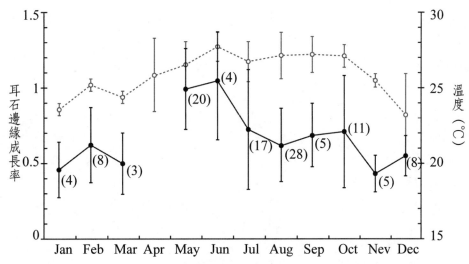

圖9.1　高屏溪月平均水溫（虛線）和野生日本鰻耳石平均邊緣成長率（實線）的月變化
之關係。括號內數字為日本鰻標本數（Lin *et al.* 2009a）。

9.2　耳石成長與體成長的關係

　　耳石的成長是否可以代表魚體的成長，除了年輪的判讀要正確外，耳
石成長與體成長的關係式也必須成立。研究團隊以2006～2009年歐盟特別
支持的烏魚國際合作計畫（FP6/ MUGIL project, INCO-CT-2006-026180-
MUGIL）參與國的烏魚資料（Panfili *et al.* 2016），分析魚類耳石成長與
其體成長的關係。MUGIL烏魚計畫，參與的國家包括法國、希臘、毛利塔尼
亞、塞內加爾、墨西哥、南非和臺灣等八個國家（圖9.2）。烏魚是世界性的
廣布種，分布於南北緯42度之間的沿岸水域，是監測沿岸環境變化的最佳指
標種。

　　MUGIL是Main Uses of the Grey mullet as Indicator of Littoral envi-
ronmental changes的縮寫。MUGIL計畫意指利用烏魚當做沿岸環境變化的
指標種。MUGIL計畫的研究項目，包括資料庫、生活史特徵、洄游、遺傳和
生物標記等（圖9.3）。臺灣能受邀參與歐盟MUGIL國際合作計畫，是一項
光榮。臺灣政府非常重視歐盟國際合作計畫，因此筆者還受臺灣的歐盟計畫
國家辦公室之邀，去國立海洋大學、嘉義大學和成功大學傳授參加歐盟計畫

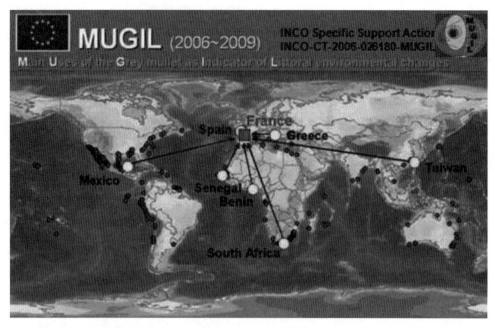

圖9.2　歐盟FP6/MUGIL烏魚計畫的八個參與國，該計畫的召集人為法國人。烏魚為溫帶性的
　　　　世界廣布種，分布於南北緯42度之間的沿岸水域、潟湖和河口域，黑色圓圈為有調查
　　　　資料的烏魚分布點（彩圖P11）。

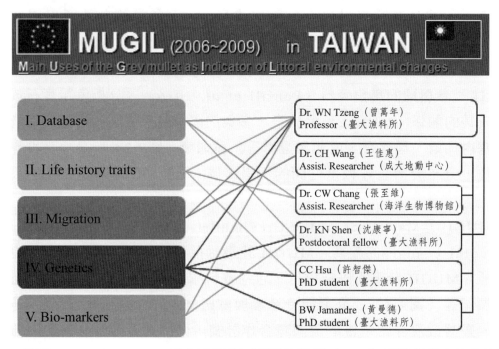

圖9.3　歐盟FP6/MUGIL project烏魚計畫的五項研究議題（I～V）及筆者所率領的臺灣研
　　　　究團隊參與人員之分工。

的秘訣。能受邀參加MUGIL計畫，是因MUGIL計畫的召集人Panfili博士看重研究團隊過去在烏魚耳石微化學的研究經驗（Chang *et al.* 2004 a,b）。在這個計畫之下，後來研究團隊又完成了不少臺灣沿近海烏魚的洄游環境和族群遺傳結構的研究論文（例如許智傑2009；曾明彥2010；楊士弘2011；Hsu *et al.* 2007, 2009a,b; Rosel 2009; Jamandre *et al.* 2009; Jamandre 2010; Wang *et al.* 2010, 2011; Shen *et al.* 2011; Ibáñez *et al.* 2012; Panfili *et al.* 2016）。

　　以下是根據上述參與MUGIL烏魚計畫的部分國家所提供的烏魚耳石資料，計算其耳石直徑（X）與尾叉長（Y）的指式迴歸方程式：

$$Y = 12.253 \ X^{1.5349}$$
$$(R^2 = 0.9564)$$

　　耳石成長與體成長，兩者呈正相關關係。R^2等於0.9564，表示耳石的成長可以解釋95.64%的烏魚的體成長（圖9.4）。因此，由耳石成長回推烏魚的體成長是可信的。

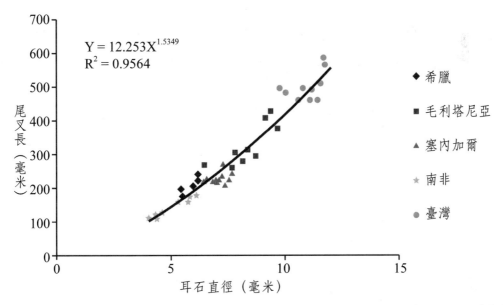

圖9.4　烏魚尾叉長（Y）和耳石直徑（X）的相對成長關係。資料來自MUGIL計畫的參與國（希臘、毛利塔尼亞、塞內加爾、南非和臺灣）（Panfili *et al.* 2016）。

9.3 理論成長方程式的參數之求解

　　理論成長方程式是建構漁業資源評估模式的主要成分之一。耳石的年輪驗證之後，可由耳石成長和體成長的比例關係和各年輪的測量值，推算魚類各年齡別的體長（Li）：

$$Li = Lc \times (Ri/Rc)$$

　　式中，Lc為魚類被捕獲時的體長，Rc為魚類被捕獲時的耳石半徑，Ri為耳石原基至各年輪的半徑。求得Li後，再利用Walford（1946）的成長定差圖，求解下列范氏成長方程式（von Bertalanffy growth equation）的各項參數：

$$L_t = L_{max} (1 - e^{-K(t - t_0)})$$

　　式中，Lt是t歲時的魚體長，Lmax是魚體成長的極限體長（Asymptotic length），K是魚體的成長係數（Brody growth coefficient），t_0是理論體長（Hypothetical length）等於零時的年齡（Quinn and Deriso 1999）。Walford的成長定差圖及方程式中的各項參數之求解，可參考曾萬年（1972）、劉錫江和曾萬年（1972）、Ricker（1975）和King（2007）的研究。

　　圖9.5是高屏溪野生日本鰻的理論成長方程式的成長曲線，以及各年齡別體長分布。成長方程式的各項參數為：K = 0.114±0.028／年，L_{max} = 1178±171毫米和t_0 = −0.8±0.2歲（表9.1）。L_t由體長體重關係式（Wt = a Lt^b）轉換成Wt後，可用到後續的漁業資源管理模式。

表9.1　高屏溪野生日本鰻von Bertalanffy成長方程式的參數

	估計值	95%信賴限界
K（／年）	0.114±0.028	0.059～0.169
L_∞（毫米）	1078±171	7437～1413
T_0（年）	−0.8±0.2	−1.1～−0.5

註：取自Lin and Tzeng 2009a。

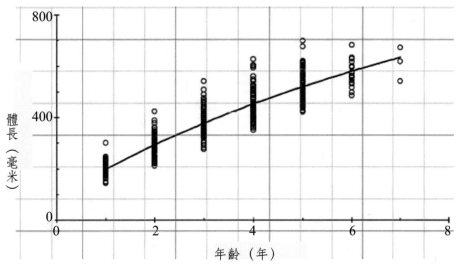

圖9.5 高屏溪野生日本鰻的年齡別體長分布和成長曲線（Lin and Tzeng 2009a）。

9.4 日本鰻的資源評估

過漁現象可分為成長性過漁（Growth overfishing）和加入性過漁（Rcruitment overfishing）。成長性過漁是指在河川中生長的鰻魚，還來不及長大就被捕撈上岸。加入性過漁是指捕撈過多的銀鰻，導致沒有足夠的銀鰻降海產卵繁衍下一代，而使得隔年的玻璃鰻加入量變少。要知道是否有成長性過漁或加入性過漁，必須從魚類族群動態談起。

魚類族群量（Population, P），因捕撈（Fishing mortality, F）和自然死亡（Natural mortality, M）而減少。相反地，因產卵產生的新生代或稱加入量（Recruitment, R）以及個體的生長（Growth, G）而使族群量增加（圖9.6）。族群量的變化，以公式表示之，則$P_t = P_{t-1} + (R + G) - (F + M)$。若捕撈量（F）等於自然增加量（R + G – M），則資源量保持不變（$P_t = P_{t-1}$），也就是說，漁業資源可持續利用，而資源量不會改變。

最常用來評估捕撈對魚類族群量影響的漁業資源管理模式有：(1)單位加入量生產量模式（Yield Per Recruit Model, YPR）（方程式1）和(2)單位加入量親魚量模式（Spawning biomass Per Recruit Model, SPR）（方程式2）

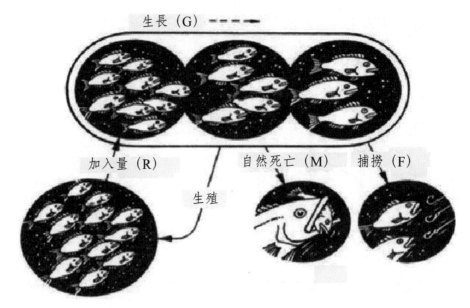

圖9.6　魚類族群動態示意圖（King 2007）。

兩種模式（Quinn and Deriso 1999）。前者是用來評估是否有成長性過漁，後者是用來評估是否有加入性過漁，也就是說，若捕撈過多的銀鰻，就沒有足夠的銀鰻降海產卵，而使得加入量變少。YPR和SPR兩種模式的方程式如下：

$$\text{YPR} = exp\ [-\ M(tc - tr)]\ \sum_{tc}^{tmax} F(t)N(t)W(t)dt \tag{1}$$

$$\text{SPR} = \sum_{tc}^{tmax} N(t)W(t)S(t)dt \tag{2}$$

　　式中，$F(t)$ = 年齡 t 時的漁獲死亡率，$N(t)$ = 年齡 t 時的族群量（個體數），$W(t)$ = 年齡 t 時的魚體重，$S(t)$ = 年齡 t 時的成熟個體比例，tc = 開始捕獲的年齡，tr = 進入河川的年齡，$tmax$ = 最大年齡。

　　上述各項參數$F(t)$、$N(t)$、$W(t)$和$S(t)$之估算，詳Lin *et al.*（2015）。

1.成長性過漁

　　有了魚類的年齡和成長資訊之後，就可評估捕撈對漁業資源的影響。圖9.7是魚類族群的個體數（Nt）和個體的體重（Wt）隨年齡變化的示意圖，以及其生產量（Yt）在漁獲死亡率（Ft）下隨年齡變化的示意圖。生物量（Bt）＝ Nt×Wt，生產量（Yt）＝ 漁獲死亡率（Ft）×個體數（Nt）×體重（Wt），此稱之為單位加入生產量（YPR）模式。此模式可用來評估魚類被

捕撈時的年齡是否太小、魚類是否來不及長大就被捕撈，而造成漁業資源的成長性過漁現象。

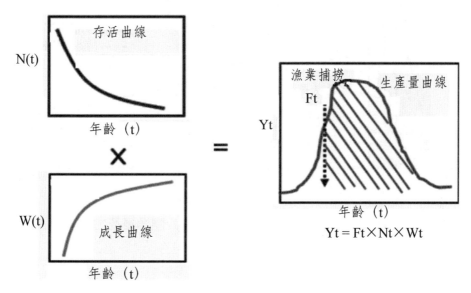

圖9.7　漁業資源的單位加入生產量（Yt）隨年齡變化的示意圖。Nt = 個體數，Wt = 體重，Ft = 漁獲死亡率。

圖9.8是高屏溪日本鰻的單位加入生產量（YPR）隨捕撈係數（Ft）的變化情形。近年來，日本鰻的捕撈係數介於$F_{0.1}$和Fmax之間。$F_{0.1}$和Fmax是用來評估是否有成長性過漁的兩個生物參考點（Biological reference points, King 2007）。Fmax是日本鰻族群能夠提供最大YPR值的最大捕撈係數。高屏溪野生日本鰻的數量雌多於雄（Chu *et al.* 2006），因此相同的F之下，雌的YPR值也大於雄。$F_{0.1}$表示YPR值為漁業開始時的10%的捕撈係數。從經濟學的邊際效應概念，F大於Fmax時就表示成長性過漁，亦即日本鰻來不及長大到能提供最大的生物量YPRmax前，即被漁民捕撈上岸（Lin *et al.* 2015）。建議適度降低日本鰻的捕撈強度，讓河川中的日本鰻有機會長大。

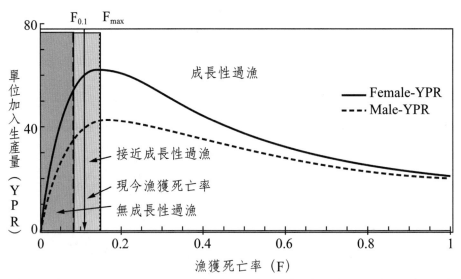

圖9.8　高屏溪雌、雄日本鰻的單位加入生產量（YPR）隨漁獲死亡率（F）的變化（Lin *et al.* 2015）。

2.加入性過漁

　　漁業資源的保育，不僅要防止成長性過漁，也要防止加入性過漁，也就是要留足夠的母魚生產下一代。要判斷是否有加入性過漁現象，首先要調查魚類族群各年齡層的成熟魚比例，利用邏輯曲線（Logistic curve）估算族群的成熟曲線（St），再乘以上述生物量（Bt），就得到親魚量曲線圖（圖9.9）。

　　以高屏溪野生日本鰻的單位親魚量（SPR）隨捕撈係數（F）的變化為例（圖9.10），親魚量（銀鰻，Silver eel）很明顯隨捕撈係數增加而減少。依歐盟的標準，若降海產卵的銀鰻比例不到河川中銀鰻數量的50%，就沒有足夠的親魚產卵，隔年就不會有足夠的玻璃鰻加入量，而稱之為加入性過漁。近年來，在高屏溪野生日本鰻的捕撈係數之下，能夠順利降海產卵的銀鰻比例還不到40%（圖9.10）。為了讓日本鰻資源早日恢復，建議要適度降低高屏溪野生日本鰻的捕撈強度，才能保證足夠的產卵親魚量。

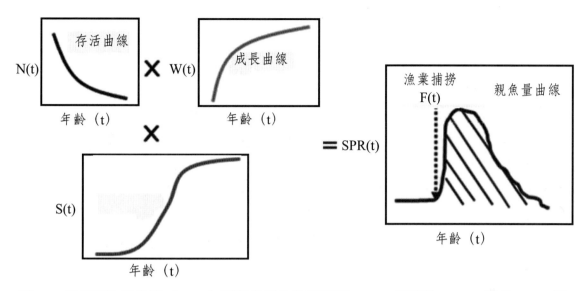

圖9.9　單位加入親魚量（SPRt）隨年齡變化的示意圖。Nt = 個體數，Wt = 體重，Ft = 漁獲死亡率，St = 成熟個體比例。

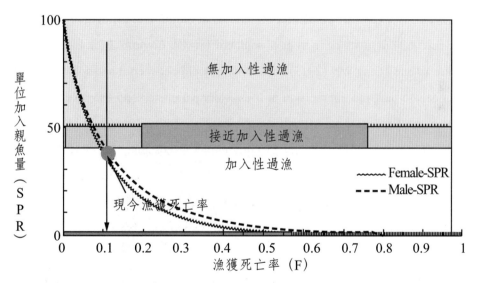

圖9.10　高屏溪野生日本鰻單位加入親魚量（SPR）隨漁獲死亡率（F）的變化（Lin *et al.* 2015）。

延伸閱讀

曾萬年（1972）東海南區、臺灣海峽產白口魚之年齡、成長與生殖生態的研究。國立臺灣大學海洋研究所碩士論文。

劉錫江、曾萬年（1972）東海南區、臺灣海峽產白口魚之年齡與成長。臺灣水產學會刊 1(1)：21-37。

許智傑（2009）以自然標記研究臺灣沿岸水域烏魚的族群結構及洄游環境史。國立臺灣大學漁業科學研究所博士學位論文。

King M (2007) Fisheries biology, assessment and management (2nd ed.) . Blackwell Publishing. 382pp.

Lessa R, Santana FM, and Duarte-Neto P (2006) A critical appraisal of marginal increment analysis for assessing temperral periodicity in band formation among tropical sharks. Environ. Biol. Fishes 77: 309-315.

Lin YJ and Tzeng WN (2009a) Validation of annulus in otolith and estimation of growth rate for Japanese eel *Anguilla japonica* in tropical southern Taiwan. Environ. Biol. Fish 84: 79-87.

Lin YJ, Chang YJ and Tzeng WN (2015) Sensitivity of yield-per-recruit and spawning biomass per-recruit models to bias and imprecision in life history parameters: an example based on life history parameters of Japanese eel (*Anguilla japonica*) Fish. Bull. 113: 302-312.

Panfili J *et al*. 20 persons (2016) Chapter 21 Grey mullet as possible indicator of coastal environmental changes Changes: the MUGIL Project, pp.514-521. *In*: D. Crosetti and S Blaber (eds.) Biology, Ecology and Culture of Grey Mullets (Mugilidae). CRC Press.

Quinn J T II and Deriso R B (1999) Quantitative fish dynamics. Oxford Univ. Press, New York. 560pp.

Walford LA(1946) A new graphic method of describing the growth of animals. Biol. Bull. Woods Hole, 90(2): 141-147.

第 10 章

魚類耳石化學元素是環境變化的代言者

Fish Otolith Chemical Elements as Proxies of Environmental Changes

　　日本鰻爲兩側洄游性魚類，烏魚爲廣鹽性魚類，兩者的鹽度適應範圍廣，是證明耳石化學元素是環境代言者（Proxy）的最佳魚種。耳石化學元素組成隨魚類的洄游環境而改變（Campana 1999），最常用來研究魚類洄游環境的耳石化學元素爲鍶和鋇。鍶元素在海水中的濃度是淡水的100倍。鋇是淡水起源，海水的鋇濃度比淡水低。當魚類在海水和淡水之間洄游時，耳石的鍶元素和鋇元素的濃度，會產生很明顯的變化。因此，鍶和鋇是魚類洄游環境的最佳代言者，由耳石鰓鈣比和鋇鈣比的變化可以再現魚類的洄游環境史。

　　本章以日本鰻和烏魚爲例，建立耳石鍶鈣比和鋇鈣比與鹽度的關係，做爲重建魚類洄游環境史的依據。

10.1　鰻魚耳石鍶鈣比的變化

　　研究團隊從新北市的雙溪出海口採集日本鰻鰻線，將之分成八組，飼養在兩種溫度（22～23℃和27～28℃）和四種鹽度（0、10、25和35psu）的生長箱。飼育的溫度和鹽度是模擬柳葉鰻和鰻線在野生環境的溫度和鹽度環境（Tzeng 1996）。以紅蟲和鰻魚飼料飼養七個月後，每組逢機選出5尾，犧牲之後，取出其耳石。將耳石研磨至原基後，利用電子微探儀從耳石原基至邊緣每隔20微米測量其鍶、鈣濃度。然後分析柳葉鰻變態和飼育期間的鹽度對其耳石鍶鈣比的影響。相片10.1是電子微探儀在日本鰻鰻線耳石上的鍶、鈣濃度的測量軌跡。

1.耳石鍶鈣比在柳葉鰻變態時的急遽變化

　　鰻魚生活史中，最特殊的「個體發生學變化」（Ontogenetic change），就是從柳葉鰻變態成為玻璃鰻，變態過程中，其外部形態、生理和行為都發生極大的改變。因生理的變化，耳石鍶鈣比也急遽變化。鰻線是玻璃鰻之後的發育階段。圖10.1顯示：鰻線從出生至飼育試驗結束為止的耳石鍶、鈣濃度和鍶鈣比值的時序列變化。飼育的鹽度為10psu，耳石鍶、鈣濃度和鍶鈣比在兩種飼育溫度（22～23℃和27～28℃）之間的差異不明顯。變態（M）前後，耳石的鈣濃度一直都不變（圖10.1b），但是鍶濃度或鍶鈣比，在柳葉鰻變態時，則急遽下降，鰻線飼育期間，鹽度維持10psu，耳石鍶濃度和鍶鈣比沒有起伏變化（圖10.1a, c）。以上實驗顯示：柳葉鰻變態時耳石鍶濃度和鍶鈣比的變化非常劇烈。

　　柳葉鰻變態時，耳石鍶濃度或鍶鈣比急遽下降的原因，與體表的葡萄糖胺聚醣（Glycosaminoglycans, GAGs）的分解有關。柳葉鰻開始變態時，體表的GAG會大量分解，提供肌肉和骨骼形成時所需的能量，柳葉鰻體表的GAG與海水中的鍶有親合力，GAG分解後體表失去吸收鍶的能力，於是耳石鍶鈣比急遽下降（Pfeiler 1984; Otake et al. 1997）。

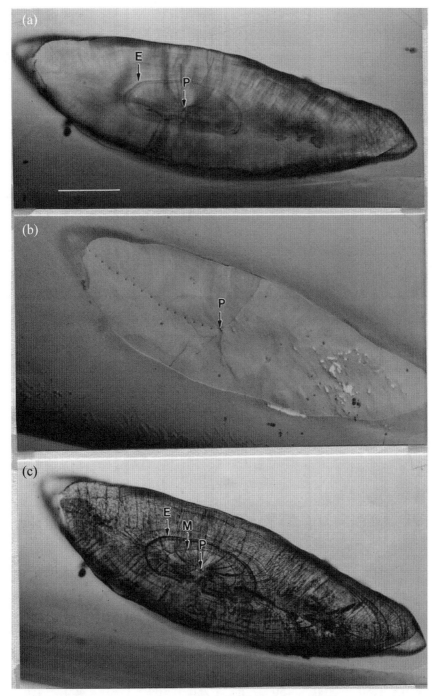

相片10.1　日本鰻鰻線耳石的水平切面構造和電子微探儀測量軌跡，鰻線全長56毫米，飼育七個月後長到162毫米。(a)耳石的光學顯微鏡照片，P為耳石原基，P至E為飼育前的鰻線耳石，比例尺 = 150微米。(b)從耳石原基至邊緣每隔20微米的電子微探儀測量點。(c)耳石酸腐蝕後可看到原基（P）、變態輪（M）和鰻線輪（E）記號（Tzeng 1996）。

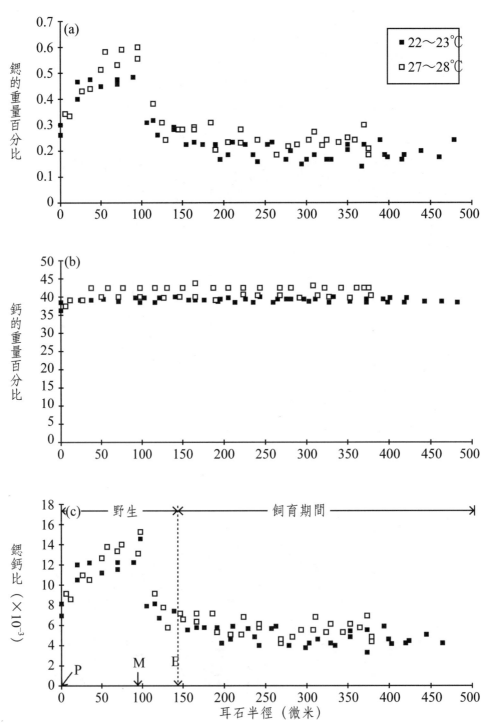

圖10.1 四尾野生日本鰻鰻線飼育前和飼育七個月期間耳石鍶(a)、鈣濃度(b)和鍶鈣比值(c)
的變化。飼育溫度為22～23℃和27～28℃，鹽度為10 psu。鰻線飼育七個月後的
全長分別為143、162、165和173毫米。P：原基、M：變態輪、E：鰻線輪（Tzeng
1996）。

2.鰻魚耳石鍶鈣比與鹽度的關係

　　鰻線在飼育期間，耳石新增部分的平均鍶鈣比（Sr/Ca），在兩種飼育溫度組別（22～23℃和27～28℃）之間沒有顯著性差異（$P>0.05$）。但耳石鍶鈣比在四種飼育鹽度（S）之間有顯著性差異。耳石鍶鈣比隨鹽度的增加而增加非常明顯（圖10.2），兩者的關係式如下：

$$[Sr/Ca]_{oto}(\times 10^3) = 3.797 + 0.14\ S$$

　　上式，鹽度（S）等於零時，耳石鍶鈣比值等於3.797×10^{-3}（約4×10^{-3}）。也就是說，鰻魚生活於淡水環境時，其耳石鍶鈣比值小於4×10^{-3}。反之，生活於海水環境時，其耳石鍶鈣比值大於4×10^{-3}。因此，耳石鍶鈣比值等於4×10^{-3}時，可以當作鰻魚洄游在海水和淡水之間的分界線。

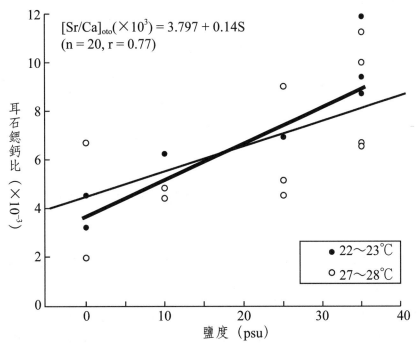

圖10.2　日本鰻鰻線耳石鍶鈣比與飼育鹽度的關係（改自Tzeng 1996）。

3.食物不影響鰻魚耳石的鍶鈣比

Lin *et al.*（2007）在室溫及自然光週期的環境下，以鰻粉和紅蟲（*Limnodrilus* sp.）分別餵食飼育在五種不同鹽度（0、5、15、25、35psu）下的日本鰻鰻線。經一段時間飼育後，犧牲鰻線，取出耳石，利用電子微探儀測量鰻魚在飼育期間，耳石新增部分的鍶鈣比，比較耳石鍶鈣比在不同食物、飼育鹽度之間的差異。結果發現，不論餵食紅蟲或鰻粉，其耳石鍶鈣比值與鹽度的線性關係皆成立（*p* < 0.001），但是共變數分析（Analysis of Covariance, ANCOVA）結果顯示，耳石鍶鈣比與鹽度的迴歸直線之斜率和截距，在兩個餌料組別之間皆無顯著性差異（*p* > 0.05）。也就是說，餌料不同不會影響鰻魚耳石鍶鈣比值與環境鹽度的關係。兩個不同餌料組的資料合併計算後：

$$[Sr/Ca]_{oto}(\times 10^3) = 3.794 + 0.091 \ S$$
$$(n = 787, r = 0.71, p< 0.001)$$

上述關係式，鹽度（S）等於零時，耳石鍶鈣比值等於3.794×10^{-3}（約4×10^{-3}），與Tzeng（1996）的實驗結果一致。再次證明，耳石鍶鈣比是鰻魚洄游環境的天然指標，鍶鈣比值4×10^{-3}可以做爲鰻魚在海水和淡水洄游環境的分界線。

10.2 烏魚耳石化學元素組成受外在環境的影響

烏魚爲廣鹽性魚類，是證明耳石化學元素可當做魚類洄游環境指標的代表性魚種。研究團隊從三個不同鹽度環境採集烏魚樣本（圖10.3），分析其耳石化學元素組成與不同鹽度的關係。三個不同鹽度環境的烏魚樣本採集點，分別爲：(1)海水環境（臺灣東北和西南海域），鹽度大於33psu。(2)鹹淡水環境（高屏溪河口），鹽度介於5～10 psu之間。(3)淡水環境（淡水河），鹽度等於0 psu。東北和西南海域爲烏魚的產卵場，烏魚樣本的年齡爲4～5歲。高屏溪河口和淡水河新店溪的標本爲成長中的烏魚，年齡爲1～3歲（表10.1）。

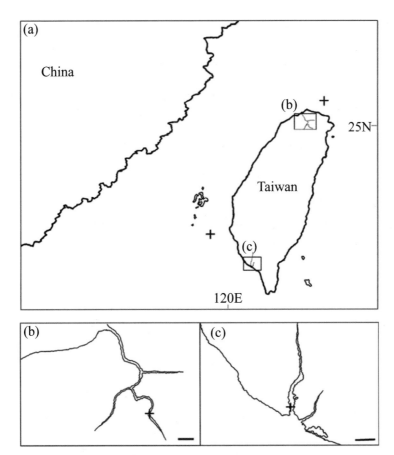

圖10.3　烏魚標本的採集點。(a)臺灣東北和西南海域（+），鹽度 > 33psu。(b)淡水河新
店溪烏魚標本的採集點，鹽度 = 0 psu。(c)高屏溪河口烏魚標本的採集點，鹽度
= 5〜10 psu。比例尺 = 5公里。

表10.1　烏魚標本採集地點的鹽度以及標本的體長和年齡

採樣地點	鹽度（psu）	取樣日期（年／月）	樣本數	體長（毫米）	年齡
臺灣西南外海	> 33	2005/12	29	447.0±45.7	4+〜5+
淡水河	0	2006/10	22	308.3±34.6	1+〜2+
高屏溪河口	5〜10	2007/12	23	449.6±88.9	1+〜3+

1. 烏魚耳石化學元素組成在不同鹽度環境之間的差異性

　　耳石邊緣的化學元素，是反映烏魚被捕獲不久前的環境狀態，利用雷射剝蝕耦合電漿質譜儀，分別測量三個不同鹽度環境的烏魚耳石邊緣的鈉鈣比（Na/Ca）、鎂鈣比（Mg/Ca）、錳鈣比（Mn/Ca）、鍶鈣比（Sr/Ca）和鋇鈣比（Ba/Ca），結果發現其耳石邊緣的化學元素組成有明顯的地區間差異性（$p < 0.01$）。海水環境和淡水環境的烏魚，其耳石元素組成在正典判別函數（Canonical discrimination function）第一軸和第二軸的分布有顯著的分離現象，鹹淡水環境烏魚的上述五種耳石元素比值之分布則介於海水和淡水環境者之間（圖10.4）。由此觀之，耳石化學元素組成，可以當作烏魚洄游環境的指標。

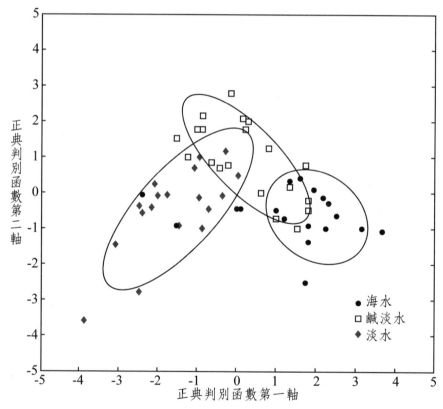

圖10.4　海水環境（鹽度>33 psu）、鹹淡水環境（鹽度 = 5～10 psu）和淡水環境（鹽度 = 0 psu）烏魚耳石邊緣的鈉鈣比、鎂鈣比、錳鈣比、鍶鈣比和鋇鈣比的正典判別函數圖。橢圓形表示元素組成的95%信賴限界（許智傑 2009）。

2.不同鹽度環境烏魚耳石化學元素的平均值之比較

　　烏魚耳石的五種元素與鈣的比值（鈉鈣比、鎂鈣比、錳鈣比、鍶鈣比和鋇鈣比），其平均值在不同鹽度環境（海水、河口以及淡水）之間，有明顯的差異性。淡水環境烏魚耳石的鈉鈣比顯著大於海水與河口環境（圖10.5a），鎂鈣比和錳鈣比在三種不同鹽度環境（海水、河口及淡水）之間無顯著性差異（圖10.5b, c）。鈉、鎂和錳為容易受魚類透壓調節和生理影響的非保守性元素（Non-conservative elements），不適合當做魚類的洄游環境指標（Campana 1999; Thorrold *et al.*1997; Martin and Thorrold 2005; Arai and Hirata 2006）。

　　另一方面，烏魚在海水環境的耳石平均（±SD）鍶鈣比為$6.7 \pm 2.0 \times 10^{-3}$，明顯大於河口水域者（$4.2 \pm 1.5 \times 10^{-3}$），更大於淡水環境者（$2.8 \pm 1.1 \times 10^{-3}$）（圖10.5d）。鋇是淡水起源，烏魚在淡水環境的耳石鋇鈣比平均約為150×10^{-6}，大約是海水與河口者的三倍（圖10.5e）。鹽度控制實驗，也證明烏魚耳石的平均鍶鈣比與飼育的鹽度有顯著正相關關係（Chang *et al.* 2004a）。鋇和鍶為鹼土族元素，屬於保守性元素（Conservative elements），其濃度隨鹽度而改變，可以做為烏魚洄游環境的天然指標。

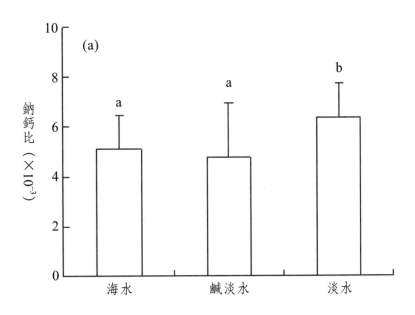

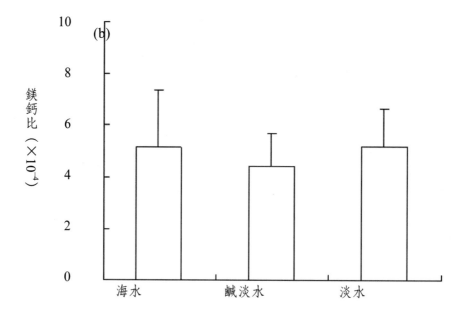

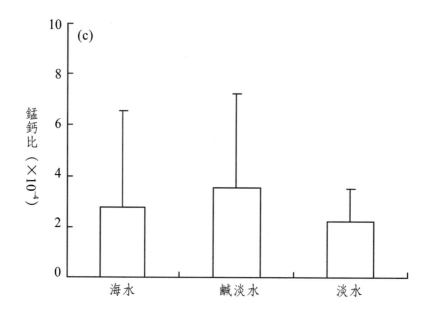

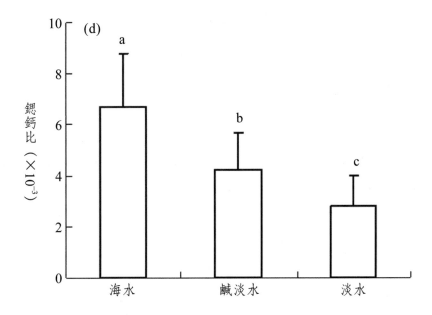

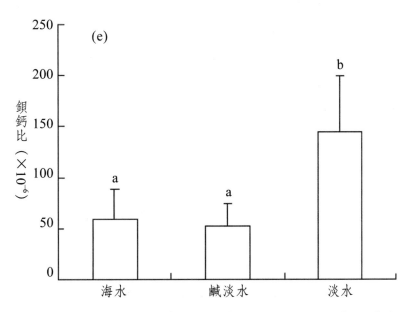

圖10.5 海水環境（鹽度>33 psu）、鹹淡水環境（鹽度 = 5～10 psu）和淡水環境（鹽度 = 0 psu）烏魚耳石邊緣的鈉鈣比(a)、鎂鈣比(b)、錳鈣比(c)、鍶鈣比(d)和鋇鈣比(e)平均值（±SD）的均質性檢定。圖中字母（a,b,c）相同表示在5%水準之下不同鹽度環境組之間的元素比值的平均值無顯著性差異（許智傑 2009）。

延伸閱讀

許智傑（2009）以自然標記研究臺灣沿岸水域烏魚的族群結構及洄游環境史。國立臺灣大學漁業科學研究所博士學位論文。

Tzeng WN (1996) Effects of salinity and ontogenetic movements on strontium: calcium ratios in the otoliths of the Japanese eel, *Anguilla japonica* Temminck and Schlegel. J. Exp. Mar. Biol. Ecol. 199: 111-122.

Campana SE (1999) Chemistry and composition of fish otolith: pathways, mechanisms and application. Mar. Ecol. Prog. Ser. 188: 263-297.

Lin SH, Chang CW, Iizuka Y and Tzeng WN (2007) Salinities, not diets, affect strontium/calcium ratios in otoliths of *Anguilla japonica*. J. Exp. Mar. Biol. Ecol. 341(2): 254-263.

Wang CH, Hsu CC, Chang CW, You CF and Tzeng WN (2010) The migratory environmental history of freshwater resident flathead mullet *Mugil cephalus* L. in the Tanshui River , northern Taiwan . Zool. Stud. 49(4): 504-514.

Wang CH, Hsu CC, Tzeng WN, You CF and Chang CW (2011) Origin of the mass mortality of the flathead grey mullet (*Mugil cephalus*) in the Tanshui River, northern Taiwan as indicated by otolith elemental signatures. Mar. Poll. Bull. 62(8): 1809-1813.

Wang CH (2014) Otolith elemental ratios of flathead mullet *Mugil cephalus* in Taiwanese waters reveal variable patterns of habitat use. Estuar. Coast. Shelf Sci. 151: 124-130.

第三單元
從耳石日週輪探索魚類的初期生活史

Discovering the Early Life History of Fishes from Otolith Daily Growth Increments

　　魚類生活史：包括卵（Egg）、仔魚（Larva）、稚魚（Juvenile）、幼魚（Young）、未成魚（Immature）和成魚（Adult）等六個發育階段（Kendall *et al.* 1984）。魚類初期生活史（Early life history），是指仔魚和稚魚兩個階段的生活史，至今對其生理、生態、分布、洄游、棲地利用和成長等生命現象的了解很有限。魚類初期生活史是研究魚類整個生活史的最後一塊拼圖，而耳石日週輪正是這塊拼圖的解方。仔魚階段的形態變化非常複雜，又細分為卵黃囊期仔魚（Yolk-sac larva）、脊索末端上屈前仔魚（Preflexion larva）、脊索末端上屈中仔魚（Flexion larva）、脊索末端上屈後仔魚（Postflexion larva）和變態為稚魚的轉型期仔魚（Transformation larva）四個期（圖11.0）。

　　魚類初期生活史研究落後的原因，是因仔稚魚不滿一歲，無法用傳統的年輪來進行研究。所幸Pannella（1971）發現了耳石日週輪，可以用來測量仔稚魚的日齡、日成長率和變態日齡等，研究其生活史的日變化。因而有「會寫日記的魚類」之稱讚。也有人把耳石比喻為羅塞塔石碑（Rosetta stone），羅塞塔石碑是大英博物館的鎮館之寶，因石碑上同時刻有埃及象形文字的神聖體、通俗體和古希臘文三種文字，使得埃及象形文字得以推考。耳石和羅塞塔石碑有異曲同工之妙，透過耳石日週輪可以再現魚類的初期生活史。

　　第三單元共8章（第11至18章）。第11～14章從耳石日週輪探索虱目魚、鯏仔魚、烏魚和花身雞魚等四種沿岸洄游性魚類的初期生活史。第15～18章從耳石日週輪探索日本禿頭鯊、日本鰻、美洲鰻、歐洲鰻、澳洲鰻和紐西蘭鰻等六種兩側洄游性魚類的初期生活史。

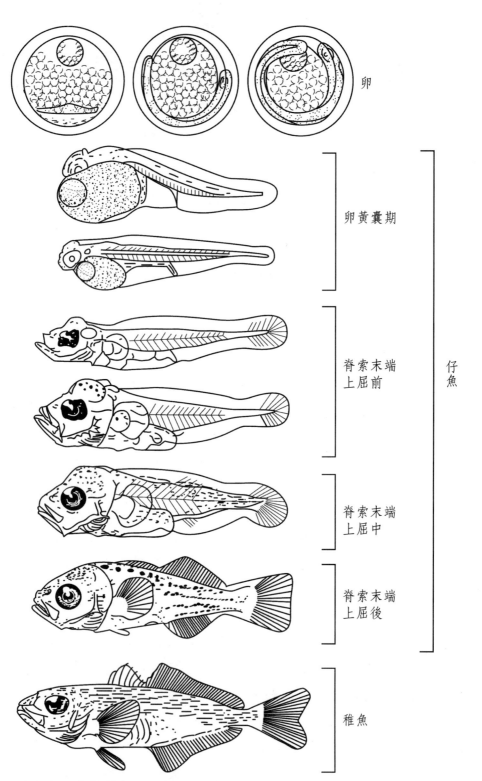

圖11.0 魚類仔稚魚期的各個發育階段及其外部形態變化（引自Kendall *et al.* 1984）。

第 **11** 章

虱目魚的初期生活史和生態
Early Life History and Ecology of Milkfish

11.1　引言

　　虱目魚主要分布於印度洋和太平洋的熱帶和亞熱帶沿岸水域，是臺灣、菲律賓和印尼等國家的重要養殖魚類。每年四月水溫上升、漁民就在沿岸碎波帶捕撈虱目魚苗（相片11.1a, b），放入魚塭中養殖，半年後就可長到20～30公分的上市體長。1970年代虱目魚苗人工繁殖技術成功後，虱目魚養殖就不再完全仰賴天然苗。虱目魚養殖可分為淺坪式和深水式養殖。淺坪式養殖於冬季曬池、撒石灰殺菌、施肥、春季引進海水行光合作用，培養底藻供虱目魚苗攝食，是非常環保的綠能養殖產業。深水式養殖沒有曬池和培養底藻的過程，完全投飼人工餌料，其優點是可越冬和減少寒害，延長養殖時間讓虱目魚長到較大的體型（相片11.1c）。虱目魚要經過7年養殖，體長到達一公尺以上才會成熟和產卵。虱目魚苗在外海產卵，來到沿岸碎波帶之前的成長過程及其在沿岸的擴散行為一直是個謎。

　　本章利用耳石日週輪，回推沿岸碎波帶的虱目魚苗之生活史和生態。

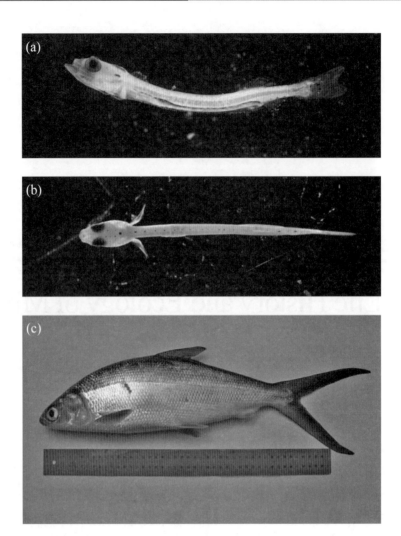

相片11.1 虱目魚的魚苗和養殖。(a)人工培育的虱目魚苗之側面觀，孵化後第21天，體長
約1.2公分，大小與出現在沿岸碎波帶的天然虱目魚苗類似。(b)虱目魚苗背面
觀，頭頂出現一顆黑色素胞，加上兩顆黑眼珠，漁民稱牠為三點花，是漁民在
沿岸捕撈野生虱目魚苗時用來識別虱目魚苗的特徵。(c)虱目魚苗經2年養殖後
可長到50公分以上，但還是屬於幼魚階段。虱目魚要經7年生長、體長到達100
公分以上，才會成熟和產卵。相片(a)、(b)的標本是行政院農業委員會東港水
產試驗所周瑞良先生於2017年5月15日採自屏東縣林烈堂先生的東興魚蝦繁殖
場，相片(c)的標本購自臺北市魚市場。

11.2 天然虱目魚苗的體長和分布生態

虱目魚爲熱帶和亞熱帶起源，臺灣東部和西南部沿岸受來自熱帶的黑潮（Kuroshio Current）及其支流的影響，虱目魚苗的數量比受中國大陸沿岸流（China Coastal Current）影響的臺灣西部和東北部豐富。1986年4～7月研究團隊從臺灣東海岸的頭城（TC）、成功（CG），和臺灣西海岸的旗津（CJ）、紅毛港（HMG）、彌陀（MT）和東港（DG）採集虱目魚苗標本500尾，用以了解臺灣沿岸虱目魚苗的分布生態。六個採樣點的虱目魚苗體長（全長）頻度分布如圖11.1所示。除了成功4月的虱目魚苗的平均體長偏小，旗津和紅毛港5月的虱目魚苗的平均體長偏大外，六個採樣點虱目魚苗平均體長都很類似。體長範圍從12.5～16.0毫米，平均14.0毫米。也就是說，虱目魚苗成長至13毫米左右進入沿岸碎波帶，到了16.0毫米就離開沿岸碎波帶。虱目魚苗在沿岸碎波帶停留的階段，其體長變化不大。

11.3 虱目魚苗的日齡和加入動態

虱目魚苗的耳石在光學顯微鏡下放大400～1000倍，就可看到日週輪（相片11.1）。虱目魚耳石的第一個日週輪，是虱目魚苗孵化後第二天開始攝餌後形成的（Tzeng and Yu, 1988, 1989）。因此，虱目魚苗耳石日週輪數加一天就是其日齡，由日齡和採集日期，可反推虱目魚苗的生日（Tzeng and Yu, 1990）。相片11.1的虱目魚苗是1985年8月7日捕自臺南縣七股海邊，其日周輪有20輪，亦即日齡爲出生後21天，換算其生日是1985年7月17日。

上述六個採樣點的虱目魚苗日齡，從14到29天，平均20.4天（表11.1）。換言之，虱目魚苗孵化後14天就進入沿岸碎波帶，29天後就從碎波帶消失，在碎波帶只停留15天左右。日齡隨採樣點和採樣月分而改變，西海岸的虱目魚苗的日齡（範圍19.5～24.4天）大於東海岸的虱目魚苗的日齡（15.5～20.0天）。西海岸的虱目魚苗的日齡大於東海岸的原因，可能是虱目魚來自東岸所致。另外，耳石日週輪數顯示採樣月分愈早平均日齡愈小，例如

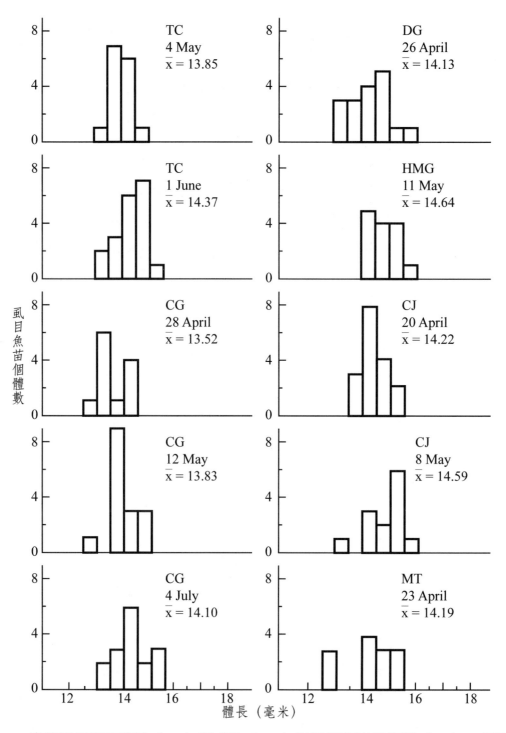

圖11.1 臺灣東海岸的頭城（TC）和成功（CG）以及西海岸的旗津（CJ）、紅毛港（HMG）和彌陀（MT）六個採樣點的虱目魚苗的體長頻度分布之比較。x̄ = 平均值（Tzeng and Yu 1990）。

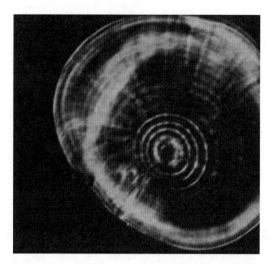

相片11.1　在光學顯微鏡下放大1000倍的野生虱目魚苗的耳石日週輪。該虱目魚苗於1985
　　　　　年8月7日捕自臺南七股海邊，全長12.5毫米（Tzeng and Yu 1990）。

頭城的虱目魚苗，5月4日的平均日齡為15.5天，6月1日的平均日齡為19.8天
（表11.1）。雖然採集時間相隔一個月，但是平均日齡只差4天左右，表示虱
目魚連續產卵，平均20天就進入沿岸碎波帶，以致來到碎波帶的虱目魚苗，
其體長和日齡在不同月分之間的差異不大。虱目魚苗有延遲加入現象，較晚月
分進入沿岸碎波帶的個體，日齡較大。

表11.1　臺灣東海岸的頭城和成功以及西海岸的東港、紅毛港、旗津和彌陀等六個採樣點
　　　　虱目魚苗的日齡變化

採樣地點	採樣日期		日齡（天）			
			樣本數	平均	標準差	範圍
頭城	4	May	15	15.5	1.13	14～18
	1	Jun	19	19.8	1.90	18～25
成功	28	Apr	12	17.9	1.83	16～21
	12	May	16	19.1	2.32	15～24
	4	Jul	16	20.0	2.10	19～26
東港	26	Apr	17	19.5	2.42	14～23

（下頁繼續）

（接上頁）

紅毛港	11	May	14	20.4	1.91	18～24
旗津	20	Apr	17	22.8	2.20	20～24
	8	May	11	24.4	3.07	21～29
彌陀	23	May	13	23.0	2.93	18～27
累計			150	20.4	2.18	14～29

註：整理自 Tzeng and Yu 1990。

11.4　虱目魚苗成長率的時空變化

　　1986年5月4日採樣自頭城的兩尾虱目魚苗，體長都是13.9毫米，但日齡則相差4天（相片11.2a：17輪，b：21輪）。此表示虱目魚苗要成長到一定體長，才會進入沿岸碎波帶，成長慢的虱目魚苗會延遲進入沿岸碎波帶。

　　圖11.2是1986年5月4日採樣自頭城和1986年5月8日採樣自旗津的虱目魚苗耳石的平均輪寬（成長率）之比較。頭城者的成長率，比旗津者快。成長快的虱目魚苗，比較早進入沿岸碎波帶。頭城5月的虱目魚苗來到沿岸碎波帶的日齡為14～18天，旗津則為21～29天（表11.1）。

　　虱目魚苗從外海的仔魚漂浮期，進入沿岸碎波帶，需經過棲地和發育階段變換，這是極為耗能的過程。圖11.2顯示虱目魚苗在日齡9～11天進入沿岸碎波帶的過程中，其成長率明顯變慢。

11.5　結論

　　虱目魚是熱帶起源，在外海產卵，魚苗成長速度非常快，誕生後20天左右，就從仔魚變成稚魚，進入沿岸碎波帶，成為漁民用來養殖捕撈的對象。這段在沿岸碎波帶，曇花一現的短暫初期生活史，透過耳石日週輪，可以知道其進入沿岸的日齡、成長過程和擴散行為。虱目魚要10年才會成熟產卵，還有許多未知的生活史細節等待研究。

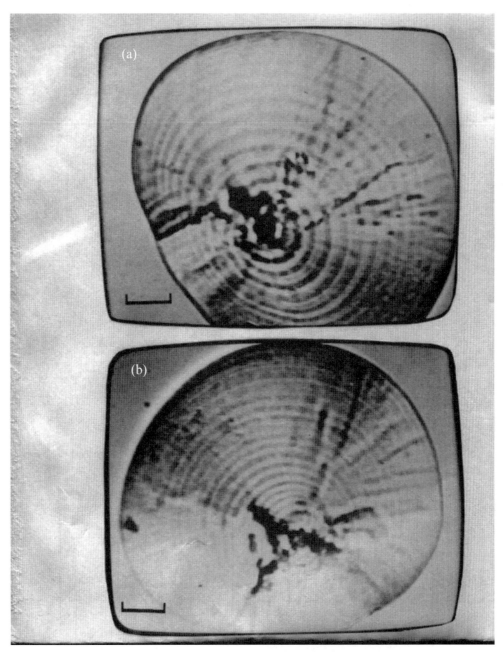

相片11.2 1986年5月4日採樣自頭城的兩尾天然虱目魚苗的耳石日週輪的比較，全長皆為13.9毫米。(a)：17輪，(b)：21輪，比例尺 = 20微米（Tzeng and Yu 1990）。

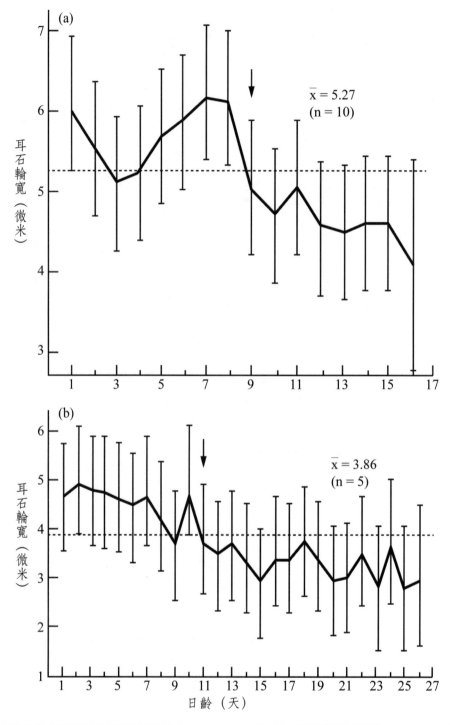

圖11.2　虱目魚苗耳石平均輪寬的變化。(a)1986年5月4日採樣自頭城，(b)1986年5月8日
　　　　採樣自旗津。n ＝ 樣本數，$\overline{X}$ ＝ 耳石平均輪寬，垂線表示95%信賴限界，箭頭指
　　　　輪寬下降的時間點（Tzeng and Yu 1990）。

延伸閱讀

Tzeng WN and Yu SY (1988) Daily growth increments in otoliths of milkfish, *Chanos chanos* (Forsskål), larvae. J. Fish Biol. 32: 495-405.

Tzeng WN and Yu SY (1989) Validation of daily growth increments in otoliths of milkfish larvae by oxytetracycline labeling. Trans. Am. Fish. Soc. 118: 168-174.

Tzeng WN and Yu SY (1990) Age and growth milkfish *Chanos Chanos* larvae in the Taiwanese coastal waters as indicated by otolith growth increments. 2nd Asian Fisheries Forum: 411-415.

Tzeng WN and Yu SY (1992a) Effects of starvation on the formation of daily growth increments in the otoliths of milkfish, *Chanos chanos* (Forsskål) , larvae. J. Fish Biol. 40: 39-48.

第 12 章

鮛仔魚的初期生活史和生態
Early Life History and Ecology of Larval Anchovy

12.1　引言

　　鮛仔魚是指鯷魚和沙丁魚類的仔稚魚（相片12.1）。臺灣北部淡水河出海口是鮛仔魚的主要產地，其捕撈漁業已有百年以上的歷史。鮛仔魚的骨骼細、鈣質和礦物質含量豐富，是嬰兒補充鈣質的優良副食品。臺灣近海的鯷魚和沙丁魚類大約有十多種，最大可以長到7～10幾公分。但是鯷魚和沙丁魚長大後，價格反而不如其鮛仔魚，這是漁民提早捕撈的原因。鯷魚和沙丁魚類繁殖速度快、生命週期短，百年來不斷捕撈其鮛仔魚也不見其絕跡。儘管如此，並非表示可以無限制地捕撈，因過度捕撈會影響生態平衡。尤其是有約150種的高經濟價值魚類（例如狗母魚、比目魚、石斑魚、白帶魚等）的魚苗會隨鮛仔魚一起被捕撈上岸，造成資源浪費。過度捕撈也會影響生態系的食物鏈結構，使得高級魚類吃不到鮛仔魚。鮛仔魚捕撈漁業，一直是沿岸漁業資源管理的兩難問題（Hsieh *et al.* 2009; Tu *et al.* 2012; Tsai *et al.*1997; Wang and Tzeng 1997, 1999）。

相片12.1　剛剛被漁民捕撈上岸的新鮮鮂仔魚，全身透明（彩圖P11）（http://g.udn.com. tw/community/img/PSN_ARTICLE/HungGee/f_1814748_1.jpg）。

　　本章將從耳石日週輪探索淡水河口的兩種鯷魚類優勢種：日本鯷（*En- graulis japonica*）和異葉公鯷（*Encrasicholina punctifer*）的鮂仔魚生活史，提供資源保育之參考。

12.2　鮂仔魚的耳石

　　日本鯷和異葉公鯷仔稚魚的耳石，薄而且透光度佳（相片12.2a, b）。其耳石取下後，不需要切割、研磨，利用阿拉伯膠（Permount）黏在載玻片上，用解剖顯微鏡就可觀查其日週輪（Wang and Tzeng 1999）。日本鯷為溫帶種，孵化後4天才形成第一個日週輪（Tsuji and Aoyama 1984）。因此，其耳石日週輪數加4天才是實際日齡。異葉公鯷為熱帶種，熱帶魚類孵化後，卵黃囊很快就消耗殆盡，並開始攝餌形成第一個日週輪（Thorrold *et al.* 1989）。因此，其耳石日週輪數就等於日齡。日本鯷和異葉公鯷仔魚的耳石日週輪增生規律且均質，表示進入淡水河口之前的仔魚生活環境很穩定。

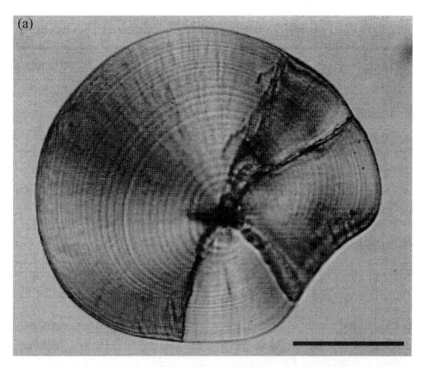

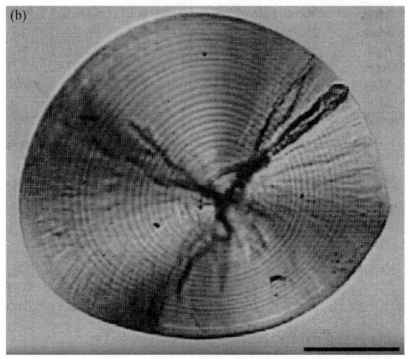

相片12.2 鱸仔魚的耳石日週輪。(a)異葉公鰻的日週輪，1992年11月6日捕自淡水河口，體長19.5毫米，日齡25天。(b)日本鰻的日週輪，1993年3月27日捕自淡水河口，體長25.2毫米，日齡26天。比例尺 = 100微米（Wang and Tzeng 1999）。

12.3　鱸仔魚的出現季節

　　圖12.1是1992年10月至1993年7月淡水河出海口，異葉公鰻和日本鰻鱸仔魚的每日漁獲量變化。異葉公鰻來自南方，主要出現在秋季（11月）。日本鰻來自北方，主要出現在春季（5月），偶而也會出現在秋季。兩種鱸仔魚的出現季節不同，可以避開種間的食物和空間競爭。

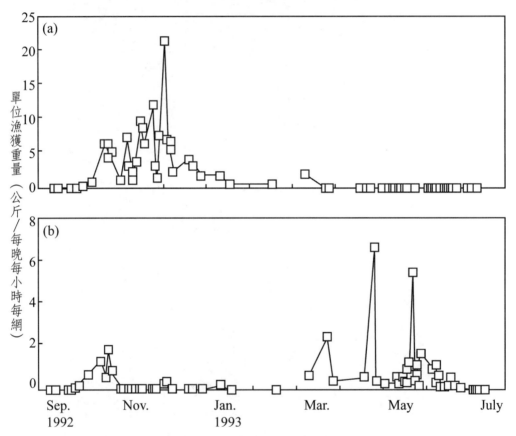

圖12.1　淡水河口異葉公鰻(a)和日本鰻(b)鱸仔魚漁獲重量（公斤／每晚每小時每網）的日變化（Wang and Tzeng 1999）。

12.4 魩仔魚的體長和日齡

異葉公鯷的魩仔魚進入淡水河口時的體長爲17.4～35.6毫米、日齡爲16～89天、日成長率爲0.4～1.0毫米／天，日本鯷爲12.1～32.7毫米、日齡爲19～62天、日成長率爲0.7～0.9毫米／天（表12.1）。異葉公鯷和日本鯷的產卵季節都很長，每天都有不同的誕生群來到淡水河口，每群的平均體長、平均日齡和平均日成長率都不盡相同（圖12.2）。

表12.1 1992年10月至1993年5月淡水河口日本鯷和異葉公鯷魩仔魚的取樣日期、數量（n）、平均標準體長（*Ls*）和平均耳石最大半徑變化

種類	採樣日期	n	標準體長（毫米）		耳石最大半徑（微米）	
			範圍	平均±SD	範圍	平均±SD
E.punctifer	18 Oct	30	17.4-29.3	24.7±2.8	126.69-335.12	231.87±51.59
	20 Oct	30	17.6-29.5	25.2±3.3	145.20-369.90	254.29±64.86
	21 Oct	30	20.9-33.5	25.4±3.3	177.38-415.22	254.86±67.75
	23 Oct	30	18.2-32.5	25.3±3.1	137.34-410.68	239.10±60.89
	25 Nov	30	18.5-24.3	20.5±1.6	115.89-213.73	148.06±21.92
	26 Nov	30	18.1-26.9	20.9±1.9	119.53-261.02	166.03±31.08
	30 Nov	30	18.4-35.6	25.1±4.8	130.95-433.68	232.13±88.52
	2 Dec	30	21.1-35.0	26.9±3.0	175.03-426.72	266.65±58.8
	16 Feb	21	17.8-30.0	24.0±3.0	83.22-311.49	186.79±60.62
	Overall	261	17.4-35.6	24.2±3.7	83.22-433.68	220.42±71.93
E.japonicus	18 Oct	10	21.7-28.7	25.5±1.8	181.88-250.57	220.26±22.81
	20 Oct	4	25.7-29.3	28.1±1.4	226.97-347.79	281.94±45.30
	21 Oct	14	24.0-31.5	28.1±2.2	219.20-380.16	292.62±53.74
	23 Oct	6	24.3-32.7	28.8±2.9	214.63-457.90	299.89±87.02
	25 Mar	30	12.6-27.8	19.2±4.4	64.63-234.28	120.79±43.71
	27 Mar	29	12.1-25.8	20.4±3.9	58.54-207.40	132.82±36.79
	20 Apr	30	16.9-23.3	20.1±1.8	95.46-175.84	138.25±19.82
	26 Apr	30	15.6-28.7	21.6±3.3	78.07-257.32	143.76±41.64

（下頁繼續）

（接上頁）

	25 May	21	15.0-26.7	20.0±3.2	101.22-220.79	147.11±37.03
	26 May	30	15.8-24.9	20.5±2.5	118.71-232.95	159.37±28.24
	Overall	205	12.1-32.7	21.5±4.2	58.54-457.90	161.92±65.09

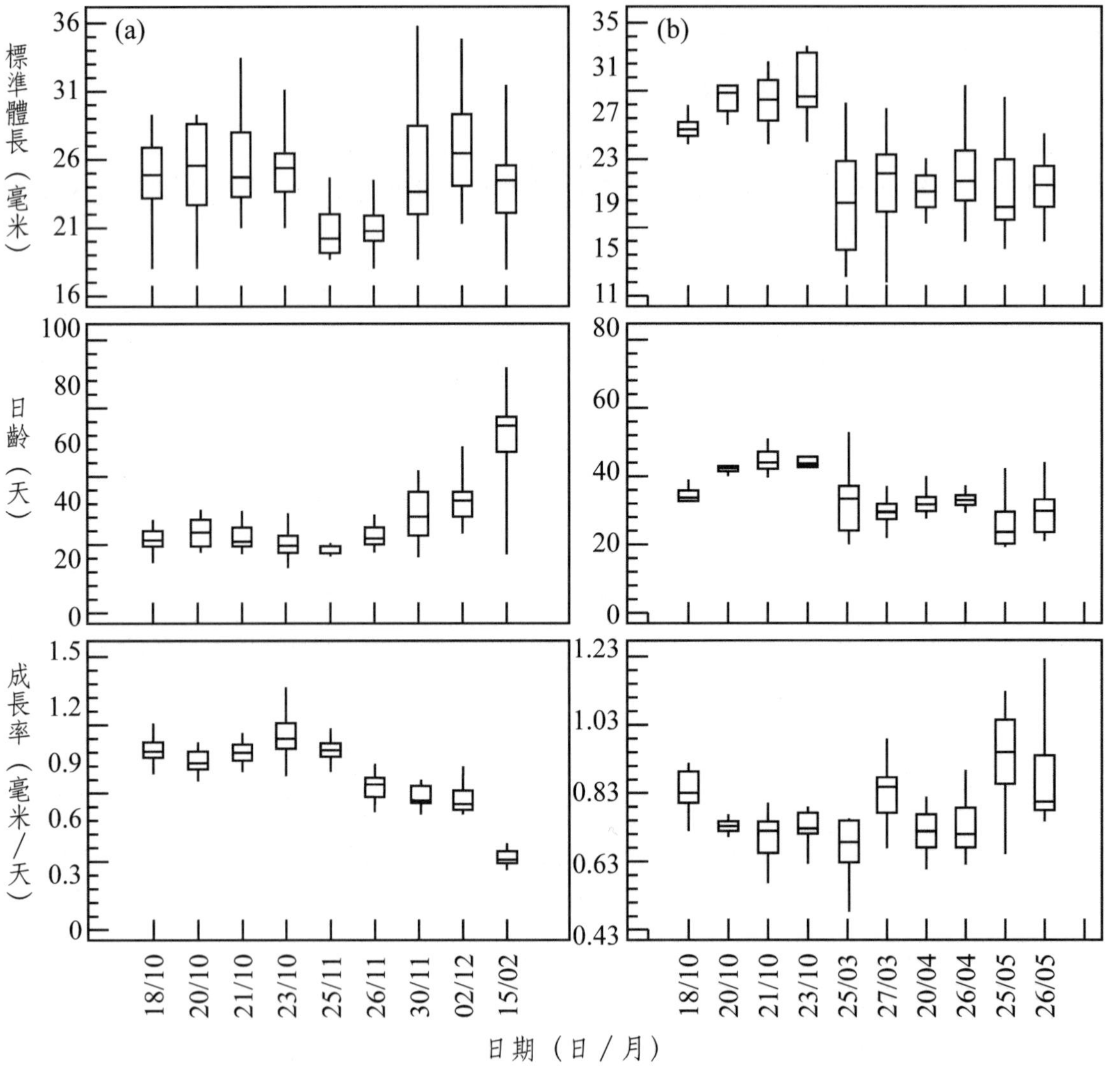

圖12.2　淡水河口異葉公鯷(a)和日本鯷(b)鰣仔魚的平均標準體長、平均日齡和平均成長率的日變化之比較。以四分位法表示體長、日齡和成長率的範圍、中位數和平均值的變化（Wang and Tzeng 1999）。

　　漁獲體長和日齡資訊是漁業管理和族群動態研究不可或缺的參數。鯒仔魚被捕時的體長和日齡受漁具的網目選擇性影響。漁民使用的漁網網目大小和蚊帳網網目大小差不多，網目細，鯒仔魚還來不及長大就被捕撈上岸。

12.5　鯒仔魚的孵化日期

　　根據每一尾鯒仔魚的捕獲日期和耳石日週輪數，回推其孵化日期，發現同一天捕獲的標本，其孵化日期都很集中，表示同一天的標本大都來自同一誕生群（Cohort）（圖12.3）。從孵化日期的高峰日期和捕獲日期的時間差異來看：10月、11月和2月捕獲的異葉公鯷，大約孵化後24天、37天和58天就分別從產卵場洄游到淡水河口（圖12.3a）。9月、3月、4月和5月捕獲的日本鯷，大約孵化後21天、44天、23天和25天來到淡水河口（圖12.3b）。鯒仔魚的日齡愈大，表示其成長速度慢、洄游到淡水河口的時間延後，或海況異常造成洄游延宕。

12.6　鯒仔魚成長率的月別變化

　　因水溫和餌料生物多寡的季節性變化，不同月分誕生的鯒仔魚，其日成長率有很大差異。淡水河口的水溫從10月至隔年2月逐月下降，對熱帶性異葉公鯷的成長不利。因此，10月、11月和2月誕生的異葉公鯷，其日成長率有逐月下降的趨勢（圖12.4a）。秋季（10月）和春季（3～5月）的水溫都在日本鯷生長的適溫範圍，因此其日成長率的月別差異不顯著（圖12.4b）。

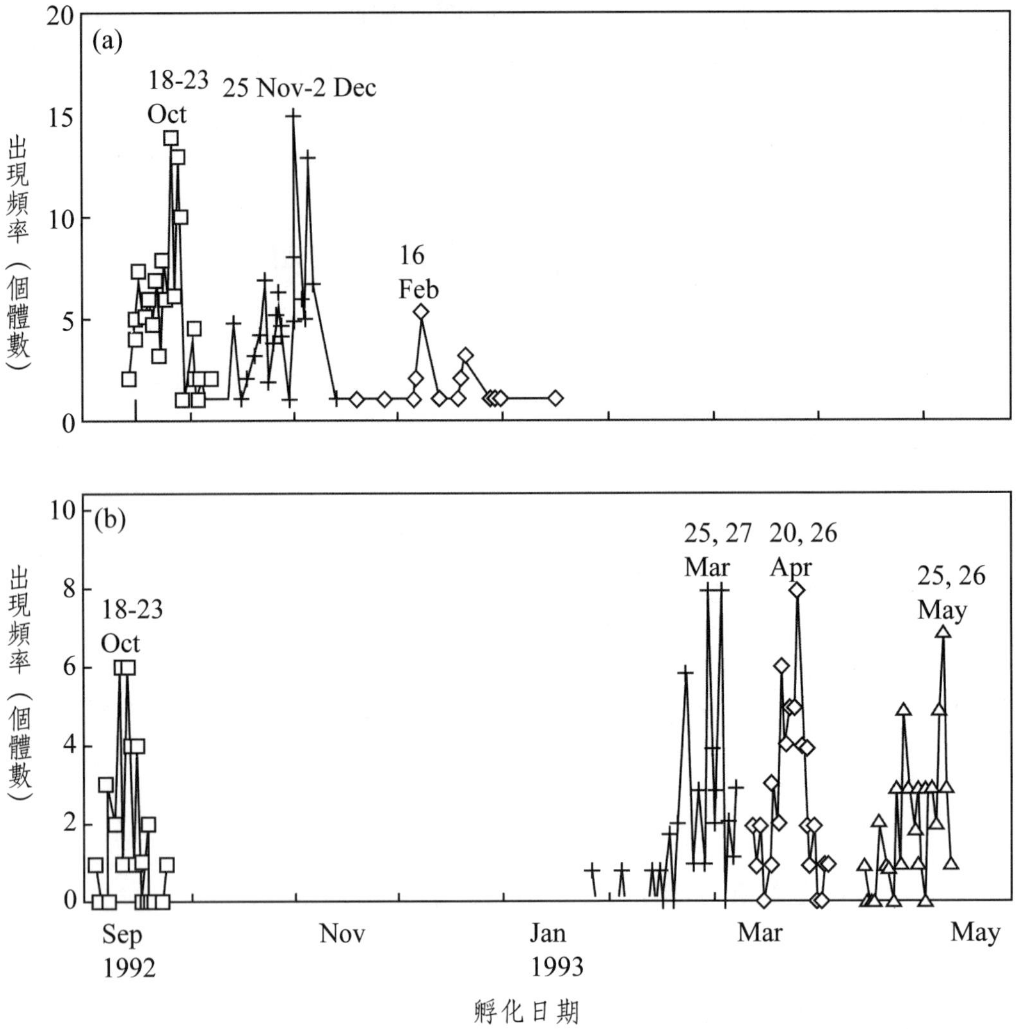

圖12.3 淡水河口異葉公鯷(a)和日本鯷(b)魩仔魚的孵化日期和捕獲日期的關係。圖中數字為捕獲月份和日期（Wang and Tzeng 1999）。

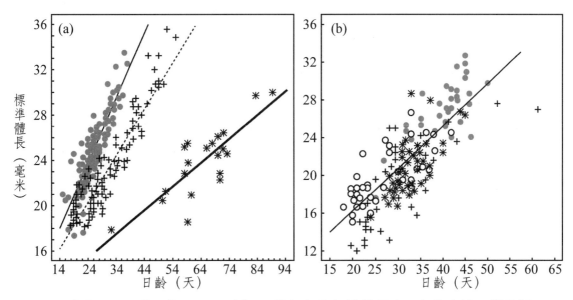

圖12.4 淡水河口異葉公鯷(a)和日本鯷(b)鮆仔魚的標準體長和日齡的直線迴歸關係。(a) 黑點：10月、十字：11月、星星：2月。(b)黑點：10月、十字：3月、星星：4月、圓圈：5月（Wang and Tzeng 1999）。

12.7　結論

　　鮆仔魚是鯷魚和沙丁魚類的仔稚魚之總稱。透過耳石日週輪的研究，可以了解其日齡和成長率的時空變化和種間差異。過度捕撈鮆仔魚會影響生態平衡，且有大約150種非鮆仔魚的高經濟價值魚苗會遭殃。了解鮆仔魚的初期生活史有助於沿岸漁業資源的管理和永續利用。

延伸閱讀

王友慈（1997）淡水河口鄰接海域產鯡類仔魚的來游動態暨初期生活史之研究。國立臺灣大學動物學研究所博士學位論文。

Thorrold SW and Williams D McB (1989) Analysis of otolith microstructure to determine growth history in larval cohorts of a tropical herring (*Herklotsichthys castelnaui*). Can. J. Fish. Aquat.

Sci. 46: 1615-1624.

Tsuji S and Aoyama T (1984) Daily growth increments in otoliths of anchovy larvae *Engraulis japonica*. Nippon Suisan Gakkaishi 50: 1105-1108.

Wang YT and Tzeng WN (1997) Temporal succession and spatial segregation of clupeoid larvae in the coastal waters off the Tanshui River estuary, northern Taiwan. Mar. Biol. 36(3): 178-185.

Wang YT and Tzeng WN (1999) Difference in growth rates among cohorts of *Encrasicholina punctifer* and *Engraulis japonicus* larvae in the coastal waters off Tanshui River estuary, Taiwan as indicated by otolith microstructure analysis. J. Fish Biol. 54: 1002-1016.

第 13 章

烏魚的初期生活史和生態
EarlyLife History and Ecology of Grey Mullet

13.1　引言

　　烏魚的學名爲 *Mugil cephalus*，英文俗名爲 grey mullet，因頭部上下側扁又稱 flathead mullet。烏魚廣泛分布於南北緯40°之間的沿岸、潟湖與河口域。世界各地的烏魚，分爲許多不同的族群，每一個族群的生活圈和洄游環境都不同。臺灣西海岸的烏魚族群，每年冬至前後，隨著中國大陸沿岸流南下到臺灣東北和西南海域產卵，隔年春天，烏魚苗就出現在沿岸河口域。臺灣的烏魚產業歷史悠久，漁民捕撈成熟的烏魚，取卵製成烏魚子，捕撈烏魚苗供養殖。臺灣烏魚的學術研究已經有一段很長的歷史（例如中野原治1918; 大島正滿1921; Tung 1959; Liao 1977; 張至維1997; Chang *et al.* 2000; Shen *et al.* 2011; Wang *et al.* 2010, 2011），但還是有一些待解謎題。

　　臺灣沿岸烏魚苗的出現季節，一直讓人費解。中國大陸沿岸的烏魚洄游群尚未南下到臺灣西南海域產卵之前，臺灣沿岸就出現早生的烏魚苗。Liu（1986）認爲除了每年冬至南下洄游產卵的族群（Population）之外，應該還

有其他族群存在，否則很難解釋早生苗的出現。Shen *et al.*（2011）根據微衛星DNA的研究結果發現，臺灣沿近海有三個基因結構不同的烏魚族群；中國大陸沿岸群、黑潮群和中國南海群。早生烏魚苗究竟是屬於哪一個族群？烏魚的初期生活史又是如何？值得深入探討。

本章回顧臺灣沿近海的烏魚種類、生活史和漁業。並且從耳石日週輪探索其初期生活史和了解烏魚苗的族群結構。

13.2　鯔科魚類的種類和魚苗出現季節

臺灣沿近海的鯔科魚類（Mugilidae）總共有6屬12種，種與種之間的外型非常類似，非專家不足以辨識（相片13.1，表13.1）。12種鯔科魚類中，除了高經濟價值的烏魚外，其他11種的生活史和生態所知有限（童逸修 1981; Liu and Shen 1991; 張至維和曾萬年 2000）。如上所述，臺灣沿近海的烏魚有三個基因結構不同的族群，但三個族群的外部形態沒有顯著性差異，因此，這三個族群稱之為隱形種（Cryptic species），這是達爾文「物種起源」演化學說中的同域性物種形成（Sympatric speciation）的趨同演化現象（Convergence evolution）。後續的第25章25.9節還有進一步說明。

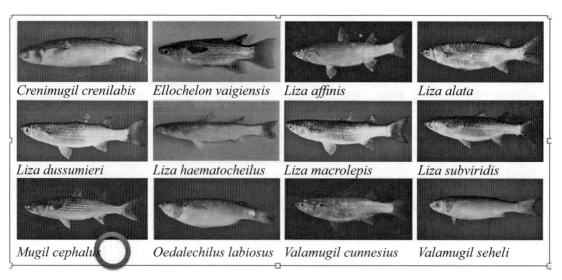

相片13.1　臺灣的6屬12種鯔科魚類。圓圈為烏魚（彩圖P12）（Chang and Tzeng 2000）。

表13.1　臺灣的6屬12種鯔科魚類的分類名稱和變化（張至維博士提供）

2016年前的舊學名	中名	2016年後的新學名	中名	備註
Crenimugil crenilabis	粒唇鯔	*Crenimugil crenilabis*	粒唇鯔	
Ellochelon vaigiensis	黃鰭鮻	*Ellochelon vaigiensis*	黃鯔	
Liza affinis	前鱗鮻	*Chelon affinis*	前鱗龜鮻	
Liza alata	竹筒鮻	*Chelon alatus*	寶石龜鮻	
Liza dussumieri	粗鱗鮻	*Chelon subviridis*	綠背龜鮻	同種
Liza haematocheilus	紅眼鮻	*Chelon haematocheilus*	龜鮻	
Liza macrolepis	大鱗鮻	*Chelon macrolepis*	大鱗龜鮻	
Liza subviridis	白鮻	*Chelon subviridis*	綠背龜鮻	
Mugil cephalus	烏魚	*Mugil cephalus*	鯔	
Oedalechilus labiosus	瘤唇鯔	*Oedalechilus labiosus*	角瘤唇鯔	
Valamugil cunnesius	長鰭凡鯔	*Moolgarda cunnesius*	長鰭莫鯔	
Valamugil seheli	協里凡鯔	*Moolgarda seheli*	薛氏莫鯔	

　　鯔科魚類的種類不同，其習性和適水溫差很多，魚苗在沿岸出現的季節也不一樣。臺灣夏季，沿岸水溫高達30℃以上，冬天則低至15℃。受到陸地的影響，水量小的溪流，水溫升降快、變化幅度也大。臺灣北部的公司田溪，水溫的季節性變化，比鄰近水量大的淡水河之升降速度快、變化幅度也大（圖13.1）。因此，公司田溪和淡水河口的烏魚苗之出現季節會有差異。

　　淡水河口常見的六種鯔科魚類，其魚苗的出現季節與水溫有關。烏魚為溫帶性種類，每年冬至（12月22日）前後隨中國大陸沿岸流南下到臺灣東北和西南部海域產卵，冬春季（12～3月）魚苗大量出現在臺灣沿岸河口域。隨著水溫的季節性上升，其他五種熱帶性鯔科魚類的魚苗也陸續出現（圖13.2）。沿岸河口域營養鹽豐富、基礎生產力（Primary production）高、水淺可躲避大魚掠食，是鯔科魚類的優良哺育場。

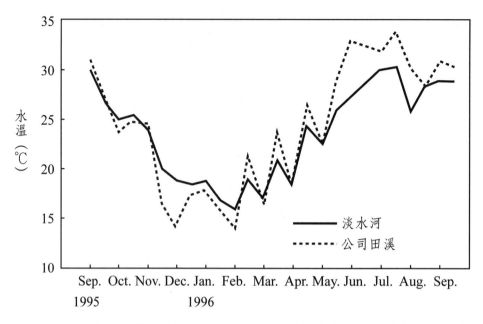

圖13.1　淡水河口及其鄰近公司田溪的水溫季節性變化之比較（張至維 1997）。

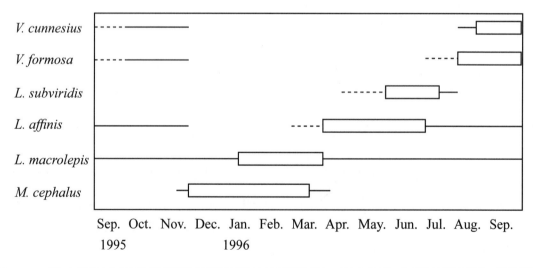

圖13.2　淡水河口六種常見鯔科魚類魚苗的出現季節。長方形為主要出現季節（張至維 1997）。

13.3　烏魚的生活史和漁業

　　臺灣沿近海的三個烏魚族群，除了中國大陸沿岸群之外，其餘的兩個族群的生活史並不清楚。一般認為，中國大陸沿岸群的烏魚，在大陸沿岸水域生長，4年後成熟，冬至前後10天隨中國大陸沿岸流洄游至臺灣西南部海域產卵（圖13.3）。冬季，臺灣西南部海域是中國大陸沿岸流和黑潮支流交匯的潮境海域，餌料生物豐富、水溫高，適合烏魚避寒和產卵。中國大陸沿岸流與黑潮的水色不同，高溫的黑潮浮游生物量少、光線容易穿透、呈現深藍色。反之，低溫的大陸沿岸水，浮游生物豐富、海水呈現淺綠色。漁民利用水色不同來判斷烏魚聚集的潮境位置，下網捕撈烏魚（相片13.2）。

　　中國大陸沿岸群，在臺灣西南海域產卵後，其仔魚隨著潮流漂向沿岸河口域的哺育場，春夏之交西南季風盛行，中國大陸沿岸流後退，一小部分稚魚會留在臺灣河口域，其餘往中國大陸沿岸水域的攝餌場移動、覓食。4年後，烏魚長大、成熟，一定回來產卵，從不爽約，被譽為「信魚」。烏魚子價格昂貴，烏魚又被稱為「烏金」。漁民除了捕撈即將產卵的烏魚，製造烏魚子外，也捕撈烏魚苗來養殖。臺灣西南部沿海為主要烏魚養殖區，其次是新竹地區（圖13.3）。

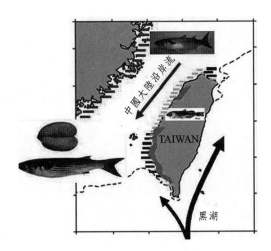

圖13.3　臺灣沿近海烏魚的生活史和洄游。烏魚的產卵場位於西南和東北海域，孵育場分布在沿岸河口域，攝餌場主要位於中國大陸沿岸。臺灣的烏魚養殖區集中在新竹和西南沿海地區（彩圖P12）。

相片13.2   漁民利用巾著網在臺灣西南海域的黑潮支流（深藍色）與中國大陸沿岸流（綠色）冷暖水團交匯的潮境水域捕撈前來避寒、產卵的烏魚（彩圖P12）（前水產試驗所劉振鄉博士提供）。

　　臺灣的烏魚子聞名全世界，是宴席上的珍饈和國際機場免稅商店的高級伴手禮。烏魚子是由烏魚的卵巢加工製做而成（相片13.3）。烏魚子的過度需求，母烏魚被過度捕撈，影響其族群的繁衍。

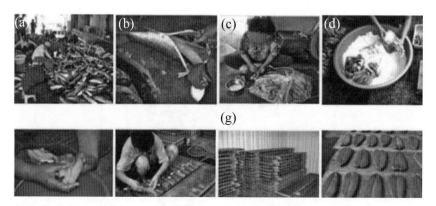

相片13.3   烏魚子的加工過程。(a)挑選母魚、(b)採取卵巢、(c)清理、(d)用鹽脫水、(e)去鹽、(f)整型、(g)壓榨、(h)曬乾（彩圖P13）（張至維博士提供）。

　　臺灣烏魚的生產量集中在西南部的沿海縣市。天然烏魚的捕撈量於1980年達到最高峰，約6000多公噸，隨後一路下滑，目前的年生產量只有1000公噸左右（圖13.4）。因天然產卵的烏魚產量減少，漁民捕撈天然烏魚苗養殖，投以雌性激素，使雄性魚苗變性，生產更多的烏魚子，近幾年烏魚的養殖生產量已經超過天然捕撈量。臺灣烏魚的人工繁殖技術，早在1970年代就已成功（Liao 1977），但烏魚養殖仍仰賴天然水域捕撈的烏魚苗。

　　天然烏魚苗漁獲量與太陽黑子數目呈現反比關係（圖13.5）。太陽黑子的變化週期為11.2年（Tzeng *et al.* 2012），如何影響烏魚苗漁獲量仍有待進一步研究。過度捕撈天然烏魚苗來養殖，對於日漸衰竭的烏魚資源，無疑是雪上加霜，應該繁殖人工苗，減少天然苗的捕撈，讓資源早日恢復。烏魚漁業的管理，是政府部門不容忽視的課題。

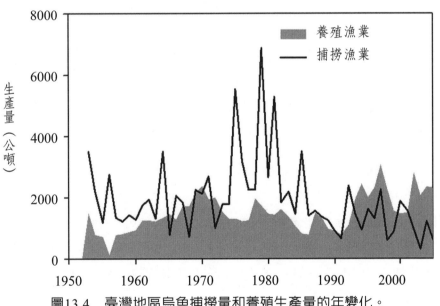

圖13.4　臺灣地區烏魚捕撈量和養殖生產量的年變化。

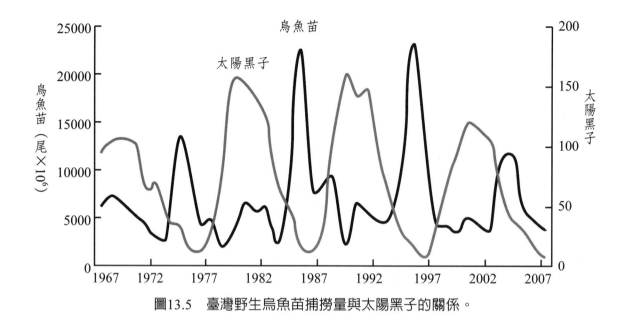

圖13.5　臺灣野生烏魚苗捕撈量與太陽黑子的關係。

13.4　天然烏魚苗體長的月別變化

　　每年11月至隔年3月，淡水河出海口出現大量的烏魚苗（稚魚）。每半個月採集的烏魚苗體長大小不一，平均約20～30毫米，其體長組成由不同時間孵化的加入群所構成。體長頻度分布峰度的月分推移，顯示烏魚苗的逐月成長（圖13.6a, b）。

　　利用Bhatacharya多型量解析法（圖13.7），可以將淡水河口每次採集的烏魚苗的體長頻度分布分解為不同的加入群。分解後發現每次採集的烏魚苗，都有1～3個加入群出現。最小的加入群之平均體長為20.41毫米，最大者為34.28毫米。

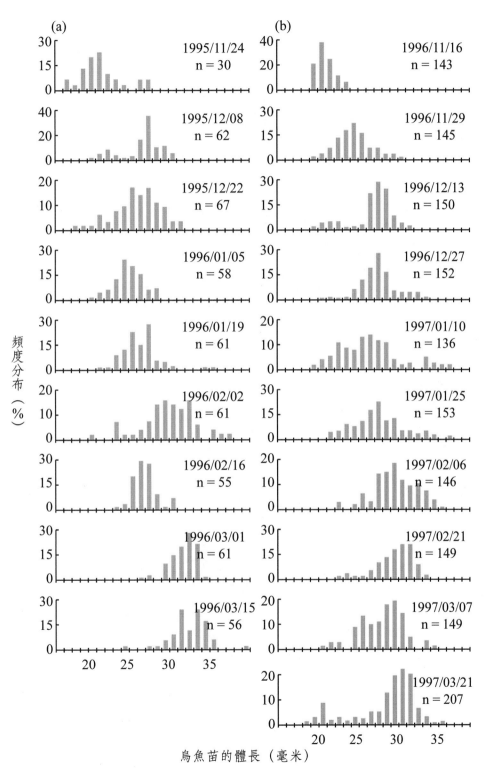

圖13.6　淡水河口烏魚苗體長頻度分布的月別變化。(a)1995～1996年，(b)1996～1997年
（張至維 1997）。

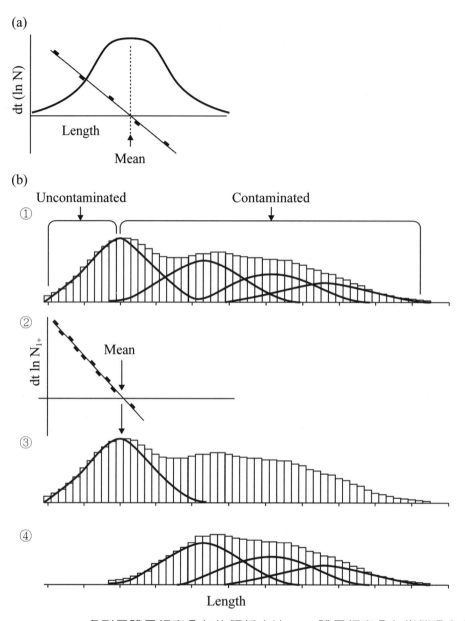

圖13.7　Bhattacharya多型量體長頻度分布的解析方法。(a)體長頻度分布常態分布的平均
　　　　值，(b)多型量體長頻度分布的分解過程（改自King 2007）。

13.5　天然烏魚苗的日齡和成長

烏魚苗的體長（TL，毫米）與日齡（T_D，天）的關係如下（圖13.8）：

$$TL - 5.876 + 0.452T_D$$

　　上式迴歸直線的斜率，顯示天然烏魚苗的日成長率為0.452毫米。迴歸直線的截距是烏魚孵化時的理論體長，約5.876毫米，比人工繁殖的孵化體長（2.603毫米）大約一倍（Liao *et al.* 1971）。烏魚苗出生後，成長速度非常快、體型變化也大。天然與人工烏魚苗的生長環境也不同，由天然烏魚苗的體長與其日齡的迴歸直線，外插的烏魚孵化時的理論體長，與實際的孵化體長會有很大差異。

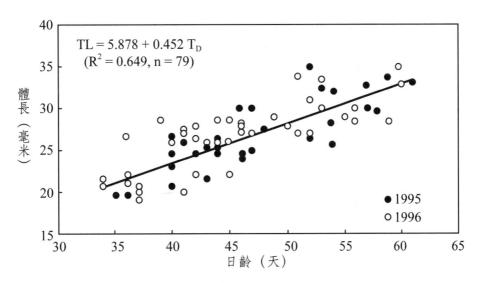

圖13.8　淡水河口烏魚苗的體長與日齡的關係之迴歸直線（張至維 1997）。

13.6　早生烏魚苗的出現

　　烏魚每年冬至（12月22日）前後10天，才隨著中國大陸沿岸流南下到臺灣東北和西南海域產卵。可是，根據上述烏魚苗體長，以及體長與日齡的迴

歸直線所回推的烏魚苗誕生日（或孵化日）為10月6日至隔年的2月23日（圖13.9）。10月誕生的早生烏魚苗比中國大陸沿岸群多至（12月22日）南下產卵的時間早約兩個月。也就是說，臺灣沿近海的烏魚，除了每年12月冬至前後隨著中國大陸沿岸流南下產卵的中國大陸沿岸群之外，可能有其他烏魚族群存在，否則無法解釋10月就誕生的早生烏魚苗（Liu 1986）。筆者退休前，在一個為期三年的科技部研究計畫支持下，研究團隊利用微衛星DNA分析後，發現臺灣沿近海的烏魚可分為黑潮群、中國大陸沿岸群和中國南海群

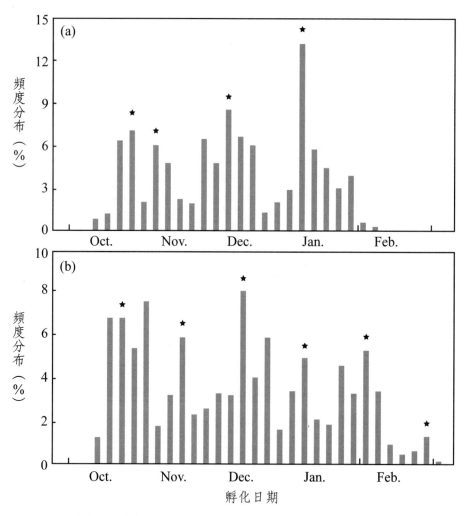

圖13.9　淡水河口烏魚苗孵化日期的頻度分布。(a)1995～1996年、(b)1996～1997年。星號表示Bhattacharya解析方法分離出來的每個加入群的平均孵化日（張至維1997）。

三個族群（Shen *et al.* 2011）。後來，進一步從臺灣沿岸各地區不同月份採集的烏魚苗的DNA分析後發現，早生烏魚苗對應於中國南海群（Shen *et al.* 2015）。

13.7　結論

　　烏魚是臺灣沿近海的重要漁業資源。漁民除了捕撈產卵的烏魚加工製成烏魚子之外，也捕撈烏魚苗來養殖。天然產卵的烏魚，生產量自1980年後就逐年下降，捕撈天然烏魚苗來養殖，無疑是雪上加霜，烏魚的人工繁殖早在1970年就已經成功，為何還要捕撈天然烏魚苗，實在令人費解。烏魚的資源管理刻不容緩。

　　耳石日週輪的分析發現，臺灣沿近海早生烏魚苗的孵化日，比每年多至南下產卵的中國大陸沿岸群的產卵時間早約兩個月，顯示臺灣沿近海的烏魚，除了每年多至南下產卵的族群外，應該還有其他族群存在。近年來，DNA的研究證實臺灣沿近海有三個烏魚族群，除了中國大陸沿岸群之外，還有黑潮群和中國南海群，早生烏魚苗應該是來自中國南海群，目前除了中國沿岸群的洄游生活史比較清楚之外，其餘兩群都有待研究。

延伸閱讀

張至維（1997）由耳石的微細構造探討淡水河口域烏魚稚魚的日齡及成長。國立臺灣大學漁業科學研究所碩士論文。

張至維、曾萬年（2000）臺灣沿岸鯔科魚苗資源的變動——種類識別、生產量及養殖的展望。臺大漁推第十八期，第25-42頁。

Liu CH (1986) Survey of the spawning ground of grey mullet, pp.63-72. *In*: WC Su (ed) Report of the study on the resource of grey mullet in Taiwan, 1983-1985. TFRI Kaohsiung Branch. (in Chinese with English abstract)

Chang CW, Tzeng WN and Lee YC (2000) Recruitment and hatching dates of grey mullet (*Mugil cephalus* L.) juveniles in the Tanshui Estuary of northwest Taiwan. Zool. Stud. 39(2): 99-106.

Shen KN, Jamandre BW, Hsu CC, Tzeng WN and Durand JD (2011) Plio-Pleistocene　sea level and temperature fluctuatios in the northwestern Pacific promoted speciation in the globally-distributed flathead mullet *Mugil cephalus*. Evol. Biol. 11 (83): 1-17.

Shen KN, Chang CH and Durand JD (2015) Spawning segregation and philopatry are major prezygotic barriers in sympatric cryptic *Mugil Cepnalus* species. C. R. Biologics 338: 803-811.

第 14 章

花身雞魚的初期生活史和祕雕魚事件

Early Life History and Vertebral Deformity Event of Thornfish

14.1 引言

　　花身雞魚（*Terapon jarbua*, Forsskål）屬於鱸目（Perciformes），條紋雞魚科（Teraponidae）魚類，俗稱「花身仔」（相片14.1）。花身雞魚廣泛分布於印度太平洋熱帶和亞熱帶沿近海，為廣鹽性嗜弱光性魚類（Chen *et al.* 1992）。其成魚在沿近海50米深的水域產卵（Miu *et al.* 1990），仔稚魚有成群進入沿岸河口域覓食的習性（Tzeng 1995b）。新北市金山區臺灣電力公司第二核能發電廠出水口的岩礁區，曾經出現脊椎骨彎曲變形的花身雞魚，稱之為「祕雕魚」（Chang *et al.* 2010）。祕雕魚的出現，一度引起附近民眾的恐慌，懷疑是不是核能發電廠的輻射外洩所造成。

　　本章將從耳石日週輪，來了解花身雞魚的產卵期，其仔稚魚進入沿岸河口域的日齡和成長過程等初期生活史特徵，以及祕雕魚的成因和祕雕魚事件的排除。

相片14.1　花身雞魚的外部形態。

14.2　花身雞魚的耳石形態和日週輪

花身雞魚的耳石，在初期成長階段，各個方向的成長速度相似，外觀呈卵圓形。隨著成長，耳石前端出現前吻突和次前吻突、後端出現後吻突，儘管如此，耳石邊緣還是很平滑（相片14.2）。但脊椎骨彎曲變形的花身雞魚，其耳石邊緣則出現不正常突起（相片14.3），此表示畸型花身雞魚在耳石碳酸鈣沉積過程中，有不正常的增生現象。

花身雞魚的耳石日週輪和其他魚類一樣，也是由一個不連續帶和一個成長帶所構成（相片14.4a）。花身雞魚的仔稚魚生長快，耳石日週輪輪距較寬（相片14.4b），之後生長速度變慢，日週輪輪距變窄（相片14.4c）。耳石OTC標識試驗結果，證實花身雞魚的耳石日週輪一天形成一輪（魏旭邦1995）。因此，由日週輪可推算花身雞魚的日齡、生日和日成長率。

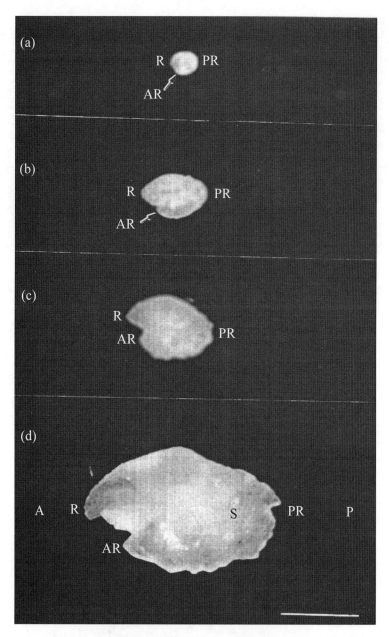

相片14.2　正常花身雞魚耳石的內側面觀（或稱深溝面Sulcus，S）。(a)～(d)的花身雞
　　　　　魚體長（尾叉長）分別為：12.61、22.04、30.72和47.65毫米。A：前端，P：
　　　　　後端，R：前吻突，AR：次前吻突，PR：後吻突。比例尺 = 1毫米（魏旭邦
　　　　　1995）。

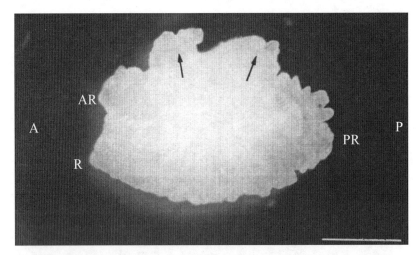

相片14.3 畸型花身雞魚耳石邊緣的不正常突起（箭頭所指）。魚體長 = 62.95毫米，
捕自新北市金山區臺灣電力公司第二核能發電廠附近水域。A、AR、R、P和
PR，以及比例尺同相片14.2（魏旭邦 1995）。

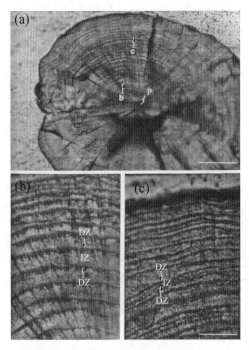

相片14.4 花身雞魚的耳石日週輪。(b)和(c)是(a)的局部放大。魚體長 = 12.61毫米，1994
年6月4日捕自金山鄉臺灣電力公司第二核能發電廠附近水域。DZ = 耳石日週
輪的不連續帶，IZ = 成長帶，P = 耳石原基。比例尺：(a)為0.1毫米，(b)、(c)
為0.25毫米（魏旭邦 1995）。

14.3　花身雞魚的初期生活史

1. 花身雞魚仔稚魚進入沿岸河口域的體長和日齡

圖14.1是1994年4～10月每隔半個月夜間大潮時，在新北市沙崙海水浴場附近的公司田溪出海口，利用河川張網採集順著漲潮進來的花身雞魚的體長頻度分布。每次採集都有一個15毫米左右的體長群出現，這是花身雞魚從產卵場來到河口域的最小體長群。根據耳石日週輪推測結果，其日齡大約是30天。換句話說，花身雞魚誕生後大約一個月的時間可來到河口域。

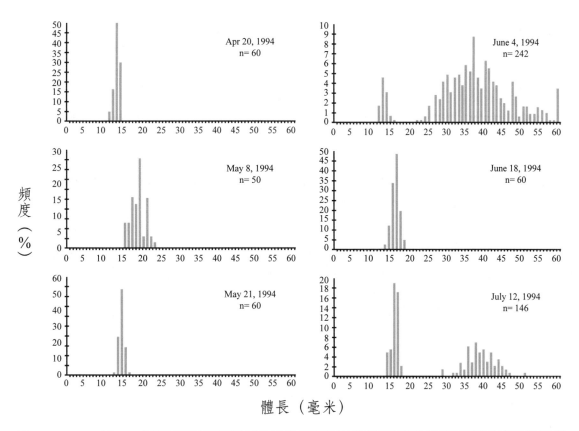

圖14.1　1994年4-10月新北市沙崙海水浴場公司田溪出海口花身雞魚體長頻度分布的月變化。n＝標本數（魏旭邦 1995）。

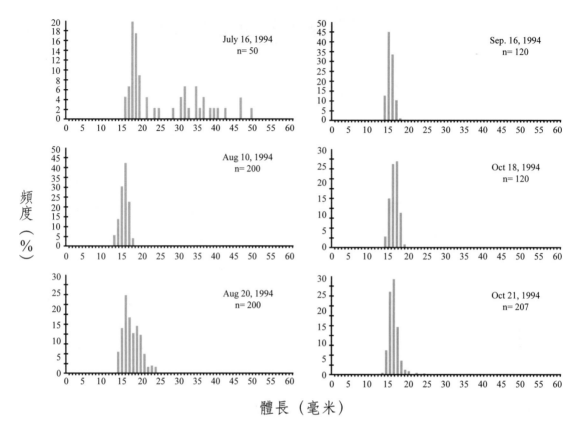

圖14.1（續）　1994年4-10月新北市沙崙海水浴場公司田溪出海口花身雞魚體長頻度分布的月變化。n＝標本數（魏旭邦 1995）。

　　圖14.2是1994年4～10月在新北市金山區臺灣電力公司第二核能發電廠附近溪口，利用手操網採集的花身雞魚，其體長分布呈現逐月增大現象。表示花身雞魚進入電廠附近溪口後，有棲息於溪口的習性，並且逐月成長。

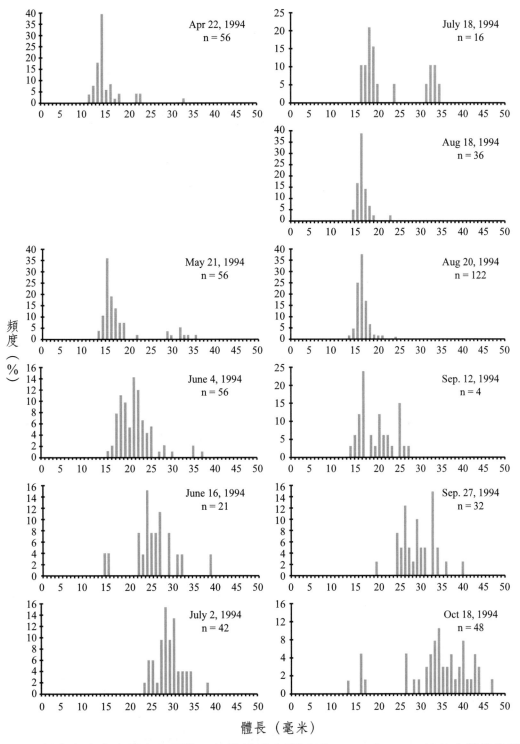

圖14.2　新北市金山區電力公司第二核能發電廠附近溪口1994年4～10月花身雞魚的體長
頻度分布之月別變化。n＝標本數（魏旭邦 1995）。

2. 花身雞魚的產卵期

　　根據花身雞魚被捕時的體長及其成長方程式，回推其日齡。然後再根據其日齡和捕獲日期，反推其孵化日期。結果發現，新北市金山區臺灣電力公司第二核能發電廠附近溪口的花身雞魚，其孵化日為3～8月（圖14.3a）。新北市淡水區沙崙海水浴場附近的公司田溪出海口的花身雞魚，其孵化日為3～9月（圖14.3b）。表示相隔兩地的花身雞魚，其產卵期都很長，除了秋冬季外，都會產卵。仔魚一個月後變成稚魚，然後進入沿岸河口域附近的岩礁區生長。

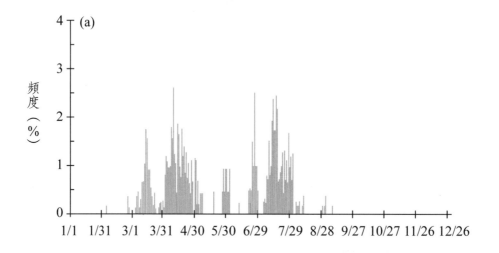

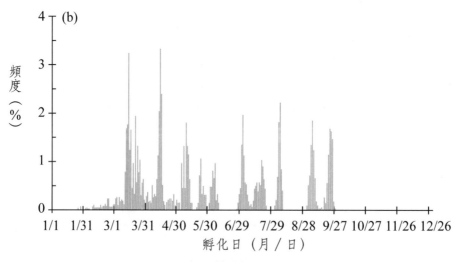

圖14.3　花身雞魚孵化日之頻度分布。(a)捕自新北市金山區臺灣電力公司第二核能發電廠附近溪口、(b)捕自沙崙海水浴場公司田溪出海口。頻度高峰的出現頻率是因為每隔半個月的採集所造成的（魏旭邦 1995）。

3. 花身雞魚的初期成長速度

　　圖14.4a是新北市金山區臺灣電力公司第二核能發電廠附近溪口花身雞魚的體長與日齡的關係，其日成長率為0.506毫米／日，比沙崙海水浴場公司田溪出海口的花身雞魚（對照組，圖14.4b）的日成長率（0.55毫米／日）小。此表示核能發電廠的生長環境不如公司田溪出海口。

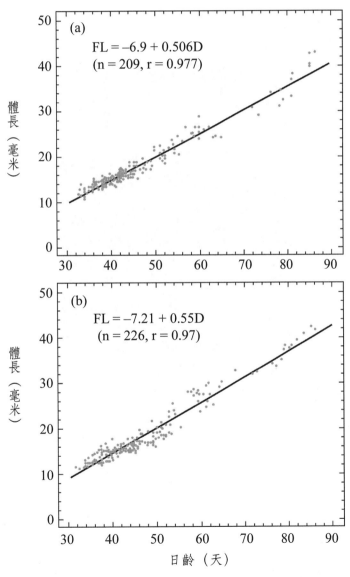

圖14.4　花身雞魚的體長（FL）與日齡（D）的關係。(a)捕自新北市金山區臺灣電力公司第二核能發電廠附近溪口，(b)捕自沙崙海水浴場公司田溪出海口（魏旭邦1995）。

14.4   祕雕魚的成因和排除

1993年夏天，新北市金山區臺灣電力公司第二核能發電廠的溫排水排放口附近水域，出現許多脊椎骨彎曲的畸型花身雞魚，俗稱祕雕魚（相片14.5）。其出現一度引起民眾的恐慌，附近居民懷疑是輻射汙染所造成的，擔心會傷及民眾健康。於是臺灣電力公司召集國內學者，調查花身雞魚畸型的可能原因（詳行政院環保署1995報告）。

相片14.5　脊椎骨彎曲的畸型花身雞魚的X光照片，體長（尾叉長）分別為65.6毫米（上）和56.2毫米（下）（Chang *et al*. 2010）。

導致花身雞魚畸型的原因很多，包括水溫、輻射、重金屬、營養和遺傳因素等（相片14.6）。

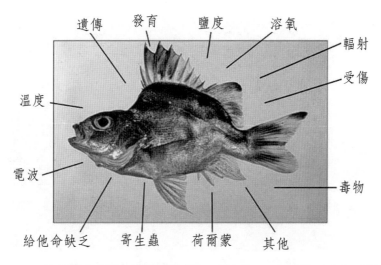

相片14.6　畸型花身雞魚脊椎骨彎曲的可能原因（邵廣昭博士提供）。

　　後來發現，花身雞魚畸型是受到溫排水的影響。因為將畸型魚蓄養在正常水溫中，椎彎會逐漸回復正常，應純為高水溫影響所致，並非因輻射或重金屬所造成，也不會遺傳到下一代（Shao and Lee 2001）。圖14.5是溫排水的排放口改善前後的狀況，排放口轉向後，溫排水不要直接排入花身雞魚棲息的溪流出海口，就很少再出現畸型的花身雞魚了（Chang et al. 2010）。

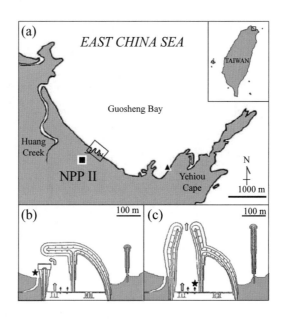

圖14.5　畸型花身雞魚的發生地點。(a)新北市金山區臺灣電力公司第二核能發電廠溫排水排放口的地理位置（NPPII）。(b)和(c)改善前和改善後的溫排水排放口構造。(d)改善後的現場模樣。(b)和(c)圖星號：分別為溪流出海口和溫排水出水口的花身雞魚的取樣點，空心箭頭：溫排水排出口，實心小箭頭：淡水排出口（Chang *et al.* 2010）。

　　1993和1994年於新北市金山區臺灣電力公司第二核能發電廠溫排水排放口附近小溪出海口，利用手釣方法，採獲的畸型和正常型花身雞魚，其體長頻度分布分別如圖14.6(a)、(b)所示。1993年溫排水排放口改善前，祕雕魚的比例很高（圖14.6a），1994年溫排水排放口改善後，祕雕魚的比例明顯減少（圖14.6b）。花身雞魚大約在體長30毫米左右進入金山核二廠附近岩礁區生長，受溫排水的影響後，陸續出現畸型。1993年的調查標本中幾乎都是畸型花身雞魚，1994年溫排水排放口轉向後，小溪附近岩礁區不受溫排水直接影響後，就很少再出現畸型花身雞魚了。

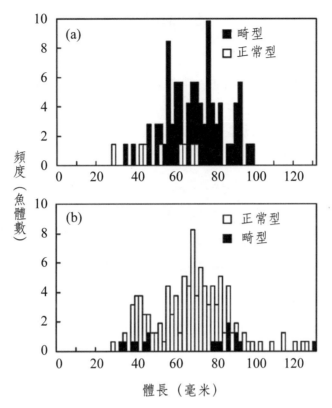

圖14.6　畸型和正常型花身雞魚體長頻度分布的比較。(a)1993年，(b)1994年。魚標本採自金山臺灣電力公司第二核能發電廠溫水排放口附近小溪出海口（Chang *et al.* 2010）。

14.5　結論

　　花身雞魚是沿岸底棲性魚類，出生後約30天左右，體長長到約15毫米，就從仔魚變成稚魚並往河口域移棲。由耳石日週輪的分析可以了解其孵化日、成長率和進入河口域的時機。金山核二廠的溫排水，曾經造成花身雞魚脊椎骨畸型的祕雕魚事件，原以為是輻射外洩所造成，一時引起民眾的恐慌。了解花身雞魚的習性、改善溫排水的放流口之後，祕雕魚事件就不再發生了。

延伸閱讀

繆自昌（1989）臺灣北部淡水河口域花身雞魚生殖生物學之研究。國立臺灣大學漁業科學研究所碩士論文。

魏旭邦（1995）由耳石的日成長輪探討沿岸域花身雞魚的日齡及成長。國立臺灣大學漁業科學研究所碩士論文。

Miu TC, Lee SC and Tzeng WN (1990) Reproductive biology of *Terapon jabua* from the estuary of Tanshui River. J. Fish. Soc. Taiwan, 17(1): 9-20.

Chang CW, Wang YT and Tzeng WN (2010) Morphological study on vertebral deformity of the Thornfish *Terapon jabua* in the thermal effluent outlet of a nuclear power plant in Taiwan. J. Fish. Soc. Taiwan, 37(1): 1-11.

第 15 章

兩棲洄游性蝦虎魚的海洋浮游期生活史
Pelagic Larval Duration of Amphidromous Goby

15.1 引言

日本禿頭鯊（*Sicyopterus japonicus*）是臺灣溪流中常見的兩棲洄游性蝦虎魚（Amphidromous goby），俗稱和尚魚。其洄游習性特殊，在溪流中產卵，其仔魚隨溪水進入海洋生活，直到稚魚階段才返回溪流中生長。稚魚的體長約3～4公分，成魚可長到10公分左右（相片15.1）。稚魚剛剛從海洋回到溪流時全身透明、外型酷似鯯仔魚，因此也稱之為溪鯯仔。臺灣東海岸從蘇澳到臺東一帶的溪流出海口，每年4～5月可以看到漁民在溪流出海口以逸待勞，用手操網，捕撈從外海順著漲潮流進入溪流的溪鯯仔，賣給海產店，是當地一道非常美味的海鮮。稚魚進入溪流後，胸鰭變成吸盤狀，沿著岸邊攀岩，集體逆流溯溪而上，極為壯觀。花蓮縣政府已將日本禿頭鯊指定為觀光魚種、宣導保育和資源永續利用的概念。日本禿頭鯊明明是溪流魚類，其仔魚卻要進

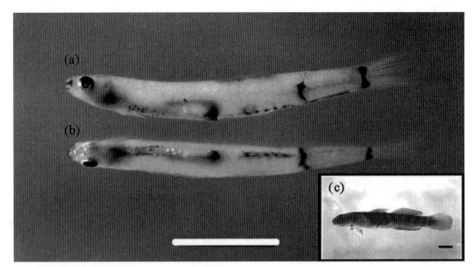

相片15.1　日本禿頭鯊稚魚和成魚外觀的比較。稚魚（體長3.36公分）(a)側面、(b)腹面的
　　　　　色素胞分布特徵。(c)成魚（體長9.2公分）體表出現花紋。比例尺 = 1公分（沈
　　　　　康寧 1997）。

入海洋生活，實在令人好奇，其海洋浮游期的長短也是個謎。

　　本章從耳石日週輪來還原日本禿頭鯊的海洋浮游期，揭開其初期生活史之謎。

15.2　兩側和兩棲洄游性魚類的生活史模式

　　鮭魚和淡水鰻屬於兩側洄游性魚類（Diadromous fishes），其生活史的演
化，與海洋和陸地水域生產力的緯度差異有關（Gross *et al.* 1988）。高緯度
地區，海洋的生產力比陸地水域高，所以棲息於高緯度的溯河洄游性魚類
（Anadromous fishes），鮭魚，就演化為在海洋生長、溯河到生產力貧瘠的
河川產卵的洄游模式，以期降低子代被捕食者捕食的風險。反之，低緯度地
區，陸地水域的生產力比海洋高，所以棲息於低緯度的降海洄游性魚類（Ca-
tadromons fishes），鰻魚，則演化為在陸地水域生長、降河到生產力貧瘠的
大洋區產卵的洄游模式（圖15.1）。鮭魚和鰻魚一生只產一次卵，產卵之後就
死亡。

　　日本禿頭鯊屬於兩棲洄游性魚類（Amphidromous fishes），其洄游模式
與溯河產卵的鮭魚和降海產卵的淡水鰻等兩側洄游魚類不同。日本禿頭鯊在河

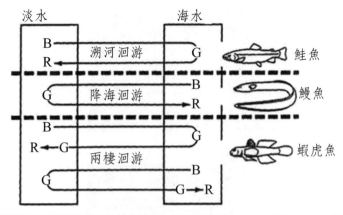

圖15.1　兩側洄游性和兩棲洄游性魚類的生活史模式。B：出生，G：生長，R：生殖。

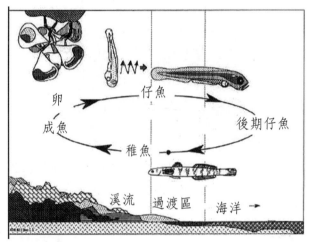

圖15.2　日本禿頭鯊的生活史和洄游模式圖（改自Bell *et al.* 1995）。

川中產下附著性卵，孵化後仔魚隨著溪流進入海洋行浮游性生活，後期仔魚變態成稚魚後再回到溪流中成長和生殖（圖15.2）。經過幾次生殖後才死亡。至今有關兩棲洄游性魚類的生活史演化，所知非常有限。

15.3　日本禿頭鯊溯溪過程中的口部形態變化

　　日本禿頭鯊，其仔魚行海洋浮游生活，口部開口位置為端位，方便濾食水中的浮游生物。仔魚變態成稚魚後，進入溪流生活，口部開口位置變為次端位和下位，上顎也變得比較發達，以便適應底棲生活、刮食岩石表層藻類（相片15.2）。

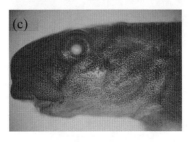

相片15.2　日本禿頭鯊從仔魚變態成稚魚的過程中口形和上顎形態的變化。(a)為端位，
(b)為次端位，(c)為下位（Shen and Tzeng 2002）。

15.4　日本禿頭鯊溯溪過程中的耳石鍶鈣比變化

日本禿頭鯊從仔魚變態成稚魚的過程中，其耳石出現一個明顯的變態輪
（相片15.3）。變態輪是蛋白質含量較高的輪紋，反應變態過程中的旺盛生理
作用（Shen and Tzeng 2002）。耳石變態輪可用來劃分仔魚海洋浮游期和變
態成稚魚後的溪流生活期。

日本禿頭鯊的仔魚行海水生活，變態成稚魚後，進入溪流行淡水生活。因
生理和從海水進入淡水的環境變化，其耳石鍶鈣比在變態輪（MC）之後急遽
下降（相片15.4）。耳石原基至變態輪位置的日週輪數，就是日本禿頭鯊仔魚
的海洋浮游期持續時間（Shen and Tzeng 2008）。

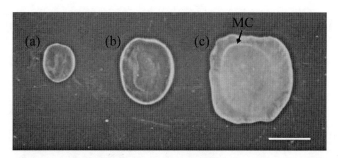

相片15.3　日本禿頭鯊耳石變態輪（MC）的形成過程。(a)海洋浮游期的仔魚（全長19毫米），其耳石尚未出現變態輪。(b)剛進入溪流的稚魚（體長34毫米），其耳石邊緣開始出現變態輪。(c)溪流中的幼魚（全長54毫米），其耳石變態輪已形成一段時間。比例尺 = 5微米（Shen and Tzeng 2002）。

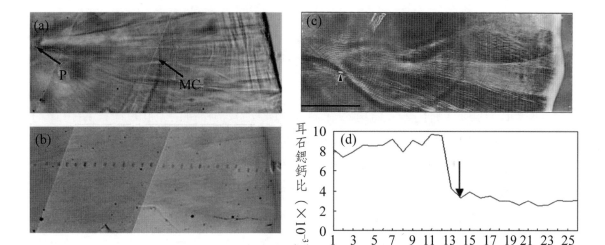

相片15.4　日本禿頭鯊的耳石日週輪和鍶鈣比變化。(a)耳石切面的穿透光顯微鏡照片，P指原基，MC指變態輪，(b)電子微探儀測量耳石鍶鈣比的痕跡，(c)耳石日週輪，三角型指原基，(d)耳石鍶鈣比的變化，仔魚變態成稚魚後從海洋進入溪流，其耳石鍶鈣比便急遽下降，箭頭指變態輪位置，比例尺 = 100微米（Shen and Tzeng 2008）。

15.5　海洋浮游期仔魚的持續時間

耳石原基至變態輪位置的日週輪數顯示：日本禿頭鯊仔魚的海洋浮游期持續時間從130～198天，平均163.72±12.78天。換句話說，日本禿頭鯊仔魚在海洋生活的持續時間長達半年，眞是不可思議。

日本禿頭鯊每年10～11月產卵，稚魚於隔年的4～5月回到溪流。從產卵到稚魚回到溪流的時間也是大約半年（Shen and Tzeng 2008），與上述耳石日週輪所推算的仔魚海洋浮游期的持續時間（平均163.72±12.78天）非常吻合，間接證明了耳石日週輪數推算日本禿頭鯊仔魚的海洋浮游期之可靠性。

15.6　結論

前述虱目魚、鰣仔魚、烏魚和花身雞魚等沿岸洄游性魚類的仔魚期持續時間，平均大約是15～30天。日本禿頭鯊的海洋仔魚浮游期卻長達半年，實在不可思議。仔魚期長短各有其優缺點。仔魚期長，可以藉由海潮流的輸送，擴散到更遠的溪流、降低出生地河川汙染的負面影響、避免種族滅絕。但是仔魚期長，暴露在被掠食者捕食的時間也長，死亡風險也相對提高。生物適應環境的求生之道無奇不有。日本禿頭鯊是溪流魚類，仔魚期進入海洋生活，擴散生存領域，分散死亡風險，實在奧妙。

延伸閱讀

沈康寧（1997）兩棲洄游型蝦虎魚日本禿頭鯊的初期生活史及加入動態之研究。國立臺灣大學漁業科學研究所碩士論文。

Bell KNI, Pepin P and Brown JA (1995) Seasonal, inverse cycling of length and age-at-recruitment in the diadromous gobies *Sicydium punctatum* and *Sicydium antillarum* in Dominica, West Indies. Can. J. Fish. Aquat. Sci. 52: 1535-1545.

Gross MR, Coleman RM and McDowall RM (1988) Aquatic productivity and the evolution of diadromous fish migration. Science 239: 1291-3.

Shen KN and Tzeng WN (2002) Formation of a metamorphosis check in otoliths of the amphidromous goby *Sicyopterus japonicus*. Mar. Ecol. Prog. Ser. 228: 205-211.

Shen KN and Tzeng WN (2008) Reproductive strategy and recruitment dynamics of amphidromous goby *Sicyopterus japonicus* as revealed by otolith microstructure. J. Fish Biol. 73: 2497-2512.

第 16 章

美洲鰻和歐洲鰻的生物地理學
Biogeography of American Eels and European Eels

16.1 引言

　　歐洲鰻和美洲鰻在大西洋百慕達神祕三角洲的藻海產卵，卵孵化後柳葉鰻順著北赤道洋流、墨西哥灣流和北大西洋洋流，分別漂向北美和歐洲大陸河川成長，長大成熟後的銀鰻，不約而同地再回到藻海產卵（圖16.1）。歐洲鰻的產卵場是丹麥科學家，約翰尼·史密特（Johannes Schmidt）博士，花了很長時間的海上追蹤調查，才發現的（Schmidt 1923）。但這兩種鰻魚生下來之後，如何正確地各自回到美洲和歐洲大陸，仍然是個謎。

　　本章首先回顧淡水鰻（*Anguilla* spp）的親緣地理、歐洲鰻和美洲鰻的生活史和洄游路徑，以及產卵場的發現經過等背景知識。然後再從耳石日週輪來探討歐洲鰻和美洲鰻的仔魚從相同的產卵場出發，回到不同陸地生長的演化機制。

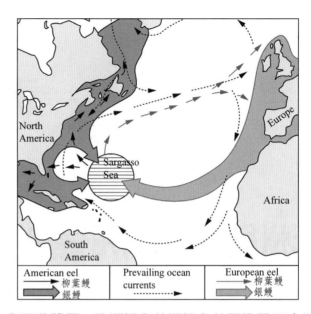

圖16.1　歐洲鰻和美洲鰻的生活史和洄游路徑。歐洲鰻和美洲鰻在美國佛羅里達州東方
　　　　百慕達三角洲的藻海（Sagasso Sea）產卵。其柳葉鰻（Leptocephalus）仔魚順
　　　　著北赤道洋流、墨西哥灣流和北大西洋洋流分別漂向北美洲和歐洲，變態成玻璃
　　　　鰻後進入內陸河川生長。長大成熟後的銀鰻（Silver eel）分別從北美洲和歐洲內
　　　　陸河川回到藻海產卵，一生只產卵一次，產卵之後即死亡（改自P Castro and ME
　　　　Huber (eds.) Marine Biology, McGraw-Hill Internatiomal Edition）。

16.2　淡水鰻的起源和演化

　　全世界的淡水鰻，包括最近發現的新種呂宋鰻（*A. luzonensis*），總共有
19種（Watanabe *et al.* 2009）。除了歐洲鰻和美洲鰻分布於大西洋外，其餘
17種皆分布於印度－太平洋（圖16.2）。19種淡水鰻中，歐洲鰻、美洲鰻、
日本鰻、澳洲鰻（*A. Australis*）和紐西蘭大鰻（*A. Dieffenbachii*）等5種為
溫帶鰻，其餘14種為熱帶鰻。淡水鰻的地理分布顯示生物多樣性與資源量的
反比關係，也就是說溫帶鰻的種類少，資源量大。反之，熱帶鰻的種類多，但
資源量小。

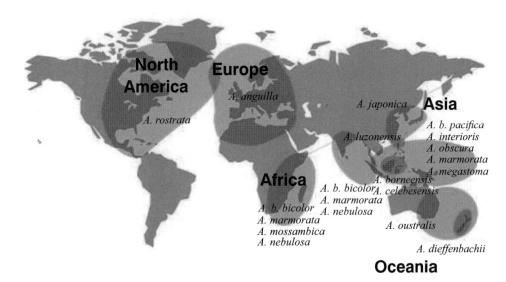

圖16.2　全世界19種淡水鰻的地理分布（彩圖P13）（黑木真理博士提供）。

　　淡水鰻是熱帶起源。分子親緣關係樹顯示：19種淡水鰻的祖先種爲現今分布於印尼海域的婆羅洲鰻（*A.bornensis*）（圖16.3）。歐洲鰻和美洲鰻大約在2500～3000萬年前，赤道未封閉之前，從印度－太平洋，經由古赤道海（Tethy Sea，希臘文，意思是消失的海），進入大西洋後定居下來的（圖16.4）。這樣的種化路徑，稱之爲赤道走廊假說（Aoyama *et al.* 2001）。但也有學者認爲歐洲鰻和美洲鰻大約在500萬年前，才由祖先種種化出來，那時赤道海已經封閉。所以，歐洲鰻和美洲鰻是從太平洋，經由中美洲的巴拿馬海峽，進入大西洋的。這樣的種化路徑，稱之爲巴拿馬海峽假說（Lin *et al.* 2001）。這兩個假說都有待進一步驗證（Tseng 2016）。

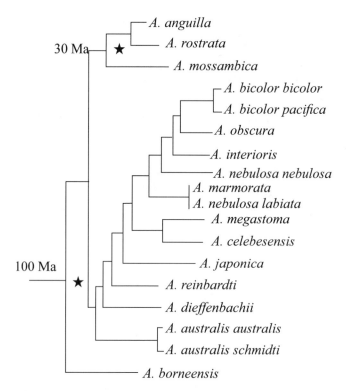

圖16.3 19種淡水鰻的分子親緣關係演化樹（不含新種呂宋鰻*A. lozonensis*）（Aoyama *et al.* 2001）。

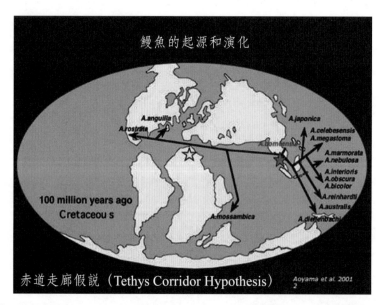

圖16.4 歐洲鰻和美洲鰻的祖先從印度太平洋進入大西洋的赤道走廊假說（Aoyama *et al.* 2001）。

16.3　歐洲鰻產卵場的發現經過

　　丹麥的海洋學家，約翰尼史密特（1877～1933），是第一個發現歐洲鰻產卵場者，被尊稱為鰻魚研究之父（圖16.5）。最初大家都不知道每年冬季順著漲潮流從海上來到丹麥河川出海口的歐洲鰻是在哪裡誕生的？於是史密特便率領一支研究團隊從丹麥出發，往北大西洋洋流源頭的北赤道洋流一路採集柳葉鰻，愈往前方採集，其體型愈小，終於發現歐洲鰻在美國佛羅里達州東方海域百慕達三角洲的藻海產卵（Schmidt 1923）。歐洲鰻和美洲鰻的脊椎骨數不同（Schmidt 1913; Ege 1939），前者平均為115節、後者平均為107節，柳葉鰻的肌節數與成鰻的脊椎骨數相同。Schmidt（1923）根據所採獲的柳葉鰻之肌節數區別種類，描繪出美洲鰻及歐洲鰻柳葉鰻成長過程中從產卵場的擴散方向（圖16.5）。歐洲鰻在陸地河川成熟後降海產卵，千里迢迢洄游5000多公里來到藻海產卵，實在匪夷所思。藻海因來自陸地沿岸的大量馬尾藻的聚集而得名，馬尾藻是夏季被颱風連根拔起後隨著海流漂來的。藻海四周由海流環繞形成漩窩，又靠近赤道無風帶，早期帆船或飛機航行至百慕達神祕三角洲經常無端出事。歐洲鰻和美洲鰻鰻魚千里迢迢從陸地洄游至百慕達三角洲的藻海產卵，更增加幾分神祕感。

Danish Oceanographer
Johannes Schmidt

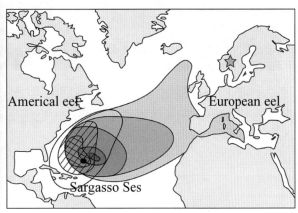

Discovered the breeding place
of the European eel in 1922

圖16.5　丹麥的海洋學家約翰尼‧史密特於1922年發現歐洲鰻的產卵場位於美國佛羅里達州東方海域百慕達三角洲的藻海（Schmidt 1923）。

　　鰻魚爲了適應不同發育階段的生活環境，體型變化多端。仔魚階段從產卵場順著海流漂流到很遠的陸地生長，爲了省力，外型演化出像一片柳葉，稱之爲柳葉鰻，快接近陸地時，爲了脫離海流進入河川生長，柳葉鰻變態成爲流線形的玻璃鰻（Glass eel），以便於溯河。義大利的葛拉西（Giovanni Grassi，1854～1925）及其同事是最先發現玻璃鰻是從柳葉鰻變態而來的科學家（相片16.1）。如果沒有他們把鰻魚的兩個不同發育階段（柳葉鰻和玻璃鰻）連結在一起，恐怕約翰尼史密特就不會知道出現在河川出海口準備溯河的玻璃鰻，是在大洋中順著海流漂游的柳葉鰻演變而來的，也無從發現歐洲鰻的產卵場。

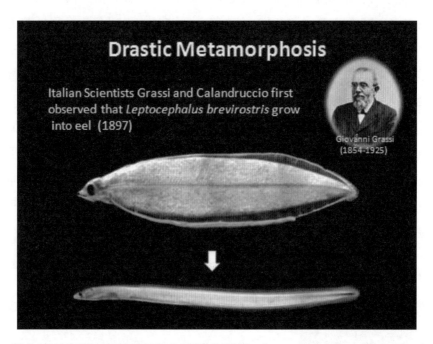

相片16.1　義大利的科學家葛拉西和卡蘭德魯西歐（Grassi and Calandruccio）是第一個觀察到玻璃鰻是由柳葉鰻變態而來的，但卻把柳葉鰻另外命名爲*Leptocephalus brevirostris*。

16.4　鰻線標本的採集

　　為了了解從相同產卵場出發的美洲鰻和歐洲鰻的柳葉鰻，順著海流漂游的過程中，如何知道該變態成玻璃鰻，脫離洋流進入陸地河川生活。我們的研究團隊透過英國鰻魚專家Dr. Gorden Williamsons的協助，採集美洲東岸和歐洲西岸11個河川出海口的美洲鰻和歐洲鰻鰻線標本（圖16.6）。表16.1是鰻線標本的採樣地點、採樣日期、標本數和平均體長。玻璃鰻進入河川不久，身上出現黑色素胞後，稱之為鰻線（Elver）。玻璃鰻和鰻線的發育階段很接近，除了色素胞之外，形態差異不大，兩者經常混用。

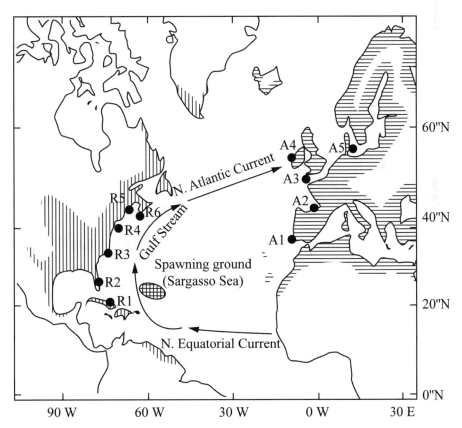

圖16.6　歐洲鰻（A1～5）和美洲鰻（R1～6）鰻線標本的採集點。產卵場位於藻海，柳葉鰻順著北赤道洋流（N. Equatorial Current）、灣流（Gulf Stream）和北大西洋洋流（N. Atlantic Current）往美洲和歐洲漂流。直線條表示美洲鰻的內陸分布，橫線條表示歐洲鰻的內陸分布（Wang and Tzeng 2000）。

表16.1　歐洲鰻和美洲鰻鰻線標本的採樣地點、採樣日期、標本數和平均（±SD）體長

種類／代號	採樣地點	樣本數	採樣日期	平均體長（毫米）
歐洲鰻				
A1	Minho Rio, Portugal	50	September 1995	68.61±3.02
A2	Vilainc River, France	100	5 April 1995	66.76±3.47
A3	Severn River, UK	170	1 April 1995	64.98±2.97
A4	Shannon River, Ireland	57	9 April 1994	66.36±2.77
A5	Viskan River, Sweden	63	13 April 1995	68.11±2.58
美洲鰻				
R1	Haiti	115	17 Dcember 1995	47.79±2.33
R2	Florida, USA	4	28 February 1995	49.03±2.58
		50	22 January 1997	
R3	North Carolina, USA	50	22 March 1995	48.19±2.87
R4	Annaquatucket River, Rhode Island, USA	100	14 April 1995	58.52±2.83
R5	Musquash River, NB, Canada	67	28 April 1995	59.99±3.15
R6	East River, NS, Canada	93	20 May 1995	59.64±2.42

註：取自Wang and Tzeng 2000。

16.5　耳石日週輪構造隨發育階段的變化

　　相片16.2是美洲鰻鰻線耳石的日週輪構造。和其他淡水鰻一樣，美洲鰻鰻線耳石的發育階段，可分為胚胎期、卵黃囊期、柳葉鰻期、玻璃鰻期和鰻線期。耳石於胚胎期就形成了，卵黃囊期仔魚的耳石是指孵化後到第一次攝食輪的部分。卵黃囊期仔魚的營養來自母體，其耳石為非結晶構造。日週輪是柳葉鰻開始攝食後形成的，大洋的環境穩定，柳葉鰻的日週輪輪寬很一致。柳葉鰻的變態是淡水鰻初期生活史中一個很重要的轉捩點，不變態柳葉鰻就無法從外洋進入大陸棚變態成為玻璃鰻，進入河川生長而消失於大洋中。柳葉鰻變態時形態和生理發生變化、棲所也轉移，於是形成變態輪。同理，玻璃鰻來到河口，遇到淡水形成淡水輪（或稱鰻線輪）。根據這些特殊輪和其間的日週輪

數，可以計算柳葉鰻的變態日齡、玻璃鰻期的長短及鰻線的日齡。並且計算耳石的成長率，探討美洲鰻和歐洲鰻柳葉鰻從產卵場分別回到歐州和美州陸域的機制（Wang and Tzeng 2000）。

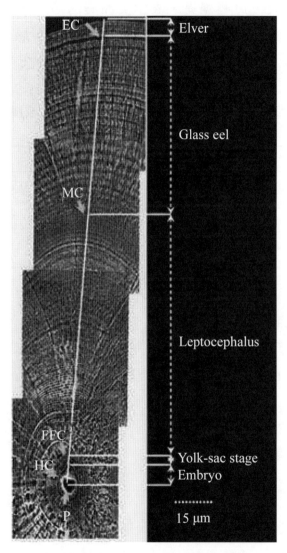

相片16.2　美洲鰻鰻線耳石日週輪構造的掃描式電子顯微鏡相片。鰻線的耳石可以分為胚胎期（Embryo）、卵黃囊期（Yolk-sac stage）、柳葉鰻（Leptocephalus）、玻璃鰻（Glass eel）和鰻線（Elver）等五個階段。P = Primordium（原基），HC = Hatching Check（孵化輪），FFC = First Feeding Check（第一次攝食輪），MC = Metamorphosis Check（變態輪），EC = Elver Check（鰻線輪）（改自Wang and Tzeng 1998）。

16.6　成長率和變態日齡是決定柳葉鰻洄游目的地的關鍵

歐洲鰻柳葉鰻的平均變態日齡為350天，足足比美洲鰻的平均變態日齡（200天）多了150天。這個差異，表示美洲鰻的柳葉鰻已經變態成玻璃鰻進入美洲內陸河川，而歐洲鰻還在柳葉鰻階段，還要繼續順著北大西洋洋流漂流150天，才變態成玻璃鰻，進入歐洲內陸河川（表16.2）。

表16.2　歐洲鰻和美洲鰻柳葉鰻的平均變態日齡和耳石日平均成長率的比較及其差異性檢定

	樣本數	變態日齡（天）	耳石成長率（微米／天）
歐洲鰻	56	350.2±40.43	0.287±0.044
美洲鰻	125	200.2±23.84	0.418±0.05
差異顯著性		150.0 （$p < 0.001$）	−0.131 （$p < 0.001$）

註：P＝顯著水準（改自Wang and Tzeng 2000）。

美洲鰻柳葉鰻耳石日週輪的輪距，明顯比歐洲鰻寬（相片16.3）。根據柳葉鰻的變態日齡和耳石半徑，分別計算兩者的耳石成長率，發現美洲鰻柳葉鰻的耳石成長率（0.418微米／日）比歐洲鰻（0.287微米／日）快將近一倍（表16.2）。換句話說，美洲鰻的柳葉鰻成長速度快，先變態回到美洲陸地，而歐洲鰻的柳葉鰻成長速度較慢，延遲變態，要多漂游150天才變態成玻璃鰻，進入歐洲內陸河川生長。

16.7　結論

歐洲鰻和美洲鰻來自相同的產卵場，洄游到不同生長棲地的異域演化現象非常特殊。兩者的生活史相同，利用變態日齡的差異，分別進入不同的陸地水域生長，避免種間生長空間的競爭。這兩種鰻魚的適應和演化之奧妙，不禁讓人讚嘆。相信耳石日週輪的應用，還可以發掘更多鮮為人知的鰻魚生活史故事。

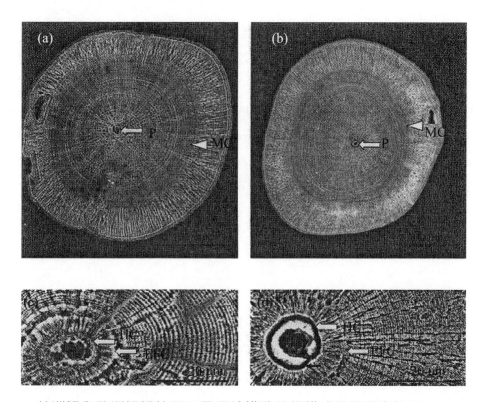

相片16.3　美洲鰻和歐洲鰻鰻線耳石日週輪構造的掃描式電子顯微鏡圖。(a)、(c)美洲鰻，(b)、(d)歐洲鰻。(c)、(d)為(a)、(b)核心部分的放大，顯示美洲鰻的日週輪輪寬比歐洲鰻寬、成長快、變態時間也早。P：耳石原基、MC：變態輪、FFC：第一次攝食輪（Wang and Tzeng 2000）。

延伸閱讀

王佳惠（1996）耳石的微細構造及微化學在美洲鰻及歐洲鰻的初期生活史上之應用研究。國立臺灣大學漁業科學研究所碩士論文。

Aoyama J, Nishida M and Tsukamoto K (2001) Molecular phylogeny and evolution of the freshwater eel, genus *Anguilla*. Mol. Phylogenet Evol. 20: 450-459.

Lin YS, Poh YP and Tzeng CS (2001) A phylogeny of freshwater eels inferred from mitochondrial genes. Mol. Phyl. Evol.20: 252-261.

Tseng MC (2016) Overview and current trends in studies on the evolution and phylogeny of *Anguilla*, pp. 21-35. *In*:T. Arai (ed.) Biology and Ecology of Anguillid Eels. CRC Press.

Wang CH and Tzeng WN (1998) Interpretation of geographic variation in size of American eel *Anguilla roatrata* elvers on the Atlantic coast of North American using their life history and otolith ageing. Mar. Ecol. Prog. Ser. 168: 35-43.

Wang CH and Tzeng WN (2000) The timing of metamorphosis and growth rates of American and European eel leptocephali-a mechanism of larval segregative migration. Fish. Res. 46: 191-205.

Watanabe S, Aoyama J and Tsukamoto K (2009) A new species of freshwater eel *Anguilla lozonensis* (Teleostei: Anguillidae) from Luzon island of the Philippines. Fish. Sci. 75: 387-392.

第 17 章

日本鰻的產卵時機和仔魚洄游
Spawning Timing and Larval Migration of Japanese Eel

17.1　引言

　　日本鰻在太平洋的馬里亞納海溝西側水域產卵，其仔魚（柳葉鰻）經過幾個月的海上長距離漂流，才來到東北亞國家（臺灣、中國大陸、韓國和日本）的大陸棚，然後變態成玻璃鰻溯河進入河川生長，長大成熟後降海產卵，完成其傳奇的一生（曾萬年等2012）。日本東京大學的研究團隊，從柳葉鰻的探集和耳石日週輪的研究發現，日本鰻在新月期間產卵的特性。日本水產廳的研究團隊根據此資訊捕獲產卵中的銀鰻，日本鰻產卵場的正確位置終於蓋棺論定。

　　本章回顧臺灣的淡水鰻種類、日本鰻的生活史、臺灣沿岸鰻線的分布生態、日本鰻的新月卵場假說、柳葉鰻從產卵場漂向亞洲大陸的奇幻旅程、以及玻璃鰻的向岸洄游機制等日本鰻的產卵生態和仔魚生活史。

17.2   臺灣的淡水鰻種類

臺灣的淡水鰻有五種，分別爲日本鰻、鱸鰻、太平洋雙色鰻（*A. bicolor pacific*）、西里伯斯鰻（*A. celebesensis*）和呂宋鰻（*A. lozonensis*）（曾萬年 1982; Tzeng and Tabeta 1983; Tzeng *et al.* 1995; Watanabe *et al.* 2009; Leander *et al.* 2013）。日本鰻爲溫帶性鰻，是臺灣的主要養殖種類。鱸鰻曾經是臺灣的保育類動物，2009年解禁後，才允許養殖和銷售。其餘三種爲偶來種的熱帶性鰻，數量稀少（表17.1）。五種淡水鰻的體表花紋、背鰭和臀鰭起點之間的距離，以及其玻璃鰻尾部的色素胞都有差別，可用以區別種類（表17.1，相片17.1）。玻璃鰻從外海進入河口之後，稱爲鰻線（相片17.1a），太平洋雙色鰻背鰭和臀鰭起點之間的距離較短，稱爲短鰭鰻，其餘四種爲長鰭鰻（相片17.1b）。漁民根據鰻線尾部的色素胞區別種類，日本鰻尾部無色素胞，鱸鰻和太平洋雙色鰻則分別於尾柄和尾鰭出現色素胞（相片17.1c）。

表17.1   臺灣五種淡水鰻的習性、鰭型、花紋和相對數量

種類	習性	鰭型	花紋	數量
日本鰻	溫帶性	長鰭型	無花紋	多
鱸鰻	熱帶性	長鰭型	大理石花紋	普通
太平洋雙色鰻	熱帶性	短鰭型	無花紋	少
呂宋鰻	熱帶性	長鰭型	大理石花紋	稀少
西里伯斯鰻	熱帶性	長鰭型	大理石花紋	極稀少

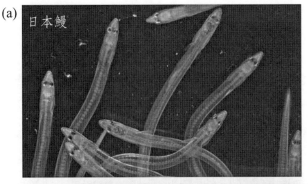

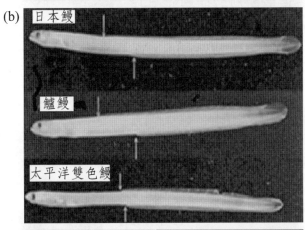

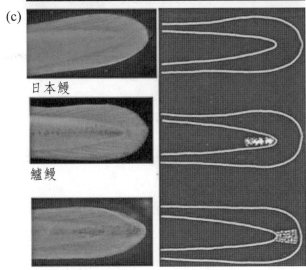

相片17.1　鰻線的種類識別。(a)在淡水河口紅樹林區捕獲的活體日本鰻鰻線。(b)日本鰻
　　　　　和鱸鰻的背鰭和臀鰭起點之間的距離較長，稱為長鰭鰻，太平洋雙色鰻較短，
　　　　　稱為短鰭鰻，箭頭指背鰭和臀鰭的起點。(c)鰻線的種類識別，日本鰻尾部無色
　　　　　素胞，鱸鰻尾柄和太平洋雙色鰻尾鰭分別出現色素胞（曾萬年 1983，曾萬年
　　　　　等 2012）。

17.3 日本鰻的生活史和洄游

　　日本鰻和其他淡水鰻一樣，屬於降海洄游性魚類，在陸地水域長大，成熟後降海洄游到海洋中產卵，產卵之後就死亡。其生命週期包括卵、柳葉鰻、玻璃鰻、鰻線、黃鰻和銀鰻等六個發育階段（圖17.1）。為了適應不同的環境，六個發育階段的體型有明顯的變化。柳葉鰻外形像一片柳葉，適合海上的長距離漂流。玻璃鰻的流線形體型方便溯河洄游。降海產卵時，銀鰻變成銀灰色、眼睛變大，以便適應深海環境。

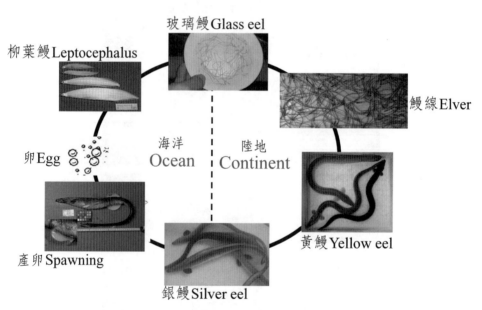

圖17.1　鰻魚的生活史（產卵和黃鰻相片，塚本勝巳教授提供）。

　　日本鰻是臺灣五種淡水鰻中，最常見的種類，其產卵場位於太平洋馬里亞納海溝（全世界最深的海溝）西側水域（圖17.2）。誕生之後的柳葉鰻，順著北赤道洋流（North Equatorial Current）往西漂流，到了菲律賓東方海域進入黑潮（Kuroshio Current），來到東北亞國家（臺灣、中國大陸、韓國和日本）的陸棚時變態為玻璃鰻，玻璃鰻遇到淡水後，體表逐漸出現黑色素胞，稱之為鰻線。每到冬季鰻線溯河期間，漁民就在河川出海口捕撈鰻線用來養殖。鰻線進入河川後，經過5～6年成長，從黃鰻變成銀鰻，然後降海洄游產卵，產後死亡，結束其傳奇的一生（曾萬年等 2012）。

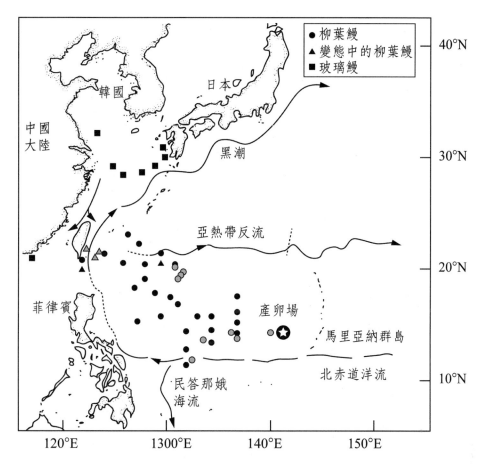

圖17.2　日本鰻誕生之後柳樹鰻和玻璃鰻的海上分布及其與海流的關係（Tzeng 2006）。

17.4　臺灣的研究人員第一次捕獲柳葉鰻

　　1995年8月16～23日臺灣農業委員會漁業署水產試驗所的水試一號試驗船，在菲律賓以東的海域（12°30'N～14°30'N與131°30'E～140°30'E）捕獲27尾柳葉鰻（Liao *et al.* 1996），種類鑑定結果，其中三尾是日本鰻，這是中華民國臺灣（包括中國大陸在內）有史以來，第一次捕獲日本鰻的柳葉鰻，意義非凡（圖17.3）。三尾柳葉鰻的全長分別為27.4毫米、28.8毫米及31.4毫米。標本送到國立臺灣大學動物系（今生命科學系）漁業生物學研究室，利用掃描式電子顯微鏡分別檢查三尾柳葉鰻的耳石日週輪，由日週輪數目推算其

日齡，分別爲孵化後第46天、50天及51天。由採獲日期和日齡逆算其孵化日（誕生日），分別爲國曆7月1日及3日，亦即農曆6月2～4日，沒有月光的新月期間。魚類選擇在新月期間產卵，晚上沒有月亮，可避免產下的卵立刻被捕食者捕食，以期提高其活存率。魚類產卵行爲的環境適應和進化之巧妙，令人讚嘆。從柳葉鰻的日齡和海流速度推算其漂流距離，日本鰻的產卵場應該就在離柳葉鰻捕獲地點不遠的東方海域。

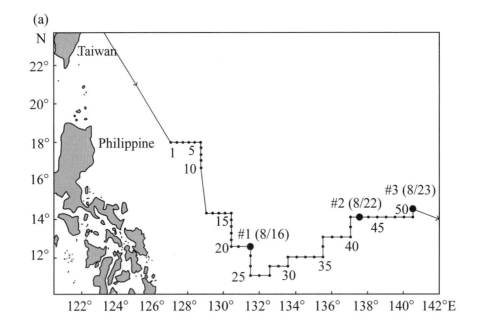

(a)

(b)

(c)

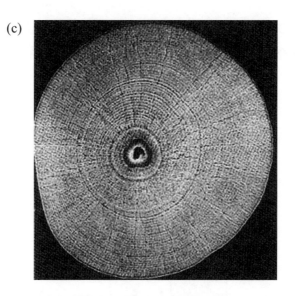

圖17.3　臺灣的研究人員第一次捕獲日本鰻的柳葉鰻。(a)1995年8月16日至23日臺灣水
　　　　試一號試驗船在菲律賓以東海域捕獲三尾日本鰻柳葉鰻（#1～3黑色圓圈）的航
　　　　跡圖和測站位置。(b)8月16日於12°30'N, 131°30'E海域捕獲的第一尾柳葉鰻，全
　　　　長27.4毫米。(c)掃描式電子顯微鏡下的柳葉鰻耳石日週輪，柳葉鰻於8月22日捕
　　　　獲，全長28.8毫米，耳石日週輪數目為45輪，逆算其孵化日為新月期間的7月3日
　　　　（Liao *et al.* 1996）。

17.5　日本鰻的新月產卵假說

　　丹麥科學家，約翰尼史密特於1922年發現歐洲鰻的產卵場位於美國佛羅
里達州東方海域百慕達三角洲的藻海（Schmidt 1923）。事隔一甲子後，日
本研究團隊才發現位於太平洋馬里亞納島西側水域的日本鰻產卵場（Tsuka-
moto 1992）。因為日本鰻在陸域分布的最南限是臺灣，日本研究鰻魚的泰
斗松井魁博士，認為日本鰻的產卵場應該位於臺灣以東的沖繩海槽（Matsui
1957，松井魁1972）。這個錯誤的產卵場假說，曾經誤導了產卵場的調查方
向（Tanaka 1975）。河口捕獲的鰻線，其耳石日週輪有一百多輪（Tabeta *et
al.* 1987; Cheng and Tzeng 1996），以一天形成一輪和海流流速來計算，日
本鰻的產卵場應該要往黑潮的源頭，推進到北赤道海流才合理。因此，1991
年7月日本東京大學的研究團隊啟動了大規模的日本鰻產卵場調查，愈往黑潮

的源頭採集，柳葉鰻體型就愈小（10～30毫米）（圖17.4）。皇天不負苦心人，終於在馬里亞納島西側水域發現了日本鰻的產卵場，耳石日週輪的貢獻功不可沒。

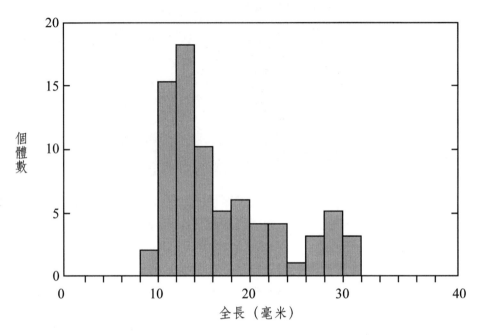

圖17.4   1991年7月日本東京大學研究團隊於太平洋馬里亞納海溝西側水域捕獲的日本鰻的柳葉鰻的體長組成（Tsukamoto *et al.* 2003）。

利用掃描式電子顯微鏡，檢查圖17.4的每一尾柳葉鰻的耳石日週輪（相片17.2），由日週輪數目（日齡）和捕獲日期反推其生日，得知日本鰻的產卵日期集中在5月和6月的新月期間（圖17.5）。於是Tsukamoto *et al.*（2003）大膽提出日本鰻新月產卵假說。後來根據日本鰻新月產卵假說，日本水產廳的研究人員終於在新月期間於產卵場捕獲產卵中的銀鰻（Chow *et al.* 2009），日本鰻在馬里亞納海溝西側水域產卵的推論終於蓋棺論定。

相片17.2　掃描式電子顯微鏡下的日本鰻柳葉鰻的耳石日週輪構造。耳石核心的圓圈分別為孵化輪（Hatch check）和第一次攝食輪（First feeding check）（塚本勝巳教授提供）。

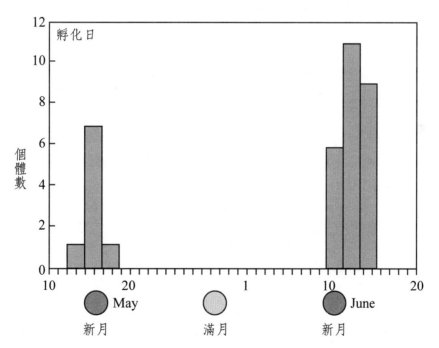

圖17.5　日本鰻的新月產卵假說。柳葉鰻的孵化日期集中在5月和6月的新月期間（Tsukamoto *et al.* 2003）。

17.6　柳葉鰻的變態日齡決定日本鰻的陸域分布

　　由鰻線的耳石日週輪，可以推算柳葉鰻的變態日齡（詳前述相片16.2），進而了解鰻線進入臺灣、中國大陸、韓國和日本等東北亞國家的調控機制。日本鰻鰻線到達不同國家的日齡、柳葉鰻的變態日齡，以及變態之後玻璃鰻到達河口所需的日數，不同國家之間皆有明顯差異（表17.2和圖17.6）。愈北方的國家，其平均（±SD）變態日齡（Tm）愈大，鰻線到達河口的平均日齡也愈大（圖17.6a, b）。換句話說，早變態的柳葉鰻會進入離產卵場較近的國家。反之，晚變態的柳葉鰻則進入離產卵場較遠的國家。

　　以臺灣和日本的柳葉鰻為例，兩地的柳葉鰻之變態日齡相差21天（表17.2），由黑潮的流速（V）和柳葉鰻變態的時間差（Δt），可以推算柳葉鰻被黑潮輸送的距離（D）：

$$D = V \times \Delta t$$

上式，黑潮的平均流速為96 km d^{-1}，柳葉鰻變態的時間差為21天，21天

表17.2　臺灣的東港溪（$T_{1,2}$）和雙溪（$S_{1,2}$），中國大陸的閩江（M）、錢塘江（C）和鴨綠江（Y），以及日本的Ichinomiya河（I）的日本鰻鰻採樣日期、樣本數、體長和日齡

採樣地點		採樣日期	樣本數	鰻線體長（毫米）	Tm（天）	$Tr\text{-}m$（天）
臺灣	T_1（南）	30-Dec-92	30 (16)	57.0±2.0	117.7±14.3	39.2±6.8
	T_2	24-Mar-93	30 (14)	56.1±2.4	121.4±12.0	42.9±6.2
	S_1（北）	30-Dec-92	30 (12)	56.8±2.3	125.9±14.7	31.7±7.6
	S_2	17-Feb-93	30 (13)	55.9±2.2	115.8±8.1	38.9±5.8
中國大陸	M	1-Mar-93	30 (20)	55.1±1.9	128.4±6.9	34.5±3.6
	C	17-Feb-93	30 (23)	55.6±1.9	137.9±11.3	38.6±5.7
	Y	3-May-93	30 (23)	58.3±1.8	135.5±11.3	42.8±7.4
日本	I	10-Jan-94	30 (10)	57.4±2.3	137.0±12.9	45.0±9.2

註：括號內數字為耳石日週輪的樣本數，Tm為柳葉鰻的平均變態日齡，$Tr\text{-}m$為玻璃鰻期的平均日數（取自Cheng and Tzeng 1996）。

時間，柳葉鰻可漂流2016 km，相當於臺灣到日本的海上距離。由此可見，柳葉鰻的變態日齡是決定日本鰻的柳葉鰻要進入東北亞不同國家的重要關鍵（Cheng and Tzeng 1996）。

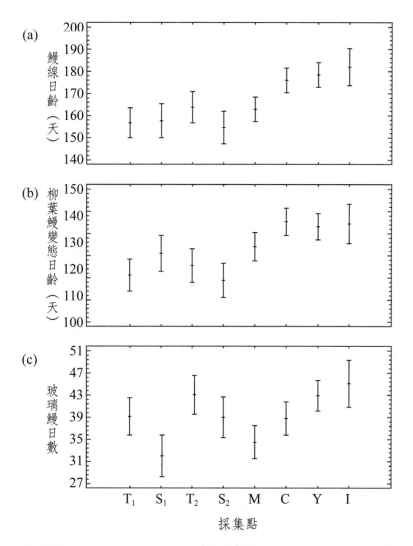

圖17.6　日本鰻鰻線日齡的地理變異。(a)鰻線的平均日齡，(b)柳葉鰻變態的平均日齡，(c)玻璃鰻期的平均日數的地理變異。鰻線的採集點從南到北分別為臺灣南部的東港溪（$T_{1,2}$）和北部的雙溪（$S_{1,2}$），中國大陸的閩江（M）、錢塘江（C）和鴨綠江（Y）以及日本的Ichinomiya（I）等六個河口。平均值的上下垂線表示標準偏差（改自Cheng and Tzeng 1996）。

17.7 臺灣沿岸不同鰻線種類的分布生態

臺灣沿岸日本鰻（Aj）、鱸鰻（Am）、太平洋雙色鰻（Abp）和呂宋鰻（A1）鰻線的地理分布，受其習性和產卵場位置，以及海流的影響。

臺灣東部的花蓮秀姑巒溪和南部屏東縣的枋山溪受黑潮的影響，鰻線的種類以熱帶性的鱸鰻為主。臺灣北部淡水區的公司田溪受中國大陸沿岸流的影響，鰻線的種類以溫帶性的日本鰻為主。臺灣東北部的宜蘭河和臺灣西南部的東港溪的外海，位於黑潮和中國大陸沿岸流交匯的水域，熱帶性的鱸鰻和溫帶性的日本鰻參半。太平洋雙色鰻和呂宋鰻為偶來種，數量很少（圖17.7）。

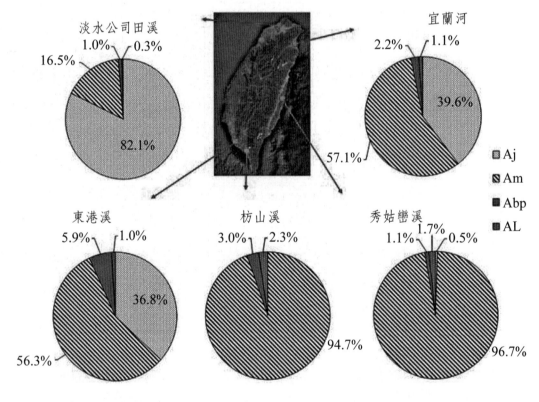

圖17.7 宜蘭河、秀姑巒溪、枋山溪、東港溪和公司田溪等河口的鰻線種類組成之比較。Aj：日本鰻、Am：鱸鰻、Abp：太平洋雙色鰻、A1：呂宋鰻（改自吳敬華的碩士論文 2012）。

17.8　臺灣沿岸日本鰻鰻線的擴散模式和產卵場的錯誤假說

　　由玻璃鰻期的平均日數之地區差異（表17.2的Tr-m和圖17.6c）可推測玻璃鰻進入河口之前，隨沿岸流的漂流動向。日本鰻從產卵場誕生之後，柳葉鰻先是由北赤道海流輸送，接著由黑潮輸送到大陸棚，變態爲玻璃鰻，再順著中國大陸沿岸流由北往南洄游到臺灣沿岸各河口，變成鰻線進入河川生長（Tzeng 2003）。以表17.2臺灣南部的東港溪鰻線的玻璃鰻期（$T_{1,2}$）和臺灣北部雙溪的玻璃鰻期（$S_{1,2}$）爲例，兩次不同時間的調查結果，皆顯示南部的平均玻璃鰻期，比北部多大約4～7天，證明臺灣沿岸日本鰻的玻璃鰻是隨著中國大陸沿岸流由北往南輸送的。

　　臺灣沿岸日本鰻鰻線的漁汛期爲11月至隔年4月，盛產期爲冬季的12～1月。柳葉鰻隨黑潮來到臺灣沿近海，變態成爲玻璃鰻後隨著中國大陸沿岸流由北往南輸送到臺灣沿岸各縣市。因此，臺灣東北部、北部和西部沿岸各縣市的鰻線漁獲量比東部和西南部的縣市多，尤其是冬季12～1月臺灣海峽東北季風盛行，中國大陸沿岸流強勁的時候更明顯（圖17.8）。換句話說，臺灣西部沿岸的鰻線是順著中國大陸沿岸流由北往南輸送，而不是由黑潮由南往北輸送，因爲冬季黑潮支流僅進入到臺灣海峽南部。

　　最早研究臺灣沿岸鰻線輸送機制的已故水產試驗所郭河先生，認爲臺灣西南沿海有一個日本鰻產卵場，鰻線是由黑潮由南往北輸送到臺灣西海岸，否則無法解釋台灣日本鰻鰻線西部比東部多的現象（郭 1971）。會有這樣的想法，是因爲當時日本研究鰻魚的泰斗，松井魁博士，認爲日本鰻產卵場位於臺灣東方的沖繩海槽（Matsui 1957）。其實，日本鰻的產卵場根本不在臺灣西南海域，也不在沖繩海槽，且冬季黑潮支流受中國大陸沿岸流南下的影響只會進到臺灣海峽南部。因此，郭河（1971）用黑潮的輸送和臺灣西南海域有一個日本鰻產卵場的假設，來解釋臺灣西岸的鰻線漁獲量比東岸多的現象是不正確的。松井魁博士和郭河先生的不正確假設，都是因爲當時對日本鰻初期生活史和海流的認知不足所致。

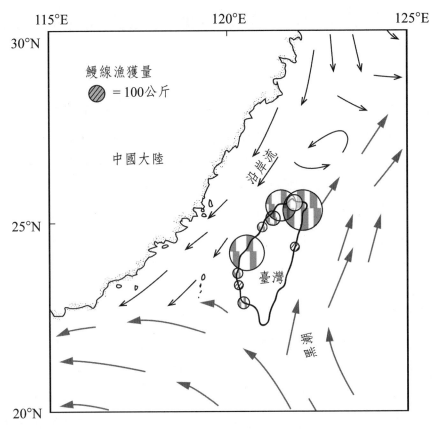

圖17.8　臺灣周圍一月分的海流流向和沿岸日本鰻鰻線漁獲量的分布特徵，圓圈大小表示漁獲量多寡（改自曾萬年 1996）。

17.9　結論

　　耳石日週輪在日本鰻產卵場的發現、柳葉鰻從產卵場向陸地洄游過程之解明以及沿岸鰻線的分布生態，貢獻非常大。利用耳石日週輪測定柳葉鰻的日齡，回推其生日可掌握日本鰻精確的產卵日期，捕獲產卵中的銀鰻，進一步證實其正確產卵場位置。從不同國家的鰻線的耳石日週輪推測其柳葉鰻的變態日齡，發現變態日齡是決定日本鰻地理分布的關鍵因素。由玻璃鰻日齡的地理差異，發現臺灣西海岸的日本鰻鰻線是由中國大陸沿岸流由北往南，而非由黑潮支流由南往北輸送。這些研究案例，再度顯示耳石日週輪是揭開魚類初期生活史秘密的重要線索。

延伸閱讀

郭河（1971）臺灣におけるシラスウナギの接岸。養殖8(1)：52-56。

曾萬年（1983）臺灣產鰻線之種類識別及其生產量。中國水產366期：16-23頁。

鄭普文（1994）耳石輪紋分析在日本鰻（*Anguilla japonica* Temminck & Schlegel）初期生活史研究上的應用。國立臺灣大學漁業科學研究所碩士論文。

曾萬年（1996）鰻線漁獲量的變動及其原因。中國水產520期：17-26頁。

曾萬年、韓玉山、塚本勝巳、黑木真理著（2012）鰻魚傳奇。宜蘭縣立蘭陽博物館出版，232頁。

Cheng PW and Tzeng WN (1996) Timing of metamorphosis and estuarine arrival across the dispersal range of the Japanese eel *Anguilla japonica*. Mar. Ecol. Prog. Ser. 131: 87-96.

Chow S, Kurogi H, Mochioka N *et al*. (2009) Discovery of mature freshwater eels in the open ocean. Fish. Sci. 75: 257-259.

Liao IC, Kuo CL, Tzeng WN, Hwang ST, Wu LC, Wang CH and Wang YT (1996) The first time of leptocephali of Japanese eel *Anguilla japonica* collected by Taiwanese researchers. J. Taiwan Fish. Res. 4(2): 107-116.

Tsukamoto K, Otake T, Mochioka N *et al*. (2003) Seamounts, new moon and eel spawning: The search for the spawning site of the Japanese eel. Environ. Biol. Fish 66: 221-229.

Tsukamoto K, Chow S, Otake T *et al.* (2011) Oceanic spawning ecology of freshwater. Nature Comm. 2: 1-9.

Tzeng WN (2003) The processes of onshore migration of the Japanese eel *Anguilla japonica* as revealed by otolith microstructure, pp.181-190. *In*: A Aida, K Tsukamoto and K Yamauchi (eds) Advanced in Eel Biology. Springer, Tokyo.

第 18 章

澳洲和紐西蘭短鰭鰻的仔魚擴散模式
Larval Dispersal of Australian and New Zealand Short-finned Eels

18.1 引言

　　南太平洋的澳洲和紐西蘭地區有三種淡水鰻：分別爲長鰭鰻（long-finned Eels, *Anguilla reinhardtii*）、短鰭鰻（Short-finned Eels, *A. australis*）和紐西蘭大鰻（*A. dieffenbachii*）。有些學者認爲短鰭鰻應該分爲澳洲短鰭鰻（*A. australis australis*）和紐西蘭短鰭鰻（*A. australis schmidtii*）兩個亞種（Schmidt 1928; Edge 1939）。有些學者認爲分爲兩個亞種，缺乏族群遺傳的證據（Jellyman 1987）。最近微衛星DNA研究結果，顯示短鰭鰻應該分爲澳洲和紐西蘭短鰭鰻兩個亞種或族群（Shen and Tzeng 2007a, b）。既然是兩個亞種，應有各自的產卵場和洄游路線以及生殖隔離現象，否則會雜交，而無法形成兩個亞種。

　　本章從耳石日週輪，探索兩個短鰭鰻亞種的仔魚之洄游擴散路徑。

18.2　澳洲短鰭鰻和紐西蘭短鰭鰻是兩個亞種的遺傳證據

　　從澳洲東岸和紐西蘭南北島沿岸，採集九個短鰭鰻鰻線樣本（圖18.1，表18.1）。以紐西蘭大鰻鰻線樣本（D1）為外群，分析九個短鰭鰻樣本的對偶基因數目（Number of alleles）、對偶基因大小（Range of allelic sizes）及其基因多樣性（Gene diversity）（Shen and Tzeng 2007a）。

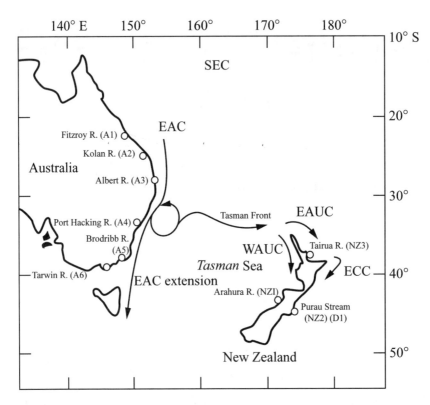

圖18.1　澳洲東岸6條河（A1～A6）和紐西蘭沿岸3條河（NZ1～NZ3）的短鰭鰻鰻線和紐西蘭大鰻的鰻線樣本（D1）之採集地點，及其周邊的主要海流系統。SEC（South Equatorial Current南赤道海流），EAC（East Australian Current東澳海流），EAUC（East Auckland Current東奧克蘭海流），WAUC（West Auckland Current西奧克蘭海流），ECC（East Cape Current東Cape海流）（Shen and Tzeng 2007a）。

表18.1　澳洲東岸6條河（A1～A6）和紐西蘭周邊3條河（NZ1～NZ3）的短鰭鰻鰻線和大鰻鰻線樣本的採樣地點、採樣日期和樣本數目

採樣地點（代號）	經緯度	採樣日期	樣本數
Eastern Australia			
Fitzroy River (A1)	150°32' E; 23°21' S	August 1998	48
Kolan River (A2)	152°10' E; 24°44' S	July 1997	52
Albert River (A3)	153°04' E; 27°59' S	September 1997	50
Port Hacking River (A4)	151°50' E; 34°40' S	June and July 1999	35
Brodribb River (A5)	148°31' E; 37°47' S	July 1997	52
Tarwin River (A6)	145°50' E; 38°40' S	July 1997	50
New Zealand			
Arahura River (NZ1)	171°02' E; 42°40' S	August 1996	25
Purau Stream (NZ2)	172°45' E; 43°39' S	August 1996	24
Purau Stream (D1)	172°45' E; 43°39' S	October 1996	42
Tairua River (NZ3)	178°50' E; 37°40' S	October and November 1995	60
總數			438

　　分子變異分析（Analysis of molecular variance, AMOVA）結果顯示，九個短鰭鰻鰻線樣本（A1～A6和NZ1～NZ3）的對偶基因之間，有顯著性差異（$F_{st} = 0.016$, $P < 0.001$）。階級分子變異分析（Hierarchical AMOVA）顯示族群內（國內）樣本間的固定係數（Fixation index）只有些微顯著（$F_{sc} = 0.005$, $P < 0.005$）。但群間（國家間）樣本的固定係數，則極為顯著（$F_{ct} = 0.012$, $P < 0.001$）（表18.2）。這些遺傳變異分析，證明澳洲和紐西蘭的短鰭鰻可以分為兩個亞種或族群（Shen and Tzeng 2007a, b）。

表18.2　九個短鰭鰻鰻線樣本的分子變異分析

變因	自由度	平方和	分項變方／百分比	固定係數
群間	1	6.955	0.016/1.15	$F_{CT} = 0.012$**
樣本間	7	13.318	0.006/0.45	$F_{SC} = 0.005$*
樣本內	783	1066.111	1.362/98.4	$F_{ST} = 0.016$**
總和	791	1086.384	1.384	

註：九個樣本可以分成東澳洲（A1～A6）和紐西蘭（NZ1～NZ3）兩群。固定係數的顯著性檢定經過10000次的排列運算，*$P < 0.05$, **$P < 0.001$（Shen and Tzeng 2007a）。

　　以紐西蘭大鰻鰻線樣本為外群，根據無限對偶基因突變模式（Infinite allele mutation model）計算澳洲和紐西蘭的九個短鰭鰻鰻線樣本的兩兩之間的遺傳距離（DA）（Nei 1978），且以未加權算術平均對群法（Unweighted pair-group method with arithmetic mean, UPGMA）建構其親緣關係樹（圖18.2）。結果亦顯示，短鰭鰻鰻線可以分為澳洲（A1～A6）和紐西蘭（NZ1～NZ3）兩個遺傳結構不同的族群。表示，兩個族群有生殖隔離現象，且仔魚從產卵場洄游到澳洲東岸和紐西蘭沿岸的過程中沒有混群情形，否則其親緣關係樹不會呈現兩個明顯的分群現象（Shen and Tzeng 2007a）。

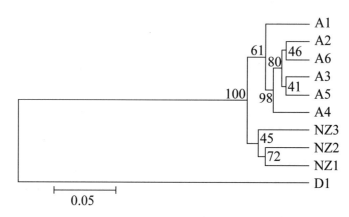

圖18.2　以紐西蘭大鰻（D1）為外群建構東澳洲6條河（A1～A6）和紐西蘭3條河（NZ1～NZ3）短鰭鰻鰻線九個樣本兩兩之間的遺傳距離，以及未加權算術平均對群法的親緣關係樹（Shen and Tzeng 2007a）。

18.3　短鰭鰻鰻線的體長和色素發育階段的南北差異

　　短鰭鰻於Samoa附近海域的產卵場誕生後，其柳葉鰻順著南赤道海流和東澳海流南下，變態成玻璃鰻後陸續進入澳洲東岸（Jellyman 1987; Aoyama *et al.* 1999）。從澳洲東岸（A1～A6）和紐西蘭南島（NZ1和NZ2）沿岸等八個河口採集的短鰭鰻鰻線樣本，其體長（全長）範圍為42.8～65.6毫米，平均體長呈現由北往南增加的地理傾斜現象（圖18.3a）。北群（A1～A3）的平均體長從47.6±2.11到51.2±3.14毫米，南群（A5, 6和NZ1, 2）從57.8±2.02

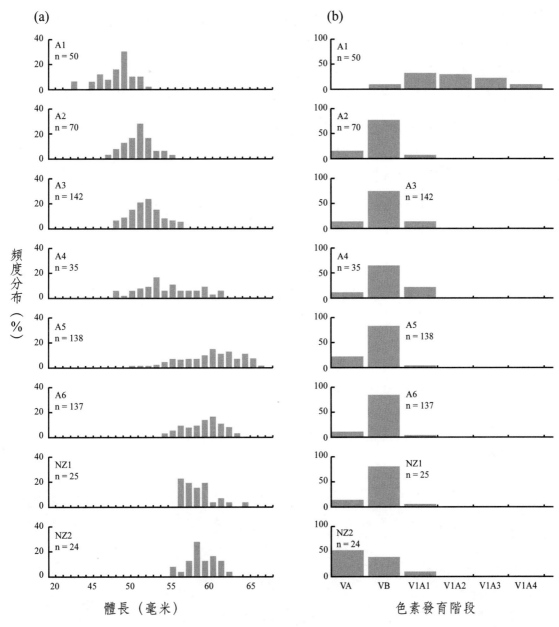

圖18.3　澳洲東岸6條河（A1～A6）和紐西蘭南島2條河（NZ1和NZ2）的短鰭鰻鰻線樣本的體長(a)和色素發育階段(b)的頻度分布。n = 樣本數（Shiao *et al.* 2001）。

到59.2±3.61毫米，北群的體長比南群小很多。A4的平均體長（53.9±3.56毫米）介於兩群之間。

除了A1河口的樣本有比較高階的色素發育階段（VIA1～VIA4）之外，其他河口樣本的色素發育階段都集中在VA和VB階段（圖18.3b）。剛剛到河口的玻璃鰻，其色素發育階段為VA和VB，除了頭部外，全身透明，接觸到淡水後皮膚色素逐漸增加（Tzeng 1985）。VA和VB的玻璃鰻，經淡水飼養10天後，其色素發育階段就進到VIA1～A4（Arai et al. 2001），稱之為鰻線。A1採標點離河口約53公里，鰻線樣本的色素發育階段為VIA1-A4，表示已接觸到淡水有一段時間了。

18.4　短鰭鰻鰻線日齡的地理變異

短鰭鰻鰻線耳石的日週輪構造（相片18.1）與前述美洲鰻鰻線耳石日週輪的構造相似，可用來測量柳葉鰻的變態日齡、玻璃鰻的持續時間，以及鰻線抵達河口時的日齡等生活史參數。Shiao et al.（2001）利用這些參數分析短鰭鰻的柳葉鰻從產卵場來到澳洲東岸和紐西蘭沿岸的洄游過程。

相片18.1　澳洲短鰭鰻鰻線耳石日週輪的掃描式電子顯微鏡照片。鰻線體長53.95毫米，採集自澳洲東岸Brodribb River（A5）。Core：耳石核心，FM：淡水記號，黑色箭頭：指柳葉鰻變態的時間點。變態時日週輪輪寬變寬、結晶構造出現放射狀。比例尺 = 15微米（Shiao et al. 2001）。

澳洲東岸（A1～A6）和紐西蘭南島（NZ1和NZ2）沿岸等8個河口的短

鰭鰻樣本，其柳葉鰻變態的平均日齡（Tm）為130～245天，變態後至抵達河口的平均時間（Ts）為15～113天，玻璃鰻抵達河口時的平均日齡（Tt）為180～326天，抵達河口至被捕獲的平均時間（Te）為0～37天（表18.3）。變方分析結果顯示，8個河口之間的平均Tm、Ts、Tt和Te皆有顯著性差異（$p < 0.001$），南群（A5,6和NZ1,2）Tm、Ts和Tt的平均值皆大於北群（A1～A3），也就是說Tm、Ts和Tt有北低南高的趨勢。Tm、Ts和Tt的平均值隨著短鰭鰻鰻線的採集地點離產卵場距離的增加而增加。Te則是A1和A3比其他地點大，這是因為A1和A3的採集地點離河口的距離（53公里和42公里）比其他地點（4.6～14.5公里）遠。

表18.3　澳洲東岸6條河（A1～A6）和紐西蘭南島2條河（NZ1和NZ2）的短鰭鰻鰻線樣本的平均（±SD）日齡（Tt）、柳葉鰻的平均（±SD）變態日齡（Tm）、變態後至抵達河口的平均（±SD）日數（Ts）和抵達河口至被捕獲的平均（±SD）日數（Te）的均質性（HG）檢定

	平均日齡（Tt）	HG		變態日齡（Tm）	HG		Ts	HG		Te	HG
A2	214±14.6	*	A2	160±12.0	*	A3	43±10.6	*	A5	6±7.5	*
A3	217±16.6	*	A1	160±14.2	*	A1	45±11.5	*	A2	8±8.7	*
A1	223±17.7	*	A3	161±12.6	*	A2	46±10.5	*	A4	8±8.5	*
A4	243±19.7	*	A4	168±14.5	**	A5	57±12.9	*	A6	9±8.8	*
Z2	246±14.5	*	Z2	180±8.6	**	A6	63±14.6	**	A3	12±7.9	**
A5	247±23.9	*	A5	183±20.8	**	A4	67±13.1	*	A1	19±10.9	*
Z1	258±19.7	*	Z1	188±11.9	*	Z1	70±15.1[a]	Nt			Nt
A6	261±22.4	*	A6	189±16.9	*	Z2	66±12.0[a]	Nt			Nt

註：星號在同一行表示平均值沒有差異。Nt因耳石邊緣受損無法估算Ts和Te，故未參與HG檢定，[a] 資料包括Ts和Te（Shiao *et al.* 2001）。

18.5　澳洲短鰭鰻和紐西蘭短鰭鰻的擴散路徑不同

　　根據鰻線耳石日週輪的輪數和採樣日期，回推鰻線的孵化日，發現澳洲東岸6個河口（A1～A6）的短鰭鰻的孵化日為8月下旬至2月上旬，紐西蘭南島（NZ1和NZ2）沿岸短鰭鰻的孵化日為10月中旬至1月中旬（圖18.4）。相同河口不同月分採集的樣本，孵化日有重疊現象，表示相同孵化日期的鰻線抵達

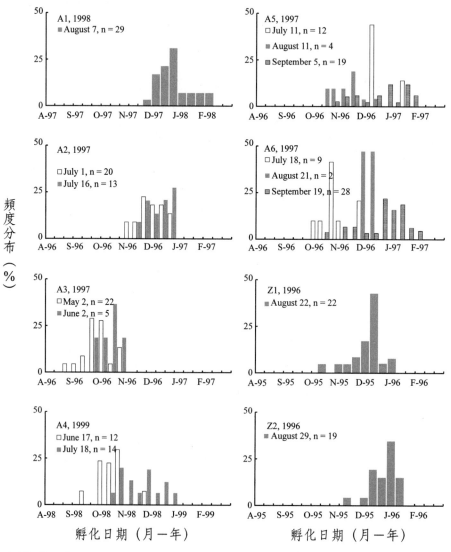

圖18.4　由捕獲日期和日齡所回推的澳洲東岸6條河（A1～A6）和紐西蘭南島2條河（NZ1和NZ2）的短鰭鰻鰻線的孵化日期之頻度分布。n = 樣本數（Shiao *et al.* 2001）。

河口的日期不同。

　　離產卵場較遠的探樣點（南邊），其柳葉鰻的平均變態日齡比離產卵場較近的探樣點（北邊）多大約29天。東澳海流的平均流速為每秒0.3公尺（Bramwell 1977），有時高達每秒0.52公尺（Wyrtki 1962），以這兩個流速來計算，29天的時間，東澳海流飄送柳葉鰻的距離可達751公里，甚至高達1303公里。這個距離與短鰭鰻玻璃鰻在澳洲東岸的擴散距離相符合。

　　另一方面，澳洲東岸到紐西蘭沿岸的距離大約1500公里，塔斯曼海的平均流速大約每秒0.14公尺（Wyrtki 1962），柳葉鰻以這樣的流速要橫越1500公里的塔斯曼潮境來到紐西蘭，大約需要120天的時間。實際上，澳洲東岸南邊與紐西蘭的柳葉鰻變態日齡並沒有顯著差異。因此，紐西蘭的短鰭鰻並不是從澳洲東岸擴散來的，而是有不同的仔魚擴散路徑。換句話說，澳洲東岸到紐西蘭沿岸的短鰭鰻，不僅遺傳構造不同，其仔魚的洄游路線也不一樣（Shiao *et al.* 2001）。因此，分成澳洲短鰭鰻和紐西蘭短鰭鰻兩個亞種或族群是合理的。

18.6　結論

　　澳洲東岸和紐西蘭的短鰭鰻，不僅遺傳構造不同。從耳石日週輪的證據也顯示，仔魚擴散的路徑也不一樣。因此，分成兩個亞種或族群是合理的。

延伸閱讀

蕭仁傑（2002）以耳石日週輪特性探討淡水鰻*Anguilla australis*、*A. reinhardtii*以及*A. dieffenbachii*的初期生活史與輸送途徑。國立臺灣大學動物學研究所博士學位論文。

沈康寧（2007）以微衛星DNA探討澳洲東部三種淡水鰻（澳洲花鰻、澳洲短鰭鰻和紐西蘭大鰻）的族群遺傳結構及其演化史。國立臺灣大學動物學研究所博士學位論文。

Aoyama J, Mochiok N, Ofake T, Ishikawa S, Kawakami Y, Castle P, Nishida M and Tsukamoto K (1999) Distribution and disperasl of Anguillid leptocephali in the Western Pacific Ocean revealed by molecular analysis, Mar. Ecol. Prog. Ser. 188: 193-200.

Bramwell M (ed.) (1977) The atlas of the oceans. Mitchell Beazley, London.

Jellyman DJ (1987) Review of the marine lift history of Australian temperature species of *Anguilla*, pp. 276-285. *In*: MJ Dadswell, RJ Klauda, CM Moffitt, RL Saunders, RA Rulifsan and JE Cooper (eds.) Symposium of common strategies of anadromous and catadromous fishes. American Fishery Society.

Nei M (1978) Estimation of average heterozygosity and genetic distance from a small number of individuals. Genefics. 89: 583-590.

Schmidt J (1928) The freshwater eels of Australia with some remarks on the shortfinned species of *Anguilla*. Records of the Australian Museum 16: 179-210.

Shen KN and Tzeng WN (2007) Genetic differentiation among populations of the shortfinned eel *Anguilla australis* from East Australia and New Zealand. J. Fish Biol. 70 (Supplement B): 177-190.

Shiao JC, Tzeng WN, Collins A and Jellyman DJ (2001) Dispersal pattern of glass eel *Angulilla australis* as revealed by otolith growth increments. Mar. Ecol. Prog. Ser. 219: 214-250.

Shiao JC, Tzeng WN, Collins A and Jellyman DJ (2002) Role of marine larval duration and growth rate of glass eels in determining the distribution of *Anguilla reinhardtii* and *A. australis* on Australian eastern coasts.Mar. Freshw. Res. 53: 687-695.

Wyrtki K (1962) Geopotential topographies and Gssociated circulation in the western South Pacific Ocean. Aust. J. Mar. Freshw. Res. 13: 89-105.

第四單元
從耳石微化學探索魚類的洄游環境史

Discovering the Migratory Environmental History of Fishes from Otolith Microchemistry

　　水中化學元素經由魚類的鰓呼吸，進入血液和淋巴液，輸送到耳石囊，最終沉積於耳石。耳石化學元素的種類和濃度隨魚類洄游環境而改變。元素一旦沉積至耳石後，就不會再改變。測量耳石化學元素組成的時間變化，可再現魚類從出生至被捕獲為止的洄游環境史。魚類耳石的化學元素多達47種，每種元素都有其特殊的環境指標性意義。

　　第四單元共8章（第19至26章），分別以電子微探儀（EPMA），雷射剝蝕—和液態進樣—感應耦合電漿質譜儀（LA-ICP-MS和SB-ICP-MS）偵測的鋰、鈉、鎂、鈣、鍶、鋇、鉛、錳、鐵、鎳、銅、鋅和鉀等13種元素、熱離子源質譜儀（TIMS）偵測的鍶穩定同位素（$^{87}Sr/^{86}Sr$）、以及同位素比質譜儀（IRMS）偵測的氧穩定同位素（$\delta^{18}O$）等為範例，探索魚類的洄游環境史。第19至24章介紹日本鰻、加拿大的美洲鰻、波羅的海國家的天然和放流歐洲鰻、地中海義大利的歐洲鰻、以及臺灣的寬頰瓢鰭鰕虎魚等兩側洄游性魚類的洄游環境史和演化。其中，第23章介紹臺灣西海岸日本鰻鰻線的重金屬汙染以及非洲馬達加斯加莫三鼻克鰻耳石鍶鈣比的異常與採礦之關係。第25章介紹臺灣沿近海烏魚的洄游環境史和族群構造。第26章介紹大洋洄游性魚類南方黑鮪的洄游環境史和湧升流。

　　耳石微化學研究進展非常神速，從1967年發表第一篇耳石的氧穩定同位素與環境溫度的關係論文（Devereux, 1967）以來至2017年為止，全世界總共發表了1246篇耳石微化學領域的論文，尤其是1993年國際耳石研討會之後，發表的論文篇數更直線上升（圖19.0）。耳石的應用研究，已蔚為世界潮流，不可等閒視之。

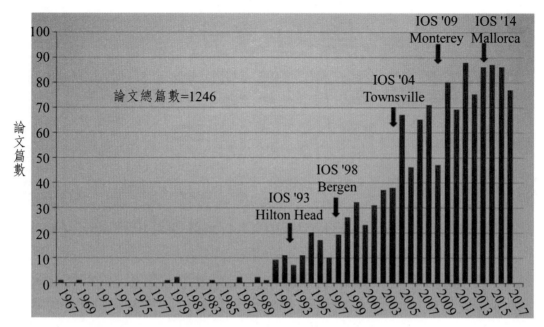

圖19.0　耳石微化學論文篇數的成長。1967年出現第一篇耳石微化學論文，至2017年論文篇數已經累計到1246篇。從第一屆（1993年）國際耳石年會之後，論文篇數成長速度驚人。圖中箭頭指歷屆國際耳石研討會（IOS）的開會年份和城市（資料：Dr. Benjamin Walther提供，Search term in ISI: Otolith AND (chem* OR elem* OR isotop*), Records culled for fish otolith chemical analysis only）。

第 19 章

日本鰻洄游環境史的演化
Evolution of the Migratory Environmental History of Japanese Eels

19.1　引言

　　日本鰻屬於兩側洄游性魚類，在海洋產卵，回到河川生長（Tesch 2003）。最近的研究發現，日本鰻不必溯河，在海水環境也能完成其生活史（Tzeng *et al.* 2000, 2003; Tsukamoto and Arai 2001）。

　　本章從耳石鍶鈣比和鍶同位素比，重建日本鰻的洄游環境史，了解其洄游環境史的演化。

19.2　日本鰻鰻線從出生到溯河的耳石鍶鈣比變化

　　相片19.1是日本鰻鰻線耳石的水平切面，顯示電子微探儀測量鍶鈣比的痕跡和經鹽酸腐蝕後所呈現的日週輪。這尾鰻線是從新北市淡水鎮沙崙海水浴場公司田溪出海口採集的。

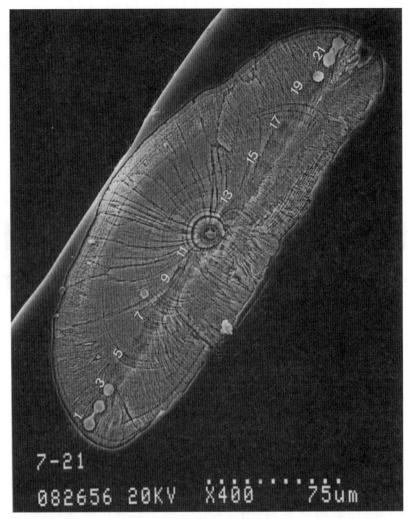

相片19.1　日本鰻鰻線耳石（矢狀石）水平切面的掃描式電子顯微鏡照片。耳石放大400
　　　　　倍，1-22是電子微探儀測量耳石鍶鈣比時所留下的痕跡，比例尺＝75微米。這
　　　　　尾鰻線於1990年1月22日捕自新北市沙崙海水浴場公司田溪出海口，體長（全
　　　　　長）約58.8毫米（取自Tzeng and Tsai 1994）。

　　　圖19.1是上述相片19.1日本鰻鰻線耳石切面上的鍶鈣比的時間序列變化與
其發育階段（卵黃囊仔魚、柳葉鰻、玻璃鰻和鰻線）的對應關係。卵黃囊仔
魚的營養，來自其母鰻生活於淡水環境時所合成的卵黃，其耳石鍶鈣比約爲
9×10^{-3}，卵黃囊吸收完後，仔魚進入柳葉鰻階段，開始吸收海水中的營養，
鍶元素從海水進入耳石的量逐漸增加，柳葉鰻變態成玻璃鰻前，耳石鍶鈣比到

達最高點。柳葉鰻變態時，需要大量的葡萄糖胺聚醣（Glycosaminoglycans,
GAGs）供身體重組和骨骼形成之用，於是體表失去大量的葡萄糖胺聚醣。葡
萄糖胺聚醣與海水的鍶元素有高度的親合力。柳葉鰻一旦喪失GAGs，從海水
吸收鍶的能力就急遽降低，於是其耳石鍶鈣比就從15×10^{-3}的最高點急遽下降
至9×10^{-3}以下。接著玻璃鰻從海水主動游向河川出海口的淡水環境，其耳石
鍶鈣比也隨之下降。

　　GAGs有調節柳葉鰻浮力的功能。柳葉鰻變態為玻璃鰻後，即喪失
GAGs，於是失去浮力、身體比重增加，脫離黑潮強流帶進入沿岸帶。洄游行
為也從柳葉鰻的浮游方式變成玻璃鰻主動洄游的底棲生活方式，並向河川出海
口的淡水環境移動。

　　由此可見，耳石鍶鈣比不只反映日本鰻鰻線的發育階段變化，也反映其洄
游環境的變化。

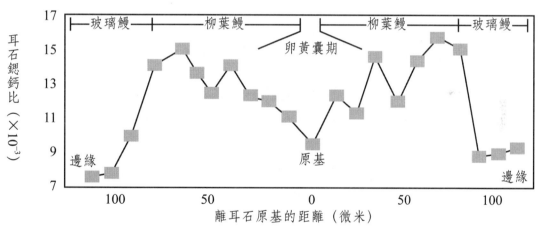

圖19.1　日本鰻從卵黃囊期仔魚、柳葉鰻、玻璃鰻到鰻線等發育階段的耳石鍶鈣比的變化
　　　　（改自Tzeng and Tsai 1994）。

19.3　日本鰻的三種洄游類型

　　圖19.2是日本鰻三種不同洄游環境史類型的耳石鍶鈣比時序列變化：(1)
海水洄游型（Seawater contingent）── 耳石鍶鈣比從鰻線階段之後，維持
在4×10^{-3}以上，表示鰻線沒有進入淡水環境而在海水環境中生長直至被捕獲

（圖19.2a）；(2)淡水洄游型（Freshwater contingent）── 耳石鍶鈣比從
鰻線階段之後，維持在4×10⁻³以下，表示鰻線階段之後上溯至淡水環境中生

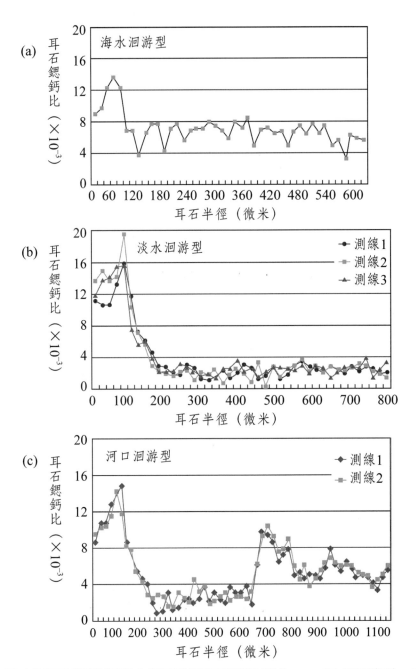

圖19.2　日本鰻三種洄游環境史類型的耳石鍶鈣比變化。(a)海水洄游型、(b)淡水洄游型
　　　　及(c)河口洄游型。耳石鍶鈣比4×10⁻³是海水和淡水洄游型的分界線（改自Tzeng
　　　　et al. 2003）。

長，直到被捕獲（圖19.2b）；(3)河口洄游型（Estuarine contingent）──
耳石鍶鈣比從鰻線階段之後，維持在4×10^{-3}上下變動，表示鰻線階段之後在
河口域的鹹淡水環境中來回移動（圖19.2c）。

　　不論圖19.2的哪一種類型，從耳石原基至半徑約100微米的耳石鍶鈣比都
與圖19.1鰻線耳石鍶鈣比的變化一致，表示三種不同洄游環境史類型的日本鰻
都是在海洋誕生，從柳葉鰻到玻璃鰻階段，所經歷的洄游環境都一樣，但來到
陸地後，就分成三種洄游環境史類型。海水洄游型的出現，顯示淡水鰻不一定
要回到河川生長，有一部分族群在海水環境也能成長至成熟階段、降海產卵、
完成其生活史（Tzeng *et al.*, 2000, 2003; Tsukamoto and Arai 2001）。海水
型日本鰻的發現，顛覆了教科書中所述「淡水鰻」必須回到淡水環境生長的刻
板印象。圖19.3是上述三種洄游環境史類型的示意圖。

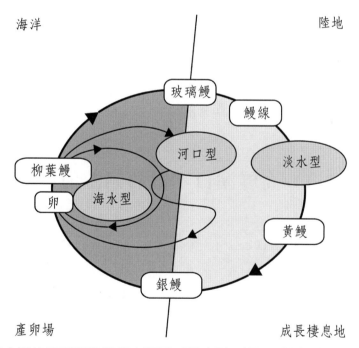

圖19.3　淡水鰻的三種洄游環境史類型（淡水型、河口型和海水型）之示意圖。

　　因不溯河的海水洄游型日本鰻之發現，Tzeng *et al.*（2000）將淡水鰻的
降海洄游（Catadromous migration）修改為Semi-catadromous migration，
而Tsukamoto and Arai（2001）則將之稱為Facultative catadromous migra-
tion。換言之，日本鰻在陸域的生長環境選擇是隨機性（Facultative），而非

強迫性（Obligatory）。隨機性洄游可增加族群穩定度（Secor 1999）。日本鰻屬於逢機交配的單一族群（Panmictic population）（Han *et al.* 2010a），不同的洄游型是族群的外表型（Phenotype）而非基因型（Genotype）之表現，不會遺傳給下一代（Han *et al.* 2010b）。

　　上述耳石鍶鈣比在日本鰻洄游環境史的應用研究，也推廣到其他魚種的洄游環境史之國際合作研究。例如與加拿大合作研究美洲鰻（Cairns *et al.* 2004; Jessop *et al.* 2002, 2004, 2006, 2007, 2008a,b, 2011; Thibault *et al.* 2007; Lamson *et al.* 2006, 2009），與地中海的法國、義大利和土耳其、波羅的海國家瑞典、立陶宛和拉脫維亞等國家合作研究歐洲鰻（Capoccioni *et al.* 2014; Daverat *et al* 2006; Panfili *et al.* 2012; Lin *et al.* 2007, 2009, 2011a,b, 2013; Shiao *et al.* 2006; Tzeng *et al.* 1997, 2005, 2006），與南非和馬達加斯加合作研究莫三鼻克鰻（Lin *et al.* 2015），與澳洲合作研究洞穴盲魚（*Milyeringa veritas*）（Humphreys *et al.* 2006），與墨西哥合作研究烏魚（Ibanez *et al.* 2012），以及與立陶宛和拉脫維亞合作研究梭鱸（Ložys *et al.* 2017）等魚類的洄游環境史。這些研究結果都顯示，耳石鍶鈣比是研究魚類洄游，放之四海皆準的天然環境指標。

19.4　高屏溪日本鰻的洄游環境史

　　高屏溪（Kao-ping River）位於臺灣西南部，是臺灣的第二大河，長約171公里，漲潮時海水可上溯16.8公里，流域面積廣達3,257平方公里。為了了解高屏溪日本鰻的棲地環境和洄游，研究團隊於2007年3月和9月分別在高屏溪下游利用蜈蚣網採集日本鰻標本（相片19.2）。利用導電計（WTW Cond. 330i, Germany）測量現場鹽度，分析水樣的鍶、鈣、鋇和穩定鍶同位素濃度。利用電子微探儀（EPMA）測量耳石切面標本的鍶鈣比（詳Tzeng *et al.* 2002）。利用雷射剝蝕耦合電漿質譜儀（LA-ICP-MS）分析耳石鈣（^{44}Ca）、鍶（^{88}Sr）和鋇（^{138}Ba）元素濃度。在電腦操控下，利用微取樣儀從耳石切面標本的外緣往核心刮取寬度250微米、深度150微米和間隔250微米的耳石粉末，利用熱離子源質譜儀測量日本鰻耳石穩定鍶同位素（林世奐

相片19.2 高屏溪下游日本鰻標本的採集地點（黑色箭頭所指）。

2011）。綜合上述測量結果，探索高屏溪日本鰻的洄游環境史。

1.高屏溪的水文動態和日本鰻的棲息環境

高屏溪的海水入侵距離，大約17公里，約占高屏溪全長的十分之一（圖19.4）。鍶、鈣元素爲海源性，其濃度和鍶鈣比隨著離河口距離的增加而遞減（圖19.5）。來自河川岩石風化的陸源性鋇元素濃度，在離河口約8公里、鹽度約10 psu的鹹淡水處，達到最高點（圖19.6）。穩定鍶同位素比值（圖19.7）則是隨著離河口距離的增加而增加。另外，高屏溪的水中化學元素濃度或同位素有明顯的乾溼季變化。乾季雨水少、河川下游海水入侵程度增強，鍶、鈣元素濃度往河川內擴散程度也增大。反之，溼季河川水量大，來自河川岩石風化的穩定鍶同位素往外擴散的程度也增大。

日本鰻喜歡棲息於鹹淡水，離河口17公里後鹽度就降到零，表示高屏溪能提供日本鰻棲息的環境，侷限於下游鹹淡水水域。

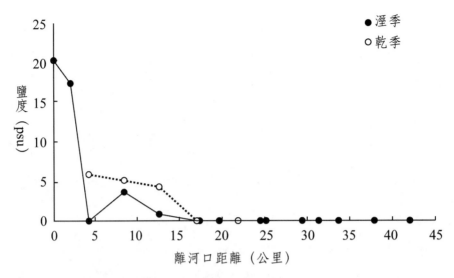

圖19.4 高屏溪乾、溼季水中鹽度隨河口距離的變化（林世寰 2011）。

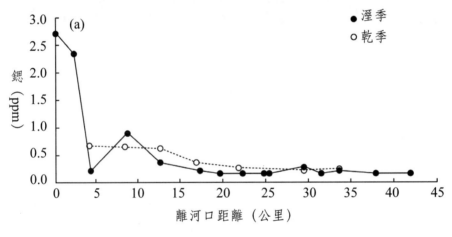

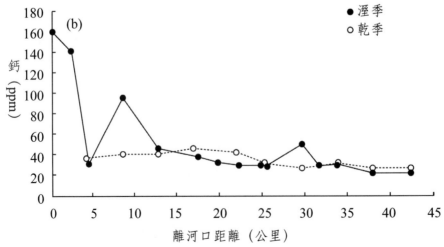

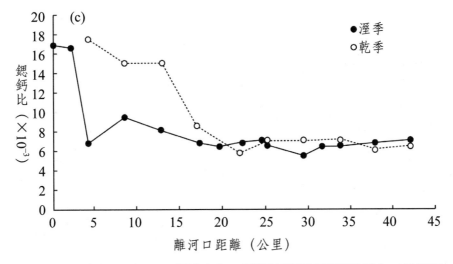

圖19.5　高屏溪乾、溼季水中(a)鍶、(b)鈣濃度和(c)鍶鈣比隨河口距離的變化（林世寰 2011）。

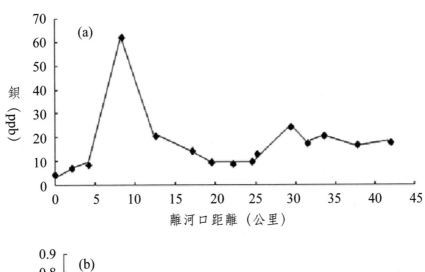

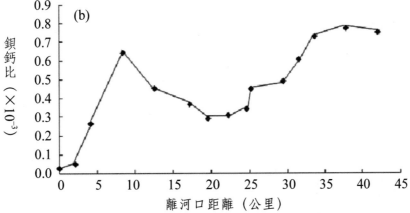

圖19.6　高屏溪溼季水中(a)鋇濃度和(b)鋇鈣比隨河口距離的變化（林世寰 2011）。

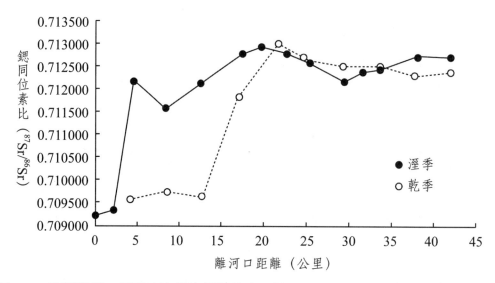

圖19.7　高屏溪乾、溼季水中穩定鍶同位素比隨河口距離的變化（林世寰 2011）。

2.環境因子的相互關係

　　海源性的鍶、鈣濃度和鍶鈣比皆與海水鹽度呈正相關（圖19.8）。因鋇元素的溶解度在低鹽度時達到最高點，所以陸源性的鋇濃度與鹽度呈現拋物線關係（圖19.9a）。鋇鈣比、穩定鍶同位素比則與海水鹽度呈負相關（圖19.9b, c）。另外，鋇鈣比、穩定鍶同位素比也與鍶鈣比呈現負相關（圖19.10）。換言之，由鹽度的變化可預測元素濃度的變化，異源性元素的負相關關係。

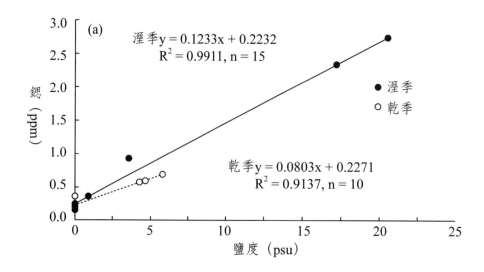

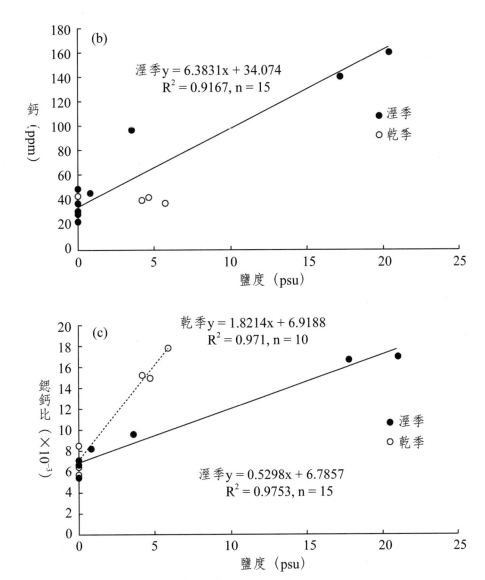

圖19.8　高屏溪乾、溼季水中(a)鍶、(b)鈣濃度以及(c)鍶鈣比與鹽度的直線迴歸關係（林世賢 2011）。

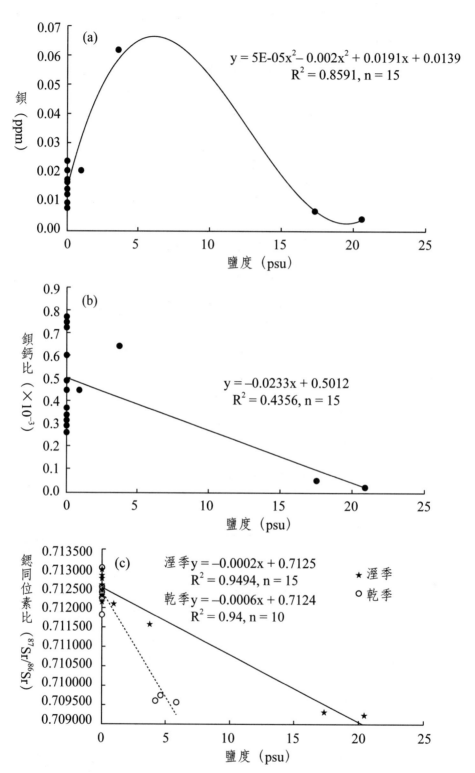

圖19.9　高屏溪乾、溼季中下游水中(a)鋇濃度、(b)鋇鈣比和(c)穩定鍶同位素比與鹽度的
　　　　迴歸關係（林世寰 2011）。

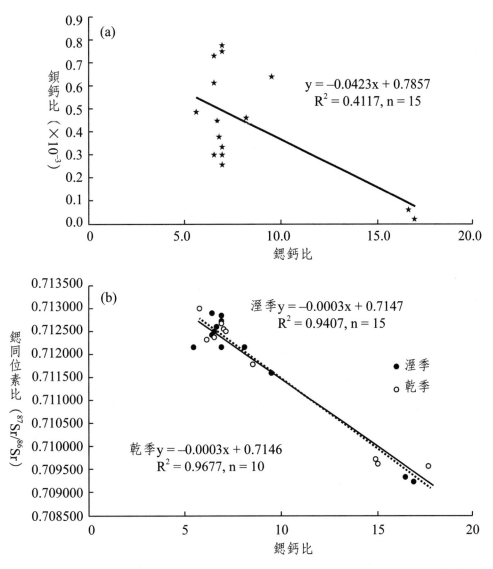

圖19.10 高屏溪乾、溼季水中(a)鋇鈣比、(b)穩定鍶同位素比與鍶鈣比的直線迴歸關係（林世寰 2011）。

3.日本鰻的耳石鍶鈣比及其洄游類型

耳石鍶鈣比的時序列變化顯示，高屏溪日本鰻的洄游環境史可分為三型：(1)不溯河的海水洄游型；(2)典型的淡水洄游型；(3)在鹹淡水之間移動的河口洄游型（圖19.11）（Lin *et al.* 2009）。三型與遺傳無關，是洄游環境選擇的可塑性行為（Phenotypic plasticity）。三種洄游類型，以河口洄游型的比

例最高，占總樣本數的81%，其次是淡水型（14%），海水型的比例只占5%（Tzeng *et al.* 2002; Lin *et al.* 2012）。臺灣河川陡峭、乾季水量少、夏季雨量多水流湍急。河川下游環境相對穩定，族群負載量大。因此，河口洄游型的比例偏高。海水洄游型的比例偏低的原因，則是因海水鹽度高、鰻魚滲透壓調節耗能，不適合生長。對照上述鹽度隨河口距離的變化，大約距離河口15公里以上，日本鰻族群數量就會逐漸減少。河川下游是日本鰻的主要棲地，其環境和鰻魚資源的保育，不容忽視。

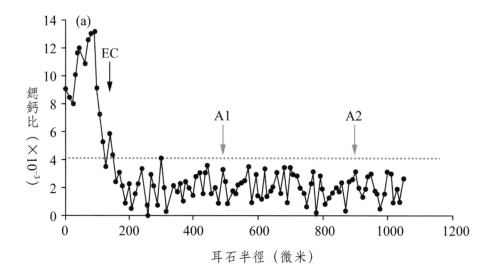

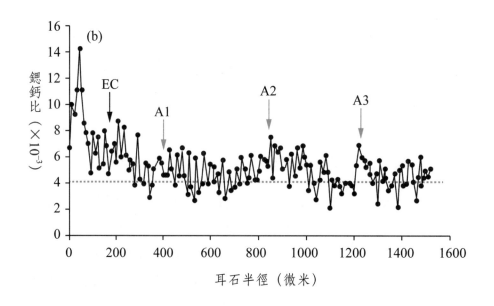

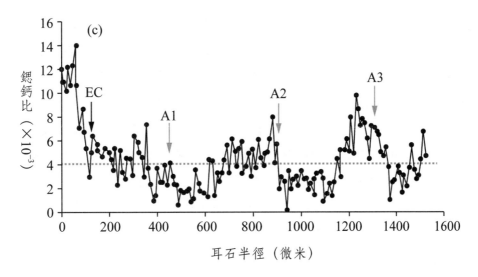

圖19.11　日本鰻三種洄游型的耳石鍶鈣比變化。(a)淡水洄游型，(b)海水洄游型，以及(c)河口洄游型。耳石鍶鈣比4×10⁻³是海水和淡水洄游型的分界線。EC：指鰻線輪位置，A1-3：指1至3歲的年輪位置。

4.日本鰻的耳石鍶穩定同位素和洄游類型

　　自然界中有^{84}Sr、^{86}Sr、^{87}Sr和^{88}Sr四種鍶穩定同位素，相對豐度分別為0.56%、9.86%、7.00%和82.58%。四種鍶穩定同位素中，^{84}Sr、^{86}Sr和^{88}Sr屬於不會衰變的穩定同位素系列。^{87}Sr與^{86}Sr質量差爲1.16%，兩者的豐度最接近。鍶同位素隨時間演化是一個自發性的不可逆過程（李昌年，1992），^{87}Sr有可能由^{87}Rb放射性核種衰變而來，可是^{87}Rb有非常長的半衰期（488億年），因此衰變成^{87}Sr的數量很少。以^{86}Sr爲參考基數，量測^{87}Sr/^{86}Sr鍶穩定同位素比之精確度較高（Leemen *et al.* 1977; Fritz and Fontes 1980）。鍶穩定同位素比不易受化學反應與物理作用的影響，一旦進入魚類耳石，也不會改變。因此，耳石鍶穩定同位素比可直接和環境中的鍶穩定同位素進行比對，判別鰻魚是否游過不同鍶同位素的地質河段。

　　圖19.12是高屏溪野生日本鰻三種洄游環境史的耳石鍶鈣比和鍶同位素比的變化。因水中鍶穩定同位素的比值，不會因進入魚類的耳石而改變，所以耳石所測得的鍶穩定同位素比值，就是水中的鍶穩定同位素比值。高屏溪下游的鍶穩定同位素比值，從河口鹹淡水環境（鹽度爲4～6 psu）的0.709336增加到

淡水環境（鹽度爲0 psu）的0.712992。圖19.12的5尾日本鰻耳石樣本中，鍶穩定同位素比與鍶鈣比呈現反比關係。依耳石鍶鈣比變化，5尾日本鰻可區分爲海水型（圖19.12a）、河口型（圖19.12b）和淡水型鰻（圖19.12c, d, e）。海水型的耳石呈現低鍶同位素比和高鍶鈣比，淡水型則呈現高鍶同位素比和低鍶鈣比。其中，海水型鰻魚耳石的鍶鈣比大於4×10^{-3}，而鍶同位素比則接近海水平均值0.709372 ± 0.000072（圖19.12a）。反之，淡水型鰻魚耳石鍶鈣比小於4×10^{-3}，而鍶穩定同位素比則偏高（圖19.12c, d, e）。三尾淡水型鰻魚的耳石鍶鈣比皆小於4×10^{-3}，沒有明顯變化，但鍶穩定同位素比值則有明顯的變化。其中，圖19.12d的耳石鍶穩定同位素比值比較沒有起伏變化，但圖19.12c, e的耳石，分別在耳石半徑約150微米和300微米的地方，耳石鍶穩定同位素比值都達到0.713500的高值，顯示這兩隻鰻魚曾經洄游到中上游高鍶穩定同位素的河段（圖19.7）。上述結果顯示，耳石鍶穩定同位素可進一步了解鰻魚在淡水環境中的移動情形。

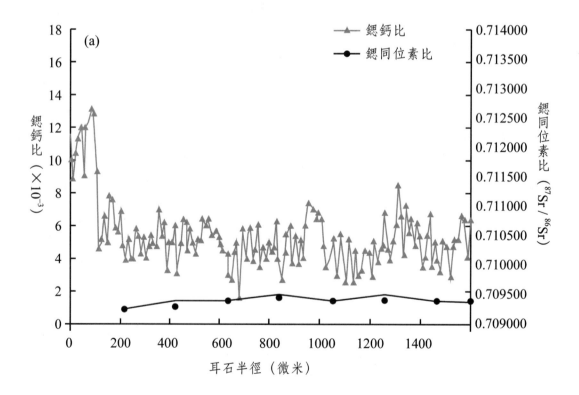

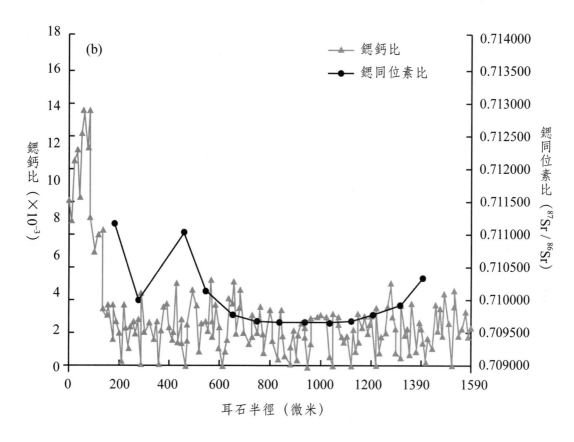

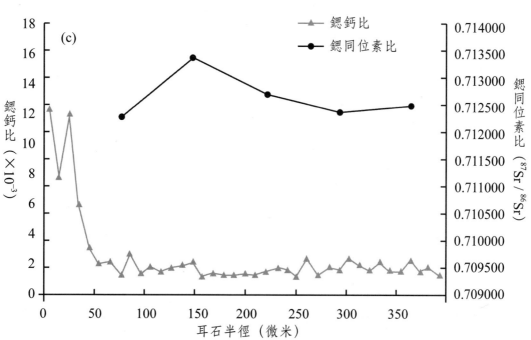

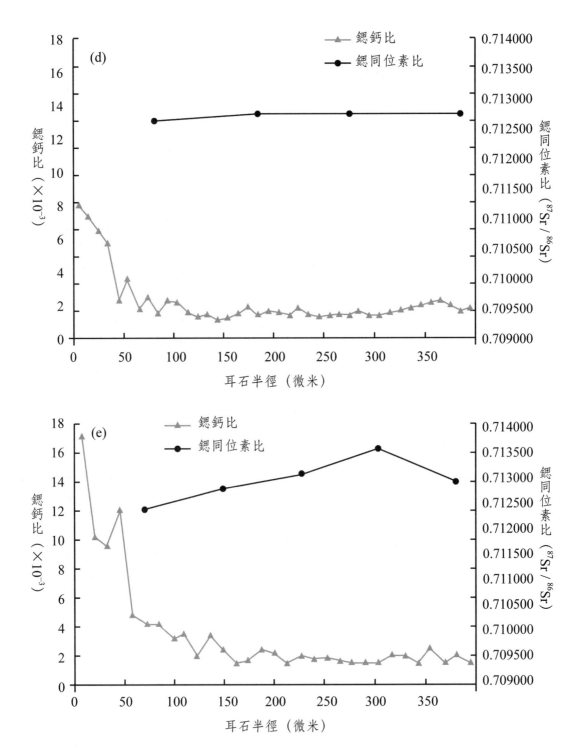

圖19.12 高屏溪野生日本鰻三種洄游型的耳石鍶鈣比和鍶同位素比變化。(a)海水洄游型，(b)河口洄游型，(c, d, e)淡水洄游型（林世寰2011）。

相片19.2 高屏溪下游日本鰻標本的採集地點（黑色箭頭所指）。

2011）。綜合上述測量結果，探索高屏溪日本鰻的洄游環境史。

1.高屏溪的水文動態和日本鰻的棲息環境

　　高屏溪的海水入侵距離，大約17公里，約占高屏溪全長的十分之一（圖19.4）。鍶、鈣元素爲海源性，其濃度和鍶鈣比隨著離河口距離的增加而遞減（圖19.5）。來自河川岩石風化的陸源性鋇元素濃度，在離河口約8公里、鹽度約10 psu的鹹淡水處，達到最高點（圖19.6）。穩定鍶同位素比值（圖19.7）則是隨著離河口距離的增加而增加。另外，高屏溪的水中化學元素濃度或同位素有明顯的乾溼季變化。乾季雨水少、河川下游海水入侵程度增強，鍶、鈣元素濃度往河川內擴散程度也增大。反之，溼季河川水量大，來自河川岩石風化的穩定鍶同位素往外擴散的程度也增大。

　　日本鰻喜歡棲息於鹹淡水，離河口17公里後鹽度就降到零，表示高屏溪能提供日本鰻棲息的環境，侷限於下游鹹淡水水域。

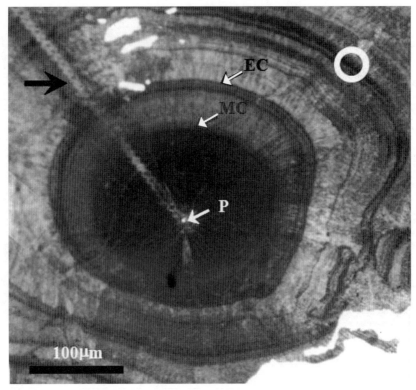

相片19.4　鱸鰻耳石核心構造的光學顯微鏡照片。P：原基、MC：變態輪、EC：鰻線輪、白色圓圈：第一個年輪。黑色箭頭：指耳石鍶鈣比的電子微探儀測量線。

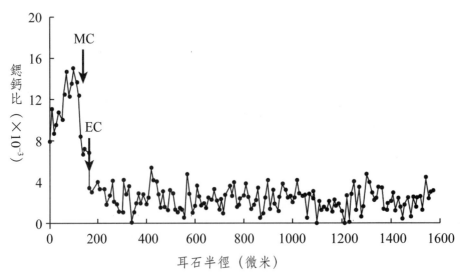

圖19.13　鱸鰻耳石鍶鈣比的變化。2001年10月24日捕自臺灣南部高屏溪、發育階段為銀鰻、體長62.3公分。MC、EC同相片19.4（Shiao *et al.* 2003）。

　　田野調查結果也發現，河川上游鰻魚數量以鱸鰻爲主，占鱸鰻與日本鰻調查總數的76～100%。河川下游則以日本鰻爲主，占調查總數的70～80%。這些數據皆顯示，鱸鰻喜歡棲息於河川上游的淡水環境，而日本鰻則喜歡棲息在河川下游的半鹹淡水環境（Shiao *et al.* 2003）。鱸鰻與日本鰻的棲地不同，可以降低兩者的種間競爭。另一方面，日本鰻棲地利用的可塑性強，可分爲：不溯河的海水洄游型、典型的淡水洄游型和在鹹淡水之間移動的河口洄游型。此輻射適應（Adaptive radiation）的生活史方式，比較有利於族群的生存。也就是說，當面臨食物和空間不足、捕撈壓力增強和棲地惡化時，日本鰻的棲地利用比較有彈性，可避免因環境惡化而遭到滅絕。相反地，局限於上游淡水環境的鱸鰻，當面臨森林開發、棲地惡化和過度捕撈時，會比日本鰻容易受到威脅。鱸鰻數量稀少、生活環境特殊，在日據時代，被指定爲天然紀念物加以保護，是有道理的。有鑑於鱸鰻生活史演化的保守性，有關當局對於鱸鰻的保育不能掉以輕心，以免鱸鰻賴以爲生的棲地環境受到破壞而滅絕。

19.6　海水洄游型鰻魚的比例隨緯度增加

　　圖19.14是北半球三種溫帶鰻，歐洲鰻、美洲鰻和日本鰻，的地理分布及其標本的採集點。其耳石鍶鈣比分析結果顯示，海水洄游型鰻魚在三種洄游型（海水洄游型、淡水洄游型和河口洄游型）的比例，有隨緯度的增加而增加的趨勢（圖19.15）。高緯度海洋的生產力比河川高（Gross *et al.* 1988），海水洄游型鰻魚的比例隨緯度增加而增加的現象，是否意謂著全球暖化，驅使溫帶鰻族群朝向高生產力海洋擴散的現象，值得進一步研究。

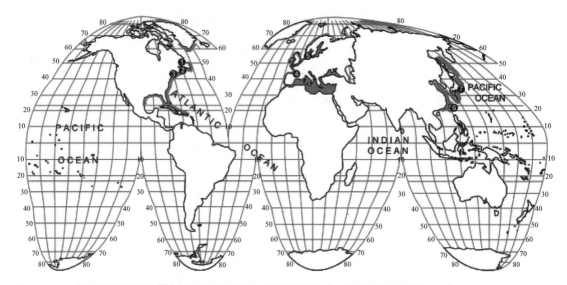

圖19.14   北半球三種溫帶鰻的地理分布（陰影部分）和標本採集點。①Gaspé Peninsula, Quebec, Canada；②Nova Scotia, Canada；③Hudson River, United States；④Gironde River, France；⑤Baltic Sea exit, Sweden；⑥Kaoping River, Taiwan and⑦Japan（取自Daverat et al. 2006）。

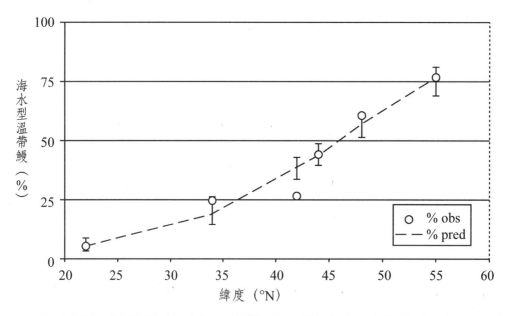

圖19.15   海水洄游型溫帶鰻（日本鰻、美洲鰻和歐洲鰻）的比例隨緯度的增加而增加。海水洄游型鰻魚的比例是根據Tsukamoto and Arai (2001), Tzeng et al. (2002, 2003), Limburg et al. (2003), Morrison et al. (2003), Daverat et al. (2005)和Thibault et al. (2007)等所提供的耳石鍶鈣比資料所計算的結果（Daverat et al. 2006）。

19.7　結論

　　耳石的鍶鈣比和鍶穩定同位素比，可以重建鰻魚的洄游環境史。日本鰻的洄游環境史可分為三種類型：(1)不溯河的海水洄游型，(2)典型的淡水洄游型，以及(3)在鹹淡水之間移動的河口洄游型。海水洄游型的發現，改寫了淡水鰻必須回到河川生長的刻板印象。鱸鰻喜歡棲息於河川上游的淡水環境，而日本鰻喜歡棲息於河川下游的半鹹淡水環境，兩者的棲地不同，可以避免食物和空間的競爭。鱸鰻棲地利用的可塑性不高，族群數量少，當溪流環境受到破壞時，容易滅絕，鱸鰻的保育不容忽視。溫帶鰻海水洄游型的比例，隨緯度增加而增加的現象，是否因全球暖化，驅使溫帶鰻向高緯度的高生產力海洋擴散所致，值得進一步研究。

延伸閱讀

林世寰（2011）利用耳石元素組成和標識放流實驗研究日本鰻在河川內的洄游環境史及棲地利用特徵。國立臺灣大學漁業科學研究所博士學位論文。

Daverat F, Limburg KE, Thibault I, Shiao JC, Dodson JJ, Caron F, TzengWN, Iizuka Y and Wickström H (2006) Phenotypic plasticity of habitat use by three temperate eel species *Anguilla anguilla, A. japonica* and *A.rostrata*. Mar. Ecol. Prog. Ser. 308: 231-241.

Gross MR, Coleman RM and McDowall RM (1988) Aquatic productivity and the evolution of diadromous fish migration. Science 239: 1291-3.

Leander NJ, Wang YT, Yeh MF and Tzeng WN (2014) The largest giant mottled eel *Anguilla marmorata* discovered in Taiwan. TW J. Biodivers 16(1): 77-84.

Lin SH, Iizuka Y and Tzeng WN (2012) Migration behavior and habitat use by juvenile Japanese eels *Anguilla japonica* in continental waters as indicated by mark-recapture experiments and otolith microchemistry. Zool. Stud. 51(4): 442-452.

Shiao JC, Iizuka Y, Chang CW and Tzeng WN (2003) Disparities in habitat use and migratory behavior between tropical eel *Anguilla marmorata* and temperate eel *A. japonica* in four Taiwanese rivers. Mar. Ecol. Prog. Ser. 261: 233-242.

Tsukamoto K and Arai T (2001) Facultative catadromy of the eel *Anguilla japonica* between freshwater and seawater habitats. Mar. Ecol. Prog. Ser. 220: 265-276.

Tzeng WN and Tsai YC (1994) Change in otoilth microchemistry of young eel, *Anguilla japonica*, during its migration from the ocean to rivers of Taiwan. J. Fish Biol. 45: 671-683.

Tzeng WN, Iizuki Y, Shiao JC, Yamada Y and Oka HP (2003) Identification and growth rates comparison of divergent migratory contingents of Japanese eel (*Anguilla japonica*). Aquaculture 216: 77-86.

Tzeng WN, Wang CH, Wickström H and Reizenstein M (2000) Occurrence of the semi-catadromous European eel *Anguilla anguilla* (L.) in the Baltic Sea. Mar. Biol. 137: 93-98.

第 20 章

加拿大美洲鰻的棲地利用和迴游行為
Habitat Use and Migratory Behavior of American Eels in Canada

20.1 引言

　　美洲鰻在美國佛羅里達州東方、百慕達（Bermuda）神祕三角洲南方的藻海產卵。卵孵化後的仔魚，柳葉鰻，順著北赤道洋流（North Equatorial Current）、安替利斯海流（Antillis Current）和加勒比海海流（Caribbean Current）漂向南美洲北部、中美洲和加勒比海島嶼等地。但大部分的柳葉鰻族群，是順著安替利斯海流往北進入墨西哥灣流（Gulf Stream）漂向北美洲，受拉不拉多寒流（Labrado Current）的阻擋，最北只到加拿大沿岸，有少數來不及變態成玻璃鰻的柳葉鰻，會順著北大西洋洋流（North Atlantic Current）到達冰島和格林蘭（Greenland）。柳葉鰻變態為玻璃鰻後進入河川成長、長大成熟後，再回到藻海產卵，完成其傳奇的一生（圖20.1）。

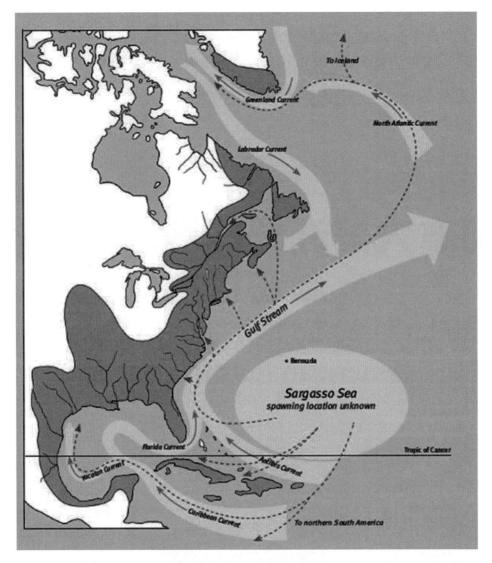

圖20.1　美洲鰻的陸域分布（灰色部分）及其柳葉鰻順著洋流從產卵場出發的輸送路線和
　　　　方向（虛線和箭頭）。實線和箭頭指海流（取自U.S. Fish & Wildlife Service）。

　　美洲鰻在陸域的棲地利用和洄游行爲，還有許多未解之謎。筆者的研究
團隊曾與加拿大的三個研究單位進行長達10年的合作，利用耳石鍶鈣比研究
美洲鰻的洄游環境史，共同發表了10多篇論文（Cairns *et al.* 2004; Jessop
et al. 2002, 2004, 2006, 2007, 2008a,b, 2011, 2013; Lamson *et al.* 2006,
2009; Thibault *et al.* 2007）。本章擇其重要者，介紹美洲鰻的棲地利用和洄
游行爲特徵，提供鰻魚資源保育和管理之參考。

20.2　美洲鰻的洄游類型

　　美洲鰻在美國佛羅里達東方的藻海產卵，其柳葉鰻隨海流來到大陸棚後，變態成玻璃鰻，進入河川、潟湖和海灣等水域成長。以耳石Sr：Ca = 4×10^{-3}為海水和淡水環境的分界線（Tzeng 1996），依照前述日本鰻洄游型的劃分法（Tzeng *et al.* 2003），將美洲鰻上溯到陸域河川的程度不同，分為三種洄游類型（圖20.2）：也就是(1)海水洄游型，(2)淡水洄游型，和(3)河口洄游型。已如第19章所述，洄游型（Contingent）是指族群以下的分類單位（詳Secor 1999）。不同洄游型不是基因型而是環境誘導的外表型，不具遺傳效力。因此，Tzeng *et al.*（2000b）和Tsukamoto and Arai（2001）將淡水鰻的洄游型，稱之為Semi-或Facultative Catadromous migration。意思就是說，淡水鰻從海洋回到淡水環境生長是隨機性而非強迫性，在海水環境也能長大、成熟，完成其生活史。

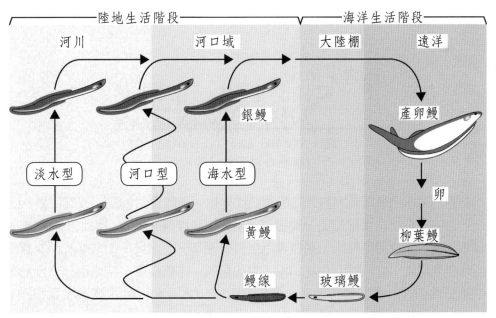

圖20.2　美洲鰻在陸地水域生活的三種洄游型（淡水洄游型、河口洄游型和海水洄游型）之示意圖（改自Cairns *et al.* 2014）。

　　圖20.3是一尾典型淡水洄游型美洲鰻耳石的年輪構造和鍶鈣比變化。這尾美洲鰻從鰻線階段（E）或從海水進入淡水的棲地轉換（TC）之後的8年時間，其耳石鍶鈣比都在4×10^{-3}以下，表示鰻線溯河之後都在淡水環境生長（Jessop *et al.* 2006）。

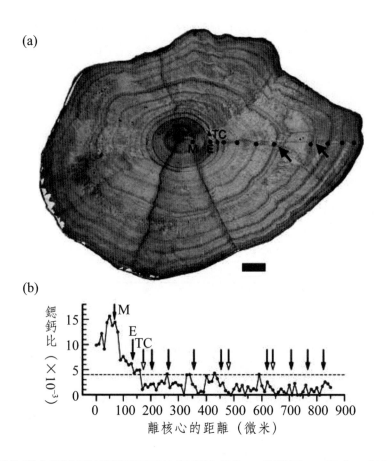

圖20.3　典型的淡水洄游型美洲鰻耳石的鍶鈣比變化，魚體長232毫米、年齡8歲。(a)矢狀石上的鍶鈣比測量線記號、變態輪（M）、鰻線輪（E）、棲地轉換記號（TC）和年輪（其餘黑色點），箭頭表示生長快速年，比例尺 = 100微米。(b)鍶鈣比的時序列變化，M、E和TC與(a)同，實心箭頭：年輪位置，空心箭頭分別為棲地轉換記號（TC）和生長快速年。破折線指Sr：Ca = 4×10^{-3}，是海水型和淡水型美洲鰻的耳石鍶鈣比分界線（改自Jessop *et al.* 2006）。

20.3　三種洄游型的比例隨棲地環境條件而改變

加拿大聖羅倫斯河海灣（Gulf of St. Lawrence River）的環境非常多樣化，是研究美洲鰻棲地利用和洄游行為的理想水域（圖20.4）。新斯科細亞省（Nova Scotio）是全世界潮差最大的海灣，潮差有15公尺高。聖羅倫斯河海灣島嶼羅列，有千島湖之稱。採樣地點的地形和環境條件不同，前述美洲鰻三種洄游型的相對比例也會不同。耳石鍶鈣比的研究顯示，鰻線一旦進入海灣或河口域，就不太會變換棲地。鰻線來到愛德華王子島（Prince Edward Island, PEI）會傾向不溯河，而停留在海水生活，這裡有54～85%的美洲鰻屬於海水型（Cairns *et al.* 2004; Lamson *et al.* 2006）。半島型環境的聖讓河（St. Jean River，Gaspé Peninsula）的美洲鰻有60%屬於河口型，亦即大部分美

圖20.4　加拿大聖羅倫斯河海灣的環境多樣性和美洲鰻耳石鍶鈣比的研究地點（黑色圓圈）（來源：Jessop *et al.* 2008）。

洲鰻來到這裡，皆停留在河口生活（Thibault *et al.* 2007b）。東河（East River）的河川環境負載量大，大部分鰻線來到河口，一般都會溯河，有75%的銀鰻和88%的黃鰻在鰻線階段就進入淡水生活，少部分在一歲以後的幼鰻階段才進入淡水棲地（Cairns *et al.* 2004; Jessop 2003; Jessop *et al.* 2002, 2006）。

美洲鰻在成長階段的棲地選擇是隨機性的。其柳葉鰻隨海流來到大陸棚變態成玻璃鰻後，遇到什麼環境就定居下來，直到成熟變成銀鰻爲止很少再變換環境。過去，認爲鰻魚必然回到淡水，所以美洲鰻的資源保育和管理都聚焦在其淡水生活期。如今，發現美洲鰻陸域棲地的多樣性，其河口型和海水型族群的保育和資源管理也不容忽視。

20.4　環境鹽度對美洲鰻成長和成熟年齡的影響

美洲鰻的三種洄游型（淡水型、河口型和海水型）的環境鹽度不同，其成長率有差異。爲了證明鹽度對美洲鰻成長的影響，首先根據耳石鍶鈣比，將美洲鰻分爲三種洄游型，並利用Francis（1995）的體長比例假說（Body proportional hypothesis）逆算每一尾美洲鰻第i歲時的魚體長（Li）：

$$\log_{10} Li = [(c + d\log_{10}Oi) / (c + d\log_{10}Oc)]\log_{10}Lc$$

式中，c和d是體長與耳石半徑迴歸直線（TL–OR）的截距和斜率，Oi是第i歲時的耳石半徑，Lc和Oc是捕獲時的魚體長與耳石半徑。求得每一尾美洲鰻第i歲時的魚體長後，再計算每一種洄游型的年齡別平均體長和成長曲線。

結果發現，海水洄游型美洲鰻的成長率比河口洄游型和淡水洄游型快（圖20.5）。海水洄游型美洲鰻的體長成長率是淡水型的2.2倍，體重成長率是淡水洄游型的5.3倍。淡水洄游型的美洲鰻成長慢，成熟年齡也晚，平均成熟年齡爲17.8歲，是海水洄游型美洲鰻平均成熟年齡（7.5歲）的2.4倍（Lamson *et al.* 2009）。其他地區的美洲鰻（Cairns *et al.* 2004; Jessop *et al.* 2004; Thibault *et al.* 2007）、歐洲鰻（Daverat and Tomas 2006）和日本鰻（Tzeng *et al.* 2003）也都顯示淡水洄游型的生長率比海水洄游型和河口洄游型

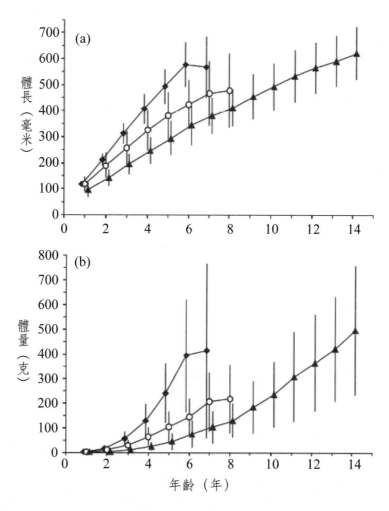

圖20.5　海水洄游型（菱形）、河口洄游型（圓心）和淡水洄游型（三角形）美洲鰻的年
　　　齡別平均（±SD）體長(a)和體重(b)之比較。體重是根據Cairns *et al.*（2007）的
　　　體長─體重關係換算的（Lamson *et al.* 2009）。

慢。臺灣長期以來養殖日本鰻都用淡水，超抽地下水造成地層下陷。如果改用
半鹹淡水或用海水養殖，也許可以改善超抽地下水和提高日本鰻的生長率，一
舉兩得。

　　魚類的生長速度與遺傳和環境有關。美洲鰻是一個逢機交配的族群，三種
洄游型的基因型沒有差異，因此其成長率差異與遺傳無關。高緯度地區，海洋
的基礎生產力比河川的淡水環境高（Gross *et al.* 1988），海水洄游型生長速
度比淡水洄游型快的原因，也許與水域的基礎生產力有關。美洲鰻、歐洲鰻和

日本鰻在分類上都屬於淡水鰻，淡水洄游型鰻魚的生長速度反而比海水洄游型和河口洄游型慢，真是耐人尋味。

20.5　隨機洄游的條件策略假說

　　Thibault *et al.*（2007）認爲美洲鰻的隨機洄游可能是一種條件策略使然，例如洄游前的個體大小、年齡和性別等，此稱之爲條件策略假說（Conditional-strategy hypothesis）。Thibault等於2004年5～9月在加拿大魁北克省東部的聖讓河（St. Jean River）流域，包括湖泊和河口域，進行美洲鰻的超音波追蹤調查時，利用不同網具採集黃鰻和銀鰻標本（圖20.6）。從採集的2358尾標本中選擇體長≥135毫米的162尾標本，分析其耳石鍶鈣比的時序列變化，驗證美洲鰻隨機洄游的條件策略假說。

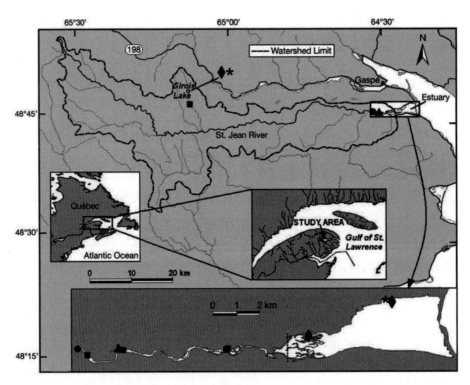

圖20.6　加拿大魁北克省東部聖讓河流域，包括湖泊和河口域的美洲鰻標本採集點。不同符號表示不同的採集網具，垂直虛線表示潮汐上限（Thibault *et al.* 2007）。

　　Thibault *et al.*（2007）依照耳石鍶鈣比的時序列變化，將前述三種洄游型進一步細分為六種類型：(a)淡水定居型（FR）、(b)河口定居型（BR）、(c)先河口後淡水的兩棲型（A$_{BF}$）、(d)先淡水後河口的兩棲型（A$_{FB}$）、(e)淡水一河口一淡水兩棲型（A$_{FBF}$）及(f)不明顯的兩棲型（圖20.7）。

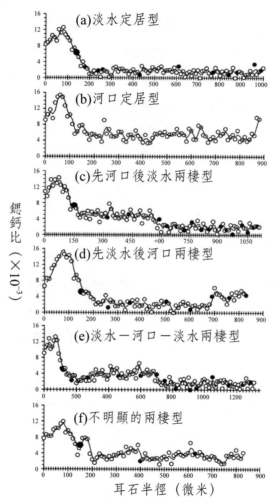

圖20.7　加拿大魁北克省東部聖讓河流域六種洄游類型美洲鰻的耳石鍶鈣比變化。原基至半徑約100微米的耳石部分為美洲鰻的海洋生活期，六種類型的鍶鈣比之變化都一樣。以耳石鍶鈣比 ＝ 3～4×10^{-3}為河口和淡水環境的分界線，將鰻線（耳石半徑100微米）之後的陸域生活分為六種類型：(a)淡水定居型（FR）、(b)河口定居型（BR）、(c)先河口後淡水的兩棲型（A$_{BF}$）、(d)先淡水後河口的兩棲型（A$_{FB}$）、(e)淡水一河口一淡水的兩棲型（A$_{FBF}$）和(f)洄游類型不明顯的兩棲型。曲線是鍶鈣比的兩點移動平均。大黑圈：鰻線位置（第一個年輪），小黑圈：年輪（Thibault *et al.* 2007）。

聖讓河的162尾美洲鰻中，有118尾是雌鰻、25尾是雄鰻、19尾性別未分化。野生鰻族群中，雌多雄少的性別失衡現象，與其資源量的下降有關（Han and Tzeng 2006）。鰻魚沒有性染色體，進入河川後性別開始分化，其性別是後天環境決定的。資源量低時幼鰻性別分化為雌鰻的比例增加，因為雌鰻成熟的年齡大、體型也大，可以繁殖更多子代、早日恢復其資源量。反之，資源量高時，則幼鰻分化為雄鰻的比例增加，因為雄鰻成熟的年齡小、體型也小，在有限的空間和食物條件下，分化為雄鰻，可以早日離開河川、降低種內競爭。鰻魚性別分化的後天環境決定，是族群繁榮的一種自我調節機制，這樣的演化可以讓空間和食物的利用達到最大化（Colombo and Rossi 1978; Tzeng 2016）。

加拿大魁北克省東部聖讓河流域美洲鰻的六種洄游生活史類型的選擇，是否也是一種有條件的策略，由表20-1的四種兩棲洄游型（A_{BF}，A_{FBF}，A_{FB}和A_{FBF}）的性別、年齡和體型的分析結果可以明白。不論是河川、湖泊或河口的美洲鰻，其雌鰻的比例都相同。相反的，淡水棲息地的美洲鰻，其性別幾乎都是雄鰻，約占80%。除了河口定居型有較多的雌鰻外，不同洄游類型之間沒有性別比例的差異。秋季降海洄游的銀鰻中，雄鰻的性別比例占44%，幾乎都是淡水定居型，或先河口後淡水的兩棲型。有71%的雌鰻和67%的雄鰻在2歲多或3歲多時轉換棲地，經卡方檢定結果，棲地轉換的年齡也沒有性別之間的差

表20-1　不同鹽度、地點和採集時間美洲鰻不同洄游型的性別比例（個體數）的比較

鹽度	河段	取樣時間	FR			BR			A_{BF}			A_{FB}			A_{FBF}			A_{ND}		
			F	M	I	F	M	I	F	M	I	F	M	I	F	M	I	F	M	I
淡水	Sirois湖	夏	12	2	1	0	0	0	16	0	2	0	0	0	2	0	0	1	0	0
	河流	春	1	0	0	25	4	2	1	0	0	5	1	0	0	0	0	6	2	0
		夏	2	2	2	0	0	1	1	0	1	0	0	0	0	0	0	0	0	1
		秋	4	7	0	0	0	0	1	3	1	1	0	1	0	1	0	2	0	0
鹹淡水	河口域	夏，秋	0	0	0	24	1	4	0	0	1	2	0	0	0	0	0	12	2	2
總數			19	11	3	49	5	7	19	3	5	8	1	1	2	1	0	21	4	3

註：FR：淡水定居型，BR：河口定居型，A_{BF}：先河口後淡水的兩棲型，A_{FB}：先淡水後河口的兩棲型，A_{FBF}：從淡水到河口再回淡水的兩棲型，A_{ND}：非固定型，F：雌，M：雄，I：性別未分化（Thibault *et al.* 2007）。

異（$\chi^2 = 1.09$, $p = 0.90$）。這些結果，顯示性別並不是美洲鰻洄游類型分化的先決條件。

另一方面，加拿大魁北克省東部聖讓河的流域，包括湖泊和河口域的四種兩棲洄游型（A_{BF}，A_{FBF}，A_{FB} 和 A_{FBF}）的美洲鰻，大部分在2～3歲或3～4歲時變換棲地（表20-2）。統計檢定結果發現，美洲鰻棲地變換時的年齡在四組兩棲洄游型之間沒有顯著差異（Kolmogorov-Smirnov analysis, $p \geq 0.08$）。另外，其棲地變換時，相同年齡的個體之大小在四組兩棲洄游型之間也沒有顯著差異（ANOVA; Age 2 to 3: $p = 0.68$; Age 3 to 4: $p = 0.67$）。這些結果顯示，年齡和個體大小也不是美洲鰻洄游類型分化的先決條件。以上四組兩棲洄游型在性別、年齡、個體大小、和組別之間沒有顯著差異，無法支持美洲鰻隨機洄游的條件策略假說。

表20-2　美洲鰻四種兩棲型的棲地切換年齡之比較

棲地變換	洄游型	棲地變換年齡（年）						
		1～2	2～3	3～4	4～5	5～6	6～7	7以上
鹹淡水到淡水	A_{BF}	0	16(14)	7(4)	2	1	0	1
	A_{FBF}	0	0	0	2	0	1	0
淡水到鹹淡水	A_{FB}	2	3	2	0	2	0	1
	A_{FBF}	0	2	1	0	0	0	0

註：圖中數字為個體數，括號內數字表示年齡逆算較完整的個體。A_{BF}，A_{FBF}，A_{FB} 和 A_{FBF} 同表20-1（Thibault *et al.* 2007）。

美洲鰻不同洄游型之間的成長率有明顯差異（圖20.8和圖20.9）。河口鹹淡水環境的基礎生產力比淡水河流域和湖泊高，花費比較多時間在鹹淡水環境生長的美洲鰻（Group 2），其體長和體重顯著比在淡水環境生長的美洲鰻（Group 1）大（length-at-age: $F = 35.80$, $p < 0.01$; weight-at-age: $F = 56.79$, $p < 0.01$）。

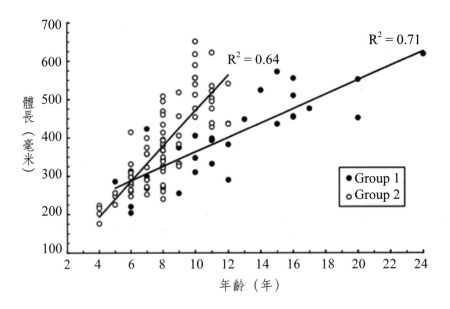

圖20.8　兩組洄游型雌性美洲鰻的體長和年齡關係的比較。Group 1: FR and A$_{BF}$; Group 2: BR, A$_{FB}$ and A$_{ND}$ (Thibault *et al.* 2007)。

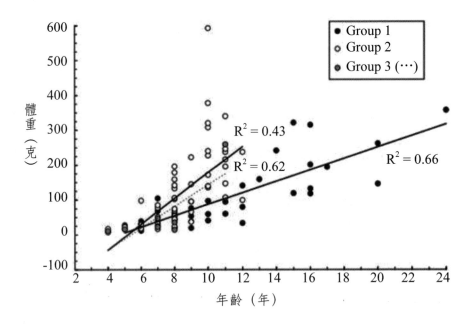

圖20.9　三組洄游型雌性美洲鰻的體重和年齡關係之比較。Group 1: FR and A$_{BF}$; Group 2: BR and A$_{ND}$; Group 3: A$_{FB}$ (Thibault *et al.* 2007)。

20.6　臺灣外來種美洲鰻的環境適應

　　臺灣日本鰻鰻苗的年平均捕獲量大約不到10噸，但年平均需求量大於20噸，鰻苗捕獲量無法滿足養殖需求量的情況下，臺灣的鰻苗供應商千方百計從國外進口鰻苗。鰻苗一般是指鰻魚的玻璃鰻或鰻線階段。主要進口的鰻苗種類為日本鰻，有時也會進口生活習性最接近日本鰻的美洲鰻。鰻魚的養殖時間大約是1～2年就可以上市。鰻魚在養殖期間容易逃逸，特別是颱風天豪雨造成的潰堤時。1999年7月至2001年2月，研究團隊在臺灣南部高屏溪進行日本鰻生態調查時，從184尾銀鰻標本中，發現6尾疑是從養殖池逃逸的美洲鰻，其中4尾為雌性、2尾為雄性（表20-3）。美洲鰻在臺灣是屬於外來種，外來種入侵容易帶來傳染病、與在地種競爭食物和空間，以及雜交造成基因汙染等生態浩劫問題。外來種的引進不得不慎重。

1. 外來種美洲鰻的鑑定

　　美洲鰻和日本鰻不易從外型分辨，但兩者的脊椎骨數不同，可以加以識別（表20-3）。另外，從18種淡水鰻的類緣關係樹（圖20.10），確認上述從養殖池逃逸的6尾鰻魚，確實是美洲鰻無誤（Han *et al.* 2002）。

表20-3　美洲鰻和日本鰻形態和卵巢發育狀態的比較（Han *et al.* 2002）

	美洲鰻	日本鰻
樣本數	6	178
性比（雌：雄）	4：2	154：24
體長（毫米）	415～700	362～785
體重（克）	125～591	55～829
年齡（年）	8～12	3～11
脊椎骨數	105～107	112～119*
眼徑大小	6.71～20.71	1.87～6.90
卵粒直徑（微米）	90～150	25～225

*脊椎骨數資料來自Ege（1939）。

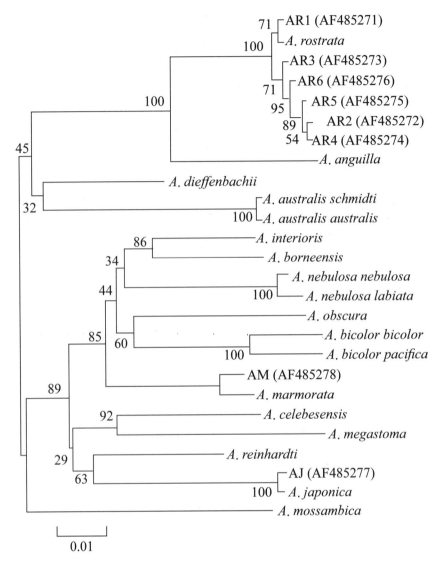

圖20.10　臺灣高屏溪中發現的6尾疑是外來種的美洲鰻（AR$_{1-6}$）與基因庫（BenBank/NCBI）中的18種淡水鰻的mtCyt-b DNA的序列比對結果，證實為美洲鰻無誤，其他疑是鱸鰻（AM）和日本鰻（AJ）者亦同（Han *et al.* 2002）。

2. 美洲鰻成熟年齡的比較

　　上述表20-3的6尾外來美洲鰻的年齡為8～12年。鰻魚養殖大約1～2年就可以收成。換句話說，這6尾外來美洲鰻從鰻苗（鰻線階段）養殖至被捕獲為止，至少在高屏溪生活了6～10年。鰻魚在溪中成長的階段，稱之為黃鰻，成

熟之後準備降海產卵的階段稱之為銀鰻。美洲鰻的地理分布很廣（圖20.1），其成熟年齡隨緯度不同，變異非常大（Tzeng *et al.* 2009），美洲鰻在高緯度加拿大地區的成熟年齡，雌性平均為17.1歲（範圍10～29歲）、雄性為15.4歲（範圍10～22歲）。在低緯度的美國南卡萊納州地區和喬治亞地區的美洲鰻，其平均成熟年齡，雌性為5.8～8.6歲、雄性為4.1～5.5歲（Tzeng *et al.* 2009）。在臺灣生長的這6尾外來美洲鰻，其平均成熟年齡，雌性為9.9歲（範圍8～10歲）、雄性為8.6歲（範圍8～9歲），介於加拿大高緯度地區和美國南部低緯度之間。若與同樣生長在高屏溪的日本鰻的成熟年齡（雌性平均為6.8歲，雄性平均6.3歲）相比，則較大。這些比較顯示，鰻魚的成熟平均年齡有緯度和種間的差異性（表20-4）。

表20-4　加拿大地區和臺灣地區的美洲鰻，以及日本鰻的體長、體重和成熟年齡的雌雄比較（Tzeng *et al.* 2009）

| | 加拿大的美洲鰻（CA） | | | | 臺灣的美洲鰻（TA） | | | | 臺灣的日本鰻（TJ） | | | | |
	n	平均	範圍	標準差	*n*	平均	範圍	標準差	*n*	平均	範圍	標準差	比較
體長（厘米）													
雌	26	47.0	37.8-74.0	8.7	4	61.6	61.2-70.0	7.7	42	64.1	49.8-78.5	6.3	CA < TA = TJ
雄	35	35.5	32.6-41.2	1.8	2	42.0	41.5-42.5	0.7	19	55.6	44.1-67.5	7.1	CA < TA < TJ
體重（公克）													
雌	26	211.4	92.6-882.2	179.1	4	450.3	454.6-591.2	153.2	42	452.7	163.6-829.3	169.9	CA < TA = TJ
雄	35	78.9	62.7-115.2	10.0	2	127.3	125.1-129.4	3.0	19	269.4	148.0-461.5	98.8	CA < TA < TJ
成熟年齡（年）													
雌	26	17.1	10-29	4.1	4	9.9	8-10	0.9	42	6.9	4-10	1.5	CA > TA > TJ
雄	35	15.4	10.22	3.0	2	8.6	8-9	0.7	19	5.3	4-7	1.5	CA > TA > TJ

註：*n* ＝樣本數

3. 外來種美洲鰻是否會降海洄游產卵

圖20.11是上述6尾外來美洲鰻耳石鍶鈣比的時序列變化，其耳石邊緣的鍶鈣比有1～3年的時間大於4×10^{-3}，表示這些美洲鰻成熟之後準備降海產卵時，在高鹽度的河口域停留1～3年的時間。一般而言，美洲鰻在秋季成熟之後很快就降海洄游產卵。在河口停留1～3年的時間，很可能是這些美洲鰻被移植到臺灣後喪失了洄游定向的能力，而不知如何回到產卵場，以致停留在河口遲遲無法進行產卵洄游。美洲鰻的產卵場位於大西洋的藻海，移植到西太平

洋的臺灣後，再也無法回到大西洋的藻海去產卵。美洲鰻被移植到臺灣後喪失
了洄游定向的能力，因此，不致於隨日本鰻洄游到馬里亞納海溝附近產卵，與
日本鰻雜交產生下一代，造成基因汙染問題。

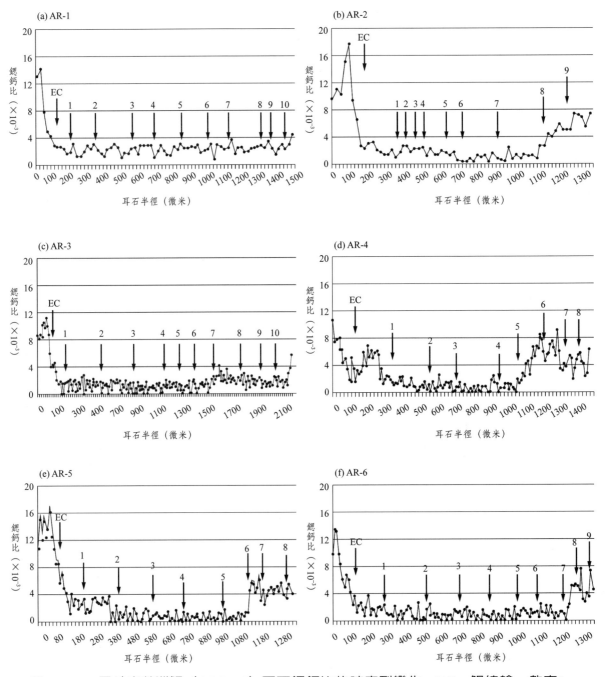

圖20.11　6尾外來美洲鰻（AR1～6）耳石鍶鈣比的時序列變化。EC：鰻線輪，數字1～
10：年輪（Tzeng *et al.* 2009）。

20.7　結論

　　加拿大的美洲鰻在陸域的洄游生活史可分為三種類型：即淡水洄游型、河口洄游型和海水洄游型。性別、年齡和體型的測試結果，並不支持美洲鰻隨機洄游的條件策略假說。高緯度地區淡水的基礎生產力比半鹹淡水和海水低，淡水型美洲鰻的成長率也比半鹹淡水型和海水型低很多。過去只知河川內的淡水型鰻魚，今後海水型和河口型鰻魚的資源管理也不容忽視。美洲鰻從大西洋移殖到西太平洋的臺灣之後，便喪失降海產卵的洄游定向能力。因此，不會與日本鰻雜交造成基因汙染問題。

延伸閱讀

Cairns DK, Shiao JC, Iizuka, Y, Tzeng WN and MacPherson CD (2004) Movement patterns of American eels in an impounded watercourse as indicated by otolith microchemistry. North Amer. J. Fish. Manage. 24: 452-458.

Cairns DK, Chaput G, Poirier LA *et al*. (2014) Recovery potential assessment for the American eel (*Anguilla rostrata*) for eastern Canada: Life history, distribution, reported landings, status indicators, and demographic parameters. Canadian Science Advisory Secretariat (CSAS) Research Document 2013/134.

Daverat F and Tomás J (2006) Tactics and demographic attributes in the European eel *Anguilla anguilla* in the Gironde watershed, SW France. Mar. Ecol. Prog. Ser. 307: 247-257.

Han YS, Yu CH, Yu HT, Chang CW, Liao IC and Tzeng WN (2002) The exotic American eel in Taiwan: ecological implications. J. Fish Biol. 60: 1608-1612.

Jessop BM (2003) The run size and biological characteristics of American eel elvers in the East River, Chester, Nova Scotia, 2000. Can. Tech. Rep. Fish. Aquat. Sci: 2444.

Jessop BM, Shiao JC, Iizuka Y and Tzeng WN (2004) Variation in the annual growth, by sex and migration history, of silver American eels *Anguilla rostrata*. Mar. Ecol. Prog. Ser. 272: 231-244.

Jessop BM, Shiao JC, Iizuka Y and Tzeng WN (2006) Migration of juvenile American Eels *Anguil-*

la rostrata between freshwater and estuary, as revealed by otolith microchemistry. Mar. Ecol. Prog. Ser. 310: 219-233.

Jessop BM, Cairns DK, Thibault I and Tzeng WN (2008) Life history of American eel *Anguilla rostrata*: new insights from otolith microchemistry. Aquat. Biol. 1: 205-216.

Lamson HM, Shiao JC, Iizuka Y, Tzeng WN and Cairns DK (2006) Movement patterns of American eels (*Anguilla rostrata*) between salt- and freshwater in a coastal watershed, based on otolith microchemistry. Mar. Biol. 149: 1567-1576.

Lamson HM, Cairns DK, Shiao JC, IIzuka Y and Tzeng WN (2009) American eel, *Anguilla rostrata*, growth in fresh and salt water: implications for conservation and aquaculture. Fish. Manage. Ecol. 16: 306-314.

Thibault I, Dodson JJ, Caron F, Tzeng WN, Iizuka Y and Shiao JC (2007) Facultative catadromy in American eels: testing the conditional strategy hypothesis. Mar. Ecol. Prog. Ser. 344: 219-229.

Tzeng WN, Han YS and Jessop BM (2009) Growth and habitat residence history of migrating silver American eels transplanted to Taiwan. Am. Fish. Soc. Sym. 58: 137-147.

第 21 章

波羅的海國家天然鰻和
放流鰻的識別
Discrimination of Naturally Recruited
and Released Eels in Baltic Sea Countries

21.1　引言

　　北半球三種溫帶鰻（歐洲鰻、美洲鰻和日本鰻）的資源量，從1980年代起急遽下降，目前的資源量只剩1960～1970年代的10%左右，已經到了生物安全警戒線以下（圖21.1）。因此，2007年瀕臨絕種野生動植物國際貿易公約（Convention on International Trade in Endangered Species of Wild Fauna and Flora, CITES，簡稱華盛頓公約）將歐洲鰻列入紅色名錄附錄II的極瀕危物種（Critically Endangered, CR）（Freyhof and Kottelat 2008）。2010年起未經許可，不准從歐盟國家輸出歐洲鰻、活鰻和加工製品，以便挽救日漸衰竭的歐洲鰻資源。北半球三種溫帶鰻資源量下降的原因，不是很清楚。可能與過度捕撈、水壩興建影響洄游、環境汙染、棲地破壞、寄生蟲感染、海流變化和氣候變遷等因素有關（Knights 2003; Tzeng et al. 2012; Chen et al. 2014）。

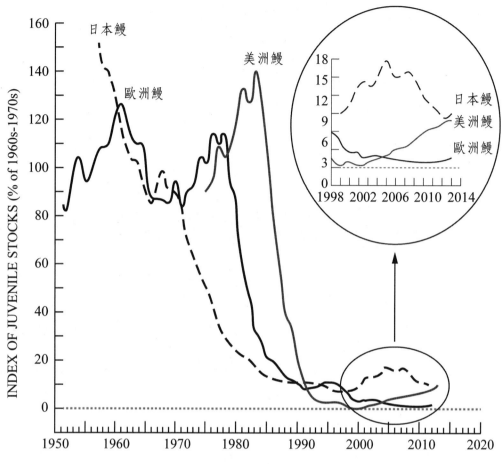

圖21.1　北半球三種溫帶鰻（歐洲鰻、美洲鰻及日本鰻）資源量的急遽下降（改自Dekker and Casselman 2014, www.fisheries.org）。

　　立陶宛、拉維亞和瑞典等國家，位於歐洲鰻的地理分布邊緣，最先感受到其資源下降的影響，於是立陶宛和拉維亞分別從歐洲鰻鰻苗產量較多的英法等國輸入鰻苗來放流，瑞典則從西岸移殖幼鰻到東部湖泊養殖，以期增加鰻魚生產量。放流和移殖後的效益評估非常重要。但這些國家在早期沒有耳石鍶鈣比的測量技術。因此，在中華民國行政院國科會（今科技部）的補助下，研究團隊與立陶宛和拉維亞簽訂了爲期3年（2004～2007）的歐洲鰻GMM（Application of **Genetic and Microchemical Markers** as implements for diadromous and endangered commercial fish species population management among Republic of Lithuania, Republic of Lativia and Republic of China，簡稱**GMM**）合作計畫，利用中央研究院地球科學研究所的電子微探儀設備，

測量耳石鍶鈣、重建放流和移殖鰻的洄游環境史，用以區別放流鰻和天然鰻以及移殖鰻，提供歐洲鰻放流和移殖效益評估之參考。

21.2　臺灣與波羅的海國家的GMM鰻魚合作計畫

　　立陶宛和拉脫維亞，位於歐洲鰻分布的邊陲地帶，鰻魚資源量下降的感受最深刻。英國和法國歐洲鰻線生產量豐富，於是立陶宛和拉脫維亞從這些地區購買鰻線，空運到其境內放流於淡水湖泊、河川和沿岸潟湖，以期增加其境內的鰻魚族群數量（圖21.2）。瑞典也從西海岸把歐洲鰻幼鰻移殖到沒有鰻魚的東岸淡水湖泊放養，以期增加降海產卵的銀鰻數量。放流效果如何，需要評估。但這些國家缺少區別天然鰻和放流鰻的技術。臺灣在1994年就建立了日本鰻耳石鍶鈣比的測量技術（Tzeng and Tsai 1994），耳石鍶鈣比可用來區別天然和放流的歐洲鰻（Shiao et al. 2006），正好補足他們的研究缺口。

圖21.2　立陶宛和拉脫維亞從英法輸入歐洲鰻鰻線放流至其境內，瑞典將西岸的幼鰻移殖到東岸的湖泊。圖中圓圈和直線箭頭表示鰻苗來源和放流地點或幼鰻移殖方向。

　　筆者在行政院科技部的資助下，與立陶宛、拉脫維亞簽訂為期3年（2004～2007）的鰻魚GMM合作計畫。臺灣以耳石鍶鈣比辨識天然鰻和放流鰻（Shiao *et al*. 2006，Tzeng *et al*. 2007），拉脫維亞和立陶宛則利用遺傳標記mtDNA分析歐洲鰻的族群遺傳結構（Ragauskas *et al*. 2014）。本計畫輪流在三個國家召開研究成果研討會。第一次研討會於2004年4月在立陶宛的首都Vilnius召開（相片21.1a）。Vilnius位於歐洲版圖的幾何中心（或重心），立陶宛以此為傲而建立紀念碑，也特別引薦筆者參觀該中心。Vilnius位於高緯度地區，4月湖面還結冰，採集鰻魚標本時要用鑽孔機打洞，這是居住在亞熱帶臺灣的我難得一見的美景（相片21.1b）。此外，2004年4月在立陶宛首都Vilnus開會期間，主辦單位也特別安排筆者搭小飛機，觀察Curonian潟湖的歐洲鰻生長環境（相片21.1c）。

(a)

(b)

(c)

相片21.1　臺灣、立陶宛和拉脫維亞三國的鰻魚國際合作計畫（GMM project, 2004-
2007）。(a)2004年4月於立陶宛首都Vilnius召開GMM project第一次會議，
(b)2004年4月立陶宛首都Vilnius近郊的湖面還在結冰，筆者利用鑽孔機打洞後
用釣魚方式採集標本，(c)筆者搭乘小飛機視察立陶宛Curonian潟湖鰻魚生長環
境。

21.3　天然鰻和放流鰻耳石鍶鈣比的時序列變化之比較

　　歐洲鰻在大西洋藻海的產卵場誕生後，其柳葉鰻順著北赤道洋流、北大西洋洋流漂流，到了歐洲國家的陸棚後變態成玻璃鰻，然後從北海經丹麥海峽進入波羅的海，來到立陶宛及拉脫維亞境內水域。放流鰻是從英國和法國進口的鰻線，放流至立陶宛和拉脫維亞境內的，與上述天然鰻游經波羅的海的生活史過程，由耳石鍶濃度和鍶鈣比的時間序列變化，可予以區別（Shiao *et al.* 2006）。

　　相片21.2a～c是一尾採自立陶宛境內Curonian潟湖的天然鰻耳石（矢狀石）的年輪記號、鍶濃度掃描圖和鍶鈣比的時間序列變化圖。鰻線階段（EC）之後的5年期間，其耳石鍶鈣比高於淡水訊號的耳石平均鰓鈣比比上限（3.23×10^{-3}），表示這一尾天然鰻曾經游過低鹽度的波羅的海。5歲之後，其耳石鍶鈣比降至淡水訊號的平均鍶鈣比（2.24×10^{-3}）以下，表示進入立陶宛境內的Curonian潟湖的淡水環境，直到10歲才被捕獲。換言之，天然歐洲鰻必須經過低鹽度的波羅的海，才能抵達立陶宛。

　　反之，放流鰻的耳石（相片21.2d,e），從鰻線階段之後的鍶鈣比都在耳石鍶鈣比淡水訊號（2.24×10^{-3}）以下。因為放流鰻是直接由飛機從英國或法國河口所捕撈的鰻線，運送至立陶宛沿岸的Curonian潟湖放流的，並沒有上述天然鰻經過低鹽度波羅的海的洄游過程。因此，放流鰻的耳石上沒有出現天然鰻經歷低鹽度的波羅的海的高鍶鈣比現象。

　　由此可見，耳石鍶鈣比是區別立陶宛境內天然鰻與放流鰻的最佳天然化學元素指標。

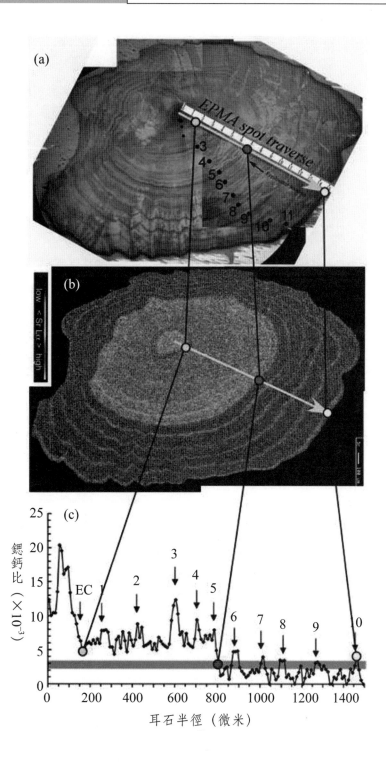

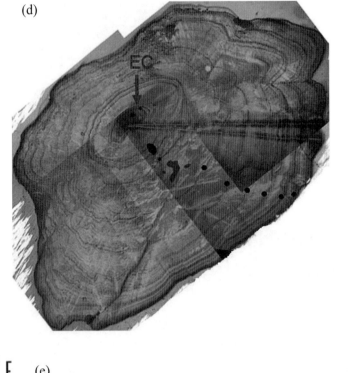

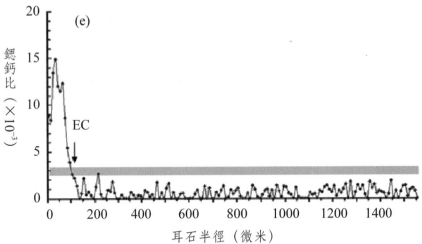

相片21.2　天然歐洲鰻和放流歐洲鰻耳石年輪和鍶鈣比的比較。(a)～(c)天然歐洲鰻，體長
　　　　（全長）56公分、年齡11歲，從大西洋藻海的產卵場出發、經低鹽度的波羅的
　　　　海、5歲進入立陶宛淡水的Curonian潟湖，(a)天然鰻耳石縱切面上的年輪（黑
　　　　圓圈，數字表示年齡）和電子微探儀測量軸，(b)天然鰻鍶濃度掃描圖，濃淡表
　　　　示不同濃度，(c)天然鰻鍶鈣比測量值的變化，數字1～10指年齡（或耳石年輪
　　　　位置），EC指鰻線輪，鍶鈣比 = 3×10^{-3}的灰色橫帶為海水和淡水分界線（彩
　　　　圖P14），(d, e)放流鰻，全長63公分、年齡9歲，黑圓圈指年輪，(e)放流鰻的
　　　　耳石鍶鈣比變化，從EC至耳石邊緣鍶鈣比皆低於3×10^{-3}，表示鰻線階段起就
　　　　被放流到立陶宛的Curonian淡水潟湖，沒有經歷低鹽度的波羅的海之洄游過程
　　　　（Shiao *et al.* 2006）。

21.4　天然鰻的越冬洄游

上述相片21.2a～c的天然歐洲鰻，5歲之後，其耳石鍶鈣比有明顯的季節性變化。在年輪形成的位置，耳石鍶鈣比有超過淡水訊號上限3.23×10^{-3}的升高現象。年輪在冬季形成，表示生活在立陶宛Curonian潟湖的天然歐洲鰻，冬天會從立陶宛境內的淡水環境洄游到低鹽度的波羅的海越冬，因為海水的比熱比淡水高，冬季氣溫下降時，海水不容易結冰。

但放流鰻的耳石，其鍶鈣比從鰻線階段之後，就沒有超過淡水訊號上限3.23×10^{-3}的升高現象（相片21.2d, e），表示放流鰻沒有越冬洄游的行為。推究其原因，可能是鰻線從境外移入立陶宛的Curonian潟湖，沒有經過波羅的海的洄游環境之印痕行為（Imprinting），未能留下波羅的海的環境記憶，以致尚失冬季從Curonian潟湖移動到波羅的海的越冬洄游定向能力。

21.5　瑞典境內移殖鰻生活史的重建

瑞典境內的歐洲鰻移殖與上述立陶宛的境外移殖不同。漁民將瑞典西海岸捕獲的幼鰻移殖到鰻魚到達不了的東岸內陸Ången湖泊放養（圖21.2）。相片21.3是1979年漁民從瑞典西海岸捕獲、放流到Ången湖、1991年再從Ången湖捕獲的一尾歐洲鰻的耳石鍶濃度和年輪訊號。用這些訊號，可以還原這尾歐洲鰻移殖前後的洄游生活史。相片21.3a是美國阿拉斯加Fairbanks大學K. P. Serverin教授利用電子微探儀，花了24小時以上時間，自動掃描整棵耳石的鍶濃度變化圖，所呈現的移殖鰻生活史全貌。耳石核心鍶濃度最高，是柳葉鰻變態前的海洋生活期，第二層有9個年輪，表示放流到Ången湖之前在瑞典西海岸的海水環境生活了9年，最外層鍶濃度最低，是放流到Ången淡水湖泊之後的淡水環境生活史。相片21.3b顯示相片21.3a的耳石在光學顯微鏡下的年輪構造，外層鍶濃度最低的部分大約有12個年輪，與1979年放養到Ången湖至1991年捕獲的12年時間吻合。

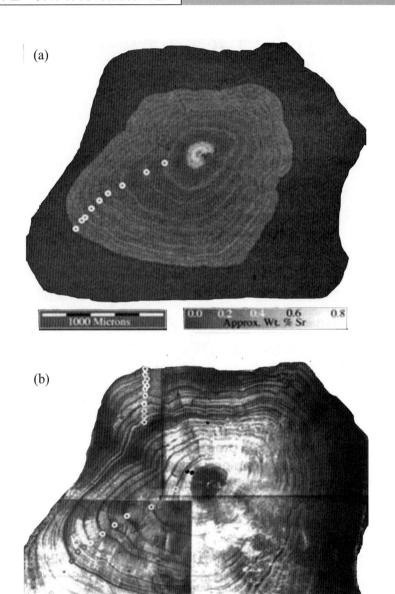

相片21.3　瑞典移殖鰻的耳石鍶濃度變化圖和年輪。(a)鍶含量以顏色深淺表示，鍶含量最
　　　　　高的耳石核心部分是柳葉鰻的海洋生活期，鍶濃度次高部分的9個年輪（白色
　　　　　圓圈）表示在瑞典西海岸捕獲之前的9年海洋生活史，最外層是鍶濃度最低的
　　　　　淡水湖泊Ången Lake生活期。這尾放流的歐洲鰻是1979年捕自瑞典西海岸，同
　　　　　年放養到瑞典東岸的Ången湖，12年後的1991年再從Ången湖捕獲。(b)耳石在
　　　　　光學顯微鏡下所顯示的年輪（白色圓圈），內層的9個年輪與(a)相同，外層的
　　　　　12個年輪表示這尾歐洲鰻放流後在Ången湖生活12年才被捕撈上來（Tzeng *et
　　　　　al.* 1997）。

　　圖21.3是從Ången湖捕獲的兩尾歐洲鰻標本的耳石鍶鈣比的時序列變化，其生活史過程與相片21.3a的鍶濃度變化圖類似。耳石鍶鈣比時序列變化的定量較精確，而鍶濃度變化圖是定性性質，可呈現鰻魚生活史的全貌，兩者相輔相成。

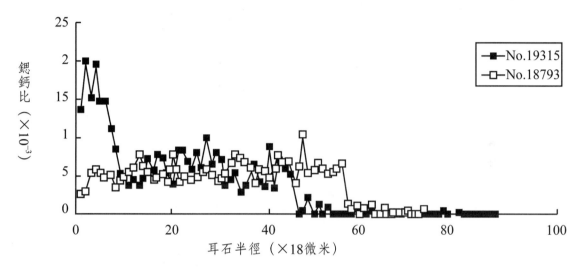

圖21.3　瑞典Ången湖兩尾放流鰻的耳石鍶鈣比變化。No.18793與相片21.3是同一尾歐
　　　　洲鰻，因耳石研磨過度，以致沒有出現像No.19315耳石核心部分的高鍶鈣比
　　　　（Tzeng *et al.* 1997）。

　　圖21.4是瑞典境內天然或放流鰻生活史的示意圖。由耳石鍶鈣比下降的時間點可以推知歐洲鰻移殖到淡水湖泊的時間點，有些在鰻線階段，有些則在黃鰻階段。耳石鍶鈣比能準確地再現鰻魚的洄游環境變化。

　　因緣際會，能夠和瑞典的科學家合作研究歐洲鰻的耳石。記得1987年筆者參加在英國布里斯特大學舉行的歐洲內陸漁業諮詢委員會鰻魚工作小組會議（EIFAC/FAO Working Party on Eel, University of Bristol, England, 13-16 April 1987），巧遇來自瑞典的Håkan Wickström博士，我們談得很投緣。後來他把上述Ången Lake的鰻魚耳石標本寄到臺灣來，於是我們展開了將近10年的合作研究，並將研究成果發表在世界有名的國際期刊（Tzeng *et al.* 1997）。這篇文章被引用180多次，也促成了上述2004～2007年臺灣、立陶宛和拉脫維亞三國的GMM鰻魚國際合作計畫。

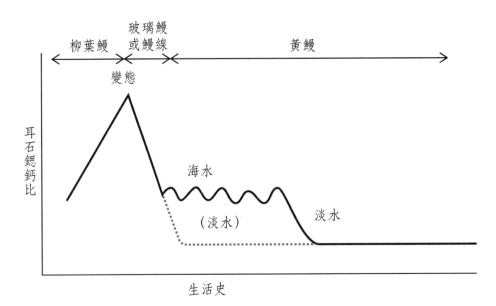

圖21.4 以耳石鍶鈣比表示鰻魚洄游環境史的示意圖。虛線表示鰻線階段放養到淡水湖泊，實線表示黃鰻階段才放養（Tzeng *et al.* 1997）。

　　瑞典的歐洲鰻耳石標本，可貴之處是他們長達12年的鰻魚放流效益評估的完整紀錄，提供上述放流歐洲鰻眞實生活史的驗證。這樣的長期調查研究，在急功近利且不易受到長期補助的國家，是不容易做到的。2004年4月去立陶宛首都Vilnius，開完第一次GMM鰻魚合作計畫協調會之後，回程時順道造訪瑞典，去看看久未謀面的Wickström博士，以及我們曾經研究過歐洲鰻耳石的瑞典淡水湖泊Ången Lake（相片21.4）。瑞典境內森林和湖泊多，有些湖泊沒有河流與海相通（例如Ången Lake），鰻魚無法從海洋溯河到湖泊，而成爲沒有鰻魚的湖泊（Eel-free lake）。從瑞典西海岸移殖鰻魚放流於湖泊，不失爲增加鰻魚生產的良策。

相片21.4　放流歐洲鰻的瑞典淡水湖泊Ången Lake。2004年4月筆者（右二）從立陶宛首
都Vilnius開完GMM計畫協調會後，順道考察瑞典放流歐洲鰻的淡水湖泊Ången
和訪問養殖場主人（右一）。隨行者有瑞典的Wickström（左一）、中央研究
院Dr. Yoshiyuki Iizuka（左二）和臺大海洋所蕭仁傑博士（不在相片內）。

21.6　結論

耳石鍶鈣比，配合年輪判讀，可重建鰻魚的洄游環境史，區別波羅的海國
家的天然和放流歐洲鰻。區別天然和放流鰻，是鰻魚放流效益評估不可或缺的
工作。重建洄游環境史，也是了解鰻魚棲地利用和洄游行為的必要過程。

延伸閱讀

Shiao JC, Ložys L, Iizuka Y and Tzeng WN (2006) Migratory patterns and contribution of stock-
　　ing to the population of European eel in Lithuanian waters as indicated by otolith Sr: Ca ratios. J
　　Fish Biol. 69(3): 749-769.

Tzeng WN, Chang CW, Wang CH, Shiao JC, Iizuka Y, Yang YJ, You CF and Ložys L (2007) Misidentification of the migratory history of anguillid eels by Sr/Ca ratios of vaterite otoliths. Mar. Ecol. Prog. Ser. 348: 285-295.

Lin YJ, Shiao JC, Ložys L, Plikšs M, Minde A, Iizuka Y, Rašals I and Tzeng WN (2009d) Do otolith annular structures correspond to the first freshwater entry for yellow European eels *Anguilla anguilla* in the Baltic countries? J. Fish Biol.75: 2709-2722.

Lin YJ, Shiao JC, Plikšs M, Minde A, Iizuka Y, Rashal I and Tzeng WN (2011b) Otolith Sr:Ca ratios as natural mark to discriminate the restocked and naturally recruited European eels in Latvia. Am. Fish. Soc. Sym. 76: 1-14.

Ragauskas A, Butkauskas D, Sruoga A, Kesminas V, Rašal I and Tzeng WN (2014) Analysis of the genetic structure of the European eel *Anguilla anguilla* using the mtDNA D-loop region molecular marker. Fish. Sci. 80: 463-474.

第 22 章

義大利歐洲鰻的
棲地間移動現象和成長
Inter-habitat Shift and Growth of
European Eels in Italy

22.1 引言

　　義大利是歐洲鰻的主要生產地之一，其瀕臨地中海的沿岸地區，有淡水溪流、河口域和潟湖（Lagoon）三種棲地。三種棲地的鹽度、營養好壞不同，鰻魚在三種棲地的生長過程中，有可能變換棲地。筆者的研究團隊與義大利羅馬大學生物系（Dipartimento di Biologia, Universita'di Roma）建立合作關係，分析三種棲地歐洲鰻的耳石鍶鈣比，探索其生長過程中的棲地變換情形，判讀耳石年輪，估算其年齡和成長、了解棲地對鰻魚成長的影響，提供鰻魚資源管理和保育之參考。

22.2　耳石平均鍶鈣比與環境鹽度之關係

　　相片22.1是義大利濱臨地中海的三個不同鹽度棲地：(1)Tevere River（TR）為淡水溪流，鹽度0 psu。(2)Lesina Lagoon（LL）為半淡鹹水潟湖，鹽度範圍10.3-28.4 psu，平均15.8 psu。(3)Caprolace Lagoon（CL）屬於高蒸發型的潟湖，鹽度範圍34.6-41.4 psu，平均38.1 psu，遠超過海水的平均鹽度34.0 psu，理論上，已不適合鰻魚的生長。因淡水注入量和蒸發量不同，Lesina潟湖和Caprolace潟湖的平均鹽度相差一倍以上。

　　義大利的研究團隊採集這三個不同鹽度棲地的歐洲鰻耳石標本，判讀年齡和計算成長率。臺灣的研究團隊利用中研院地球科學研究所的電子微探儀，分析其耳石的鍶鈣比。然後合作研究三個不同鹽度棲地的歐洲鰻的洄游環境史、棲地間的移動以及棲地對其成長的影響。

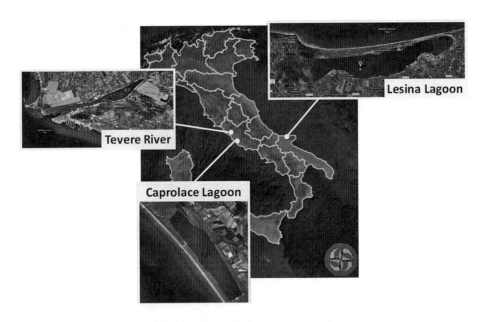

相片22.1　義大利歐洲鰻的三個採樣地點。(1)Tevere River為淡水溪流、(2)Lesina Lagoon為半鹹淡水潟湖、(3)Caprolace Lagoon為高鹽度的海水潟湖。圖片出處：Google map以及Ministero della difesa（http://www.meteoam.it/）。

　　圖22.1是三個不同棲地的歐洲鰻的耳石平均鍶鈣比（Y）與棲地環境的鹽度（X）之關係。兩者的迴歸直線關係顯著（$p < 0.01$）：

$$Y = 4.35 + 0.17X$$

鹽度（X）＝0時，耳石鍶鈣比（Y）＝4.35×10^{-3}。換句話說，耳石鍶鈣比4.35×10^{-3}是義大利地中海地區的歐洲鰻淡水和海水環境的分界值。迴歸直線的相關係數（R^2）等於0.63，表示歐洲鰻耳石鍶鈣比和棲地鹽度之間的解釋能力為63%。因此，由耳石鍶鈣比重建歐洲鰻的洄游環境史是可行的。

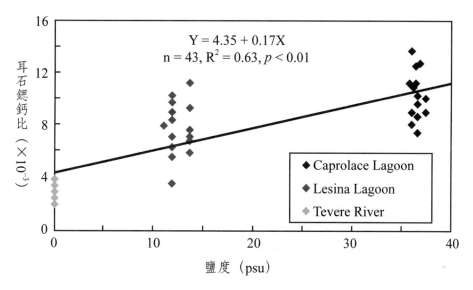

圖22.1　義大利歐洲鰻耳石平均鍶鈣比與棲地環境的鹽度之關係。平均鍶鈣比為每一個個體耳石最後一個月的鍶鈣比測量值之平均，鹽度也是最後一個月的棲地環境鹽度測量值的平均（李玟瑜 2011）。

22.3　洄游環境史的重建

　　圖22.2是上述三個不同鹽度棲地歐洲鰻耳石鍶鈣比的時間序列變化之比較。從耳石原基到鰻線階段的鍶鈣比變化，三個棲地的耳石鍶鈣比都很相似，表示鰻線進入義大利沿岸之前的海洋洄游環境都一樣。但鰻線階段之後，三個不同鹽度棲地的歐洲鰻耳石鍶鈣比的水平，則明顯不同。TR為淡水環境，其耳石鍶鈣比在2.8×10^{-3}上下變動（圖22.2a）。CL為海水環境，其耳石鍶鈣比在10.3×10^{-3}上下變動（圖22.2b）。LL為半鹹淡水環境，其耳石鍶鈣比在

2.8×10^{-3} 和 10.3×10^{-3} 之間變動（圖22.2c）。基本上，鰻線階段之後的耳石鍶鈣比，是反應三個棲地環境的鹽度高低。但有些個體的耳石鍶鈣比的變化幅度很大，表示歐洲鰻進入這三個棲地之後，有棲地間移動的情形發生。

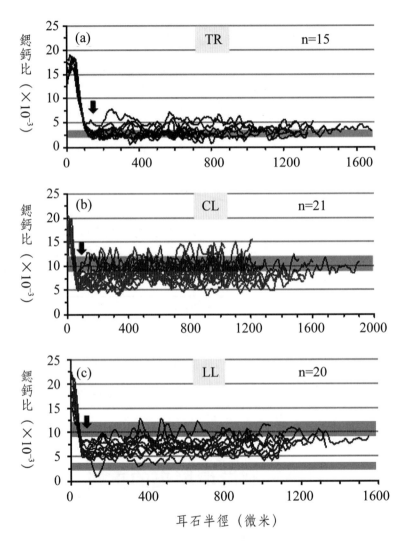

圖22.2　義大利三個不同鹽度棲地的歐洲鰻耳石鍶鈣比的時間變化之比較。(a)TR為淡水溪流，(b)CL為海水潟湖，(c)LL為半鹹淡水潟湖。黑色箭頭指鰻線階段，細灰色帶表示耳石鍶鈣比在淡水環境的95%上限值（$2.8 \pm 0.8 \times 10^{-3}$），寬灰色帶為海水環境的95%下限值（$10.3 \pm 1.7 \times 10^{-3}$），n = 樣本數（李玟瑜 2011）。

22.4　鰻魚在棲地間的移動比例

Capoccioni *et al.*（2014）根據耳石鍶鈣比的變化，將義大利三個不同鹽度棲地的歐洲鰻的洄游型分為(1)淡水洄游型（Fresh water contingent, FW），(2)半淡鹹水洄游型（Brackish water contingent, BW），(3)海水洄游型（Seawater contingent, SW）和(4)棲地間洄游型（Inter-habitat Shifter, IHS）。棲地間洄游型的辨別方法詳Jessop *et al.*（2013）。

　　三個不同鹽度棲地的歐洲鰻的洄游型比例不同（圖22.3），淡水溪流（TR）的鰻魚，其棲地間洄游型的比例約占調查標本數的40%。營養豐富的半鹹淡水潟湖（LL），其棲地間洄游型的鰻魚比例也是40%，沒有進行棲地間移動者占60%。高鹽度貧營養鹽的海水潟湖（CL）的鰻魚，其棲地間洄游型的比例則高達95%。換言之，歐洲鰻的棲地間移動比例與環境的舒適度有關，高鹽度貧營養的水域，棲地移動的比例高，其他兩種棲地則棲地移動比例較低。

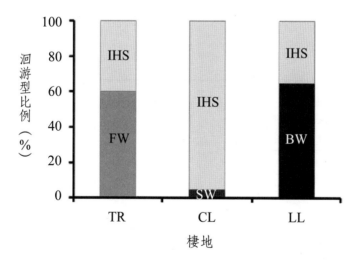

圖22.3　義大利三個不同鹽度棲地的歐洲鰻的洄游型組成。FW ＝ 淡水洄游型、SW ＝ 海水洄游型、BW ＝ 半淡鹹水洄游型、IHS ＝ 棲地間洄游型。TR ＝ Tevere River，CL ＝ Caprolace Lagoon，LL ＝ Lesina Lagoon（李玳瑜 2011）。

22.5　棲地環境對歐洲鰻成長的影響

　　半鹹淡水潟湖（LL）的歐洲鰻，其成長率明顯大於淡水溪流（TR）和海水潟湖（CL）（圖22.4）。造成成長率差異的原因，可能與環境鹽度不同，鰻魚滲透壓調節耗能不同，以及棲地食物量的多寡等有關（Hirai *et al.* 1999; Tzeng *et al.* 2003; Capoccioni *et al.* 2014）。半鹹淡水潟湖的環境滲透壓與

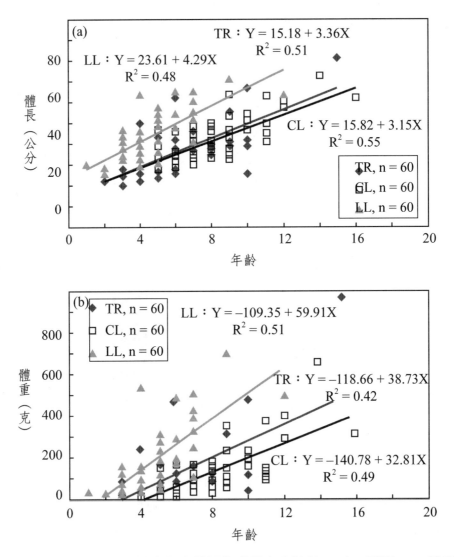

圖22.4　義大利三個不同鹽度棲地的歐洲鰻的成長率之比較。（(a)體長，(b)體重）。TR淡水溪流，CL 海水潟湖，LL半鹹淡水潟湖（李玟瑜 2011）。

鰻魚體內滲透壓相似，滲透壓調節的耗能較小。且半鹹淡水潟湖的餌料生物比淡水溪流和海水潟湖多。所以，半鹹淡水潟湖鰻魚的成長率比淡水溪流和高鹽度的海水潟湖高（Capoccioni *et al.* 2014）。

22.6　結論

耳石鍶鈣比的分析，可以了解義大利瀕臨地中海三種環境的歐洲鰻的棲地間洄游行為，以及棲地對其成長的影響。其洄游型可分為(1)淡水洄游型，(2)半淡鹹水洄游型，(3)海水洄游型和(4)棲地間洄游型。高鹽度貧營養鹽的海水潟湖，其鰻魚的棲地間洄游型比例高達95%。與淡水環境和高鹽度海水潟湖者相比，半淡鹹水環境鰻魚的成長較快，棲地間洄游型的比例也較低。

延伸閱讀

李玟瑜（2011）藉由耳石鍶鈣比探討義大利水域歐洲鰻之洄游生活史與棲地利用策略。國立臺灣大學漁業科學研究所碩士論文。

Capoccioni F, Lee DY, Iizuka Y, Tzeng WN and Ciccotti E (2014). Phenotypic plasticity in habitat use and growth of the European eel (*Anguilla anguilla*)in transitional waters in the Mediterranean area. Ecol. Freshw. Fish 23: 65-76.

Jessop BM, Shiao JC and Iizuka Y (2013) Methods for estimating a critical value for determining the freshwater/estuarine habitat residence of American eels from otolith Sr:Ca data. Estuar. Coast. Shelf Sci. 133, 293-303.

第 23 章

耳石化學元素在環境監測的應用
Environment Monitoring by Otolith Chemical Elements

23.1 引言

　　耳石的化學元素組成，隨魚類的棲息環境而改變。若環境受到汙染，水中的化學元素組成就會發生變化，魚體吸收了水中的汙染元素之後，會沉積在耳石中。因此，測量耳石的化學元素組成，可以監測魚類的棲息環境是否受到汙染。

　　本章以日本鰻鰻線的耳石化學元素組成為例，監測臺灣沿岸環境的汙染狀況。以非洲馬達加斯加莫三鼻克鰻（*A. mossambica*）的耳石鍶鈣比，分析其耳石鍶鈣的異常升高現象與天青寶石礦開採的關係。

23.2　鰻線的耳石化學元素與環境汙染

1.日本鰻鰻線標本的採集和耳石化學元素的測量

日本鰻在太平洋的馬里亞納海溝西側海域誕生之後，其柳葉鰻順著北赤道洋流往西漂，到了菲律賓東方海域後進入黑潮，來到東北亞國家（臺灣、中國大陸、韓國和日本）的陸棚時變態成爲玻璃鰻，玻璃鰻接觸到來自河川的淡水後，體表逐漸出現黑色素胞，而變成鰻線。臺灣西部河川汙染嚴重，鰻線若接觸到工廠排放的重金屬，便會沉積在耳石中。測量耳石的化學元素組成就會知道重金屬的種類和來源。

日本鰻鰻線標本於1999年12月至2000年1月，採自淡水、大安、東港、仿寮、花蓮和蘇澳等六個地區的河川出海口（圖23.1）。樣本採集後，先以95%酒精保存。耳石取出洗淨和秤重後，溶於0.1N硝酸。依耳石化學元素濃

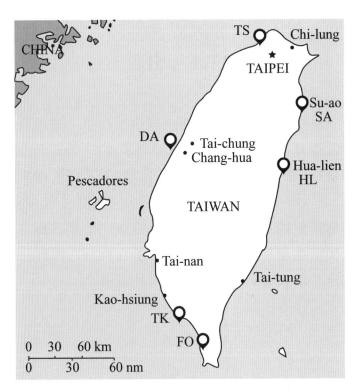

圖23.1　臺灣沿岸六個河口域的日本鰻鰻線標本採樣點（TS = 淡水、DA = 大安、TK = 東港、FO = 仿寮、HL = 花蓮、SA = 蘇澳）。

度的不同，分成三種耳石試樣分析模式測量其濃度：(1)低解析模式（包括
Li、Na、Mg、Ca、Sr、Ba和Pb），(2)中解析模式（包括Mn、Fe、Ni、Cu
和Zn），(3)高解析模式（例如K）。然後利用國立成功大學高解析度的液態
進樣－感應耦合電漿質譜儀，測量耳石試樣的元素濃度。

2.耳石化學元素組成的地區變化

　　總共測量了13種耳石化學元素。每一種元素以Ca的相對濃度表示後，
得到12種元素與Ca的比值。利用正典判別函數進行多變量判別函數分析，
將12種元素與Ca比值的多維向量分布，轉化為二維座標分布（圖23.2）。其
中，有4種元素與Ca的比值（Li/Ca、Na/Ca、Ba/Ca和Cu/Ca），在六個採
樣點的七個日本鰻鰻線樣本中，有顯著的分群意義，其分群現象的解釋能力
高達93%。依耳石元素組成的相似性，六個採樣點七個樣本的日本鰻鰻線，

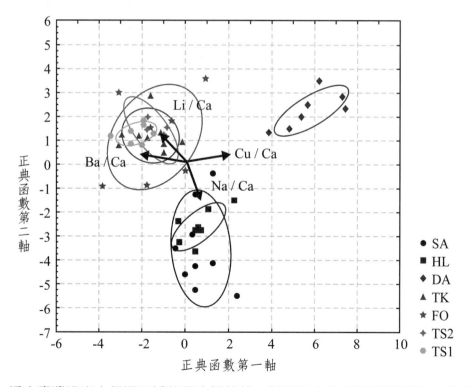

圖23.2　採自臺灣沿岸六個河口域的日本鰻鰻線，其耳石中的4種元素與鈣的比值在正典
　　　　判別函數第一和第二軸的分布圖。橢圓形表示每一群的元素比值分布的95%信
　　　　賴限界。第一和第二軸的解釋能力分別為55%、38%，累積達93%。鰻線採樣點
　　　　（SA、HL、DA、TK、FO和TS）詳圖23.1（王佳惠博士後研究，尚未發表）。

可以分為三群：(1)大安（DA），(2)花蓮（HL）和蘇澳（SA），(3)淡水
（TS$_{1,2}$）、東港（TK）和仿寮（FO）等。

　　從耳石的元素與Ca的比值之平均值比較，則更容易了解上述六個河口域
所採集的七個鰻線樣本分成三群的原因。大安臨近彰濱工業區，重金屬汙染嚴
重，導致鰻線耳石的銅鈣比值（Cu/Ca）的平均值特別高（圖23.3）。

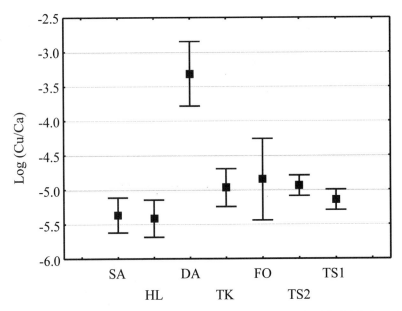

圖23.3　鰻線耳石平均銅鈣比（±標準偏差）的地點間比較（王佳惠博士後研究，尚未發
　　　　表）。

　　銅元素為陸源性。因此，位於臺灣東海岸受淡水影響小、受黑潮影響大
的花蓮（HL）和蘇澳（SA）的鰻線耳石的銅鈣比平均值，則有明顯偏低現象
（圖23.4）。反之，位於臺灣西海岸、受淡水影響大、受黑潮影響小的淡水河
（TS$_{1,2}$）、大安（DA）、東港溪（TK）和仿寮溪（FO）的鰻線，其耳石銅
鈣比平均值則偏高（圖23.4）。

　　由此可見，鰻線耳石元素組成能忠實地反應河口域的環境變化，可以用來
監測沿岸環境品質。

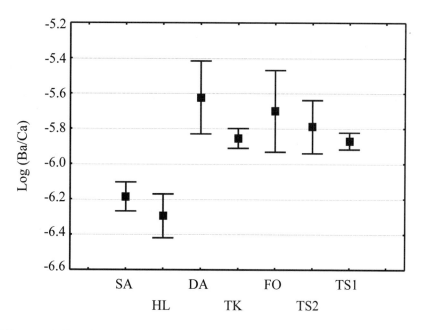

圖23.4　鰻線耳石平均鋇鈣比（±標準偏差）的地點間比較（王佳惠博士後研究，尚未發表）。

23.3　莫三鼻克鰻耳石鍶鈣比異常與採礦的關係

　　馬達加斯加（Madagascar）是世界第四大島，面積大約587,041平方公里，離非洲東南岸大約400公里。馬達加斯加與非洲陸地隔離，因而演化出特殊的淡水魚類，是世界上少數的生物多樣性熱點之一，吸引很多科學家的研究（Benstea *et al.* 2003; Lévêque *et al.* 2008; Reinthal and Stiassny 1991; Sparks and Stiassny 2005）。

　　馬達加斯加總共有4種淡水鰻（Genus *Anguilla*）：莫三鼻克鰻（*A. mossambica*）、鱸鰻（*A. marmorata*）、印度洋雙色鰻（*A. bicolor bicolor*）和東非雲紋鰻（*A. nebulosa labiata*）。其中，莫三鼻克鰻數量較多，其次為鱸鰻，其他兩種很少（Bruton *et al.* 1987）。莫三鼻克鰻棲息於非洲東南部和馬達加斯加的河川與湖泊（Jubb 1964; Tesch 2003），其產卵場位於印度洋Mascarene洋脊西方海域（Réveillac *et al.* 2009），其黃鰻階段在淡水和鹹淡水環境中生長（McEwan and Hecht 1984），經8至18年後到達性成熟，

變態成爲銀鰻後降海產卵。

　　德國寄生蟲學專家Dr. Taraschewski教授調查馬達加斯加淡水鰻的寄生蟲時，送給筆者一批採自Ambatondrazaka礦區Manigory河的莫三鼻克鰻的耳石標本（圖23.5）。經電子微探儀分析後，發現該鰻魚耳石的鍶濃度有異常升高現象。馬達加斯加盛產天青石寶石（Celestine crystal）（Wilson 2010），天青石的主要成分爲硫酸鍶（$SrSO_4$）。因此，懷疑莫三鼻克鰻的河川棲地受到採礦的影響，因而造成鰻魚耳石的鍶濃度異常升高現象。

　　本節將分析莫三鼻克鰻的耳石鍶鈣比和年輪，重建其洄游環境史，了解其耳石鍶濃度異常升高現象與採礦之關係。

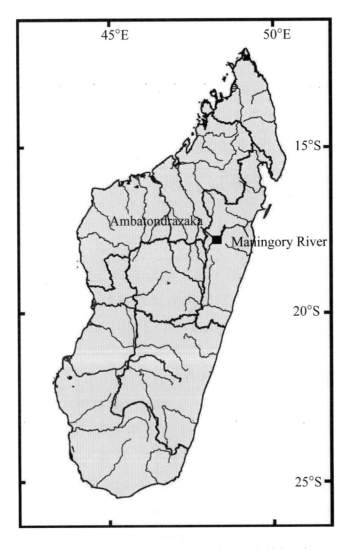

圖23.5　馬達加斯加莫三鼻克鰻標本採集地點（黑色方塊）（Lin *et al.* 2014）。

1.馬達加斯加的天青石礦

　　馬達加斯加蘊藏豐富的天青石寶石礦，過去曾經有寶石礦業者在Amba-tondrazaka鎮的Manigory河附近開採天青石。天青石的主要成分為硫酸鍶，帶有淡藍色的結晶（相片23.2）。天青石開採後的露天礦區，其土壤含有高濃度的鍶，受到雨水沖刷後，鍶會流入河中（USGS 2010）。因此，魚類可能吸收溶解在河水中的鍶而沉積於耳石。

相片23.2　馬達加斯加的天青石（資料來源：http://en.wikipedia.org/wiki/Celestine_（mineral））。

2.莫三鼻克鰻耳石鍶鈣比的異常升高現象

　　由於耳石新陳代謝的惰性特徵，水中化學元素一旦經由魚體吸收、沉積至耳石，就永久保存在耳石中，而不再被魚體重組和再吸收。耳石化學元素，除了受魚類發育階段（例如柳葉鰻的變態）的調控，主要是反應魚類外在環境中的化學元素變化（Tzeng 1996, Campana 1999）。因此，耳石化學元素可用來監測魚類的棲地環境變化和追蹤汙染源（Campana 2005; Campana and Neilson 1985; Elsdon $et\ al.$ 2008; Kraus and Secor 2004）。

　　馬達加斯加Ambatondrazaka鎮的Manigory河附近，曾經是天青石的採礦區，從Manigory河採集的莫三鼻克鰻，其耳石鍶鈣比在鰻線階段（離耳石原基約300微米）之前的海洋生活期，個體之間沒有明顯差異，可是進入河川的鰻線階段後，其耳石鍶鈣比值明顯分為兩型：(1)耳石鍶鈣比正常型——95%以上的個體，其耳石平均鍶鈣比都在$4×10^{-3}$以下，很少個體（<1%）的耳石平均鍶鈣比超過$5×10^{-3}$（圖23.6a的黑色曲線或圖23.6b的黑色直條圖）。(2)耳石鍶鈣比異常型——耳石離原基600微米的半徑地方，其耳石平均鍶鈣比從$4×10^{-3}$增加到$14×10^{-3}$，直到被捕獲為止的耳石邊緣，其鍶鈣比平均值皆維持在很高的水準（圖23.6a的灰色曲線或圖23.6b的灰色直條圖）。正常型的莫三鼻克鰻耳石鍶鈣比的變化模式與遠在400公里對岸的南非的莫三鼻克鰻相似（Lin $et\ al.$ 2012）。

　　莫三鼻克鰻耳石鍶鈣比的異常升高現象，是前所未見。推究其原因，可能是露天礦坑的天青石的鍶，經雨水沖刷後，流入河中，被鰻魚吸收後，沉積至耳石中所造成的。過去的研究發現，鰻魚耳石鍶鈣比升高的原因，都是鰻魚洄游至海水環境所造成的。但這次發現的異常型鰻魚，其耳石鍶鈣比值的變化範圍為$6.29～17.75×10^{-3}$（平均$14×10^{-3}$），遠遠高於海水型鰻魚耳石平均鍶鈣比的範圍$4.8～10.3×10^{-3}$。因此，不可能是洄游至海水環境所造成的，而是露天礦坑的高鍶含量所導致的。

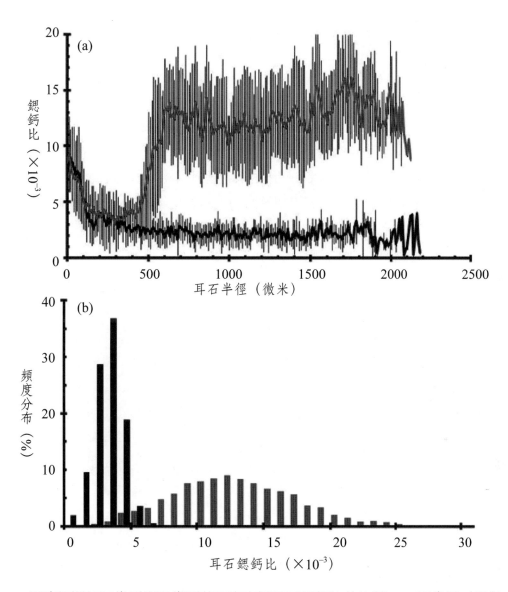

圖23.6　馬達加斯加正常型和異常型莫三鼻克鰻耳石鍶鈣比的比較。(a)正常型（黑色，n = 9）和異常型（灰色，n = 21）耳石平均鍶鈣比的時間變化。(b)正常型（黑色）和異常型（灰色）在玻璃鰻階段之後的耳石平均鍶鈣比的頻度分布（Lin *et al.* 2014）。

23.4　正常型和異常型莫三鼻克鰻成長的比較

　　耳石年輪，通常是在冬天魚類成長速度變慢的季節所形成的。不論是正常型（圖23.7a, c）或異常型（圖23.7b, d）莫三鼻克鰻，其耳石年輪都是在耳石成長慢、鍶鈣比變低的南半球冬季形成的。反之，夏季多雨帶來豐富的食物，鰻魚生長快、耳石成長也快。但夏季也因雨水沖刷帶來高濃度的鍶元素，於是在鰻魚成長快的夏季，耳石出現鍶鈣比異常升高的現象（圖23.7d）。

　　比較正常型（圖23.7a）和異常型（圖23.7b）莫三鼻克鰻耳石年輪的輪距，發現異常型的耳石年輪間距相對比正常型者小很多。顯示高鍶濃度的棲地，鰻魚成長不佳。

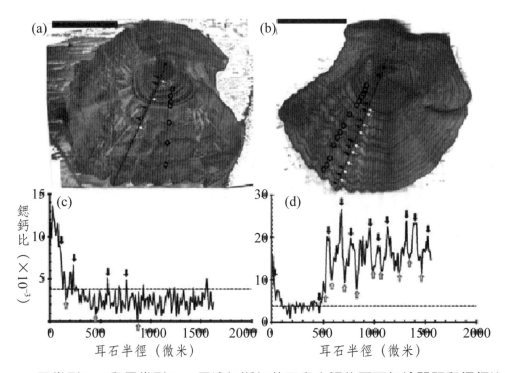

圖23.7　正常型(a,c)和異常型(b,d)馬達加斯加莫三鼻克鰻的耳石年輪間距和鍶鈣比的時序列變化。（a,b）耳石縱切面上的年輪位置和鍶鈣比高峰位置，圓圈 = 年輪位置，直線 = 鍶鈣比測量線，P = 原基，比例尺 = 1毫米。（c,d）耳石鍶鈣比的時序列變化，水平破折線（鍶鈣比3.77×10⁻³）是淡水環境的極值，白色箭頭 = 年輪位置，黑色箭頭 = 鍶鈣比的高峰位置（Lin *et al.* 2014）。

　　由此可見，寶石礦的開採會造成莫三鼻克鰻耳石鍶鈣比的異常升高，進而影響其成長。這是鰻魚資源保育不容忽視的環境課題。

23.5　結論

　　日本鰻鰻線標本的耳石化學元素組成，顯示臺灣西海岸的河川重金屬汙染比東岸嚴重。因該研究是根據1999年12月至2000年1月採集的標本，所進行的調查。事隔久遠，目前汙染是否已經改善，不得而知。馬達加斯加莫三鼻克鰻耳石鍶鈣比的異常升高現象與天青石礦的開採有關，開礦會破壞棲地環境，影響莫三鼻克鰻的生長。以上兩個研究案例，證明耳石化學元素組成可用來監測河川環境品質和追蹤汙染源。

延伸閱讀

Benstea JP, De Rham PH, Gattolliat JL, Gibon FM, Loiselle PV, Sartori M, Sparks JS and Stiassny MLJ (2003) Conserving Madagascar's freshwater biodiversity. Bioscience 53: 1101-1111.

Bruton NM, Bok AH and Davies MT (1987) Life history styles of diadromous fishes in inland waters of southern Africa, pp. 104-121. *In* : M J Dadswell, R J Klauda, C M Moffitt, R L Saunders, R A Rulifson and J E Cooper (eds.) Common Strategies of Anadromous and Catadromous Fishes. Am. Fish. Soc. Symp. 1.

Lévêque C, Oberdoff T, Paugy D, Staiassny MLJ and Tedesco PA (2008) Global diversity of fish (Pisces) in freshwater. Hydrobiologia 595: 545-567.

Lin YJ, Jessop BM, Weyl OLF, Iizuka Y, Lin SH, Tzeng WN and Sun CL (2012) Regional variation in otolith Sr:Ca ratios of African longfinned eel *Anguilla mossambica* and mottled eel *Anguilla marmorata*: a challenge to the classic tool for reconstructing migratory histories of fishes. J. Fish Biol. 81: 427-441.

Lin YJ, Jessop BM, Weyl OLF, Iizuka Y, Lin SH and Tzeng WN (2014) Migratory history of African longfinned eel *Anguilla mossambica* from Maningory River, Madagascar: discovery of a unique pattern in otolith Sr:Ca ratios. Environ. Biol. Fish. 98(1): 457-468.

Jubb RA (1964) The eels of South African rivers and observations on their ecology, pp. 188-205. *In*: D H S Davies (ed.) Ecological Studies in Southern Africa .

McEwan A and Hecht T (1984) Age and growth of the longfin eel, *Anguilla mossambica* Peters, 1852 (Pisces: Anguillidae) in Transkei rivers. South African J. Zool. 19: 280-285.

Reinthal PN and Stiassny MLJ (1991) The freshwater fishes of Madagascar: a study of an endangered fauna with recommendations for a conservation strategy. Conserv. Biol. 5:231-242

Réveillac É, Robinet T, Rabenevanana MW, Valade P and Feunteun É (2009) Clues to the location of the spawning area and larval migration characteristics of *Anguilla mossambica* as inferred from otolith microstructural analyses. J. Fish Biol. 74:1866-1877.

Sparks JS and Stiassny MLJ (2005) Madagascar's freshwater fishes: an imperiled treasure, pp. 62-70. *In*: ML Thieme, R Abell, MLJ Stiassny, P Skelton, B Lehner, GG Tugels, E Dinerstein, AK Toham, N Burgess and D Olson (eds) Freshwater ecoregions of Africa: a conservation assessment. Island Press, Washington.

USGS (2010) 2010 Minerals Yearbook. Madagascar. US Geological Survey, U.S. Department of the Interior. Available at http://minerals.usgs.gov/minerals/pubs/country/2010/myb3-2010-ma.pdf.

Wilson WE (2010) Famous mineral localities: the Sakoany celestine deposit, Mahajanga Province, Madagascar. Mineral Rec. 41: 405–416.

第 24 章

兩棲洄游型蝦虎魚的海洋生活史
Oceanic Life History of Amphidromous Goby

24.1　引言

　　寬頰瓢鰭蝦虎魚（*Sicyopterus lagocephalus*）屬於兩棲洄游型魚類，廣泛分布於印度太平洋和加勒比海的熱帶和亞熱帶島嶼，也是臺灣東部、南部和蘭嶼等溪流中常見的魚類（相片24.1）。寬頰瓢鰭蝦虎魚在溪流中產卵，卵孵化後的卵黃囊期仔魚隨即進入海洋生活，其仔魚在海洋中生活多久、何時回到溪流中成長，至今仍然是個謎（圖24.1）。本章利用耳石鍶鈣比和日週輪，探索其神祕的海洋生活史。

相片24.1　寬頰瓢鰭鰕虎成魚的外部形態。雄（♂）46.16毫米，雌（♀）42.81毫米（陳昱翔 2011）。

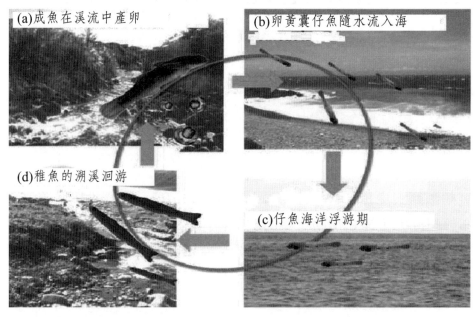

圖24.1　兩棲洄游型鰕虎魚的生活史和洄游示意圖（陳昱翔 2011）。

24.2　寬頰瓢鰭鰕虎魚的發育和形態變化

　　寬頰瓢鰭鰕虎魚，從海洋浮游期仔魚到進入溪流之後的成魚階段，可細分為五期（Keith *et al.* 2008）：(1)第一期後期仔魚（PL1），(2)第二期後期仔魚（PL2），(3)第一期稚魚（J1），(4)第二期稚魚（J2）和(5)成魚期（A）（相片24.2）。

　　海洋浮游期仔魚，其口部為前端位（Terminal），適合濾食水中浮游生物。回到溪流變態為稚魚後，其口部由前端位變為次端位（Inferior），以便刮食水底藻類。仔魚的尾部為叉型尾（Fork-shape tail），適合表層洄游。變態為稚魚後，行底棲性生活，游泳速度變慢，尾部也變成圓形尾（Round-shape tail）。耳石形態也隨發育階段而改變，仔魚期耳石的外側面觀為橢圓形，變態為稚魚後，逐漸轉變成方形，且留下變態輪記號（相片24.2）。

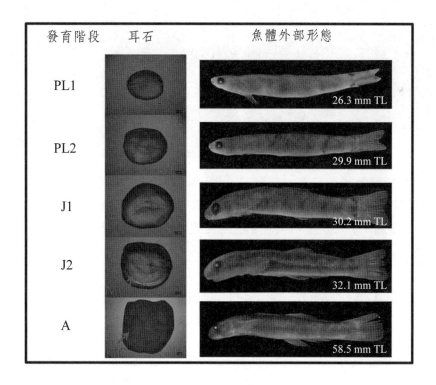

相片24.2　寬頰瓢鰭鰕虎魚的耳石外側面觀和尾鰭形狀隨發育階段的變化。PL1：第一期後期仔魚，PL2：第二期後期仔魚，J1：第一期稚魚，J2：第二期後期稚魚，A：成魚，MC：變態輪，TL＝全長（彩圖P15）（陳昱翔 2011）。

24.3　耳石的不對稱性成長

　　寬頰瓢鰭鰕虎魚在仔魚階段，其耳石後端（P）的成長速度比背端（D）、腹端（V）和前端（A）等三個方向快。變態爲稚魚後，耳石出現變態輪，且後端的成長暫時停滯，但其他三個端繼續成長，且先出現日週輪（相片24.3）。因此，必須使用耳石前端的日週輪推算日齡，才不會低估其日齡。仔魚變成稚魚進入溪流後，習性由海洋浮游性變成底棲性，口部位置、頭部構造、內耳結構和游泳方式都會改變。這些生理生態的變化，可能都是導致耳石不對稱成長的原因。

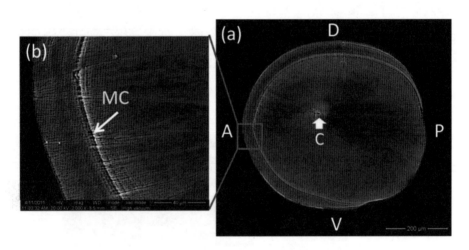

相片24.3　寬頰瓢鰭鰕虎魚耳石（矢狀石）縱切面的掃描式電子顯微鏡照片。(a)耳石的不對稱性成長，後端（P）在變態後成長暫時停滯。C：耳石核心，A：前端，D：背端，V：腹端。(b)是(a)的局部放大圖，MC：變態輪（陳昱翔 2011）。

24.4　溯溪過程中耳石鍶鈣比的變化

　　相片24.4c是寬頰瓢鰭鰕虎魚耳石原基至邊緣兩端的鍶鈣比的變化。核心的鍶鈣比低於4×10^{-3}，表示仔魚在淡水環境中孵化。仔魚進入海洋浮游生活後，其耳石鍶鈣比立刻上升至4×10^{-3}以上。直到後期仔魚變態爲稚魚，從海洋回到溪流的淡水環境後，其耳石鍶鈣比才下降至4×10^{-3}。耳石鍶鈣比

4×10^{-3}以下表示寬頰瓢鰭鰕虎魚棲息在淡水環境，4×10^{-3}以上表示生活在海水環境。因鰕虎魚耳石的不對稱性成長，分析其耳石鍶鈣比及推算仔魚的變態日齡時，必須以耳石的前端為準，否則會失真。

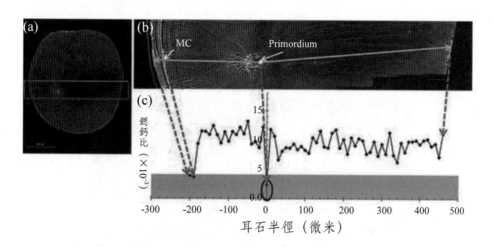

相片24.4　寬頰瓢鰭鰕虎魚耳石鍶鈣比的時序列變化圖。(a)耳石縱切面。(b)是(a)圖紅色區塊的放大，顯示電子微探儀從耳石縱切面的前端，經原基（Primndium），至後端測量耳石鍶鈣比的軌跡（黃色直線），因耳石的不對稱性成長，變態輪（MC）只出現在前端。(c)耳石鍶鈣比的時序列變化，4×10^{-3}以下（藍色部分）代表淡水環境，以上代表海水環境（顏色描述，請參考彩圖P15）（陳昱祥 2011）。

24.5　寬頰瓢鰭鰕虎魚海洋仔魚期的演化意義

　　相片24.5是寬頰瓢鰭鰕虎魚耳石的日週輪構造，其日週輪一天形成一輪（Hoareau *et al*. 2007）。因此，根據其仔稚魚的耳石日週輪和採集日期可以回推其產卵期和海洋仔魚期（Pelagic larval duration）的長短。結果發現，2008年10月至隔年10月每個月從花蓮秀姑巒溪出海口採集的寬頰瓢鰭鰕虎仔稚魚，其海洋仔魚期長達84天到168天，幾乎全年產卵（陳昱翔 2011）。寬頰瓢鰭鰕虎魚採取寡產、產卵期延長的生殖策略，是為了配合熱帶、亞熱帶海域連續性的低基礎生產力，以期增加其仔魚的活存率。

　　蘭嶼和花蓮秀姑巒溪的寬頰瓢鰭鰕虎魚，其仔魚的平均變態日齡分別為

118±16.8天和115±17.3天，小於宜蘭南澳的178±24.9天，表示寬頰瓢鰭鰕虎仔魚進入海洋後，順著黑潮由南往北漂。體長長到28～30毫米後，才變態爲稚魚，溯溪回到淡水環境生長（陳昱翔 2011）。寬頰瓢鰭鰕虎魚的海洋仔魚期，長達4～6個月。仔魚期長，可擴展族群的分布範圍、降低食物不足和棲地惡化威脅的風險。仔魚期長的種類，族群的分布範圍廣、數量也多。反之，則分布範圍窄、族群數量小（keith *et al.* 2005）。

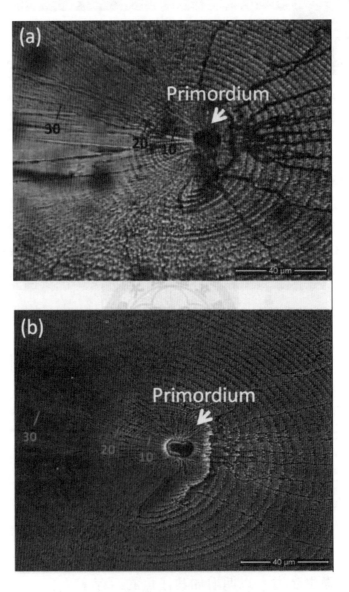

相片24.5　寬頰瓢鰭鰕虎魚的耳石日週輪。(a)光學顯微鏡照片，(b)掃描式電子顯微鏡照片。Primordium指耳石原基，數字表示日週輪數。

24.6　結論

寬頰瓢鰭鰕虎魚為陸海兩棲洄游性魚類。根據耳石鍶鈣比和日週輪，可以探索其神祕的海洋期生活史。臺灣東海岸寬頰瓢鰭鰕虎魚的海洋仔魚期生活史長達118～178天。海洋仔魚期生活長，有利於其族群的擴散和分散子代的死亡風險。

延伸閱讀

陳昱翔（2011）耳石微細結構與微化學應用在兩棲洄游型寬頰瓢鰭鰕虎的初期生活史及加入動態之研究。國立臺灣大學漁業科學研究所碩士論文。

Keith P, Hoareau TB, Lord C, Ah-Yane O, Gimonneau G, Robinet T and Valade P (2008) Characteristics of post-larval to juvenile stages, metamorphosis and recruitment of an amphidromous goby, *Sicyopterus legocephalus* (Pallas) (Teleostei: Gobiidae: Sicydiinae). Mar. Freshw. Res. 59: 876-889.

第 25 章

臺灣沿近海烏魚的洄游環境史和族群結構

Migratory Environmental History and Population Structure of the Mullet in the Coastal Waters of Taiwan

25.1 引言

烏魚（*Mugil cephalus*），是臺灣沿近海的重要經濟魚類，其卵巢的加工品——烏魚子，馳名全球，是高級宴席的珍饈美味和國際機場免稅商店的伴手禮。烏魚廣泛分布於南北緯42°之間的沿近海、潟湖、內灣和河口域等沿岸生態系。目前有關烏魚的洄游環境史，所知有限。

本章利用雷射剝蝕耦合電漿質譜儀測量臺灣東北和西南海域、高屏溪，以及淡水河三個水域烏魚耳石的化學元素組成，比較這三個水域烏魚的棲地利用和洄游行為。鍶元素是海源性、鋇元素是陸源性，交互比對耳石上這兩種元素的時序列變化，探索淡水河烏魚的洄游動態與水文環境的關係，以及探索

2006年淡水河烏魚大量死亡現象的來龍去脈。臺灣沿近海的烏魚有三個基因結構不同的族群，因三個族群的外部形態相似，稱之爲隱形種。本章也分析這三個烏魚族群的形態學和耳石微化學，探索同域性物種形成的趨同演化現象。

25.2　烏魚洄游環境史的類型

相片25.1是雷射剝蝕耦合電漿質譜儀在耳石切面上測量化學元素組成的軌跡。根據耳石測量軸的鍶鈣比和鋇鈣比的時序列變化，臺灣沿近海烏魚的洄游環境史，可大致分爲(1)海水洄游型：其耳石鍶鈣比大於6×10^{-3}，鋇鈣比小於150×10^{-6}（圖25.1a）；(2)鹹淡水洄游型：其耳石鍶鈣比介於$3 \sim 6 \times 10^{-3}$之間，鋇鈣比小於150×10^{-6}（圖25.1b）；(3)淡水洄游型：其耳石鍶鈣比小於3×10^{-3}，鋇鈣比大於150×10^{-6}（圖25.1c）。每一型都會有一些超出範圍的比值，表示烏魚在生活史過程中會有海水和淡水棲地之間的移動。淡水型的耳石鋇鈣比明顯大於海水型和淡水型，但海水型和鹹淡水型的耳石鋇鈣比，則無明顯差異。因此，耳石鋇鈣比只能區分淡水型和非淡水型（海水型＋鹹淡水型）的烏魚。

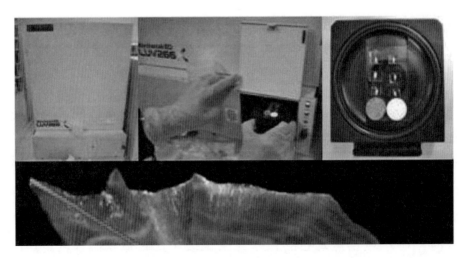

相片25.1　雷射剝蝕耦合電漿質譜儀（LA-ICP-MS）測量烏魚耳石化學元素組成的軌跡。測量軸沿耳石最大半徑從前端經原基至後端。耳石有4個年輪，表示烏魚為4歲。

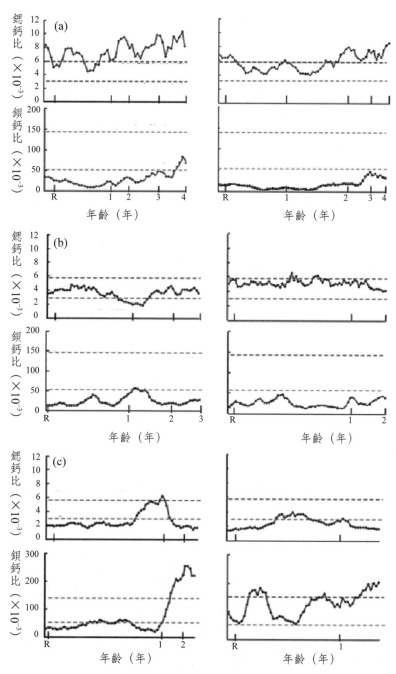

圖25.1　臺灣沿近海三種洄游型烏魚的耳石鍶鈣比和鋇鈣比的時序列變化之比較。(a)海水洄游型，(b)鹹淡水洄游型，(c)淡水洄游型。每一型以兩尾烏魚為例，橫軸的R為烏魚從仔魚變成稚魚的發育階段，數字為年齡。（上圖）的兩條折線分別為海水平均鍶鈣比的95%信賴界限的下限值和淡水平均鍶鈣比的95%信賴界限的上限值。（下圖）的兩條折線分別為淡水平均鋇鈣比的95%信賴界限的下限值、和海水平均鋇鈣比的95%信賴界限的上限值。兩折線之間為鹹淡水範圍（許智傑2009）。

　　表25.1是臺灣西南海域、高屏溪下游及淡水河的三種迴游型烏魚的比例之比較。臺灣西南海域的烏魚，以海水型為主，占調查標本數（n = 28）的85.7%。高屏溪下游的烏魚，海水型（45.8%）和鹹淡水型（52.2%）各半。淡水河新店溪的烏魚，以鹹淡水型為主（50.0%），其次是淡水型烏魚（18.2%）。烏魚為廣鹽性魚類，上述三型的比例因地而異。但還是以海水和鹹淡水型為主，迴游到純淡水環境的比例很少。

表25.1　臺灣西南海域、高屏溪下游和淡水河三種迴游型烏魚的比例之比較（許智傑 2009）

採集點 （棲息環境）	迴游型百分比（標本數）		
	海水型	鹹淡水型	淡水型
臺灣西南海域 （海水）	85.7(24)	14.3(4)	0(0)
高屏溪下游 （鹹淡水）	45.8(11)	54.2(13)	0(0)
淡水河 （淡水）	31.8(7)	50(11)	18.2(4)

註：括號內數字為調查標本數

25.3　臺灣東北和西南海域烏魚的迴游環境史

　　臺灣東北和西南海域是烏魚的產卵場，其年齡為4～5歲，耳石的鍶鈣比皆大於6×10^{-3}、鋇鈣比則小於150×10^{-6}，顯示東北和西南海域的烏魚，出生之後至被捕為止，大都生活在海水環境（圖25.2）。其中，圖25.2b, d, e的耳石鋇鈣比有升高現象，鋇是陸源性，海水的鋇濃度很低，只有湧升流海域才會出現高濃度的鋇。東北海域是有名的地形性湧升流海域，耳石鋇鈣比升高的現象，表示烏魚迴游到湧升流海域產卵。湧升流海域基礎生產力高、餌料生物豐富，有利於其仔魚的發育和生長。圖25.2f的耳石鍶鈣比在4×10^{-3}上下變動，表示這隻烏魚可能來自低鹽度的河口域。

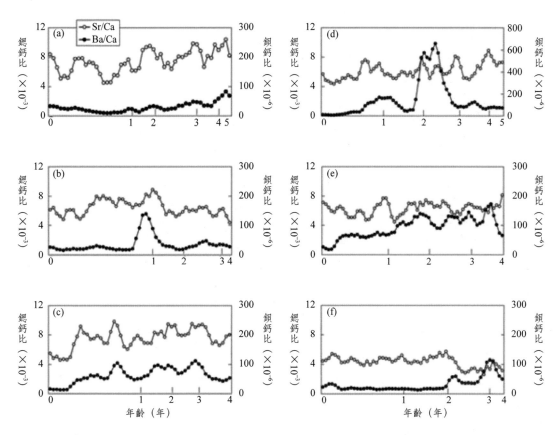

圖25.2　臺灣西南海域和東北海域6尾烏魚耳石鍶鈣比和鋇鈣比隨年齡的變化（許智傑2009）。

25.4　高屏溪下游烏魚的洄游環境史

　　圖25.3是高屏溪下游的烏魚耳石鍶鈣比和鋇鈣比的時間序列變化，年齡為1～3歲。高屏溪河口域為鹹淡水環境，鹽度為5～10psu，非常適合烏魚的成長。其耳石鍶鈣比介於3～6×10^{-3}、鋇鈣比小於150×10^{-6}，屬於鹹淡水型烏魚。零歲時的耳石鍶鈣比與海水型類似，表示烏魚在外海出生後，才洄游到高屏溪下游生長。

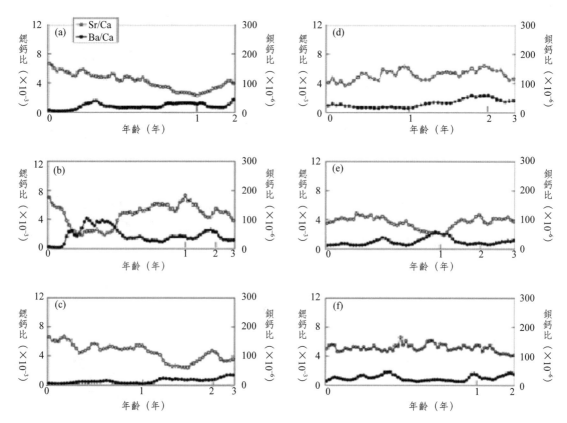

圖25.3　高屏溪下游烏魚耳石鍶鈣比和鋇鈣比的時間序列變化，橫軸為年齡（許智傑2009）。

25.5　淡水河的水文環境

　　淡水河是臺灣第三大河，有大漢溪、新店溪和基隆河三條支流。淡水河的主流從其出海口到上游大漢溪和新店溪的匯流處，基隆河與淡水河主流匯流後注入臺灣海峽。淡水河流經七個縣市，總面積2726平方公里，全長約232公里。圖25.4是淡水河流域的水文觀測站和烏魚標本的採集點。由耳石鍶鈣比和鋇鈣比的時序列變化，以及水文環境的時空變化，可深入了解淡水河烏魚的洄游動態和棲地利用特徵。

　　淡水河的水文環境，受漲退潮海水的進出和來自上游的淡水流量之影響，鹽度隨漲落潮的變化非常劇烈。漲潮時，淡水河口的鹽度最高可達34 psu，鹽

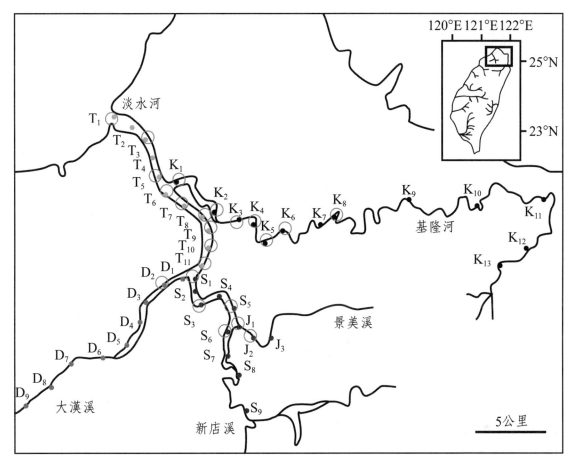

圖25.4 淡水河流域的水文觀測站和烏魚標本的採集站。T_{1-11}：淡水河主流的水文觀測站、D_{1-9}：大漢溪的水文觀測站、S_{1-9}：新店溪的水文觀測站、J_{1-3}：景美溪的水文觀測站、K_{1-13}：基隆河的水文觀測站。圓圈：烏魚標本的採集站（楊士弘2011）。

度往上游明顯下降，於離河口約20公里的大漢溪和新店溪匯流處，鹽度降到零。退潮時，河口的鹽度只有24 psu，海水只入侵到離河口約15公里的臺北大橋一帶（圖25.5）。換言之，淡水河的海水和淡水交匯處隨著漲退潮而改變。

海水和淡水的交匯處，會出現無潮流點（Null point）、泥砂沉積區（Fluid mud accumulation zone）及最大濁度點（Turbidity maximum core）（圖25.6）。這些地標點的環境因子有明顯的變化，可以和耳石鍶鈣比和鋇鈣比做連接，進而了解烏魚的洄游動態與水文構造的關係。

圖25.7是2009年9月30日至10月17日淡水河主流和新店溪13個觀測站表

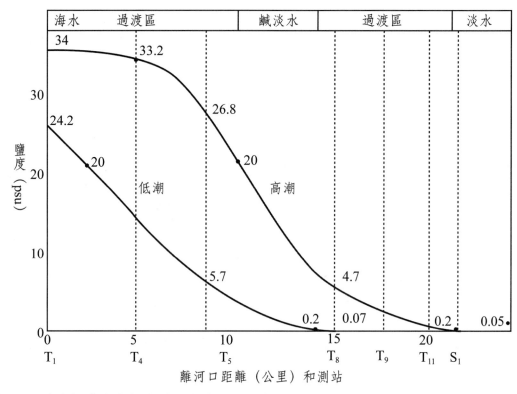

圖25.5 淡水河高潮和低潮時的海水入侵距離和鹽度變化。測站（T$_{1-11}$和S$_1$）位置詳圖
　　　25.4，圖中數字為鹽度（改自Lee and Chu 1965）。

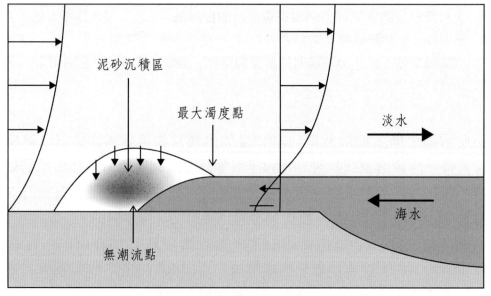

圖25.6 河口域淡水和海水交會處的泥砂沉積區、無潮流點和最大濁度點的示意圖。水
　　　平箭頭分別指淡水和海水的流向和流速。泥砂沉積區是解離態鋅大量釋出的河段
　　　（改自Allen 1971）。

層、一米深和底層的鹽度、溶氧、酸鹼度、溫度、混濁度、鈣、鍶和鋇等8個環境因子的站間變化。

(1) 鹽度

從鹽度的變化來看，出海口（T_1）到紅樹林站（T_4）的表層和一米深的鹽度皆維持在34 psu左右，表示海水入侵至紅樹林站，而且與淡水充分混合，以致從紅樹林站以下至出海口的淡水河下游沒有上、下層淡水和海水的明顯分層現象。紅樹林站之後的上游鹽度急速下降，表示海水入侵逐漸減弱，並出現淡水海水的分層現象（圖25.7a）。

(2) 溫度、溶氧和酸鹼度

各測站的溫度則無明顯變化（圖25.7b）。溶氧和酸鹼度，在T_5和T_6測站有略微偏低現象，T_5和T_6測站是基隆河與淡水河主流的匯流處，偏低現象可能是基隆河注入的影響（圖25.7c, d）。

(3) 混濁度

混濁度在紅樹林站（T_4）出現最高值（圖25.7e），是淡水與海水混合的地方，與上述圖25.7a的鹽度變化一致。

(4) 鈣和鍶

海源性的鈣、鍶離子濃度，從關渡大橋站之後急速下降（圖25.7f, g），這是因為海水入侵逐漸減弱之故。

(5) 鋇

陸源性的鋇離子濃度，於關渡大橋站（T_5）達到最高點（圖25.7h），這與鋇的溶解度受鹽度、懸浮顆粒的擾動和水中其他離子的化學變化之影響有關。水中鋇離子濃度與鹽度並非線性關係，在鹽度18 psu左右的海水和淡水交匯處溶解度最大（Coffey *et al.* 1997）。因為海水和淡水交匯處會揚起底層顆粒物質釋放出鋇離子，底層有機汙染導致水中缺氧時，鋇化合物中的氧會與還原電位偏負的金屬元素（如：鐵）結合而釋放出鋇離子（Santschi *et al.* 1997）。

總而言之，海源性的鈣和鍶離子濃度隨海水入侵而改變。最大混濁度與最大鋇離子濃度出現的測站位置，幾乎一致。這些環境因子的變化特徵，可用來和烏魚漁獲量的測站變化或耳石鍶鈣比和鋇鈣比的時間變化作連結，了解烏魚在淡水河的洄游動態。

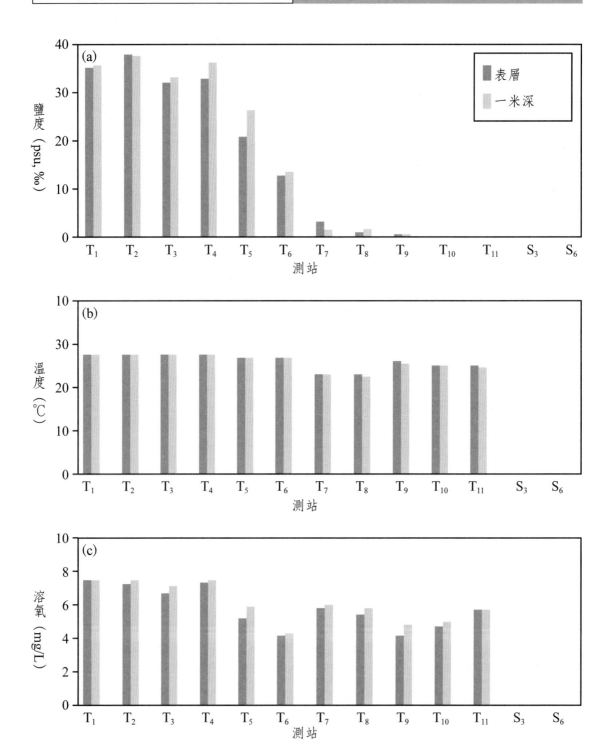

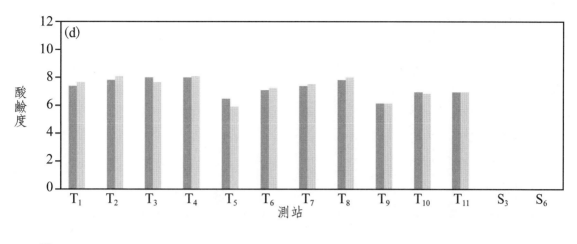

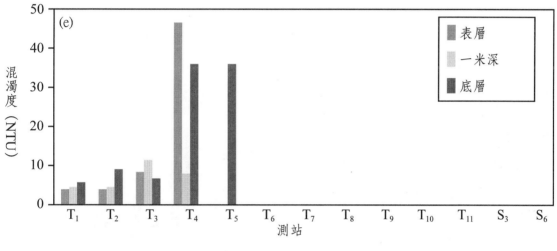

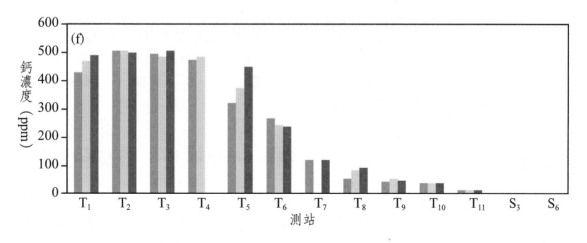

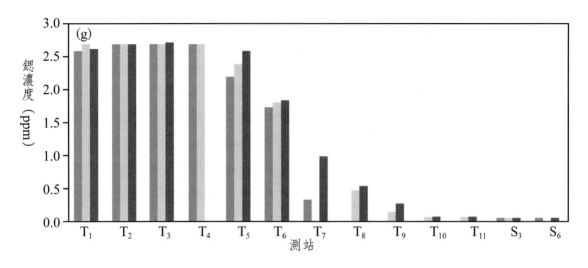

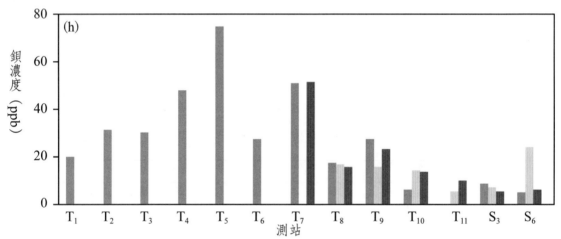

圖25.7 淡水河主流至新店溪河段表層、1米深及底層水質的站間變化。(a)鹽度、(b)溫度、(c)溶氧、(d)酸鹼度、(e)混濁度、(f)鈣濃度、(g)鍶濃度和(h)鋇濃度。測量時間：2009年9月30日至10月17日，測站位置（T_{1-11}、S_{1-6}）詳圖25.4（資料來源：楊樹森 2009，資料整理：楊士弘 2011）。

25.6 淡水河烏魚的生物特徵 —— 漁獲量、體長和年齡

烏魚在淡水河流域的分布，隨漲退潮而改變。漲潮時烏魚可上溯至淡水河三個支流的上游河段，鹽度為零的感潮帶邊緣。退潮時則集中在淡水河主流的中、下游。

　　圖25.8a是2008年與2009年新店溪（S₁, ₄, ₆）、景美溪（J₁, ₃）和基隆河（K₁₋₈）烏魚漁獲量的分布，烏魚有集中在感潮帶邊緣的傾向。圖25.8b顯示，淡水河主流測站（T₁～T₁₁）全年幾乎皆有烏魚出現，冬季集中在上游的迪化汙水處理廠（T₉）、大稻埕（T₁₀）以及淡水河主流與新店溪匯流處（T₁₁）附近。春季則集中在下游淡水捷運站（T₃）一帶。中上游二重疏洪道匯流處（T₆）、延平北路八段（T₇）以及洲美快速道路南端口（T₈）一帶也有一定數量。夏季與冬季同，上游的洲美快速道路南端口（T₈）、迪化汙水處理廠（T₉）、大稻埕（T₁₀）至新店溪匯流處（T₁₁）一帶數量較多。秋季時則出現於中游的二重疏洪道匯流處（T₆）至上游的迪化汙水處理廠（T₉）一帶。大漢溪（D₁～D₄）則僅冬季在下游的新海大橋（D₂）附近發現烏魚的蹤跡。

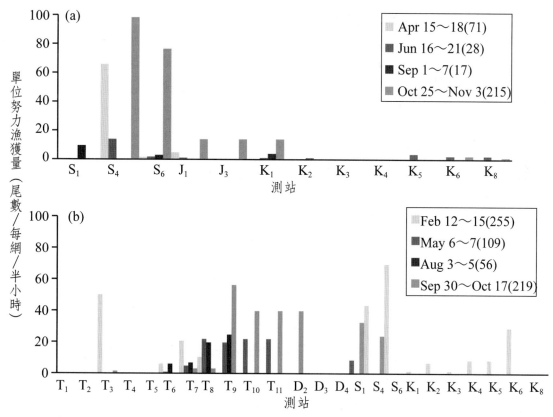

圖25.8　烏魚族群密度（單位努力漁獲量）的測站分布和月別變化。(a)2008年新店溪（S₁～S₆）、景美溪（J₁～J₃）與基隆河（K₁～K₈），(b)2009年淡水河主流（T₁～T₁₁）和支流大漢溪（D₁～D₄）、新店溪（S₁～S₆）與基隆河（K₁～K₈）。括號內的數字為烏魚總捕獲尾數（資料來源：楊樹林 2009，資料整理：曾明彥 2010）。

新店溪（$S_1 \sim S_6$）烏魚的出沒地點，冬、春季集中於河口（S_1）及上游中正橋（S_4）一帶，夏季無調查，其分布不清楚。基隆河部分（$K_1 \sim K_8$），春季烏魚出現在感潮帶河段，以上游南湖大橋（K_6）河段最多，百齡橋（K_2）、民權大橋（K_4）及成美橋（K_5）次之，河口（K_1）及大直橋（K_3）較少，長安大橋（K_8）則無發現。

　　淡水河流域的烏魚，春夏季由10～12公分未達1歲的仔稚魚和35公分左右的成魚所組成，秋冬季則長到40公分以上。冬季接近性成熟後往外海移動，進行產卵洄游（圖25.9）。淡水河流域是烏魚仔稚魚的哺育場和幼魚的攝餌場，並非烏魚的產卵場，因未曾在淡水河發現抱卵的母烏魚（許智傑2009，曾明彥2010）。

　　淡水河主流的烏魚，大都是未滿1歲，占採集尾數的40%，其次是3、4歲。淡水河支流（新店溪和基隆河）則以2、3歲的烏魚為主（圖25.10）。淡水河烏魚的分布與食物（底棲生物）密度有關，淡水河主流上游至新店溪匯流處（T_{11}）一帶底棲生物豐富，吸引大量烏魚來攝食，成長至幼魚階段後，開始擴大其棲息範圍（曾明彥2010）。

25.7　淡水河烏魚的洄游動態與水文環境的關係

1.淡水河主流

　　由淡水河主流關渡大橋一帶（測站T_5）採集的兩尾烏魚耳石鍶鈣比和鋇鈣比的時間序列變化，可以深入了解其在淡水河的洄游動態（圖25.11a，b）。圖中橫軸的R（Recruitment）為烏魚從仔魚變成稚魚的階段。R之前耳石鍶鈣比皆在3.2×10^{-3}上下變化，鋇鈣比也很低。一歲以後，耳石鍶鈣比下降，而鋇鈣比則急速上升到150×10^{-6}以上。表示這兩尾烏魚從仔魚階段就從外海產卵場漂到河口域，一歲以後進入淡水河生活。這兩尾烏魚的採集地點（T_5）的鹽度、混濁度和鋇元素濃度都很高（圖25.7a，e，h），是海水和淡水交匯地點。一歲後耳石鍶鈣比降低、鋇鈣比升高，表示這兩尾烏魚一歲後，才進入淡水河主流海水和淡水交匯處生活。

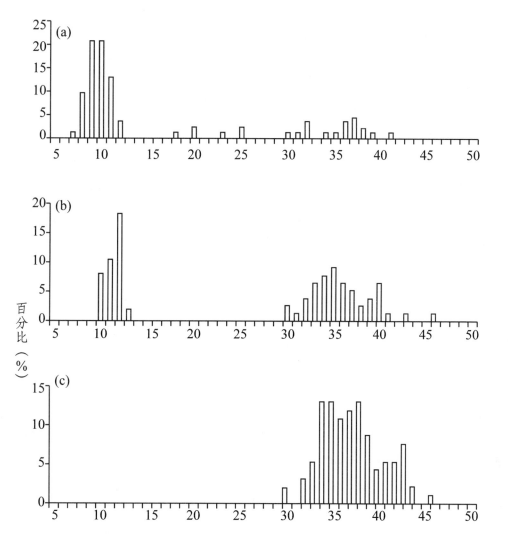

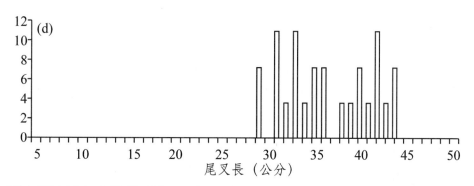

圖25.9 淡水河流域烏魚體長（尾叉長）組成的季節性變化。(a)2009年春季，標本數 = 86。(b)2009年夏季，標本數 = 153。(c)2009年秋季，標本數 = 20。(d)2009年冬季，標本數 = 82（標本來源：楊樹森 2009，資料整理：曾明彥 2010）

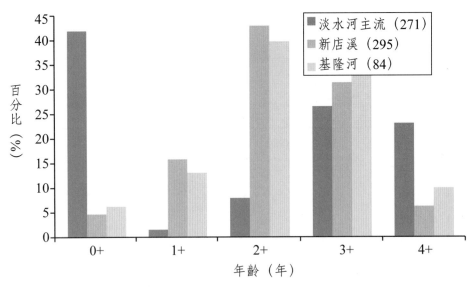

圖25.10　2008和2009年淡水河主流、新店溪和基隆河烏魚的年齡組成。括號內的數字為烏魚捕獲尾數（標本來源：楊樹森 2009，年齡判讀：曾明彥 2010）。

2.新店溪

　　圖25.11c～1是採自淡水河支流新店溪福和橋一帶（S_5）的10尾烏魚，其耳石鍶鈣比和鋇鈣比的時間序列變化。個體間的變化很大，表示彼此的洄游環境史不盡相同。圖25.11c, d, e, f, g, j, k的7尾烏魚的耳石，為高鍶低鋇現象，表示仔魚階段（R之前）在高鹽度的外海產卵場生活一段時間後，才進入淡水河的鹹淡水域生活。圖25.11h, i, 1的3尾烏魚，其仔魚階段（R之前）的耳石鍶鈣比和鋇鈣比的變化顯示：低鍶低鋇現象，表示仔魚孵化後，很快從外海產卵場漂到鹹淡水域生活。

　　根據稚魚（R之後）至1～2歲階段的耳石鍶鈣比和鋇鈣比的變化，上述10尾烏魚的洄游環境史，大略分為兩型：(1)低鍶高鋇型耳石：圖25.11c～i的7尾烏魚，耳石鋇鈣比超過$150×10^{-6}$以上，表示這些烏魚曾經洄游到新店溪高鋇離子濃度的河段生活。新店溪的測站（例如S_1、S_3和S_5）曾經測到300ppb的高鋇離子濃度（楊士弦2011），漲潮時感潮帶的上限可到達新店溪的這些測站（Lee and Chu 1965，楊士弦 2011），感潮帶上限的底層海水和淡水交匯處，鋇離子濃度會升高。因此圖25.11c～i的烏魚，其耳石鋇鈣比超過

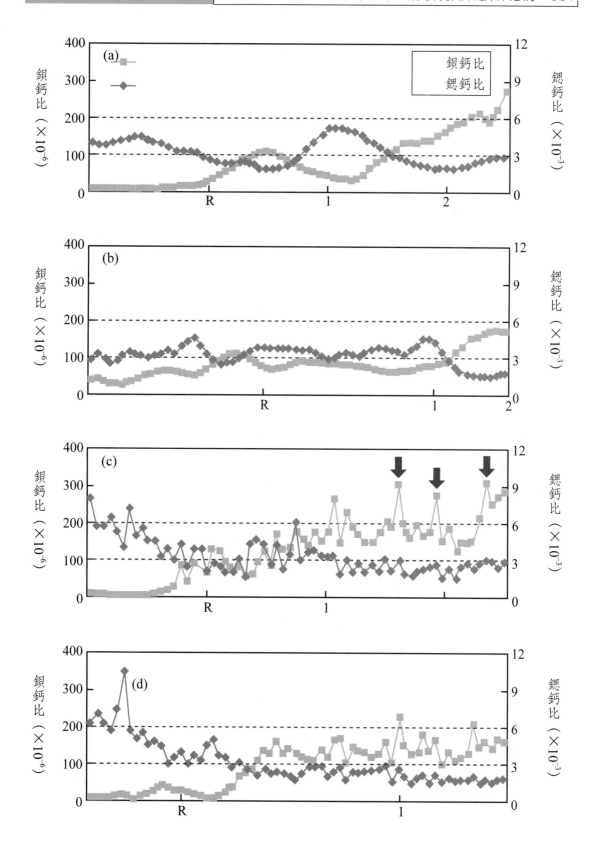

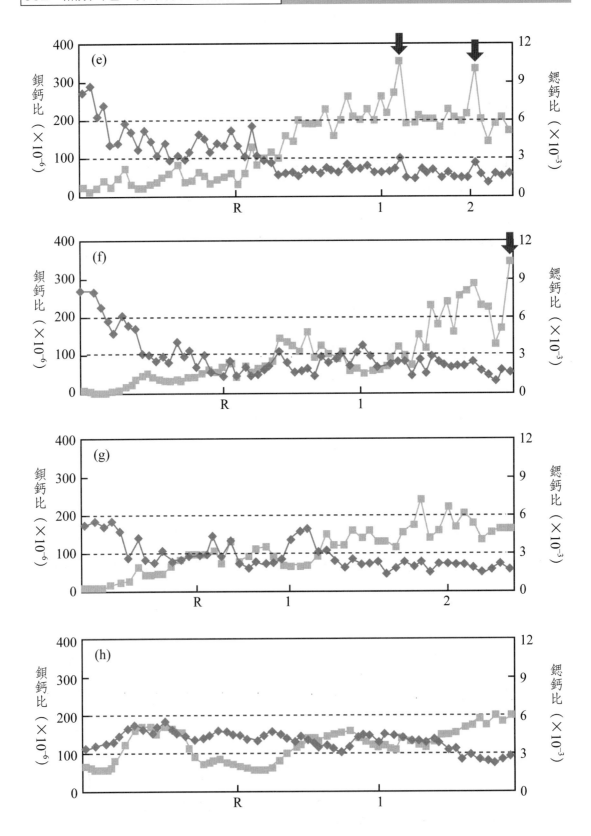

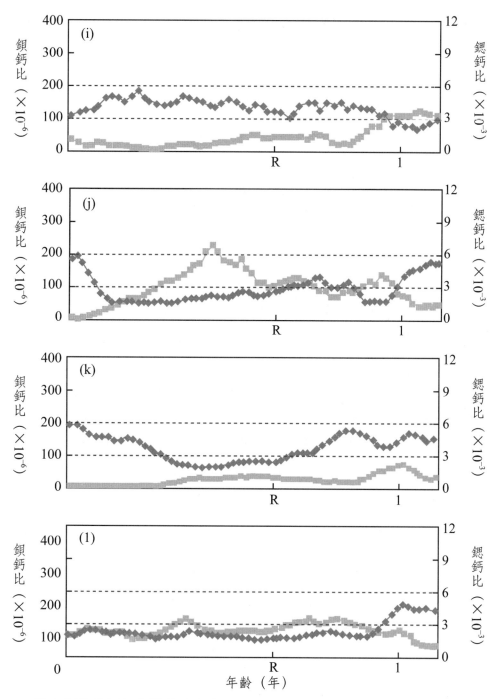

圖25.11　淡水河烏魚耳石鍶鈣比和鋇鈣比的時序列變化。(a, b)烏魚採自淡水河主流關
　　　　渡一帶（測站T_5），(c)至(l)烏魚採自新店溪福和橋下（測站S_5）。橫軸的R
　　　　（Recruitment）為烏魚從仔魚變成稚魚的階段、數字為年齡。圖中上、下虛線
　　　　分別為鍶鈣比95%信賴界限的海水下限值和淡水上限值。兩虛線之間為鹹淡水
　　　　範圍。箭頭指鋇鈣比的異常高值（許智傑 2009）。

150×10^{-6}是合理的。(2)中鍶高低型耳石：圖25.11(j)～(l)的3尾烏魚，屬於這一型，表示這3尾烏魚在被捕獲之前不久，才來到福和橋一帶（S_5），因為耳石鋇鈣比沒有升高。

　　總而言之，烏魚耳石鍶鈣比和鋇鈣比的變化非常多樣性，要仔細推敲才能了解烏魚的洄游環境史。

25.8　淡水河烏魚大量死亡事件

　　烏魚為廣鹽性魚類，廣泛分布於沿近海與河口水域。因此，容易受到河川汙染的影響。淡水河中下游流經大臺北都會區，因衛生下水道的接管率未完全普及、有機汙染嚴重。尤其，夏季久旱不雨時，淡水河中下游容易缺氧，產生有毒硫化氫，引起烏魚窒息死亡。近年來淡水河汙染已有所改善，但2006年8月10日從關渡橋至淡水河口一帶，超過50公噸烏魚的大量死亡事件非常罕見（圖25.12、相片25.2）。這個死亡數量，相當於2006年臺灣全年烏魚的生產量（193公噸）的25%，真是不可思議。淡水河上游及鄰近地區沒有烏魚養殖戶，這些死烏魚不可能是非法傾倒。那麼這些死亡的烏魚究竟是從哪裡來？是什麼原因造成這麼大量的死亡？從死亡的烏魚樣本的耳石鍶鈣比和鋇鈣比變化，也許可以找到烏魚死亡的蛛絲馬跡。

1.死亡烏魚的體長和年齡

　　2006年8月10日，從死亡烏魚中，隨機採集42尾標本，其體長（尾叉長）範圍16～45公分，大部分集中在26～40公分（圖25.13a）。耳石年輪檢查結果，從1～3歲，主要為2歲（圖25.13b）。這些烏魚都還不到4歲的成熟年齡，都是正在成長中的烏魚。

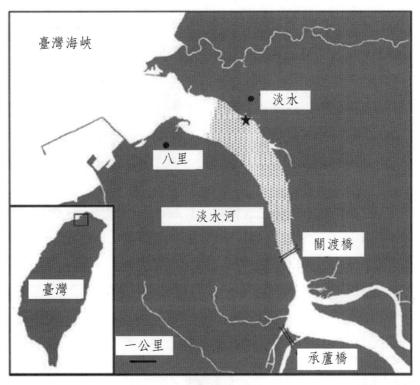

圖25.12　2006年8月10日淡水河死亡烏魚的分布地點（灰色點）以及死亡烏魚標本和水樣的採集點（星號）（Wang *et al.* 2011）。

相片25.2　淡水河關渡大橋附近烏魚大量死亡現場（2006年8月10日攝）（彩圖P16）。

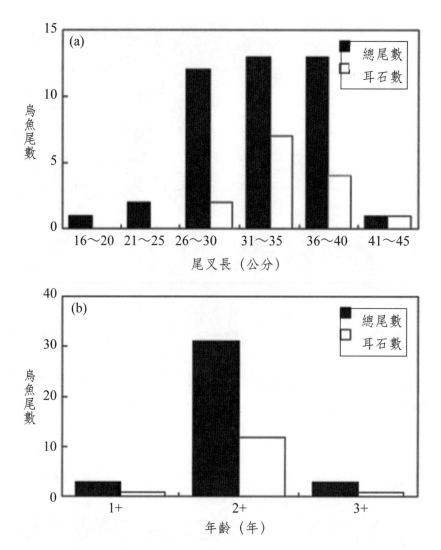

圖25.13　2006年8月11日淡水河死亡烏魚的體長和年齡頻度分布。(a)體長（尾叉長），
　　　　　(b)年齡（Wang *et al.* 2011）。

2. 死亡烏魚的來源和死因

　　從42尾烏魚標本的耳石鍶鈣比所顯示的三種洄游型的比例來看（圖
25.14a），發現大部分烏魚的洄游型以鹹淡水型為主（50.0%），其次是海水
型（35.7%），真正生活在淡水的烏魚，只占少部分（14.3%）。

　　另外，從耳石鋇鈣比值來看（圖25.14b），也顯示海水型和鹹淡水型烏
魚居多（71.4%），淡水型烏魚只占28.6%。

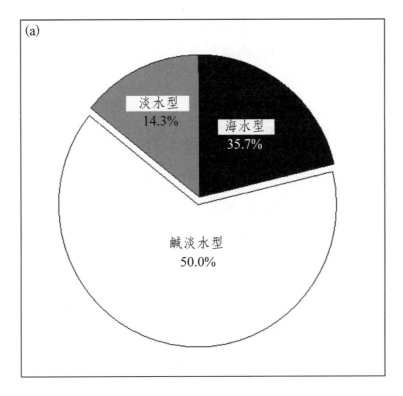

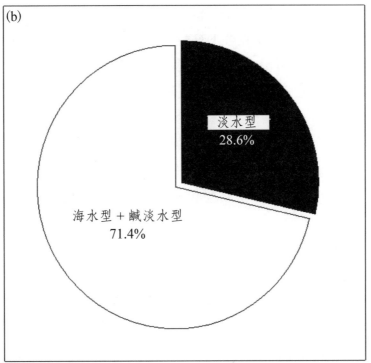

圖25.14　淡水河2006年8月10日死亡烏魚（n = 42）的迴游型比例。(a)耳石鍶鈣比的分析
　　　　　結果，(b)鋇鈣比的分析結果（Wang *et al.* 2011）。

　　換句話說，這些死亡的烏魚，來自長期定棲在淡水河的淡水型烏魚的比例並不高，大部分都是從淡水河外面湧進來的海水型和鹹淡水型烏魚。

　　為何會有這麼多烏魚從淡水河外面湧進來，而且死在淡水河。推究其原因，可能是外海與河口的烏魚受到2006年8月颱風的驚嚇，湧入淡水河，遇到有機汙染所產生的缺氧和有毒硫化氫的水體，導致窒息死亡。臺灣每年都有颱風，且未聽說過淡水河烏魚大量暴斃事件。因2006年8月的那次颱風是乾颱，沒有下雨，無法稀釋淡水河中下游的有毒硫化氫和增加溶氧，以致烏魚窒息死亡。流水無毒，上游水庫要適當地放水，海水到達不了的淡水河中下游才不致於缺氧和產生有毒的硫化氫。看來淡水河的水質管理，還有待加強。

25.9　臺灣沿近海三個烏魚族群的假說

1.臺灣沿近海的三個烏魚族群與海流系統的對應關係

　　臺灣沿近海有黑潮、中國大陸沿岸流和中國南海暖流（South China Sea Current）三個海流系統。微衛星DNA（Microsatellite DNA）分析結果發現，臺灣沿近海的烏魚可分成三個基因遺傳結構不同的族群（Shen *et al.* 2011），其分布域與上述三個海流系統有明顯的對應關係（圖25.15）。第一群為中國大陸沿岸群，主要分布海域從臺灣海峽南部至中國大陸沿岸以北地區，每年冬季這一群烏魚會順著中國大陸沿岸流洄游到臺灣西南海域產卵。第二群為黑潮群，主要分布於黑潮影響的沿岸海域，洄游路徑不詳。第三群為南海群，主要分布於南海，其洄游路徑也是不清楚。第二群和第三群的洄游路徑和生活史都有待研究。

2.三個烏魚族群的外部形態比較

　　以衍架法（Box-truss network）分別測量臺灣沿近海的三個基因遺傳結構不同的烏魚族群的12個外部形態形質（圖25.16）。經多變量的統計分析檢定結果，發現三個基因遺傳結構不同的烏魚族群，其外部形態沒有顯著性差異（$p > 0.05$）（許智傑 2009）。基因遺傳結構有差異，外部形態沒有差異的族群，稱之為隱形種（Cryptic species）（Shen *et al.* 2011）。

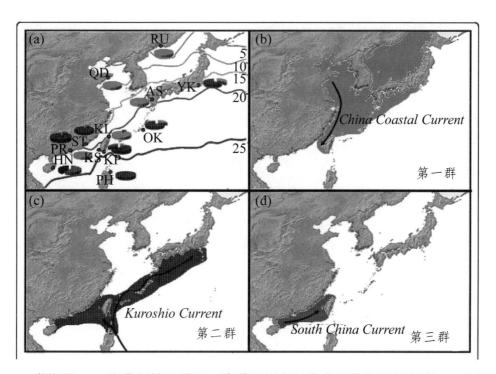

圖25.15　微衛星DNA的分析結果顯示，臺灣沿近海的烏魚可分為三個族群。(a)不同地區三個烏魚族群的百分比圓餅圖以及攝氏溫度等溫線和DNA標本的採集點，(b)第一群對應中國沿岸流，(c)第二群對應黑潮，(d)第三群對應中國南海暖流。標本採集位置：RU = Russia, QD = QinDao, Yk = Yokosuka, AS = Ariake Sea, Ok = Okinawa, KL = KeeLung, KP = Kao-Ping, ST = Santou, Pr = Pearl River, Hn = HaiNan, PH = Philippines（彩圖P16）（Shen *et al.* 2011）。

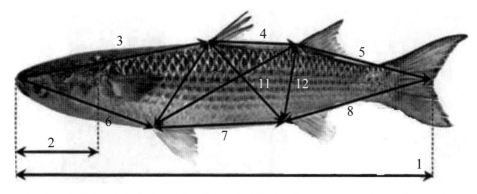

圖25.16　衍架測量法測量烏魚12個外部形態的示意圖。根據烏魚外部形態的明顯地標點，以點和線構成不同的三角形，作為形態學的比較分析（取自許智傑2009）。

3.三個烏魚族群的成長比較

　　三個烏魚族群的成長方程式，經殘差變方分析（Analysis of residual sum of square, ARSS）比較結果，發現成長率和極大體長，三個烏魚族群之間無顯著性差異（$p > 0.05$）。因此，將三個烏魚族群的成長方程式合併計算如下（圖25.17）：

$$Lt = 738.6[1 - e^{-0.19(t+0.9)}]$$

　　以上結果，證明了遺傳結構不同，成長表現相同的三個族群的趨同演化現象。如前面第13章所述，這三個烏魚族群，利用生殖隔離避免雜交，產出早生和晚生烏魚苗。但是因成長環境類似，以致三個族群的外部形態和成長率都沒有差異。

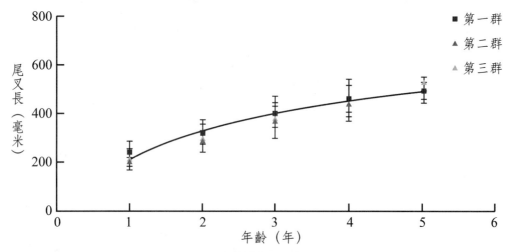

圖25.17　三個烏魚族群的共同成長曲線和各個年齡別平均尾叉長之比較，垂線為標準偏差（許智傑 2009）。

4.三個烏魚族群的耳石化學元素組成比較

　　為了證明上述臺灣沿近海的三個烏魚族群的生長環境彼此類似，分析了三個烏魚族群耳石的五種微量元素與鈣的比值（Na/Ca, Mg/Ca, Mn/Ca, Sr/Ca, Ba/Ca），在正典判別函數的直角座標圖之分布。結果發現不論是耳石核心（圖25.18a）或邊緣部分的元素組成（圖25.18b），三個烏魚族群之間，其元

素組成皆有重疊情形。耳石核心的化學元素組成代表烏魚剛出生的環境，邊緣的化學元素組成代表烏魚被捕獲前的環境。以多變量變異數分析（Multivariate analysis of variance, MANOVA）檢定結果，不論是耳石核心或邊緣部分，其化學元素組成在三個烏魚族群之間皆沒有顯著性差異（$p>0.05$）。耳石核心或邊緣部分，其化學元素組成沒有差異，表示三個烏魚族群的出生環境或生長環境都很相似。

臺灣沿近海的三個烏魚族群的遺傳結構不同（圖25.15），表示有生殖隔離現象。但三個族群所對應的三個海流系統都在臺灣沿近海交匯（圖25.15），而且烏魚的耳石化學元素組成在三個烏魚族群之間沒有顯著性差異（圖25.18），表示三個族群的生長環境彼此相似，所以其外部形態（圖24.16）和成長方程式（圖25.17）也就沒有差異。三個烏魚族群的基因型不同，外表型卻相同，這是一種同域性物種形成的趨同演化現象。

25.10　結論

耳石化學元素的分析結果顯示：烏魚的洄游環境史可以分為海水洄游型、鹹淡水洄游型和淡水洄游型。烏魚雖然是廣鹽性魚類，族群成員還是以海水洄游型居多，純粹生活於淡水者必竟是少數。由淡水河的水文環境與烏魚耳石的鍶鈣比和鋇鈣比的時序列變化，可以了解烏魚在淡水河的洄游動態和棲地利用特徵。2006年淡水河關渡大橋附近的烏魚大量死亡事件，由耳石鍶鈣比和鋇鈣比的調查結果顯示，71.4%的烏魚是屬於海水型和鹹淡水型，淡水型只占28.6%。也就是說，這些大量死亡的烏魚是從沿近海與河口湧進來的。微衛星DNA分析結果發現，臺灣沿近海有三個遺傳結構不同的烏魚族群，但耳石化學元素組成顯示三個族群的棲息環境相同，這是一種同域性物種形成的趨同演化現象。臺灣沿近海的三個烏魚族群，除了中國大陸沿岸群之外，其餘的兩個族群，黑潮群和中國南海群，其洄游路徑還不是很清楚，需要更多的研究予以釐清。

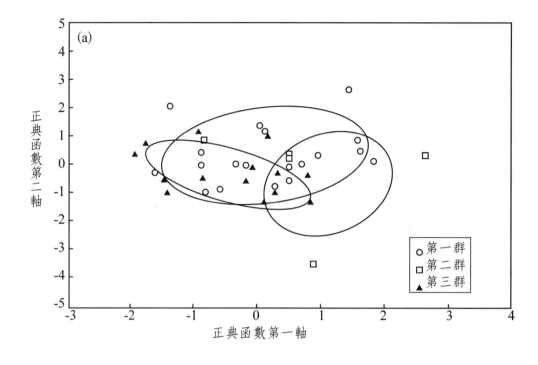

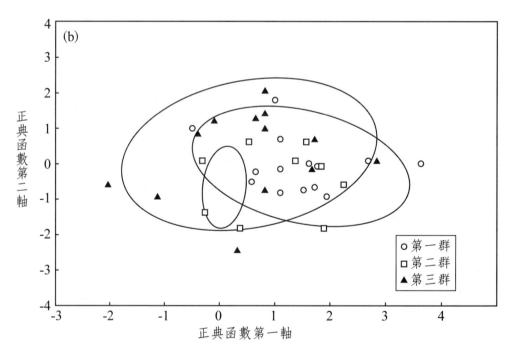

圖25.18　三個烏魚族群耳石的五種元素與鈣的比值之正典判別函數分布圖（Canonical discriminant scores plot）。(a)耳石核心，(b)耳石邊緣。橢圓形表示每一群的元素比值分布的95%信賴限界。耳石核心和邊緣的微量元素組成分別代表仔稚魚時期和成魚被捕撈前的2～3個月的元素比值（許智傑 2009）。

延伸閱讀

許智傑（2009）以自然標記研究臺灣沿岸水域烏魚的族群結構及洄游環境史。國立臺灣大學漁業科學研究所博士學位論文。

曾明彥（2010）臺灣淡水河流域烏魚的生活史特徵及洄游行為。國立臺灣大學漁業科學研究所碩士論文。

楊士弘（2011）水質化學及耳石微化學在淡水河流域烏魚的洄游環境史之應用研究。國立臺灣大學漁業科學研究所碩士論文。

楊樹森（2009）九十八年度淡水河系生態指標及生物指標分析期末報告。行政院環境保護署計畫（編號EPA-98-1605-02-01）。

Lee CW and Chu TY (1965) A general survey of Tanshui River and its tributary estuaries. Report of the Institute of Fishery Biology of Ministry of Economic Affairs and National Taiwan University 2(1): 34-45.

Shen KN, Jamandre BW, Hsu CC, Tzeng WN and Durand JD (2011) Plio-Pleistocene sea level and temperature fluctuatios in the northwestern Pacific promoted speciation in the globally-distributed flathead mullet *Mugil cephalus*. Evol. Biol. 11(83): 1-17.

Wang CH, Hsu CC, Chang CW, You CF and Tzeng WN (2010) The migratory environmental history of freshwater resident flathead mullet *Mugil cephalus* L. in the Tanshui River , northern Taiwan . Zool. Stud. 49(4): 504-514.

Wang CH, Hsu CC, Tzeng WN, You CF and Chang CW (2011) Origin of the mass mortality of the flathead grey mullet (*Mugil cephalus*) in the Tanshui River, northern Taiwan, as indicated by otolith elemental signatures. Mar. Poll. Bull. 62(8): 1809-1813.

Wang CH (2014) Otolith elemental ratios of flathead mullet *Mugil cephalus* in Taiwanese waters reveal variable patterns of habitat use. Estuar. Coast. Shelf Sci. 151: 124-130.

第 26 章

南方黑鮪的洄游環境史和湧升流
Migratory Environmental History of Southern Bluefin Tuna and Upwelling

26.1 引言

　　南方黑鮪的學名為 *Thunnus maccoyii*，英文俗稱 Southern Bluefin Tuna（SBT），分布於印度洋的溫帶海域。南方黑鮪是一種長壽、大型和高度洄游性的溫帶鮪類，大約8到12歲成熟，最大壽命約40歲，體重可達200公斤以上（相片26.1）。因過度捕撈，其資源量日益減少，國際自然保育聯盟已將南方黑鮪列入臨危物種的紅色名錄（Collette *et al.* 2011）。了解南方黑鮪的生活史和洄游環境，有助於其漁業資源的管理和保育。

　　本章從耳石的鋇元素和年輪，證明南方黑鮪在1～4歲時會進入澳洲大灣（Great Australian Bight, GAB）的湧升流（Upwelling）海域。鋇在海水的濃度很低，湧升流海域會升高，由此研判南方黑鮪是否進入湧升流區。另外，由耳石的微量元素組成，證明南方黑鮪只有一個產卵場，以及從耳石的氧穩定同位素證明南方黑鮪從南半球溫帶海域洄游到赤道熱帶海域產卵。

相片26.1　黑鮪魚是一種長壽、大型的溫帶外洋洄游性魚類。

26.2　南方黑鮪的生活史和標本採集

　　南方黑鮪在印尼爪哇島南部的熱帶海域產卵，孵化後的仔魚，順著澳洲西部海岸的Leeuwin海流緩慢地向南洄游，1～4歲進入澳洲大灣，4歲後離開大灣進入南半球三大洋的溫帶海域成長，成熟後每年往返於熱帶海域的產卵場與溫帶海域的攝餌場。澳洲大灣是全世界最大的冷水碳酸鹽沉積海域和高基礎生產力的湧升流海域，同時也是南方黑鮪的哺育場（Caton 1991）。湧升流海域的鋇元素濃度明顯高於周圍海水，如果南方黑鮪洄游到澳洲大灣的湧升流海域，其耳石就會出現高鋇的湧升流訊號。

　　南方黑鮪的標本，採自其產卵場（爪哇海）和攝餌場（中印度洋）（圖26.1）。2003年與2004年的6～8月筆者委託行政院農委會漁業署派遣的觀察員，採集在中印度洋（29～33°S, 67～91°E）作業的臺灣漁船所捕獲的南方黑鮪的耳石，共418對。2005年1～2月派遣博士生蕭仁傑先生（今臺大海洋所教授），由當地的調查員陪同，一起前往印尼漁市場，採集在爪哇海（10～20°S, 110～120°E）作業的印尼漁船所運回的南方黑鮪的耳石，共197對。採

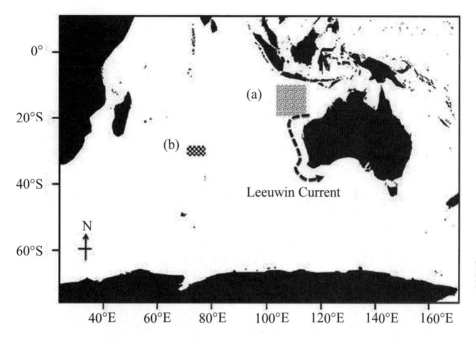

圖26.1　南方黑鮪耳石標本的採集地點。(a)產卵場，南爪哇海；(b)攝餌場，中印度洋（Lin *et al.* 2013）。

集耳石標本之前先測量南方黑鮪的體長。耳石標本處理完後，利用雷射-耦合電漿質譜儀測量耳石原基至邊緣的微量元素組成的時序列變化、判讀耳石上的年輪推測其年齡。然後利用耳石微量元素組成和年齡資料分析南方黑鮪的洄游環境史，證明：(1)南方黑鮪是否進入湧升流區，和(2)南方黑鮪只有一個產卵場的假說。

26.3　耳石構造隨發育階段的變化

　　南方黑鮪的耳石（矢狀石）形狀不規則，三個方向的成長速度不一致。一般都選擇成長速度快的腹軸（長軸）來測量其耳石微量元素組成和判讀其年齡（相片26.2）。南方黑鮪耳石的第一轉折點（1st inflection point）為仔稚魚發育成幼魚的記號，第二轉折點（2nd inflection point）為南方黑鮪的第一次成熟記號，年齡約10歲。成熟前成長快，年輪間距寬，成熟後成長速度變

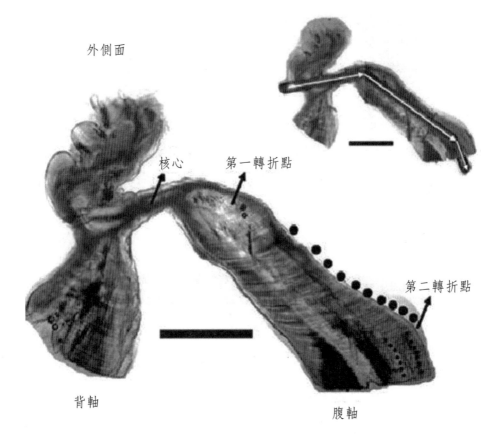

相片26.2　南方黑鮪耳石（矢狀石）橫切面的構造，體長（尾叉長）172公分、年齡17
　　　　　歲。腹軸顯示核心、轉折點和年輪（黑色圓圈所指的暗帶）。（右上圖）雷
　　　　　射-耦合電漿質譜儀的測量軸。比例尺＝1000微米（Lin *et al.* 2013）。

慢，年輪間距變窄。

26.4　耳石鎘鈣比與湧升流

　　耳石化學元素，除了受魚類發育階段變化（例如柳葉鰻的變態，仔魚變
稚魚）時的生理調控外（Tzeng 1996），主要是反應魚類外在環境水域的化
學元素變化（Elsdon and Gillanders 2003）。南方黑鮪耳石的鈉鈣比、鍶鈣
比、鎂鈣比、錳鈣比和鎘鈣比，從核心（出生）到邊緣（捕獲時）的時序列變
化，不同的元素有不同的變化模式，分別敘述如下：

(1) 鈉鈣比和鍶鈣比

海水中鈉和鍶含量豐富，且穩定。因此，南方黑鮪耳石鈉鈣比和鍶的時序列變化不明顯（圖26.2a, b）。

(2) 鎂鈣比和錳鈣比

南方黑鮪一歲以前的初期發育階段，其耳石鎂鈣比和錳鈣比有明顯升高現象（圖26.2c, d）。鎂與魚類的新陳代謝有關，錳是呼吸作用的輔助酶，兩者反映了初期發育階段的旺盛生理現象。

(3) 鋇鈣比與湧升流

南方黑鮪的仔魚發育階段後期，其耳石鋇鈣比急速上升，約一歲時到達最高點（圖26.2e）。鋇為陸源性，沉積於大洋的底層，只有湧升流發生時，表層海水的鋇離子濃度才會增加（Bath *et al.* 2000; Coffey *et al.* 1997）。澳洲大灣是全世界最大的冷水碳酸鹽沉積海域和高基礎生產力的湧升流區。耳石鋇鈣比的升高現象，表示南方黑鮪在成長過程中，曾經游進澳洲大灣覓食。

南方黑鮪耳石鋇鈣比升高的時間點，大都是在兩個年輪之間。南方黑鮪的年輪是在南半球的冬季形成的，也就是說耳石鋇鈣比的升高季節出現在夏季，而夏季是澳洲大灣湧升流發生的季節（Lin *et al.* 2013）。因此，南方黑鮪耳石鋇鈣比升高的時間點與湧升流發生的季節有關，也證明了南方黑鮪游進大灣的事實。

(4) 鋇鈣比與產卵洄游

南方黑鮪的產卵場位於印尼爪哇海，在爪哇海捕獲的南方黑鮪樣本，其耳石鋇鈣比在1～4歲間都出現升高現象，表示來到產卵場的南方黑鮪都曾進入高生產力的澳洲大灣湧升流區。但中印度洋捕獲的南方黑鮪樣本，有一部分個體的耳石卻沒有出現高鋇鈣比現象（Lin *et al.* 2013），表示這一部分個體沒有進入澳洲大灣湧升流高生產區，也可能不會加入母族群（Member population），而成為迷失群（Vagrant population），因在爪哇海捕獲的南方黑鮪樣本，其耳石鋇鈣比在1～4歲間都出現升高現象。母族群－迷失群假說（Member-vagrant hypothesis）是用來解釋魚類出生之後，是否加入族群的資源變動假說（Sinclair 1988）。魚類出生之後受到很多環境因素的影響，不一定會順利進入母族群貢獻下一代，耳石元素組成提供了追蹤魚類洄游過程變化的線索。

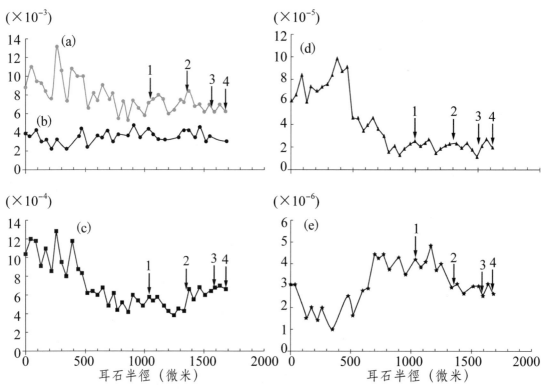

圖26.2　南方黑鮪耳石化學元素的時序列變化。(a)鈉鈣比、(b)鍶鈣比、(c)鎂鈣比、(d)錳鈣比、(e)鋇鈣比。圖中箭頭的阿拉伯數字表示年齡（Lin *et al.* 2013）。

26.5　耳石化學元素證明南方黑鮪只有一個產卵場

　　耳石邊緣的化學元素組成，是反應南方黑鮪被捕前的洄游環境之海水化學元素組成。南爪哇海和中印度洋的海水化學元素組成不同，採自這兩個水域的南方黑鮪，其耳石邊緣的化學元素組成有明顯的差異性。但這兩個水域的南方黑鮪的耳石核心部分（仔稚魚階段）的化學元素組成，卻有很高的相似性（圖26.3），證明南爪哇海和中印度洋的南方黑鮪，皆源自於相同產卵場的仔稚魚。隨著發育階段的變化，洄游到不同環境的中印度洋攝餌場和南爪哇海產卵場，以致兩者的耳石邊緣的元素組成有明顯差異（Wang *et al.* 2009）。

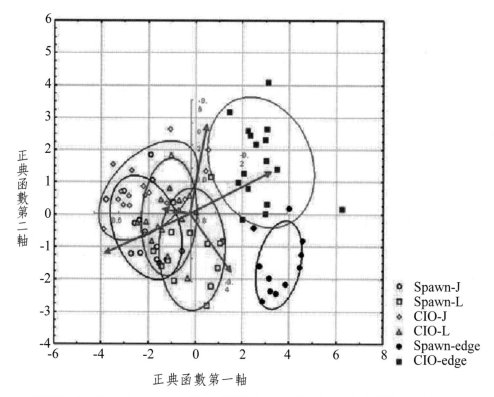

圖26.3 爪哇海-產卵場（Spawn）和中印度洋-攝餌場（CIO）兩個不同採樣地點的南方黑鮪耳石元素組成的判別函數分析。Spawn-L，-J，-edge和CIO-L，-J，-edge分別指爪哇海和中印度洋南方黑鮪的仔魚、稚魚期的耳石及其耳石邊緣（採樣不久前）的元素組成。橢圓形為95%信賴區間，箭頭表示影響橢圓形分布的元素比值之向量。橢圓形重疊度愈高，表示耳石元素組成的相似性愈高（Wang *et al.* 2009）。

26.6 耳石的氧穩定同位素與洄游環境水溫的關係

耳石的主要成份為碳酸鈣，碳酸鈣中的氧有不同的同位素，可以用來回推魚類洄游環境的水溫。自然界中的氧穩定同位素有 ^{16}O 和 ^{18}O。氧穩定同位素要進入耳石的比例，受外在環境水溫的控制，過去很多研究顯示，耳石中的氧穩定同位素$\delta^{18}O$與水溫呈反比關係（Campana 1999）。因此，可利用耳石的$\delta^{18}O$回推魚類的洄游環境水溫。研究團隊利用微取樣儀，從南方黑鮪耳石的外側往核心鑽取一系列的耳石粉末，進行氧穩定同位素$\delta^{18}O$的定量分析，以期了解耳石中$\delta^{18}O$的時間序列變化，進而推測魚類洄游環境的水溫變化。

　　圖26.4是一尾南方黑鮪耳石δ¹⁸O的時間序列變化及其換算的洄游環境水溫。距離耳石原基約500微米（耳石第一個轉折點，也就是仔魚變稚魚的時間）和2300微米的位置（大約8～10歲）各出現一個δ¹⁸O的低值，這兩個低值的位置相當於南方黑鮪在熱帶海域的仔魚漂浮期和成魚第一次回到熱帶海域產卵的年齡（圖26.4a, b）。圖26.4c是利用下列δ¹⁸O與水溫（T）的反比關係式（Høie *et al.* 2004a）：

$$\delta^{18}O_o - \delta^{18}O_w = 3.90 - 0.20T$$

　　將圖26.4a南方黑鮪耳石的δ¹⁸O，轉換成洄游環境溫度的示意圖。南方黑鮪在赤道誕生，耳石第一個轉折點之前的高溫是反映其仔魚在熱帶海域的水溫，接著是南方黑鮪進入澳洲大灣湧升流區的低水溫訊號，後來於距離耳石核心2300微米的位置出現第二個低δ¹⁸O氧穩定同位素的高水溫訊號，表示南方黑鮪回到熱帶海域產卵。2300微米的位置大約是對應8～10歲的耳石位置，8～10歲相當於南方黑鮪的第一次性成熟年齡。

　　理論上，南方黑鮪從成熟年齡後，每年都應該出現δ¹⁸O低值（高水溫）的產卵訊號。可是圖26.4a的δ¹⁸O變化並沒有每年出現產卵訊號，是否表示南方黑鮪並不是每年都從南半球溫帶海域洄游到赤道水域產卵，還是儀器測量的解析度無法分辨南方黑鮪成熟後成長速度變慢的每年產卵訊號，或者是南方黑鮪的體溫保持恆溫無法彰顯南北洄游的水溫差異，這些都有待進一步研究。

26.7　結論

　　從耳石鍶鈣比的時序列變化可證明南方黑鮪在1～4歲時曾經進入澳洲大灣的湧升流海域。耳石核心和邊緣的化學元素組成，證明南方黑鮪只有一個產卵場。耳石的氧穩定同位素的時序列變化，可證明南方黑鮪從南半球溫帶海域洄游到赤道熱帶海域產卵。耳石化學元素分析，讓我們深入了解了南方黑鮪的神祕洄游環境史。

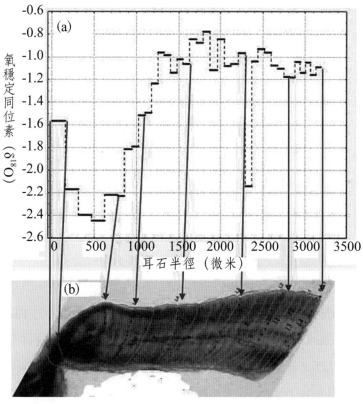

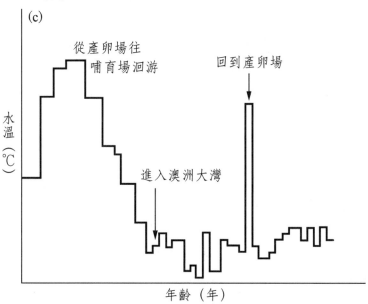

圖26.4 南方黑鮪的耳石氧穩定同位素與迴游環境的水溫之關係。(a)南方黑鮪耳石核心到邊緣的氧穩定同位素（δ¹⁸O）的時序列變化。(b)微取樣儀鑽取耳石粉末測量δ¹⁸O的對應位置，線條為年輪。(c)根據耳石δ¹⁸O換算南方黑鮪迴游環境水溫之示意圖（蕭仁傑博士製作，尚未發表）。

延伸閱讀

Bath GE, Thorrlod SR, Jones CM, Campana SE, McLaren JW and Lam JWH (2000) Strontium and barium uptake in aragonitic otoliths of marine fish. Geochimica et Cosmochimica Acta 64:1705-1714.

Caton AE (1991) Review of aspects of southern bluefin tuna biology, population and fisheries, pp. 181-350. *In*: R B Deriso and W H. Bayliff (eds.) World meeting on stock assessment of bluefin tunas strengths and weaknesses. Inter-American Tropical Tuna Commission, Special Report, Vol. 7.

Campana SE (1999) Chemistry and composition of fish otolith: pathways, mechanisms and application. Mar. Ecol. Prog. Ser. 188: 263-297.

Coffey M, Dehairs F, Collette O, Luther G, Church T and Jickells T (1997) The behaviour of dissolved barium in estuaries. Estuar. Coast. Shelf Sci. 45: 113-121.

Collette B, Chang SK, Di Natale A, Fox W, Juan Jorda M, Miyabe N, Nelson R, Uozumi Y and Wang S (2011) "*Thunnus maccoyii*". IUCN Red List of Threatened Species. Version 2011.2. International Union for Conservation of Nature.

Elsdon TS and Gillanders BM (2003) Reconstructing migratory patterns of fish based on environmental influences on otolith chemistry. Rev. Fish Biol. Fish.13: 219-235.

Høie H, Otterlei E and Folkvord A (2004a) Temperature-dependent fractionation of stable oxygen isotopes in otoliths of juvenile cod (*Gadus morhua* L.). ICES J Mar. Sci. 61: 243e251.

Høie H, Andersson C, Folkvord A and Karlsen Ø (2004b) Precision and accuracy of stable isotope signals in otoliths of pen-reared cod (*Gadus morhua*) when sampled with a high-resolution micromill. Mar.Biol.144: 1039-1049.

Lin YT and Tzeng WN (2010) Sexual dimorphism in the growth rate of southern bluefin tuna *Thunnus maccoyii* in the Indian Ocean. J. Fish. Soc. Taiwan 37(2): 135-150.

Lin YT (2013) Life history and migratory environment of southern Bluefin tuna (*Thunnus maccoyii*) as reavealed by age mark and elemental composition in otolith. PhD thesis, Institute of Fisheries Science, National Taiwan University.

Lin YT, Wang CH, You CF and Tzeng WN (2013) Ba/Ca ratios in otoliths of southern Bluefin tuna

(*Thunnus maccoyii*) as a biological tracer of upwelling in the Great Australian Bight. J. Mar. Sci. Tech. 20(6): 733-741.

Sinclair M (1988) Marine populations: an essay on population regulaton and speciation. University of Washington Press, Seatle.

Wang CH, Lin YT, Shiao JC, You CF and Tzeng WN (2009) Spatio-temporal variation in the elemental compositions of otoliths of southern bluefin tuna *Thunnus maccoyii* in the Indian Ocean and its ecological implication. J. Fish Biol. 75: 1173-1193.

總　結

魚類是唯一具有耳石的脊椎動物。耳石的形態，因種而異，可以做為現生和化石魚類的種類鑑定、以及魚類捕食者的食性分析等。耳石日週輪和年輪，可測定魚類的日齡、年齡和成長，以及應用到魚類初期生活史、族群動態和資源管理等研究。耳石是由生物礦化作用形成的碳酸鈣結晶，耳石的化學元素組成隨魚類洄游環境而改變，利用電子微探儀和質譜儀等儀器測量耳石的化學元素，可再現魚類從出生到死亡的全程洄游環境史，以及應用到魚類洄游行為、仔魚擴散、棲地利用、環境監測、環境變遷和古氣候研究等。以下是研究團隊30年來的研究心得。

1.遍及三大洋五大洲的耳石標本蒐集和研究

本書探索的魚類，包括(1)臺灣沿近海洄游性魚類，例如虱目魚、海鰱、鯷魚、烏魚、花身雞魚、蝦虎魚和鯛科魚類等，(2)河海兩側洄游性魚類，例如日本禿頭鯊、日本鰻、鱸鰻、美洲鰻、歐洲鰻、澳洲鰻、紐西蘭鰻、南非和馬達加斯加的莫三鼻克鰻等，以及(3)遠洋洄游性的南方黑鮪等。

耳石標本的蒐集和研究成果遍及三大洋五大洲，從西北太平洋臺灣、中國大陸和日本等國家的日本鰻（Cheng and Tzeng 1996），擴展到南太平洋澳洲東岸和紐西蘭南北島的長鰭鰻、短鰭鰻和紐西蘭大鰻（Shen and Tzeng 2007a,b; Shiao *et al.* 2001, 2002），北大西洋的美洲鰻和歐洲鰻（Cairns *et al.* 2004; Lamson *et al.* 2006, 2009; Jessop *et al.* 2002, 2004, 2006, 2007, 2008a,b, 2011; Thibault *et al.* 2007, 2010; Wang and Tzeng 1998, 2000），瑞典、立陶宛和拉脫維亞等波羅的海國家的歐洲鰻（Daverat *et al.* 2006; Lin *et al.* 2009d, 2011a,b, 2014; Shiao *et al.* 2006; Tzeng *et al.* 1997, 2007; Wang and Tzeng 1998, 2000），土耳其、義大利和法國等地中海國家的歐洲鰻（Lin *et al.* 2011a; Capoccioni *et al.* 2014; Panfili *et al.* 2012），印度洋南非和馬達加斯加的鱸鰻和莫三鼻克鰻（Lin *et al.*2012, 2014, 2015），以及印度洋南方黑鮪（Lin *et al.* 2009, 2013; Shiao *et al.* 2008; Wang *et al.* 2010）等。尤其是兩側洄游性的鰻魚和遠洋洄游性黑鮪魚，沒有跨越國界的

標本，是很難有研究結果的。

2. 耳石日週輪的研究發現

　　1987年研究團隊利用高倍率相位差光學顯微鏡，拍攝有史以來世界第一張虱目魚耳石的日週輪照片，並利用影像處理技術建立日週輪的電腦半自動判讀技術，提高日週輪判讀的精準度（Tzeng and Yu 1988）。由日週輪的分析，揭開了虱目魚初期生活史的神祕面紗（Tzeng and Yu 1988, 1989, 1990, 1992a）。1990年建立了耳石日週輪的掃描式電子顯微鏡觀察技術，成功地拍攝到臺灣有史以來第一張日本鰻耳石日週輪的電子顯微鏡照片，這張相片目前收藏在宜蘭縣蘭陽博物館做為常設展，述說著日本鰻漂洋過海的奇幻旅程（Tzeng 1990）。變態日齡是了解柳葉鰻從外洋進入沿岸水域的時間點，研究團隊利用變態日齡解開了日本鰻，美歐鰻和歐洲鰻以及澳洲和紐西蘭短鰭鰻的仔魚洄游生活史的奧妙（例如Cheng and Tzeng 1996; Wang and Tzeng 2000; Shiao et al. 2001, 2002）。

　　綜合所有耳石日週輪的研究，發現兩側洄游性魚類的仔魚期，比沿近海魚類和遠洋魚類的仔魚期長很多。仔魚期長，可藉由海流擴大其族群的分布範圍、分散死亡風險。

3. 耳石鍶鈣比的開創性研究和國際合作

　　電子微探儀是測量耳石鍶鈣比，研究魚類洄游環境史，最經濟和方便的儀器。研究團隊利用國立臺灣大學地質系的電子微探儀，建立了鰻魚耳石鍶鈣比的測量技術，發表了世界有史以來第一篇日本鰻洄游環境的學術論文（Tzeng and Tsai 1994）。並發現淡水鰻有淡水洄游型、河口洄游型和海水洄游型三種洄游環境史（Tzeng et al. 2003）。海水洄游型鰻魚的發現，改寫了教科書長久以來認為淡水鰻一定要回到淡水生長的刻板印象。耳石鍶鈣比的研究，也發現日本鰻喜歡棲息在河川下游的鹹淡水域，而鱸鰻則喜歡棲息在河川上游深潭，棲地不同可降低種間競爭（Shiao et al. 2003）。

　　研究團隊建立的耳石鍶鈣比測量技術（Tzeng 1996; Tzeng et al.1997, 2000），也擴展到國際合作計畫，例如2004～2006年臺灣與立陶宛、拉脫維亞合作的歐洲鰻GMM合作計畫，利用耳石鍶鈣比區別天然鰻和放流鰻，提

供歐洲鰻放流效益評估之參考（Lin *et al.* 2007, 2009d, 2011b; Shiao *et al.* 2006; Tzeng *et al.* 2007）。2006～2009年臺灣與法國、西班牙、希臘、墨西哥、塞內加爾、貝林和南非等8個國家的歐盟MUGIL烏魚合作計畫，以烏魚爲沿岸環境變化指標，研究烏魚生活史、洄游環境和族群遺傳結構等（許智傑2009，曾明彥2010，Shen *et al.* 2011，Wang *et al.* 2011，Ibanez *et al.* 2012，Panfili *et al.* 2016）。此外，也與加拿大、瑞典、義大利、法國、土耳其、菲律賓、南非和馬達加斯加進行鰻魚雙邊合作計畫（研究結果詳內文）。

4.耳石的螢光標識和應用研究

四環黴素（Oxy-tetracycline, OTC）和茜素（Alizarin complexone, ALC）是研究魚類成長、洄游和族群動態以及驗證耳石日週輪常用的耳石螢光染劑。將魚體浸泡或注射OTC或ALC溶液後，ALC和OTC隨循環系統進入耳石囊的內淋巴液，與耳石碳酸鈣的鈣離子產生螯合作用，形成黃綠色OTC或是紅色ALC螢光標識環（Lin *et al.* 2011）。研究團隊利用OTC和ALC的耳石標識技術，驗證虱目魚耳石日週輪一天形成一輪的規律性以及饑餓對日週輪形成的影響（Tzeng and Yu 1989, 1992a）、驗證大眼海鰱仔魚變態過程中耳石日週輪形成的規律性（Chen and Tzeng 2006），以及日本鰻標識放流後的洄游追蹤（Lin *et al.* 2011）。

5.耳石微量元素測量技術的開發和應用研究

耦合電漿質譜儀可以測量ppm以下的微量元素，其靈敏度比電子微探儀高很多。研究團隊利用國立成功大學地球科學系的液態進樣－耦合電漿質譜儀測量蝦虎魚、黑鯛和黃鰭鯛耳石的微量元素組成，深入了解其在臺灣沿岸水域的洄游和擴散機制（Chang *et al.* 2006, 2008, 2012）；測量鰻線耳石的化學元素組成，發現臺灣西海岸河口域的重金屬銅汙染（詳第23章）。利用雷射剝蝕－耦合電漿質譜儀，測量南方黑鮪耳石的微量元素組成，證明南方黑鮪爲單一逢機交配族群，並發現其洄游環境史與湧升流的關係（Wang *et al.* 2009; Lin *et al.* 2013）；測量烏魚耳石的鍶鈣比和鋇鈣比，了解其在河海交界處的洄游動態（許智傑 2009，楊士弘 2011）。質譜儀的分析費用昂貴，但可測量

的微量元素種類多，是今後耳石微化學研究的主力工具。

6.論文發表

　　論文發表，是耳石研究的最後一哩路，也是延續學術生涯的重要命脈。一篇論文，從研究構思、實驗設計、標本採集、資料分析、論文寫作和投稿，到被期刊接受刊出為止，其過程非常繁瑣且漫長。論文一旦被國際期刊接受發表，便有機會與學術界交流。研究團隊從1980年至2017年總共發表了200多篇論文，其中有100多篇是耳石相關論文。據ResearchGate網站統計，至目前為止，大約有一萬多人點閱、四千多人引用我們的論文。此外，參加國際耳石研討會以文會友，是了解耳石最新研究動向和交換研究新知的重要平臺，從第一屆國際耳石研討會起，研究團隊就參加並發表論文（詳附錄：國際耳石研討會論文）。論文發表，創造了很多國際耳石合作研究的機會。

編後語

　　臺灣的耳石研究，從無到登上國際舞臺，經過一段很長的歷史。筆者是臺灣耳石研究的創始者，記得第一屆（1993年）國際耳石研討會只有筆者一人參加，25年後，培養的學生有能力舉辦第六屆（2018年）國際耳石研討會。國立臺灣大學動物系（今生命科學系）漁業生物研究室是臺灣耳石研究的發源地。30多年來筆者在國立臺灣大學服務期間，造就了許多碩、博士生（鄭普文1994，魏旭邦1995，王佳惠1996，張至維1997，2003；沈康寧1997，2007；王友慈1997，曾美珍2002，蕭仁傑2002，韓玉山2003，楚涵2003，陳慧倫2004，林世寰2004，2011；曲有爲2005，張凱傑2005，許智傑2005，2009；林育廷2006，2013；李浩祥2007，楊竣菘2007，林裕嘉2008，張美瑜2008，江俊億2009，Rosel 2009，Jamandre 2010，曾明彥2010，李玟瑜2011，陳昱翔2011，楊士弘2011和Leander 2009, 2014等）。

　　研究團隊發表了許多耳石學術論文。事過境遷，隨著筆者的退休，原先研究耳石的臺大動物系漁業生物研究室和研究團隊已不存在，所幸過去培養的學生已經開枝散葉，有幾位學生（王佳惠、張至維、蕭仁傑、韓玉山和林裕嘉等）已進入不同的國立大學或遠赴沙烏地阿拉伯服務，繼續發揮其耳石專長，並在國際舞臺展露頭角。

　　耳石研究是一門很深的學問，它結合了生物學、魚類生態學、化學和地球科學等跨領域學門的知識。耳石的應用範圍非常廣，包括魚類的年齡和成長、族群動態、漁業管理和資源保育、仔魚的輸送和資源的入添機制、魚苗放流效益評估、魚類洄游環境史、食物鏈、環境監測、氣候變遷，以及生態系模擬等。目前還有許多耳石形成的基礎理論和實際應用問題等待解答。

　　本書是研究團隊30年來的研究結晶。溫故知新，希望本書能帶給讀者一些新的啓發和創新思維，以期發掘更多有趣的魚類生活史故事。耳石的研究已經變成國際化，2018年在臺灣舉辦的第六屆國際耳石研討會，總共有來自37個國家200多位代表參加，發表了239篇論文。耳石研究技術不斷推陳出新，使用的儀器也愈來愈高端，只有不斷努力和創新研究，才能與世界一流研究並駕齊驅。

謝辭

感謝行政院國科會（今科技部）、教育部、漁業署和國立臺灣大學，30多年來不斷挹注研究經費，歷任研究助理（李廣元、楊維德、薛珍珍、于學毓、陳添丁、翟靄玲、蔡宜君、陳勝利、陳致遠、蕭瑞仁、吳昭瑩、吳峰璋、陳韋呈、巫紅霏、許淑娘、鄧化瑜、謝雅之、葉念慈和池岱妮等）和研究生（詳編後語）等的通力合作，以及國立臺灣大學地質系陳正宏教授、中央研究院Dr. Yoshiyuki Iizuka和國立成功大學游鎮烽教授協助耳石化學元素的測量分析，才有臺灣今天耳石研究的成就。也要特別感謝余水金先生於1980～1985年協助蒐集臺北縣（今新北市）福隆地區的鰻苗捕撈資料，讓筆者完成教授升等論文。中國大陸遼寧省水產研究所解玉浩先生協助採集中國大陸主要河川的日本鰻鰻線標本，已故英國Mr. Gorden Williamsons（威林臣先生）協助採集歐美各國的美洲鰻和歐洲鰻鰻線標本，瑞典Dr. Håkan Wickström提供歐洲鰻耳石標本、日本Dr. Hideo Oka提供日本鰻耳石標本、Dr. Adrian Collins和Dr. Donald J. Jellyma協助採集大洋洲澳洲東岸和紐西蘭南北島的短鰭鰻鰻線標本，以及德國寄生蟲學專家Dr. Taraschewski提供南非的鱸鰻和馬達加斯加的莫三鼻克鰻的耳石標本等，讓研究團隊可以研究全世界的鰻魚。臺灣漁船的海上觀察員和印尼當地的研究員協助採集彌足珍貴的南方黑鮪耳石樣本，讓研究團隊能夠研究遠在印度洋的南方黑鮪。林千翔博士、Dr. Jacques Panfili、Dr. David H. Secor、Dr. Steven E. Campana、Dr. Ifremer O. Dugomay和Dr. Guy Verreault等慷慨提供圖片，讓本書增色不少。最後要感謝五南圖書出版股份有限公司的協助，讓本書順利問世。

參考文獻

1. 碩博士生論文

　　從1989至2014的25年間，總共培養了32位碩士生（含外籍生2人）和14位博士生（含外籍生2人）。其中有五位已經是國立大學教授或副教授，薪火相傳，繼續發揚耳石的研究。上述碩士和博士生的學位論文如下：

(1) 碩士生

繆自昌（1989）台灣北部淡水河口域花身雞魚生殖生物學之研究。國立臺灣大學漁業科學研究所碩士學位論文（共同指導）。

陳楊宗（1992）淡水河口產布氏銀帶鯡與島嶼銀帶鯡仔稚魚的攝食生態。國立臺灣大學漁業科學研究所碩士學位論文。

鄭普文（1994）耳石輪紋分析在日本鰻（*Anguilla japonica* Temminck & Schlegel）初期生活史研究上的應用。國立臺灣大學漁業科學研究所碩士學位論文。

魏旭邦（1995）由耳石的日成長輪探討沿岸域花身雞魚的日齡及成長。國立臺灣大學漁業科學研究所碩士學位論文。

王佳惠（1996）耳石的微細構造及微化學在美洲鰻及歐洲鰻的初期生活史上之應用研究。國立臺灣大學漁業科學研究所碩士學位論文。

沈康寧（1997）兩棲洄游型蝦虎魚日本禿頭鯊的初期生活史及加入動態之研究。國立臺灣大學漁業科學研究所碩士學位論文。

張至維（1997）由耳石的微細構造探討淡水河口域烏魚稚魚的日齡及成長。國立臺灣大學漁業科學研究所碩士學位論文。

陳一菁（2000）印度洋長鰭鮪之漁場分布與海洋環境之關係。國立臺灣大學生命科學院生態學與演化生物學研究所碩士學位論文（共同指導）。

楚涵（2003）臺灣地區珊瑚礁魚類之群聚構造、種類鑑定及初期生活史之研究。國立臺灣大學漁業科學研究所碩士學位論文（共同指導）。

何杰騰（2004）利用遺傳標記及形態鑑定台灣的外來種鱘。國立臺灣大學漁業科學研究所碩士學位論文。

林世寰（2004）鹽度與餌料對日本鰻鰻線體成長及耳石鍶鈣比的影響。國立臺灣大學漁業科學研究所碩士學位論文。

陳慧倫（2004）大眼海鰱*Megalops cyprinoides*變態過程中耳石的微細構造與微化學改變之研究。國立臺灣大學漁業科學研究所碩士學位論文。張凱傑（2005）臺灣北部地區日本鰻鰻線族群遺傳結構的月別變化。國立臺灣大學漁業科學研究所碩士學位論文。

曲有為（2005）利用性比及耳石元素指紋圖辨識高屏溪野生與養殖日本鰻。國立臺灣大學漁業科學研究所碩士學位論文。

陳冠宇（2005）台灣東北部藍帶蓋刺魚生殖模式之研究。國立臺灣大學漁業科學研究所碩士學位論文。

許智傑（2005）烏魚仔稚魚期耳石微細構造與初期生活史事件的關係之研究。國立臺灣大學漁業科學研究所碩士學位論文。

李杰龍（2006）魚類在適應鹽度過程中能量代謝之細胞分子機制。國立臺灣大學漁業科學研究所碩士學位論文（共同指導）。

林育廷（2006）印度洋南方黑鮪的年齡成長與洄游環境史之研究。國立臺灣大學漁業科學研究所碩士學位論文。

李浩祥（2007）耳石結構及微化學應用在大肚溪河口日本海鰶的成長與洄游環境史之研究。國立臺灣大學漁業科學研究所碩士學位論文。

孫宇樑（2007）台灣北部地區日本鰻鰻線族群遺傳結構之長期變化。國立臺灣大學漁業科學研究所碩士學位論文（共同指導）。

莊聖儀（2007）台灣初級淡水魚分布與棲地環境因子之關聯性。國立臺灣大學漁業科學研究所碩士學位論文（共同指導）。

楊竣菘（2007）大眼海鰱柳葉魚變態過程中耳石微　元素比值與外在水體元素濃度之關係。國立臺灣大學漁業科學研究所碩士學位論文。

張雅婷（2008）日本鰻的棲地利用與族群遺傳結構及粗厚鰻居線蟲感染之探討。國立臺灣大學漁業科學研究所碩士學位論文（共同指導）。

Leander NJ (2009) Population genetic structure of the amphidromous goby *Sicyopterus japonicus* in the northwestern Pacific. MS thesis, Institute of Fisheries Science, National Taiwan University.

Rosel RCN (2009) Migratory contingents assessment of grey mullet *Mugil cephalus* as inferred by otolith microchemistry. MS thesis, Institute of Fisheries Science, National Taiwan University.

江俊億（2009）日本鰻耳石的錳元素上升原因之探討。國立臺灣大學漁業科學研究所碩士學位論文。

鄭志成（2009）西北太平洋鱸鰻族群遺傳結構之研究。國立臺灣大學漁業科學研究所碩士學位論文。

林揚瀚（2010）鹽度對鱸鰻生長率、死亡率和滲透壓的影響及其環境適應性和棲地選擇之探討。國立臺灣大學漁業科學研究所碩士學位論文。

曾明彥（2010）臺灣淡水河流域烏魚的生活史特徵及洄游行為。國立臺灣大學漁業科學研究所碩士學位論文。

李玳瑜（2011）藉由耳石鍶鈣比探討義大利水域歐洲鰻之洄游生活史與棲地利用策略。國立臺灣大學漁業科學研究所碩士學位論文。

陳昱翔（2011）耳石微細結構與微化學應用在兩棲洄游型寬頰瓢鰭鰕虎的初期生活史及加入動態之研究。國立臺灣大學漁業科學研究所碩士學位論文。

楊士弘（2011）水質化學及耳石微化學在淡水河流域烏魚的洄游環境史之應用研究。國立臺灣大學漁業科學研究所碩士學位論文。

(2) 博士生

王友慈（1997）淡水河口鄰接海域產鯡類仔魚的來游動態暨初期生活史之研究。國立臺灣大學動物學研究所博士學位論文。

曾美珍（2002）以微衛星DNA研究日本鰻之族群結構。國立臺灣大學動物學研究所博士學位論文（共同指導）。

蕭仁傑（2002）以耳石日週輪特性探討淡水鰻*Anguilla australis*、*A. reinhardtii*以及*A. dieffen-bachii*的初期生活史與輸送途徑。國立臺灣大學動物學研究所博士學位論文。

張至維（2003）以耳石微細構造及微化學研究臺灣近海烏魚稚魚的生活史及洄游環境。國立臺灣大學動物學研究所博士學位論文。

韓玉山（2003）日本鰻*Anguilla japonica*銀化過程中型態、生理及內分泌變化之研究。國立臺灣大學動物學研究所博士學位論文（共同指導）。

沈康寧（2007）以微衛星DNA探討澳洲東部三種淡水鰻（澳洲花鰻、澳洲短鰭鰻和紐西蘭大鰻）的族群遺傳結構及其演化史。國立臺灣大學動物學研究所博士學位論文。

林裕嘉（2008）高屏溪日本鰻族群動態及永續利用：YPR和SPR模式的應用。國立臺灣大學漁業科學研究所博士學位論文。

張美瑜（2008）利用耳石元素指紋圖研究仔稚魚在河口間的擴散模式——以鰕虎與鯛科為例。國立臺灣大學漁業科學研究所博士學位論文。

陳榮宗（2008）台灣淡水沼蝦屬之地理親緣關係探討。國立臺灣大學漁業科學研究所博士學

位論文（共同指導）。

許智傑（2009）以自然標記研究臺灣沿岸水域烏魚的族群結構及洄游環境史。國立臺灣大學漁業科學研究所博士學位論文。

Jamandre BWD (2010) Phylogeography and evolutionary of flathead mullet *Mugil cephalus* in the northwest Pacific derived from mitochondrial DNA control region. PhD thesis, Institute of Fisheries Science, National Taiwan University.

林世寰（2011）利用耳石元素組成和標識放流實驗研究日本鰻在河川內的洄游環境史及棲地利用特徵。國立臺灣大學漁業科學研究所博士學位論文。

林育廷（2013）利用耳石年齡標記和元素組成研究南方黑鮪的生活史與洄游環境。國立臺灣大學漁業科學研究所博士學位論文。

Leander NJ (2014) Life history of the giant mottled eel *Anguilla marmorata* in the northwestern Pacific as revealed from otolith daily growth increment and microchemistry. PhD thesis, Institute of Fisheries Science, National Taiwan University.

2. 中日文期刊

大島正滿（1921）臺灣に產するカラスミ鯔に就て。動物學雜誌33: 71-80。

中野原治（1918）鯔の生態研究。水產研究誌13(4): 115-121。

行政院環保署（1995）魚畸型原因鑑定專案計畫期末報告書。

吳敬華（2012）四種鰻（日本鰻、鱸鰻、呂宋鰻、太平洋雙色鰻）其玻璃鰻在臺灣與菲律賓呂宋島的地理分布與種類組成的季節性變化。國立臺灣大學漁業科學研究所碩士論文。

李昌年（1992）火成岩微量元素岩石學。中國地質大學出版社。

李懿欣（2002）紐氏副盲鰻內耳之組織學及耳石型態之研究。國立中山大學 洋生物研究所碩士論文。

沈康寧、曾萬年（1997）耳石的微化學及魚類洄游環境史的研究。中國水產月刊 529: 37-45。

林千翔（2010）臺灣現生和古魚類的形態學研究。國立臺灣大學動物學研究所碩士論文。

林鈞安編（1988）實用生物電子顯微鏡。遼寧科學技術出版社，221頁+圖版4頁。

松井魁著（1972）鰻學。（上冊）生物學的研究篇，（下冊）養成技術篇，737頁。恆星社厚生閣版。

張至維、曾萬年（1996）魚類耳石形成之生理機制。中國水產月刊528: 3-10。

張至維、曾萬年（2000）臺灣沿岸鯔科魚苗資源的變動——種類識別、生產量及養殖的展望。臺大漁推第十八期，第25-42頁。

郭　河（1971）臺灣におけるシラスウナギの接岸。養殖8(1): 52-56。

陳振中（2004）研究新領域報導——生物礦化。自然科學簡訊16(2): 44-46。

曾萬年（1972）東海南區、臺灣海峽產白口魚之年齡、成長與生殖生態的研究。國立臺灣大學海洋研究所碩士論文，52頁。

曾萬年（1980）相模灣にけるサバ類の生活實態と環境との関係に関する研究。東京大學農學部水產學科博士論文，179頁。

曾萬年（1982）記臺灣新記錄之西里伯斯鰻鰻線。生物科學19: 57-66。

曾萬年（1985）由耳石的日週輪推算日本鰻（*Anguilla japonica*）之仔鰻從產卵場漂游到河口域所需要的時間。生物科學20：15-31。

曾萬年（1995）會寫日記的魚類——從鰻魚耳石的日週輪及微化學分析談起。中國水產月刊515: 19-25。

曾萬年（2009）隱藏在耳石裡的魚類生活史秘密～從鰻魚耳石的日週輪及微化學分析談起。臺大校友雙月刊62：14-19。

曾萬年（2010）漁業生物學及生態學（第一、第二、第三、和第四冊）。國立臺灣大學漁業科學研究所曾萬年教授退休論文集。國立臺灣大學圖書館「臺大人」文庫。

曾萬年（2011）為鰻走天涯。漁業推廣294：16-17。

曾萬年（2012a）魚類生活史的神祕面紗。科學發展477：6-14頁。

曾萬年（2012b）鰻魚生活史及保育論文集（上、下冊）。國立臺灣大學圖書館「臺大人」文庫。

曾萬年（2014）鰻魚風華。漁業推廣329：10-17。

曾萬年、韓玉山、塚本勝巳、黑木真理著（2012）鰻魚傳奇。宜蘭縣立蘭陽博物館出版，232頁。

曾萬年等編著（2008）隱藏在魚類內耳裡的生活史秘密——耳石的構造和微化學及其生態應用。國立臺灣大學漁業科學研究所，93頁。

童逸修（1981）臺灣鯔魚之漁業、生態與資源。經濟部和國立臺灣大學合辦漁業生物試驗所研究報告3(4):38-102。

劉必林、陳新軍、陸化杰、馬金著（2011）頭足類耳石。北京科學出版社，202頁。

劉振鄉（1991）鯔科魚類的生物學研究。國立臺灣大學動物學研究所博士論文，臺北，203

頁。

劉錫江、曾萬年（1972）東海南區、臺灣海峽產白口魚之年齡與成長。臺灣水產學會刊1
（1）：21-37。

3. 西文期刊

Adams LA (1940) Some characteristic otoliths of American Ostariophysi. J. Morphol.66: 497-527.

Allen GP (1971) Déplacements aisonniers de la lentille de 'Crème de vase' dans l'estuarie de la Gironde. Comptes Rendus de l'Acad. Sci. Paris 273: 2429-31.

Amiel AJ, Friedman GM and Miller DS (1973) Distribution and nature of incorporation of trace elements in modern aragonite corals. Sedimentol. 20: 47-64.

Andrus CF, Crowe DE, Sandweiss DH, Reitz EJ and Romanek CS (2002) Otolith δ^{18}O record of mid-Holocene sea surface temperatures in Peru. Science 295: 1508-1511.

Anonymous (1994) Report of the thirteenth meeting of Australia, Japanese and New Zeal and scientists on southern bluefin tuna, 20-29 April 1994, Ministry of Agriculture and Fisheries, Wellington, New Zealand. 13pp.

Angino EE, Billings GK and Andersen N (1966) Observed variations in the strontium concentration of sea water. Chem. Geol. 1: 145-153.

Antunes JC and Tesch FW (1997) Critical consideration of the so-called "metamorphosis zone" when identifying daily rings in the otoliths of glass eels and eel larvae (*Anguilla anguilla* L.) . Ecol. Freshwat. Fish. 6: 102-107.

Aoyama J, Nishida M and Tsukamoto K (2001) Molecular phylogeny and evolution of the freshwater eel, genus *Anguilla*. Mol. Phylogenet Evol. 20: 450-459.

Arai T, Kotake A and McCarthy TK (2006) . Habitat use by the European eel *Anguilla anguilla* in Irish waters. Estuar. Coast. Shelf Sci. 67: 569-578.

Arai T, Limbong D and Tsukamoto K (2000a) Validation of otolith daily increments in the tropical eel *Anguilla celebesensis*. Can. J. Zool. 78: 1078-1084.

Arai T, Limbong D, Otake T and Tsukamoto K (2001) Recruitment mechanism of tropical eel *Anguilla* spp and implications for the evolution of Oceanic migration in the genns *Anguilla*. Mar. Ecol. Prog. Ser. 216: 253-264.

Arai T, Otake T and Tsukamoto K (1997) Drastic changes in otolith microstructure and microchemistry accompanying the onset of metamorphosis in the Japanese eel *Anguilla japonica*. Mar. Ecol. Prog. Ser. 161: 17-22.

Arai T, Otake T, Daniel L and Tsukamoto K (1999) Early life history and recruitment of the tropical eel, *Anguilla bicolor pacifica*, as revealed by otolith microstructure and microchemistry. Mar. Biol. 133: 319-326.

Bagenal TB, Mackereth FJH and Heron J (1973) The distinction between brown trout and sea trout by the strontium content of their scales. J. Fish Biol. 5: 555-557.

Barrett RT, Rov N, Loen J and Montevecchi WA (1990) Diets of shags *Phalacrocorax aristotelis* and cormorants *P. carbo* in Norway and possible implications for gadoid stock recruitment. Mar. Ecol. Porg. Ser. 66: 205-218.

Bath GE, Thorrold SR, Jones CM, Campana SE, McLaren JW and Lam JWH (2000) Strontium and barium uptake in aragonite otoliths of marine fish. Geochim. Cosmochim. Acta. 64: 1705-1714.

Beamish RJ and McFalane GA (1983) The forgotten requirement for age validation in fisheries biology. Trans. Am. Fish. Soc.112: 735-743.

Beamish RJ and McFalane GA (1987) Current trends in age determination methodology. p16-42. *In*: Summerfelt RC and Hall GE (eds.) Age and growth of fish. Iwowa State University Press/ AMES, USA.544pp.

Begg GA, Campana SE, Fowler AJ and Suthers IM (eds.) (2005) Otolith research and applications:current directions in innovation and implementation. Mar. Freshw. Res. 56: 477-483.

Belanger SE, Cherry DS, Ney JJ and Whitehurst DK (1987) Differentiation of freshwater versus saltwater striped bass by elemental scale analysis. Trans. Am. Fish. Soc. 116: 594-600.

Bell KNI, Pepin P and Brown JA (1995) Seasonal, inverse cycling of length and age-at-recruitment in the diadromous gobies *Sicydium punctatum* and *Sicydium antillarum* in Dominica, West Indies. Can. J. Fish. Aquat. Sci. 52: 1535-1545.

Borelli G, Guibbolini ME, Mayer-Gostan N, Priouzeau F, De Pontual H, Allemand D, Puverel S, Tambutte E and Payan P (2003) Daily variations of endolymph composition: relationship with the otolith calcification process in trout. J. Exp. Biol. 206: 2685-2692.

Brazner JC, Campana SE and Tanner DK (2004) Habitat fingerprints for lake superior coastal wetlands derived from elemental analysis of yellow perch otolith. Trans. Am. Fish. Soc. 133: 692-

704.

Briones AA, Yambot AV, Shiao JC, Iizuka Y and Tzeng WN (2007) Migratory pattern and habitat use of tropical eels *Anguilla* spp. (Teleostei : Anguilliformes : Anguillidae) in the Philippines, as revealed by otolith microchemistry. Raffles B. Zool. 141-149.

Cairns DK, Shiao JC, Iizuka Y, Tzeng WN and MacPherson CD (2004) Movement patterns of American eels in an impounded watercourse, as indicated by otolith microchemistry. N. Am. J. Fish. Manage. 24: 452-458.

Cairns DK, Chaput G, Poirier LA *et al.* (2014) Recovery potential assessment for the American eel (*Anguilla rostrata*) for eastern Canada: Life history, distribution, reported landings, status indicators, and demographic parameters. Canadian Science Advisory Secretariat (CSAS) Research Document 2013/134.

Campana SE (1984a) Microstructural growth patterns in the otoliths of larval and juvenile starry flounder, *Platichthys stellatus*. Can. J. Zool. 62: 1507-1512.

Campana SE (1984b) Interactive effects of age and environmental modifiers on the production of daily growth increments in otoliths of plainfin midshipman, *Porichthys notatus*. Fish. Bull. 82: 165-177.

Campana SE and Neilson JD (1985) Microstructure of fish otoliths. Can. J. Fish. Aquat. Sci. 41: 1014-1032.

Campana SE (1989) Otolith microstructure of three larval gadids in the Gulf of Maine, with inferences on early life history. Can. J. Zool. 67: 1401-1410.

Campana SE (1990) How reliable are growth backcalculations based on otoliths? Can. J. Fish. Aquat. Sci. 47: 2219-2227.

Campana SE and Casselman JM (1993) Stock discrimination using otolith shape analysis. Can. J. Fish. Aqust. Sci. 50: 1062-1083.

Campana SE, Fowler AJ and Jones CM (1994) Otolith elemental fingerprinting for stock identification of Atlantic cod (*Gadus msrhua*) using laser ablation ICPMS. Can. J. Fish. Aquat. Sci. 51: 1942-1950.

Campana SE (1999) Chemistry and composition of fish otolith: pathways, mechanisms and application. Mar. Ecol. Prog. Ser. 188: 263-297.

Campana SE and Tzeng WN (2000a) Section 4: Otolith composition. Fish. Res. (46) 287-288.

Campana SE, Chouinard GA, Hansen M, Freched A and Brattey J (2000b) Otolith elemental finger-prints as biological tracers of fish stocks. Fish. Res. 46: 343-357.

Campana SE (2001) Accuracy, precision and quality control in age determination, including a review of the use and abuse of age validation methods. J. Fish Biol. 59: 197-242.

Campana SE (2004) Photographic atlas of fish otolith of the Northwest Atlantic Ocean. NRC Research Press, Ottawa, Ontario. 284pp.

Campana SE (2005) Otolith science entering the 21st century. Mar. Freshw. Res. 56: 485-495.

Campbell RA and Tuck G (1996) Spatial and Temporal analysis of SBT fine-scale catch and effort data. 2nd scientific meeting of the commission for the conservation of southern bluefin tuna scientific meeting, 26 August-5 September 1996, Commonwealth Scientific and Industrial Research Organisation Marine Research, Hobart, Australia. Rep CCSBT/SC/96/18, 37pp.

Capoccioni F, Lee DY, Iizuka Y, Tzeng WN and Ciccotti E (2014) Phenotypic plasticity in habitat use and growth of the European eel (*Anguilla anguilla*) in transitional waters in the Mediterranean area. Ecol. Freshw. Fish 23: 65-76.

Cardinale M, Doering-Arjes P, Kastowsky M and Mosegaard H (2004) Effects of sex, stock and environment on the shape of Atlantic cod (*Gadus morhua*) otoliths. Can. J. Fish. Aquat. Sci. 61: 158-167.

Carlander KD (1987) A history of scale age and growth studies of North American freshwater fish, In: RC Summerfelt and GE Hall [eds.] Age and growth of fish. Iowa State Univ Press Ames, Iowa, p3-14.

Carlström D (1963) A crystallographic study of vertebrate otoliths. Biol. Bull. (Woods Hole) 125: 441-463.

Casselman JM (1982) Chemical analyses of the optically different zones in eel otoliths, pp.74-82. *In*: K H Loftus (ed.) Proceedings of the 1980 North American eel conference, Ontario Fish. Tech. Rep.

Caton A, McLaughlin K and Williams MJ (1990) Southern bluefin tuna: Scientific background to the debate. Bureau of Rural Resources, Bulletin No. 3, Department of Primary Industries and Energy, Australian Government Publishing Service, Canberra, 41 pp.

Chang CW, Lin SH, Iizuka Y and Tzeng WN (2004a) The relationships between Sr:Ca ratios in the otoliths of grey mullet *Mugil cephalus* and ambient salinity: validation, mechanism and application. Zool. Stud. 43 (1) : 74-85.

Chang CW, Iizuka Y and Tzeng WN (2004b) Migratory environmental history of the grey mullet *Mugil cephalus* as revealed by otolith Sr:Ca ratios. Mar. Ecol. Prog. Ser. 269: 277-288.

Chang CW, Tzeng WN and Lee YC (2000) Recruitment and hatching dates of grey mullet (*Mugil cephalus* L.) juveniles in the Tanshui Estuary of Northwest Taiwan. Zool. Stud. 39 (2) : 99-106.

Chang CW, Wang YT and Tzeng WN (2010) Morphological study on vertebral deformity of the Thornfish Terapon jabua in the thermal effluent outlet of a nuclear power plant in Taiwan.J. Fish. Soc. Taiwan 37 (1) : 1-11.

Chang MY, Wang CH, You CF and Tzeng WN (2006) Individual-based dispersal patterns of larval gobies in an estuary as indicated by otolith elemental fingerprints. Sci. Mar. 70: 165-174.

Chang MY, Tzeng WN, Wang CH and You CF (2008) Difference in otolith elemental composition of the larval *Rhinogobius giurinus* (Perciformes Gobiidae) among estuaries of Taiwan: Implications for larval dispersal and connectance among metapopulation. Zool. Stud. 47 (6) : 676-684.

Chang MY, Tzeng WN and You CF (2012) Using otolith trace elements as biological tracer for tracking larval dispersal of black porgy, *Acanthopagrus schlegeli* and yellowfin seabream, *A. latus* among estuaries of western Taiwan. Environ. Biol. Fish. 95(4) : 491-502.

Chen FC, Chen YM and Tzeng WN (1996) Correlation between otolith growth and life history of Thornfish *Terapon jarbua* in the waters around the thermal effluent outfall of the Kin-Shan nuclear power plant, Taiwan. J. Fish. Soc. Taiwan 23(2) : 79-94.

Chen HL and Tzeng WN (2006) Daily growth increment formation in otoliths of Pacific tarpon (*Megalops cyprinoids*) during metamorphosis. Mar. Ecol. Prog. Ser. 312: 255-263.

Chen HL, Shen KN, Chang CW, Iizuka Y and Tzeng WN (2008) Effects of water temperature, salinity and feeding regimes on metamorphosis, growth and otolith Sr:Ca ratios of *Megalops cyprinoides* leptocephali. Aquat. Biol. 3: 41-50.

Chen SF, Huang BQ, Cheng TR and Ho CH (1992) Feeding rhythm of thronfish, *Terapon jarbua*. J. Fish. Soc. Taiwan 19 (3): 183-190.

Chen JZ, Huang SL and Han YS (2014) Impact of long-term habitat loss on the Japanese eel *Anguilla japonica.* Estuar. Coast. Shelf Sci. 151 : 361-369.

Cheng PW and Tzeng WN (1996) Timing of metamorphosis and estuarine arrival across the dispersal range of the Japanese eel *Anguilla japonica*. Mar. Ecol. Prog. Ser. 131: 87-96.

Chilton DE and Beamish RJ (1982) Age determination for fishes studied by the Groundfish Program at the Pacific Biological Station. Canadian Special Publication of Fisheries and Aquatic Sciences 60.

Colombo G and Rossi R (1978) Environmental infl uence on growth and sex ratio in different eels populations (*Anguilla anguilla* L.) of Adriatic coasts. pp. 313-320. *In*: DS McLusky and AJ Berry (eds.) Physiology and Behaviour of Marine Organisms. Proceedings of the 12th European Symposium on Marine Biology, Stirling, Scotland, September 1977. Pergamon Press, Oxford and New York.

Chow S, Kurogi H, Mochioka N *et al.* (2009) Discovery of mature freshwater eels in the open ocean. Fish. Sci. 75: 257-259.

Chu YW, Han YS, Wang CH, You CF and Tzeng WN (2006) The sex-ratio reversal of the Japanese eel *Anguilla japonica* in the Kaoping River of Taiwan: The effect of cultured eels and its implication. Aquaculture 261 (4) : 1230-1238.

Ciccotti E, Busilacchi S and Cataudella S (2000) Eel *Anguilla anguilla* (L.) in Italy: recruitment, fisheries and aquaculture. *Dana* 12: 7-15.

Cieri MD and McCleave JD (2000) Discrepancies between otoliths of larvae and juveniles of the American eel: is something fishy happening at metamorphosis? J. Fish Biol. 57: 1189-1198.

Clear N, Francis M, Tsuji S, Krusic-Golub K, Itoh T, Tzeng WN, Sutton C, Findlay J, Hirai A, Shiao JC, Omote K, An DH and Im YJ (2002) A manual for age determination of southern bluefin tuna *Thunnus maccoyii*: Otolith sampling, preparation and interpretation. The Direct Age Estimation Workshop of the CCSBT 11-14 June, 2002 Queenscliff, Australia.

Coffy M, Dehairs F, Collette O, Luther G, Church T and Jickells T (1997) The behavior of dissolved barium in estuaries. Estuar. Coast. Shef Sci.45-113-121.

Correia AT, Antunes C, Isidro EJ and Coimbra J (2003) Changes in otolith microstructure and microchemistry during larval development of the European conger eel (*Conger conger*) . Mar. Biol. 142: 777-789.

Coutant CC and Chen CH (1993) Strontium microstructure in scales of freshwater and estuarine striped bass (*Morone saxitilis*) detected by laser ablation mass spectrometry. Can. J. Fish. Aquat. Sci. 50:1318-1323.

Daverat F, Tomas J, Lahaye M, Palmer M and Elie P (2005) Tracking continental habitat shifts of eels using otolith Sr/Ca ratios: validation and application to the coastal, estuarine and riverine eels of the Gironde-Garonne-Dordogne watershed. Mar. Freshw. Res. 56: 619-627.

Daverat F, Limburg KE, Thibault I, Shiao JC, Dodson JJ, Caron F, TzengWN, Iizuka Y and Wickström H (2006) Phenotypic plasticity of habitat use by three temperate eel species *Anguilla anguilla*, *A. japonica* and *A.rostrata*. Mar. Ecol. Prog. Ser. 308: 231-241.

Degens ET, Deuser WG and Haedrich RL (1969) Molecular structure and composition of fish otoliths.Mar. Biol. 2:105-113.

Dekker W and Casselman J M (2014) The 2003 Québec Declaration of Concern About Eel Declines-11 Years Later: Are Eels Climbing Back up the Slippery Slope? Fisheries 39(12): 613-614.

Devereux I (1967) Temperature measurement from oxygen isotope ratios of fish otoliths. Science 155: 1684-1685.

Ege W (1939) A revision fo the genus *Anguilla* Shaw: a systematic, phylogenetic, and geographical study. Dana Rep. 16: 1-256.

Elsdon TS, Wells BK, Campana SE, Gillanders BM, Jones CM, Limburg KE, Secor DH, Thorrold SR and Walther BD (2008) Otolith chemistry to describe movements and life-history parameters of fishes: hypotheses, assumptions, limitations and inferences. Oceanogr. Mar. Biol. : An Annual Review 46: 297-330.

Forey PL, Littlewood DTJ, Ritchie P and Meyer A (1996) Interrelationships of elopomorph, pp.175-191, *In*: MLJ Stiassny, LR Parenti and GD Johnson (eds.) Interrelationships of Fishes. Academic Press, San Diego, CA.

Francis RICC (1995) The analysis of otolith data-A mathematicians perspective (What, precisely is your model?), p. 81-95. *In*: DH Secor, JM Dean and SE Campana (eds) Recent Developments in Fish Otolith Research, vol 19. Belle W. Baruch Library in Marine Science.

Fritz P and Fontes JCh (1980) Handbook of environmental isotope geochemistry. Elsevier, Amsterdam (Netherlands). 439 pp.

Geffen AJ (1982) Otolith ring deposition in relation to growth rate in herring (*Clupea barengus*) and turbot (*Scopbtbalmus maximus*) larvae. Mar. Biol. 71: 317-326.

Gillanders BM (2002) Temporal and spatial variability in elemental composition of otoliths: implication for determining stock identity and connectivity of populations. Can. J. Fish. Aquat. Sci.

59: 669-679.

Gillanders BM and Kingsford MJ (1996) Elements in otoliths may elucidate the contribution of estuarine recruitment to sustaining coastal reef populations of a temperate reef fish. Mar. Ecol. Prog. Ser. 141: 13-20.

Gillanders BM and Kingsford MJ (2000) Element fingerprint of otoliths may distinguish estuarine "nursery"habitats. Mar. Ecol. Prog. Ser. 201: 273-286.

Gross MR, Coleman RM and McDowall RM (1988) Aquatic productivity and the evolution of diadromous fish migration. Science 239: 1291-3.

Han YS, Tzeng WN, Huang YS and Liao IC (2000) The silvering of the Japanese eel *Anguilla japonica*: season, age, size and fat. J. Taiwan Fish. Res. 8 (1&2): 37-45.

Han YS, Yu CH, Yu HT, Chang CW, Liao IC and Tzeng WN (2002) The exotic American eel in Taiwan: ecological implications. J. Fish Biol. 60: 1608-1612.

Han YS, Yu YL, Liao IC and Tzeng WN (2003) Salinity preference of silvering Japanese eel *Anguilla japonica*: evidence from pituitary prolactin mRNA levels and otolith Sr:Ca ratios. Mar. Ecol. Prog. Ser. 259: 253-261.

Han YS and Tzeng WN (2006) Use of the sex ratio as a means of resource assessment for the Japanese eel *Anguilla japonica*: a case study in the Kaoping River, Taiwan. Zool. Stud. 45 (2) : 255-263.

Han YS and Tzeng WN (2007) Sex-dependent habitat use by the Japanese eel *Anguilla japonica* in Taiwan. Mar. Ecol. Prog. Ser. 338: 193-198.

Han YS, Chang YT and Tzeng WN (2009) Variable habitat use by Japanese eel affects dissemination of swimbladder parasite *Anguillicola crassus*. Aquat. Biol. 5: 143-147.

Han YS, Hung CL, Liao YF and Tzeng WN (2010a) Population genetic structure of the Japanese eel *Anguilla japonica*: panmixia at spatial and temporal scales. Mar. Ecol. Prog. Ser. 401: 221-232.

Han YS, Iizuka Y and Tzeng WN (2010b) Does variable habitat usage by the Japanese eel lead to population genetic differentiation. Zool. Stud. 49 (3) : 392-39.

Healey MC (1982) Timing and relative intensity of size-selective mortality of juvenile chum salmon (*Oncorhynchus keta*) during early sea life. Can. J. Fish. Aqust. Sci. 39: 952-957.

Henderström H (1959) Observations on the age of fishes. Rep. Inst. Freshwater. Res. Drottningholm

40: 161-164.

Hirai N, Tagawa M, Kaneka T and Tanaka M (1999) . Distributional changes in branchial chloride cells during freshwater adaptation in Japanese sea bass *Lateolabrax japonicus*. Zool. Sci. 16: 43-49.

Høie H, Otterlei E and Folkvord A (2004a) Temperature-dependent fractionation of stable oxygen isotopes in otoliths of juvenile cod (*Gadus morhua* L.). ICES J. Mar. Sci. 61: 243e251.

Høie H, Andersson C, Folkvord A and Karlsen Ø (2004b) Precision and accuracy of stable isotope signals in otoliths of pen-reared cod (*Gadus morhua*) when sampled with a high-resolution micromill. Mar.Biol.144: 1039-1049.

Hsieh, CH, Chen CS, Chiu TS, Lee KT, Shieh FJ, Pan JY and Lee MA (2009) Time series analyses reveal transient relationship between abundance of larval anchovy and environmental variables in the coastal waters southwest of Taiwan. Fish. Oceanogr. 18 (2) : 102-117.

Hsu CC, Han YS and Tzeng WN (2007) Evidence of flathead mullet *Mugil cephalus* L. spawning in waters northeast of Taiwan. Zool. Stud. 46: 717-725.

Hsu CC, Chang CW, Iizuka Y and Tzeng WN (2009a) A growth check deposited at estuarine arrival in tolithsof juvenile flathead mullet (*Mugil cephalus* L.) . Zool. Stud. 48: 315-324.

Hsu CC and Tzeng WN (2009b) Validation of annular deposition in scales and otoliths of flathead mullet *Mugil cephalus*. Zool. Stud. 48 (5) : 640-648.

Humphreys WF, Shiao JC, Iizuka Y and Tzeng WN (2006) Can otolith microchemistry reveal whether the blind cave gudgeon, *Milyeringa veritas (*Eleotridae) , is diadromous within a subterranean estuary? Environ. Biol. Fish 75: 439-453.

Hunt JJ (1992) Morphological characteristics of otoliths for selected fish in the Northwest Atlantic. J. Northw. Atl. Fish. Sci. 13: 63-75.

Ibáñez AL, Chang CW, Hsu CC, Wang CH, Iizuka Y and Tzeng WN (2012) Diversity of migratory environmental history of the mullets *Mugil cephalus* and *M. curema* in Mexican coastal waters as indicated by otolith Sr: Ca ratio. Ciencias Marinas 38 (1A) : 73-87

ICES (2006) Report of the 2006 session of the joint EIFAC/ICES working group on eels. 23-27 January, Rome, Italy. ICES CM 2006/ACFM: 16.

Jamandre BW, Durand JD and Tzeng WN (2009) Phylogeography of the flathead mullet *Mugil cephalus* in the north-west Pacific as inferred from the mtDNA control region. J. Fish Biol.75(2):

393-40.

Jarosewich E and White JS (1987) Strontianate reference sample for electron microprobe and SEM analyses. J. Sedement. Petrol. 57 (4) : 762-763.

Jensen AC (1965) A standard terminology and notation for otolith readers. ICNAF Res. Bull. 2: 5-7.

Jessop BM, Shiao JC, Iizuki Y and Tzeng WN (2002) Migratory behaviour and habitat use by American eels *Anguilla rostrata* as revealed by otolith microchemistry. Mar. Ecol. Prog. Ser. 233: 217-229.

Jessop BM, Shiao JC, Iizuka Y and Tzeng WN (2004) Variation in the annual growth, by sex and migration history, of silver American eels *Anguilla rostrata*. Mar. Ecol. Prog. Ser. 272: 231-244.

Jessop BM, Shiao JC, Iizuka Y and Tzeng WN (2006) Migration of juvenile American Eels *Anguilla rostrata* between freshwater and estuary, as revealed by otolith microchemistry. Mar. Ecol. Prog. Ser. 310: 219-233.

Jessop BM, Shiao JC, Iizuka Y and Tzeng WN (2007) Effects of inter-habitat migration on the evaluation of growth rate and habitat residence of American eels *Anguilla rostrata*. Mar. Ecol. Prog. Ser. 342: 255-2633.

Jessop BM, Cairns DK, Thibault I and Tzeng WN (2008a) Life history of American eel *Anguilla rostrata* : new insights from otolith microchemistry. Aquat. Biol. 1: 205-216.

Jessop BM, Shiao JC, Iizuka Y and Tzeng WN (2008b) Prevalence and intensity of occurrence of vaterite inclusions in aragonite otoliths of American eels *Anguilla rostrata*. Aquat. Biol. 2: 171-178.

Jessop BM, Wang CH, Tzeng WN, You CF, Shiao JC and Lin SH (2011) Otolith Sr:Ca and Ba:Ca may give inconsistent indications of estuarine habitat use for American eels (*Anguilla rostrata*) . Environ. Biol. Fish. 93 (2) : 193-207.

Jessop BM, Shiao JC and Iizuka Y (2013) Methods for estimating a critical value for determining the freshwater/estuarine habitat residence of American eels from otolith Sr:Ca data. Estuar. Coast. Shelf Sci. 133: 293-303.

Jobling M and Breiby A (1986) The use and abuse of fish otoliths in studies of feeding habits of marine piscivores. Sarsia, 71: 265-274.

Kalish JM (1990) Use of Otolith microchemistry to distinguish the progeny of sympatric anadromous and non-anadromous salmonids. Fish. Bull. 88: 657-666.

Kalish JM (1991) Determinants of otolith chemistry: seasonal variation in the composition of blood plasma, endolymph and otoliths of bearded rock cod *Pseudophycis barbatus*. Mar. Ecol. Prog. Ser. 74: 137-159.

Kalish JM (1993) Pre-and post-bomb radiocarbon in fish otoliths. Earth and Planetary Science Letter 114: 549-554.

Kalish JM, Beamish RJ, Brothers EB, Casselman JM, Francis RICC, Mosegaard H, Panfili J, Prince E D, Threshe R E, Wilson CA and Wright P J (1995) Glossary for Otolith Studies, pp.723-729. *In*: David H. Secor, John M. Dean and Steven E. Campana (Eds.) Recent Developments in Fish Otolith Research. The Belle W. Baruch Library in Marince Science No. 19, University of South Carolina Press.

Kamhi SR (1963) On the structure of vaterite CaCO3. Acta Cryst 16: 770-772.

Kendall AW Jr, Ahlstrom EH and Moser HG (1984) Early life history stages of Fishes and their characters.p11-12. *In*: Moser et al. (eds) Ontogeny and systematics of fishes. Sepc. Publ. No.1 Amer. Soc. Ichthyol. Herpetol.

King M (2007) Fisheries biology, assessment and management (2nd ed.) . Blackwell Publishing. 382pp.

Knights B (2003) . A review of the possible impacts of long-term oceanic and climate changes and fishing mortality on recruitment of anguillid eels of the northern Hemisphere. Science of the Total Environment 310: 237-244.

Kraus RT and Secor DH (2004) Incorporation of strontium into otoliths of an estuarine fish. J Exp Mar Biol Ecol 302: 85-106.

Lamson HM, Shiao JC, Iizuka Y, Tzeng WN and Cairns DK (2006) Movement patterns of American eels (*Anguilla rostrata*) between salt and fresh water in a small coastal watershed, based on otolith chemistry. Mar. Biol. 149: 1567-1576.

Lamson HM, Cairns DK, Shiao JC, Iizuka Y and Tzeng WN (2009) American eel, *Anguilla rostrata*, growth in fresh and salt water: implications for conservation and aquaculture. Fish. Manage. Ecol. 16: 306-314.

Leander NJ, Tzeng WN, Yeh NT, Shen KN and Han YS (2013) Effect of metamorphosis timing and larval growth rate on the latitudinal distribution of the sympatric freshwater eels, *Anguilla japonica* and *A. marmorata*, in the western North Pacific. Zool. Stud. 52: 30.

Leander NJ, Wang YT, Yeh MF and Tzeng WN (2014) The largest giant mottled eel *Anguilla marmorata* discovered in Taiwan. TW J. Biodivers 16 (1) : 77-84.

Lee CW and Chu TY (1965) A general survey of Tanshui River and its tributary estuaries. Report of the Institute of Fishery Biology of Ministry of Economic Affairs and National Taiwan University 2 (1) : 34-45.

Lenaz D and Miletic M (2000) Vaterite otoliths in some freshwater fishes of the Lower Friuli Plain (NE Italy) . Neues Jahrbuch fur Mineralogie, Monatshefte 11, 522-528.

Liao IC (1977) On completing a generation cycle of the grey mullet (*Mugil cephalus*) in captivity. J. Fish. Soc. Taiwan 5: 1-10.

Liao IC, Lu YJ, Huang TL and Lin MC (1971) Experiment on induced breeding of the grey mullet *Mugil cephalus* Linnaeus. Fish. Ser. Chin-Am. Jt. Comm. Rur. Reconstr. 11: 1-29.

Liao IC, Kuo CL, Tzeng WN, Hwang ST, Wu LC, Wang CH and Wang YT (1996) The first time of leptocephali of Japanese eel *Anguilla japonica* collected by Taiwanese researchers. J. Taiwan Fish. Res. 4(2): 107-116.

Limburg KE, Svedang H, Elfman M and Kristiansson P (2003) Do stocked freshwater eels migrate? Evidence from the Baltic suggests 'yes', pp. 275-284. *In*: DA Dixon (ed) Biology, management and protection of catadromous eels. Am Fish Soc Symp 33.

Lin CH and Chang CW (2012) Otolith atlas of Taiwan Fishes.National Museum of Marine Biology and Aquarium (NMMBA) Atalas Series 12.Taiwan.415pp.

Lin SH, Chang CW, Iizuka Y and Tzeng WN (2007) Salinities, not diets, affect strontium/calcium ratios in otoliths of *Anguilla japonica*. J Exp Mar Biol Ecol. 341 (2) : 254-263.

Lin SH, Chang SL, Iizuka Y, Chen TI, Liu FG, Su MS, Su WC and Tzeng WN (2009) Use of mark-recapture and otolith microchemistry to study the migratory behaviour and habitat use of Japanese eels (*Anguilla japonica*) . J. Taiwan Fish. Res. 17 (2) : 47-65.

Lin SH, Iizuka Y and Tzeng WN (2012) Migration behavior and habitat use by juvenile Japanese eels *Anguilla japonica* in continental waters as indicated by mark-recapture experiments and otolith microchemistry. Zool. Stud. 51 (4) : 442-452.

Lin YJ, Iizuka Y and Tzeng WN (2005) Decreased Sr/Ca ratios in the otoliths of two marine eels *Gymnothorax reticularis* and *Muraenesox cinereus* during metamorphosis. Mar. Ecol. Prog. Ser. 304: 201-206.

Lin YJ, Ložys L Shiao JC, Iizuka Y and Tzeng WN (2007) Growth differences between naturally recruited and stocked European eel *Anguilla anguilla* from different habitats in Lithuania. J. Fish Biol. 71: 1773-1787.

Lin YJ and Tzeng WN (2008) Effect of shrimp net and cultured eels on the wild population of Japanese eel *Anguilla japonica* in the Kao-Ping river, Taiwan. J. Fish. Sic. Taiwan 35 (1) : 61-37.

Lin YJ and Tzeng WN (2009a) Validation of annulus in otolith and estimation of growth rate for Japanese eel *Anguilla japonica* in tropical southern Taiwan. Environ. Biol. Fish 84: 79-87.

Lin YJ and Tzeng WN (2009b) Modelling the growth of Japanese eel *Anguilla japonica* in the lower reach of the Kao-Ping River, southern Taiwan : an information theory approach. J. Fish Biol. 75: 100-112.

Lin YJ, Iizuka Y and Tzeng WN (2009c) Potenital contributions by escaped cultured eels to the wild population of Japanese eel *Anguilla japonica* in the Kao-Ping River. J. Fish. Soc. Taiwan 36 (3) : 179-189.

Lin YJ, Shiao JC, Ložys L, Plikšs M, Minde A, Iizuka Y, Rašals I and Tzeng WN (2009d) Do otolith annular structures correspond to the first freshwater entry for yellow European eels *Anguilla anguilla* in the Baltic countries? J. Fish Biol.75: 2709-2722.

Lin YJ and Tzeng WN (2010a) Vital population statistics based on length frequency analysis of the exploited Japanese eel (*Anguilla japonica*) stock in the Kao-Ping River, southern Taiwan. J. Appl. Ichthyol. 26: 424-431.

Lin YJ, Chang YJ, Sun CL and Tzeng WN (2010b) Evaluation of the Japanese eel fishery in the lower reaches of the Kao-Ping River, southwestern Taiwan using a per-recruit analysis. Fish. Res. 106: 329-336.

Lin YJ, Chang SL, Chang MY, Lin SH, Chen TI, Su MS, Su WC and Tzeng WN (2010c) Comparison of recapture rates and estimates of fishing and natural mortality rates of Japanese eel *Anguilla japonica* between different origins and marking methods in a mark-recapture experiment in the Kaoping River, southern Taiwan. Zool. Stud. 49 (5) : 616-624.

Lin YJ, Yalçin-Özdilek S, Iizuka Y, Gümü A and Tzeng WN (2011a) Migratory life history of European eel *Anguilla anguilla* from freshwater regions of the River Asi, southern Turkey and their high otolith Sr:Ca ratios. J. Fish Biol.78: 860-868.

Lin YJ, Shiao JC, Plikšs M, Minde A, Iizuka Y, Rašal I and Tzeng WN (2011b) Otolith Sr:Ca ratios as natural mark to discriminate the restocked and naturally recruited European eels in Latvia. Am. Fish. Soc. Sym. 76: 1-14.

Lin YJ, Jessop BM, Weyl OLF, Iizuka Y, Lin SH, Tzeng WN and Sun CL (2012) Regional variation in otolith Sr:Ca ratios of African longfinned eel *Anguilla mossambica* and mottled eel *Anguilla marmorata*: a challenge to the classic tool for reconstructing migratory histories of fishes. J. Fish Biol. 81: 427-441.

Lin YJ, Jessop BM, Weyl OLF, Iizuka Y, Lin SH and Tzeng WN (2014) Migratory history of African longfinned eel *Anguilla mossambica* from Maningory River, Madagascar: discovery of a unique pattern in otolith Sr:Ca ratios. Environ. Biol. Fish. 98(1): 457-468.

Lin YJ, Chang YJ, and Tzeng WN (2015) Sensitivity of yield-per-recruit and spawningbiomass per-recruit models to bias and imprecision in life history parameters: an example based on life history parameters of Japanese eel (*Anguilla japonica*) Fish. Bull. 113: 302-312.

Lin YS, Poh YP and Tzeng CS (2001) A phylogeny of freshwater eels inferred from mitochondrial genes. Mol. Phyl. Evol.20: 252-261.

Lin YT and Tzeng WN (2010) Sexual dimorphism in the growth rate of southern bluefin tuna *Thunnus maccoyii* in the Indian Ocean. J. Fish. Soc. Taiwan 37 (2) : 135-150.

Lin YT, Wang CH, You CF and Tzeng WN (2013) Ba/Ca ratios in otoliths of southern bluefin tuna (*Thunnus maccoyii*) as a biological tracer of upwelling in the Great Australian Bight. J Mar Sci Tech. 20 (6): 733-741.

Liu CH (1986) Survey of the spawning ground of grey mullet. *In*: WC Su (ed) Report of the study on the resource of grey mullet in Taiwan,1983-1985.TFRI Kaohsiung Branch, pp 63-72. (in Chinese with English abstract)

Liu CH and Shen SC (1991) A revision of the mugilid fishes from Taiwan. Bull. Inst. Zool. Acad. Sin. 30: 273-288.

Ložys L, Shiao JC, Iizuka Y, Minde A, Pūtys Ž, Jakubavičiūtė E, Dainys J, Gorfine H and Tzeng WN (2017) Habitat use and migratory behaviour of pikeperch *Sander lucioperca* in Lithuanian and Latvian waters as inferred from otolith Sr:Ca ratios. Estuar, Coast, Shelf Sci, 198: 43-52.

Lowenstein O (1971) The labyrinth, pp.207-240. *In*: WS Hoar and DJ Randall (eds.) Fish Physiology. Academic Press, New York, USA.

Lynch-Stieglitz J, Stocker TF, Broecker WS and Fairbanks RG (1995) The influence of air-sea exchange on the isotopic composition of oceanic carbon: Observations and modeling. Global Bio-geochemical Cycles 9: 653-665.

Mann S, Parker SB, Ross MD, Skarnulis AJ and Williams RJP (1983) The ultrastructure of the calcium carbonate balance organs of the inner ear: an ultra-high resolution electron microscopy study.Proceedings of the Research society of London 218: 415-424.

Matsui I (1957) On the records of a leptocephalus and catadromous eels of *Anguilla japonica* in in the waters around Japan with a presumption of their spawning places. J. Shimonoseki Univ. Fish. 7: 151-167.

McCleave JD, Brickley PJ, Obrien KM, Kistner DA, Wong MW, Gallagher M and Watson M (1998) Do leptocephali of the European eel swim to reach continental waters? Status of the question. J. Mar. Biol. Ass. UK 78: 285-306.

Miu TC, Lee SC and Tzeng WN (1990) Reproductive biology of *Terapon jabua* from the estuary of Tanshui River. J. Fish. Soc. Taiwan, 17 (1): 9-20.

Morales-Nin B (1987) Ultrastructure of the organic and inorganic constituents of the otoliths of the sea bass, pp.331-343. *In*: C Robert and EH Gordon (eds.) the age and growth of fish. The lowa State University Press.

Morales-Nin B (2000) Review of the growth regulation processes of otolith daily increment formation. Fish Res. 46: 53-67.

Mugiya Y (1986) Effects of calmodulin inhibitors and other metabolic modulators on in vitro otolith gormation in the rainbow trout, *Salmo gairdnerii*. Comp. Biochem. Physiol. 84 (A) : 57-60.

Mugiya Y, Watabe N, Yamada J, Dean JM, Dunkelberger DG and Shimuzu M (1981) Diurnal rhythm in otolith formation in the goldfish, Carassius auratus. Camp. Biochem. Physiol. 68: 659-662.

Mugiya Y and Yoshida M (1995) Effects of calcium antagonists and other metabolic modulators on in vitro calcium deposition on otoliths in the rainbow trout *Oncorhychus mykiss*. Fish. Sci. 61: 1026-1030.

Murie DJ and Lavigne DM (1985) Interpretation of otolith in stomach content analyses of phocid seals: quantifying fish consumption. Can. J. Zool. 64: 1152-1157.

Morrison WE, Secor DH and Piccoli PM (2003) Estuarine habitat use by Hudson river American eels as determined by otolith strontium:calcium ratios, pp.87-100. *In*: DA Dixon (ed.) Biology, management and protection of catadromous eels. Am. Fish. Soc. Symp. 33.

Nolf D (1985) Otolithi Piscium. *In*: HP Schultze and GF Verlag (eds.) Handbook of paleoichthyology. New York. Vol. 10: 145pp.

Obermiller LE and Pfeiler E (2003) Phylogenetic relationships of elopomorph fishes inferred from mitochondrial ribosomal DNA sequences. Mol. Phylog. Evol. 26: 202-214.

Oliveira AM, Farina M, Ludka IP and Kachar B (1996) Vaterite, calcite, and aragonite in the otoliths of three species of Piranha. Naturwissenschaften 83: 133-135.

Otake T, Ishii T, Ishii T and Nakamura R (1997) Changes in otolith strontium: calcium ratios in metamorphosing *Conger myriaster* leptocephali. Mol. Phylogenet. Evol. 128: 565-572.

Pagnotta R, Blundo CM, La Noce T, Pettine M and Puddu A (1989) Nutrient remobilisation processes at the Tiber River mouth (Italy) . *Hydrobiologia* 176/177: 297-306.

Panfili J, Pontual H, Troadec H and Wright PJ (2002) Manual of fish sclerochronology. Brest, France: Ifremer-IRD coedition. 464pp.

Panfili J, Darnaude AM, Lin YJ, Chevalley M, Iizuka Y, Tzeng WN and Crivelli AJ (2012) Habitat residence during continental life of the European eel *Anguilla anguilla* investigated using linear discriminant analysis applied to otolith Sr:Ca ratios. Aquat. Biol. 5 (2): 175-185.

Panfili J *et al*. 20 persons (2016) Chapter 21 Grey mullet as possible indicator of coastal environmental changes: the MUGIL Project, pp.514-521. *In*: D Crosetti and S Blaber (eds.) Biology, Ecology and Culture of Grey Mullets (Mugilidae). CRC Press.

Pannella G (1971) Fish otolith: daily growth layers and periodical patterns. Science 173: 1124-1127.

Patterson HM, Thorrold SR and Shenker JM (1999) Analysis of otolith chemistry in Nassau grouper (*Epinephelus striatus*) from the Bahamas and Belize using solution-based ICP-MS. Coral Reefs. 18: 171-178.

Pender PJ and Griffin RK (1996) Habitat history of barramundi *Lates calcarifer* in a North Australian river system based on barium and strontium levels in scales. Trans. Am. Fish. Soc. 125: 679-689.

Pfeiler E (1984) Glycosaminoglycan breakdown during metamorphosis of larval bonefish *Albula*. Mar. Biol. Lett. 5: 241-249.

Pfeiler E (1999) Developmental physiology of elopomorph leptocephali. Comp. Biochem. Physiol.,

A 123: 113-128.

Philibert J and Tixier R (1968) Electron penetration and atomic number correction in electron probe microanalysis. J. Physics D Applied Physics 1 (6) :685.

Propper AN and Hoxter B (1981) The fine structure of the sacculus and lagena of a Teleost fish. Hearing Research 5: 245-263.

Quinn JT II and Deriso RB (1999) Quantitative fish dynamics. Oxford Univ. Press, New York. 560 pp.

Radtke RL (1984) Formation and structural composition of larval striped mullet otoliths. Trans. Am. Fish. Soc. 113: 192-196.

Radtke RL (1988) Recruitment parameters resolved from structural and chemical components of juvenile *Dascyllus albisella* otoliths. Proceedings of the 6th International Coral Reef Symp. 2: 821-826.

Radtke RL (1989) Strontium-calicum concentration ratios in fish otolith as environment indicators. Comp. Biochem. Physiol. 92A:189-193.

Radtke RL and Shafer DJ (1992) Environmental sensitivity of fish Otolith microchemistry. Aust. J. Mar. Freshw. Res. 43: 935-951.

Radtke RL, Hubold SD, Folsom and Lenz PH (1993) Otolith structural and chemical analysis: the key to resolving age and growth of the Antractic silverfish, *Pleuragramma antarcticum*. Ant. Sci. 5(1): 51-62.

Radtke RL, Kinzie III RA and Folsom SD (1988) Age at recruitment of Hawaiian freshwater gobies. Env. Biol. Fish. 23 (3): 205-213.

Radtke RL, Townsend DW, Folsom SD and Morrison MA (1990) Strontium: calcium concentration ratios in otoliths of herring larval as indicators of environmental histories. Env. Biol. Fish. 27: 51-61.

Ragauskas A, Butkauskas D, Sruoga A, Kesminas V, Rashal I and Tzeng WN (2014) Analysis of the genetic structure of the European eel *Anguilla anguilla* using the mtDNA D-loop region molecular marker. Fish. Sci. 80: 463-474.

Reibisch J (1899) Ueber die Einzahl bei *Pleuronectes platedsa* und die Altersbestimmung diser Form aus den Otolithen. *Wissenschaftliche Meeresuntersuchungen (Kiel)* 4: 233-248.

Ricker WE (1975) Computation and interpretation of biological statistics of fish populations. Bull.

Fish. Res. Board Can. 191: 382pp.

Robins CR (1989) The phylogenetic relationships of the anguilliform fishes, pp.9-23. *In*: EB Böhlke (ed.) Fishes of the western North Atlantic. Allen Press, Lawrence. Part 9 vol 1.

Rooker JR, Secor DH, Zdanowicz VS and Itoh T (2001) Discrimination of northern bluefin tuna from nursery areas in the Pacific Ocean using otolith chemistry. Mar. Ecol. Prog. Ser. 218: 275-282.

Rosenthal HL, Eves MM and Cochran OA (1970) Common strontium concentration of mineralized tissues from marine and sweet water animals. Comp. Biochem. Physiol. 32: 445-450.

Sadovy Y and Severin KP (1992) Trace elements in biogenic aragonite: correlation of body growth rate and strontium levels in the otoliths of the white grunt, *Haemulon plumieri* (Pisces: Haemulidae) . Bull. Mar. Sci. 50: 237-257.

Sadovy Y and Severin KP (1994) Elemental patterns in red hind (*Epinephelus guttatus*) otoliths from Bermuda and Puerto Rico reflect growth rate, not temperature. Can. J. Fish. Aquat. Sci. 51: 133-141.

Santschi PH, Lenhart JJ and Honeyman BD (1977) Heterogeeneous processes affecting trace contaminant distribution in estuaries: the role of natural organic matter. Mar. Chem. 58: 99-125.

Sato M and Yasuda F (1980) Metamorphosis of the leptocephali of the ten-pounder, *Elops hawaiensis*, from Ishigaki Island, Japan. Jpn. J. Ichth. 26: 315-324.

Schmidt J (1913) First report on eel investigations 1913. Rapp p-v reun Cons Perm int Explor Mer 18: 1-30.

Schmidt J (1923) The breeding places of th eel. Phil. Trans. R. Soc. 211,: 179-208.

Secor DH (1992) Application of otolith microchemistry analysis to investigate anadromy in Chesapeake Bay striped bass. Fish. Bull. 90: 798-806.

Secor DH, Dean JM and Laban EH (1992) Otolith removal and preparation for microstructural examination, p.19-57. *In*: DK Stevenson and SE ampana (eds.) Otolith microstructure examination and analysis. Can. Spec. Publ. Fish. Aquat. Sci.117.

Secor DH (1999) Specifying divergent migrations in the concept of stock: the contingent hypothesis Fish. Res. 43: 13-34.

Secor DH and Rooker JR (2000) Is otolith strontium a useful scalar of life cycles in estuarine fishes? Fish. Res. 46: 359-371.

Secor DH, Campana SE, Zdanowicz VS, Lam JWH, Yang L and Rooker JR (2002) Inter-laboratory comparison of Atlantic and Mediterranean bluefin tuna otolith microconstituents. J. Mar. Sci. 59: 1294-1304.

Shannon RD (1976) Revised effective ionic radii and systematic studies of interatomic distancesin halides and chalcogenides.Acta Cryst.32: 751-767.

Shao KT and Lee NJ (2001) Study of malformed fishes at Kuo Sheng nuclear power plant.Month. J.Taipower's Engineering 635: 86-94. (in Chinese with English abstract) .

Shen KN, Lee YC and Tzeng WN (1998) Use of otolith microchemistry to investigate the life history pattern of gobies in a Taiwanese stream. Zool. Stud. 37 (4) : 322-329.

Shen KN and Tzeng WN (2002) Formation of a metamorphosis check in otoliths of the amphidromous goby *Sicyopterus japonicus*. Mar. Ecol. Prog. Ser. 228: 205-211.

Shen KN and Tzeng WN (2007a) Genetic differentiation among populations of the shortfinned eel *Anguilla australis* from East Australia and New Zealand. J. Fish Biol. 70 (Supplement B) : 177-190.

Shen KN and Tzeng WN (2007b) Population genetic structure of the year-round spawning tropical eel, *Anguilla reinhardtii* in Australia. Zool. Stud. 46(4): 441-453.

Shen KN and Tzeng WN (2008) Reproductive strategy and recruitment dynamics of amphidromous goby *Sicyopterus japonicus* as revealed by otolith microstructure. J. Fish Biol. 73: 2497-2512.

Shen KN, Chang CW, Iizuka Y and Tzeng WN (2009) Facultative habitat selection in Pacific tarpon *Megalops cyprinoides* as revealed by otolith Sr:Ca ratios. Mar. Ecol. Prog. Ser. 387: 255-263.

Shen KN, Jamandre BW, Hsu CC, Tzeng WN and Durand JD (2011) Plio-Pleistocene sea level and temperature fluctuatios in the northwestern Pacific promoted speciation in the globally-distributed flathead mullet *Mugil cephalus*. Evol. Biol. 11 (83): 1-17.

Shiao JC, Tzeng WN, Collins A and Iizuka Y (2001a) Comparison of the early life history of *Anguilla reinhardtii* and *A. australis* by otolith growth increment. J. Taiwan Fish. Res. 9 (1&2) : 199-208.

Shiao JC, Tzeng WN, Collins A and Jellyman DJ (2001b) Dispersal pattern of glass eel *Angulilla australis* as revealed by otolith growth increments. Mar. Ecol. Prog. Ser. 219: 214-250.

Shiao JC, Tzeng WN, Collins A and Jellyman DJ (2002) Role of marine larval duration and growth rate of glass eels in determining the distribution of *Anguilla reinhardtii* and *A. australis* on Australian eastern coasts.Mar. Freshw. Res. 53: 687-695.

Shiao JC, Iizuka Y, Chang CW and Tzeng WN (2003) Disparities in habitat use and migratory behavior between tropical eel *Anguilla marmorata* and temperate eel *A. japonica* in four Taiwanese rivers. Mar. Ecol. Prog. Ser. 261: 233-242.

Shiao JC, Ložys L, Iizuka Y and Tzeng WN (2006) Migratory patterns and contribution of stocking to the population of European eel in Lithuanian waters as indicated by otolith Sr: Ca ratios. J Fish Biol. 69 (3) : 749-769.

Shiao JC, Chang SK, Lin YT and Tzeng WN (2008) Size and age composition of southern bluefin tuna (*Thunnus maccoyii*) in the Central Indian Ocean inferred from fisheries and otolith data. Zool. Stud. 47 (2) : 158-171.

Shingu C (1978) Ecology and stock of southern bluefin tuna. Japan Association of Fishery Resources Protection. Fish. Stud. 31:81pp. (In Japanese)

Sie SH and Thresher RE (1992) Micro-PIXE analysis of fosil otolith: metnodology and evaluation of fish results for stock discrimination. Internal. J. PIXE 2:357-379.

Simkiss K (1974) Calcium metabolism of the fish in relation to aging, pp.1-12. *In*: TB Bagenal (ed.) Aging of fish. Unwin Brothers, Old Working.

Sinclair M (1988) Marine populations: an essay on population regulaton and speciation. University of Washington Press, Seatle.

Smith DC (eds.) (1992) Age determination and growth in fish and other aquatic animals. CSIRO publication, Australia.458pp.

Stevenson, DK and Campana SE (eds.) (1992) Otolith microstructure examination and analysis. Can.Spec. Publ. Fish. Aquat. Sci. 117:126 pp

Summerfelt RC and Hall GE (eds.) (1987) Age and growth of fish. Iwowa State University Press/ AMES, USA.544pp.

Tabeta O, Tanaka K, Yamada J and Tzeng WN (1987) Aspects of the early life history of the Japanese eel *Anguilla japonica* determined from otolith microstructure. Nippon Suisan Gakkaishi 53 (10) , 1727-1734.

Tanabe T, Kayama S, Ogura M and Tanaka S (2003) Daily increment formation in otoliths of juvenile skipjack tuna *Katsuwonus pelamis*. Fish. Sci. 69: 731-737.

Tanaka S (1975) Collection of leptocephali of the Japanese eel in waters south of the Okinawa Islands. Bull. Jpn. Soc. Fish. Sci. 41:129-136.

Tesch FW (2003) The eel (5th edn.) . Oxford: Wiley-Blackwell. 408pp.

Thorrold SR, Jones CM and Campana SE (1997) Response of otolith microchemistry to environment variations experienced by larval and juvenile Atlantic croaker (*Micropogonias undulatus*) . Limnol. Oceanogr. 42:102-111.

Thorrold SR, Jones CM, Swart PK and Targett TE (1998) Accuracy classification of juvenile weakfish *Cynoscion regali* to estuarine nursery areas based on chemical signatures in otolith. Mar. Ecol. Prog. Ser.173: 253-265.

Thorrold SR, Latkoczy C, Swart PK and Jones CM (2001) Natal homing in a marine fish metapopulation. Science (Washington, D.C.) 291: 297-299.

Thorrold SR, Jone's GP, Hellberg ME, Burton RS, Swearer SE, Neigel JE, Morgan SG and Warner RR (2002) Quantifying larval retention and connectivity in marine population with artificial and natural markers. Bull. Mar. Sci. 70: 291-308.

Thorrold SR, Jone's GP, Planes S and Hare JA (2006) Transgenerational marking of embryonic otoliths in marine fishes using barium stable isotopes. Can. J. Fish. Aquat. Sci. 63:1193-1197.

Thibault I, Dodson JJ, Caron F, Tzeng WN, Iizuka Y and Shiao JC (2007) Facultative catadromy in American eels: testing the conditional strategy hypothesis. Mar. Ecol. Prog. Ser. 344: 219-229.

Thibault I, Hedger RD, Dodson JJ, Shiao JC, Iizuka Y and Tzeng WN (2010) Anadromy and the dispersal of an invasive fish species (*Oncorhynchus mykiss*) in Eastern Quebec as revealed by otolith microchemistry. Ecol. Freshw. Fish 19: 348-360.

Tomas J and Geffen AJ (2003) Morphometry and composition of aragonite and vaterite otoliths of deformed laboratory reared juvenile herring from two populations. J. Fish Biol. 63: 1383-1401.

Townsend DW, Radtke RL, Morrison MA and Folsom SD (1989) Recruitment implications of larval herring overwintering distributions in the Gulf of Maine inferred using a new otolith technique. Mar. Ecol. Prog. Ser. 55:1-33.

Townsend DW, Radtke RL, Corwin and Libby DA (1992) Strontium: calcium ratios in juvenile atlantic herring *Clupea harengus* L. otolith as function of water temperature. J. Exp. Mar. Biol. Ecol. 160: 131-140.

Townsend DW, Radtke RL, Malone DP and Wallinga JP (1995) Use of otolith strontium: calcium ratios for hindcasting larval cod *Gadus morhua* distributions relative to water masses on Georges Bank. Mar. Ecol. Prog. Ser. 119:37-44.

Tsai CF, Chen PY, Chen CP, Lee MA, Hsia KY and Lee KT (1997) Fluctuation in abundance of larval anchovy and environmental condition in coastal waters off SW Taiwan as associated with the Elnino/Southern Oscillation. Fish. Oceanogr.6 (4): 238-249.

Tseng MC (2016) Overview and Current Trends in Studies on the Evolution and Phylogeny of *Anguilla*. pp. 21-35 . *In*: T Arai (ed.) Biology and Ecology of Anguillid Eels. CRC Press.

Tsukamoto K (1992) Discovery of the spawning ground for the Japanese eel. Nature 356: 789-791.

Tsukamoto K and Arai T (2001) Facultative catadromy of the eel *Anguilla japonica* between freshwater and seawater habitats. Mar. Ecol. Prog. Ser. 220: 265-276.

Tsukamoto K, Otake T and Mochioka N *et al*. (2003) Seamounts, new moon and eel spawning: The search for the spawning site of the Japanese eel. Environ. Biol. Fish. 66: 221-229.

Tsukamoto K, Chow S and Otake T *et al*. (2011) Oceanic spawning ecology of freshwater. Nature Comm. 2:1-9.

Tu CY, Tseng YH, Chiu TS, Shen ML and Hsieh CH (2012) Using coupled fish behavior-hydrodynamic model to investigate spawning migration of Japanese anchovy, *Engraulis japonicas*, from the East China Sea. Fish. Oceanogr. 21 (4) : 255-268.

Tung IH (1959) Age determination of the grey mullet (*Mugil cephalus* Linne). China Fisheries Monthly180:2-10.

Tzeng WN and Tabeta O (1983) First recored of the short-finned eel *Anguilla bicolor pacifica* elevers from Taiwan. Bull. Jap. Soc. Sci. Fish. 49 (1) :27-32.

Tzeng WN (1985) Immigration timing and activity rhythms of the eel, *Anguilla japonica*, elvers in the esfuary of northern Taiwan with emphasis on environmental influence. Bull. Jpn. Sec. Fish. Oceang, 47/48: 11-28.

Tzeng WN and Yu SY (1988) Daily growth increments in otoliths of milkfish, *Chanos chanos* (Forsskål) , larvae. J. Fish Biol. 32: 495-405.

Tzeng WN and Yu SY (1989) Validation of daily growth increments in otoliths of milkfish larvae by oxytetracycline labeling. Trans. Am. Fish. Soc. 118: 168-174.

Tzeng WN (1990) Relationship between growth rate and age at recruitment of *Anguilla japonica* elvers in a Taiwan estuary as inferred from otolith growth increments. Mar. Biol. 107: 75-81.

Tzeng WN and Yu SY (1990) Age and growth of milkfish *Chanos Chanos* larvae in the Taiwanese coastal waters as indicated by otolith growth increments. 2nd Asian Fisheries Forum: 411-415.

Tzeng WN and Yu SY (1992a) Effects of starvation on the formation of daily growth increments in the otoliths of milkfish, *Chanos chanos* (Forsskål) , larvae. J. Fish Biol. 40: 39-48.

Tzeng WN and Yu SY (1992b) Otolith microstructure and daily age of *Anguilla japonica*, Temminck & Schielgel elvers from the estuaries of Taiwan with reference to unit stock and larval migration. J. Fish Biol. 40: 845-857.

Tzeng WN (1994) Temperature effects on the incorporation of strontium in otolith of Japanese eel *Anguilla japonica*. J. Fish Biol. 45: 1055-1066.

Tzeng WN and Tsai YC (1994) Changes in otolith microchemistry of the Japanese eel, *Anguilla japonica*, during its migration from the ocean to the rivers of Taiwan. J. Fish Biol. 45: 671-684.

Tzeng WN, Wu HF and Wickström H (1994) Scanning electron microscopic analysis of annulus microstructure in otolith of European eel, *Anguilla anguilla*. J. Fish Biol. 45: 479-492.

Tzeng WN (1995a) Migratory history recorded in otoliths of the Japanese eel, *Anguilla Japonica*, elvers as revealed from SEM and WDS analyses. Zool. Stud. 34 (1) : 234-236.

Tzeng WN (1995b) Recruitment of larvae and juvenile fishes to the Gung-Shy-Tyan River estuary of Taiwan: Relative abundance, species composition and seasonality, pp.300-326. Proceeding of World Fisheries Congress, May3-8, 1992. Athens, Greece.

Tzeng WN, Cheng PW and Lin FY (1995) Relative abundance, sex ratio and population structure of the Japanese eel *Anguilla* japonica in the Tanshui River system of northern Taiwan. J. Fish Biol. 46: 183-201.

Tzeng WN (1996) Effects of salinity and ontogenetic movements on strontium: calcium ratios in the otoliths of the Japanese eel, *Anguilla japonica* Temminck and Schlegel. J. Exp. Mar. Biol. Ecol. 199: 111-122.

Tzeng WN, Severin KP and Wickström H (1997) Use of otolith microchemistry to investigate the environmental history of European eel *Anguilla anguilla*. Mar. Ecol. Prog. Ser. 149:73-81.

Tzeng WN, Wu CE and Wang YT (1998) Age of Pacific tarpon *Megalops cyprinoides* at estuarine arrival and growth during metamorphosis. Zool. Stud. 37(3): 177-183.

Tzeng WN, Severin KP, Wickström H and Wang CH (1999) Strontium bands in relation to age marks in otoliths of European eel *Anguilla anguilla*. Zool. Stud. 38 (4): 452-457.

Tzeng WN, Lin HR, Wang CH and Xu SN (2000a) Differences in size and growth rates of male and female migrating Japanese eels in Pearl River, China. J. Fish Biol. 57 (5): 1245-1253.

Tzeng WN, Wang CH, Wickström H and Reizenstein M (2000b) Occurrence of the semi-catadromous European eel *Anguilla anguilla* (L.) in the Baltic Sea. Mar. Biol. 137: 93-98.

Tzeng WN (2002) Segregative migration of American and European eel as revealed by daily growth increments in otolith. Acta. Ocean.Taiwan. 40 (1) : 1-12.

Tzeng WN, Shiao JC and Iizuka Y (2002) Use of otolith Sr:Ca ratios to study the riverine migratory behaviours of Japanese eel *Anguilla japonica*. Mar. Ecol. Prog. Ser. 245: 213-221.

Tzeng WN (2003) The processes of onshore migration of the Japanese eel *Anguilla japonica* as revealed by otolith microstructure, pp.181-190. *In*: A Aida, K Tsukamoto, K Yamauchi (eds.) Advanced in Eel Biology. Springer, Tokyo.

Tzeng WN, Shiao JC, Yamada Y and Oka HP (2003a) Life history patterns of Japanese eel *Anguilla japonica* in Mikawa Bay, Japan. Am. Fish. Soc. Symp. 33: 285-293.

Tzeng WN, Iizuki Y, Shiao JC, Yamada Y and Oka HP (2003b) Identification and growth rates comparison of divergent migratory contingents of Japanese eel (*Anguilla japonica*) . Aquaculture 216: 77-86.

Tzeng WN (2004) Modern Research on the natural life history of the Japanese eel *Anguilla japonica*. J. Fish. Soc. Taiwan 31 (2): 73-84.

Tzeng WN, Severin KP, Wang CH and Wickström H (2005) Elemental composition of otoliths as a discriminator of life stage and growth habitat of the European eel, *Anguilla anguilla*. Mar. Freshw. Res. 56: 629-635.

Tzeng WN, Chang CW, Wang CH, Shiao JC, Iizuka Y, Yang YJ, You CF and Lozys L (2007) Misidentification of the migratory history of anguillid eels by Sr/Ca ratios of vaterite otoliths. Mar. Ecol. Prog. Ser. 348:285-295.

Tzeng WN, Chu H, Shen KN and Wang YT (2008) Hatching period and early-stage growth rate of the gold estuarine anchovy *Stolephorus insularis* in Taiwan as inferred from otolith daily growth increments. Zool. Stud. 47 (5): 544-554.

Tzeng WN, Han YS and Jessop BM (2009) Growth and habitat residence history of migrating silver American eels transplanted to Taiwan. Am. Fish. Soc. Sym. 58: 137-147.

Tzeng WN, Tseng YH, Han YS, Hsu CC, Chang CW, Lorenzo ED and Hsieh CH (2012) Evaluation of multi-scale climate effects on annual recruitment levels of the Japanese eel, *Anguilla japoni-*

ca, to Taiwan. PLoS ONE 7(2): 1-11.

Tzeng WN (2016) Fisheries, stocks decline and conservation of Anguillid eel, pp. 201-324. *In*:T Arai (ed.) Biology and Ecology of Anguillid Eels. CRC Press.

Watanabe S, Aoyama J and Tsukamoto K (2009) A new species of freshwater eel *Anguilla luzonensis* (Teleostei: Anguillidae) from Luzon Island of the Philippines. Fish. Sci. 75: 387-392.

Volk EC, Wissmar RC, Simenstad CA and Egger DM (1984) Relationship between otolith microstructure and the growth of juvenile chum salmon (*Oncorhynchus keta*) under different prey rations. Can. J. Fish. Aquat. Sci. 41: 126-133.

Wada K and Kobayashi I (1996) Biomineralization and hard tissue of marine organism. Tokai University Press, 318pp. (In Japanese)

Wang CH and Tzeng WN (1998) Interpretation of geographic variation in size of American eel *Anguilla roatrata* elvers on the Atlantic coast of North American using their life history and otolith ageing. Mar. Ecol. Prog. Ser. 168: 35-43.

Wang CH and Tzeng WN (2000) The timing of metamorphosis and growth rates of American and European eel leptocephali-a mechanism of larval segregative migration. Fish. Res. 46: 191-205

Wang CH, Lin YT, Shiao JC, You CF and Tzeng WN (2009) Spatio-temporal variation in the elemental compositions of otoliths of southern bluefin tuna *Thunnus maccoyii* in the Indian Ocean and its ecological implication. J. Fish Biol. 75: 1173-1193.

Wang CH, Hsu CC, Chang CW, You CF and Tzeng WN (2010) The migratory environmental history of freshwater resident flathead mullet *Mugil cephalus* L. in the Tanshui River , northern Taiwan . Zool. Stud. 49(4): 504-514.

Wang CH, Hsu CC, Tzeng WN, You CF and Chang CW (2011) Origin of the mass mortality of the flathead grey mullet (*Mugil cephalus*) in the Tanshui River, northern Taiwan, as indicated by otolith elemental signatures. Mar. Poll. Bull. 62 (8): 1809-1813.

Wang CH (2014) Otolith elemental ratios of flathead mullet *Mugil cephalus* in Taiwanese waters reveal variable patterns of habitat use. Estuar. Coast. Shelf Sci. 151: 124-130.

Wang YT and Tzeng WN (1997) Temporal succession and spatial segregation of clupeoid larvae in the coastal waters off the Tanshui River Estuary, northern Taiwan. Mar. Biol. 36 (3): 178-185.

Wang YT and Tzeng WN (1999) Difference in growth rates among cohorts of *Encrasicholina punctifer* and *Engraulis japonicus* larvae in the coastal waters off Tanshui River estuary, Taiwan as indicated by otolith microstructure analysis. J. Fish Biol. 54: 1002-1016.

Watanabe S, Aoyama J and Tsukamoto K (2009) A new species of freshwater eel *Anguilla lozonensis* (Teleostei: Anguillidae) from Luzon island of the Philippines. Fish. Sci. 75: 387-392.

West CJ (1983) Selective mortality of juvenile sockey salmon (*Oncorhynchus nerka*) in Babine Lake determined from body-otolith relationships. M Sc Thesis, University of British Columbia, Vancouver, BC. 63pp.

Williamson G, Stammers S, Tzeng WN and Shiao JC (1999) Is this how baby eels cross the Atlantic Ocean? Ocean Challenge 9 (2): 40-45.

Wilson CW, Beamish RJ, Brothers EB, Carlander KD, Casselman JM, Dean JM, Jearld Jr A, Prince ED and Wild A (1987) Glossary, pp.527-530. *In*: RC Summerfelt and GE Hall (eds.) Age and Growth of Fish, Iowa State University Press, Ames, Iowa.

Xie YH, Tang ZP, Xie H, Li B, Zhang SD and Yu F (2001) Microstructure and microchemistry in Otolith of Ariake icefish (*Salanx ariakensis*) . Acta. Zool. Sinica. 47 (2): 215-220.

Yamauchi M, Tanaka J and Harada Y (2008) Comparative study on themorphology and the composition of the otoliths in the teleosts. Acta Oto-Laryngologica 1: 1-10.

Yosef TG and Casselman JM (1995) A procedure for increasing the precision of otolith age determination of tropical fish by differentiating biannual recruitment, pp. 247-269. *In*: DH Secor, JM Dean and SE Campana (eds.) Recent developments in fish otolith research. Columbia, SC, USA: University of South Carolina Press.

附錄

1. 國際學術會議論文（1985～2017）

　　1980年筆者從日本學成歸國後，一直忙著撰寫教授升等論文，無暇出席國際會議，事隔五年後，1985年第一次前往美國，參加在德州大學Port Aransas校區舉行的第九屆仔稚魚國際會議，發表論文。從臺灣搭長途國際線到達洛杉磯轉機，經達拉斯，才到達目的地，最後一段是一架只能載運10幾人的小飛機，上氣不接下氣地跑到登機門時，飛機正準備離開，還好即時趕上，否則就要在機場過夜。回程時，從舊金山回國，並順道拜訪1968年從臺大畢業後十幾年未見面的老同學，然後南下參觀位於南加州的美國西南漁業中心（SWFSC/NMFS/NOAA），拜訪該中心主任Dr. Ruben Lasker，他曾經提出海洋穩定假說（Ocean Stability Hypothesis），解釋仔稚魚資源量變動的原因。美國西南漁業中心與臺灣水產試驗所很有淵源，臺灣多位水產研究人員曾前往實習，引進CalCOFI計畫的概念，調查臺灣沿近海的仔稚魚資源。起初幾年筆者都是單槍匹馬出席國際學術會議發表論文，後來國際合作計畫多了，便開始訓練研究生出席國際學術會議發表論文。2008和2009年筆者即將退休的前兩年，發表的論文多達28和34篇。出席國際會議可展現研究實力、接觸最新研究資訊和創造國際合作研究機會。

　　參加很多國際會議，最感動的是2010年6月24～25日筆者即將從臺大退休的前夕，東京大學教授Katsumi Tsukamoto邀請筆者回母校東京大學做退休紀念演講，講題「我30年來的鰻魚研究經驗」。其次是同年7月26～30日去北愛爾蘭首都Belfast的Queen's University參加魚類和氣候變遷研討會時，研究鰻魚的舊識Dr. Derek Evan和來自加拿大的Prof. John M. Casselman夫婦知道筆者即將於8月1日退休，特別為筆者舉辦了一場退休紀念晚宴和贈送紀念品。白天Dr. Evan和他的博士班學生還帶筆者去北愛爾蘭最大的淡水湖泊Lough Neagh抓鰻魚，並且說「這是今天晚宴的主菜」。Logh Neagh是北愛爾蘭最大的內陸湖，一望無際，鰻魚產量豐富，從事鰻魚捕撈的漁民非常多。1987年去愛爾蘭都柏林參加FAO/EIFAC鰻魚工作小組會議時，也去過一次。

國際友人的濃情厚意，至今難忘。

　　讀萬卷書，行萬里路。利用出席國際會議的機會，體驗各國文化，參訪名勝古蹟，領略大自然的奧妙。1995年10月16～20日去北京參加第四屆亞洲水產論壇時，爬上了地表上最大的建築物萬里長城的好漢坡，2000年10月去北京參加第三屆世界漁業會議時，再度去爬好漢坡，體驗山川之美。2003年8月11～14日去加拿大魁北克參加鰻魚國際會議，代表臺灣簽署魁北克鰻魚保護宣言，參觀魁北克的古戰場和北美僅存的古城牆以及全世界潮差最大的Nova Scotia海灣。十年後的2014年8月17～21日又在相同地點召開鰻魚國際會議，檢討鰻魚保育成效，結果發現十年來鰻魚資源不但沒有回復，而且還持續下降，讓人擔憂鰻魚是否會走上滅絕的道路。2003年6月26日至7月1日去巴西Manaus參加魚類學專家和兩棲爬蟲類學專家聯合會議，3天2夜的亞馬遜河船上之旅，夜訪原住民部落，飽覽了兩岸熱帶雨林的生物多樣性和珍禽異獸。2006年11月2～4日去非州Senegal首都Dakar參加歐盟烏魚計畫討論會，參觀黑奴輸出的歷史遺蹟和玖瑰湖（Lac Rose），看到黑人從湖底收獲岩鹽和極端環境下生長的粉紅色藻類；同計畫2007年5月4～6日去南非的水生生物多樣性研究所開會，參觀極為珍貴的活化石魚類——腔棘魚標本；2007年7月9～11日去墨西哥Campeche開會，參觀馬雅文化的金字塔，見證了古人的智慧。每次開會地點都有其特色，篇幅有限，無法一一介紹。

　　1985年至2017年，研究團隊總共出席國際學術會議76次，發表論文178篇。非常感謝國科會（今科技部）的旅費補助，日、韓、中國大陸和菲律賓等國的邀請，以及歐盟烏魚計畫和立陶宛－拉脫維亞－臺灣的鰻魚GMM計畫的贊助，才有機會每年出國1～7次不等，參加國際會議發表論文。從2017年往前回顧，歷年參與的國際會議名稱，發表論文的作者和題目如下：

2017

First Mindanao Eel Summit, 31 Aug. 2017, Waterfront Hotel, Lanang Davao City, Mindanao, Philippines

Tzeng WN: World status, conservation and management of eel resources.

2016

南海海洋科技論壇，**2016年10月28-29日**，三亞海南熱帶海洋學院，海南省，中國大陸

曾萬年：耳石在魚類生活史和洄游環境的應用研究。

2015

1. **2015 Annual Meeting of the East Asia Eel Resource Consortium, 6-9 Aug. 2015, East China Sea Fishery Research Institute, Shanghai, China**

   Tzeng WN: Fisheries, Stocks declines and conservation of anguillid eel.

2. **National Eel Forum of the Department of Agriculture, Bureau of Fisheries and Auaqtic Resources, Philippines, 24 Feb. 2015, BWSM Conference Hall, Visayas Ave., Diliman, Quezou City, Philippines**

   Tzeng WN: World status of eel fisheries and their biology.

2014

1. **The 2014 American Fisheries Society Eel Symposium jointly with the International Council for the Exploitation of the Sea (ICES) : Are Eel Climbing Back up the Slippery Slope? 17-21 Aug. 2014, Quebec city, Canada**

   Tzeng WN: The Japanese eel does not climb back up.

2. **海峽兩岸海洋生物多樣性研討會，2014年9月1-3日，廈門大學，中國大陸**

   Tzeng WN：鰻魚生態和資源衰竭原因。

3. **The 15th APEC Roundtable Meeting on the Involvement of the Business/Private Sector in the Sustainability of the Marine Environment, 23-25 Sept. 2014, International Conference Hall, National Cheng Kung University, Tainan City, Taiwan**

   Tzeng WN: Diversity of habitat use by anguillid eels as revealed by otolith microchemistry.

4. **International Eel Symposium & the 2014 Annual Meeting of the East Asia Eel Resource Consortium, 29-30 Sept. 2014, Kimdaejung Convention Center, Gwangju, Korea**

   Tzeng WN: Biology and management of the Japanese eel in Taiwan.

5. **41st Annual Convention of the Philippine Society of Biochemistry and Molecular Biology: The Role of Biochemistry and Molecular Biology in the Rehabilitation and Conservation of Biological Resources, 4-5 Dec. 2014, Maco Polo Plaza Hotel, Cebu City, Philippines**

   Tzeng WN: Otolith as chronometer and environmental recorder of fishes:Implication study on life history of anguillid eel.

2013

International Workshop on the *Anguilla* Eels "From Bioecology and Biodiversity Toward Bio-

technology", 13 Nov. 2013, Jakarta, Indonesia

Tzeng WN: Habitat use of the yellow eels based on otolith microchemistry analyses.

2012

1. 6th World Fisheries Congress, 8-12 May 2012, Edingburg, Uk

Tzeng WN and Lin YJ: Life history strategy and sustainable fishery of the Japanese eel *Anguilla japonica* in Taiwan.

2. The North Pacific Marine Science Organization (PICES) 2012 Annual Meeting:Effects of natural and anthropogenic stressors in the North Pacific ecosystems: Scientific challenges and possible solutions, 12-21Oct. 2012, Hiroshima, Japan

Tzeng WN and Han YS: Spatial and temporal variations in the recruitment of Japanese eel (*A. japonica*) in Taiwan.

3. The 15th East Asia Eel Resource Consortium, 28 Nov. 2012, National Taiwan Ocean University, Keelung, Taiwan

Tzeng WN: Ecology and the fluctuation of glass eel recruitment in Taiwan: A review for inductrial application.

2011

The 9th Asian fisheries and aquaculture forum, 20-26 April 2011, Shanghai, China

(1) Lin YJ, Chang YJ, Sun CL and Tzeng WN: Evaluation and sensitivity analysis of the Japanese eel fishery in the lower reaches of the Kao-Ping River, Taiwan with uncertainties in parameters.

(2) Leader NJ, Chen RT and Tzeng WN: Taxonomy and biogeography of the *Rinogobius* spp. (Gobiidae) from Taiwan.

(3) Chen YH, Tzeng WN , Leader NJ and Chen RT: Recruitment dynamic of an amphidromous goby *Sicyopterus lagocephalus* in Hsiukuluan river, eastern Taiwan.

(4) Li DY and Tzeng WN: Habitat-use strategy of the European eel *Anguilla anguilla* in Italian waters as indicated by otolith Sr/Ca ratios.

(5) Tzeng MY, Young SS, Lizuka Y and Tzeng WN: The estuary plays not only nursing but also feeding ground for the grey mullet *Mugil cephalus*: a case study in Tanshui river of Taiwan.

2010

1. International symposium on eel culture and trade "Sustainable aquaculture and market-

ing prospects of eels", **5 Feb. 2010, PHILSCAT, Central Luzon State University, Science City of Munoz, Nueva Ecija, Philippines**

Tzeng WN: Biology of Japanese eel Anguilla japonica: from larval dispersal to migratory life history evolution.

2. **2010年兩岸魚類學術交流研討會，2010年5月2日，國立臺灣大學，臺北**

(1) 曾萬年：鰻魚生活史的演化：從種化到棲地利用多樣性。

(2) Shen KN and Tzeng WN: Population genetic structure of grey mullet *Mugil cephalus* in Taiwan.

(3) Jamandre BW, Durand JD and Tzeng WN: Phylogeography and demographic history of Northwest Pacific *Mugil cephalus*.

(4) Hsu CC and Tzeng WN: Age and growth of *Mugil cephalus* in the coastal waters of Taiwan-Methodology and application.

(5) Tzeng WN, Hsu CC, Wang CH and Iizuka Y: Use of otolith elemental signature to interpret past migratory environmental history of *Mugil cephalus*.

3. **International Symposium on eel 2010:Advances in Reproductive Ecology, Physiology and Artificial Production of the Japanese eel, 24-25 June 2010, University of Tokyo, Kashiwa, Chiba, Japan**

Tzeng WN: Retirement commemorative lecture: A review of my eel research experience from1980-2010

4. **The Fisheries Society of the British ISLES Annual Symposium: Fish and Climate Change, 26-30 July 2010, Queen's University, Belfast, UK**

Tzeng WN, Han YS and Hsu CC: Effect of solar activity on recruitment of the Japanese eel *Anguilla japonica* in the coastal waters of Taiwan.

5. **2010 Taiwan-France Conference on Biodiversity and Ecophsiology of Marine Organisms, 19-23 Nov. 2010, NTOU, Taiwan**

Tzeng WN: Life history of the anguillid eel: environment sex determination hypothesis and migratory evolution.

2009

1. **Symposium on current research trends in fisheries biology, 20 Jan. 2009, Philippines**

(1) Galvan G, Tzeng WN, Yambot AV, Lazaro J and Noveno DP: Molecular identification and

phylogeny of mullets in the Philippines.

(2) Shen KN, Hsu CC, Wang CH and Tzeng WN: Population genetic differentiation of grey mullet *Mugil cephalus* in Taiwan: evidences from both microsatellites and otolith elemental signature.

(3) Tzeng WN: Otolith is a chronometer and environmental recorder of the fish: analytical method and implication.

(4) Leander NJ, Shen KN and Tzeng WN: Dispersal mechanism of amphidromous goby with long pelagic larval duration: a case study of *Sicyopterus japonicus* in the northwestern Pacific.

(5) Rosel RC, Hsu CC and Tzeng WN: The life history strategy of a grey mullet *Mugil cephalus* population in South Taiwan.

(6) Jamandre BW, Durand JD and Tzeng WN: Phylogeography of northwest Pacific grey mullet *Mugil cephalus* based on two mitochondrial DNA gene sequences.

(7) Chiang CI, Wang CW and Tzeng WN: Elevated manganese concentration in otolith of Japanese eel (*Anguilla japonica*) in early stage.

(8) Ye NT, Iizuka Y and Tzeng WN: The role of larval duration in determining the long distance dispersal of *Anguilla marmorata* leptocephalus as revealed by otolith daily growth increment and Sr/Ca ratio.

(9) Cheng CC, Shen KN and Tzeng WN: Population genetic structure of *Anguilla marmorata* in the western Pacific Ocean.

2. **International Symposium on Advances and Applications of Mass Spectrometry to Environmental and Ecological Studies, 9th Mar. 2009, Earth Dynamic System Research Center, National Cheng Kung University, Tainan City, Taiwan**

(1) Tzeng WN and Wang CH: The otolith as a chronometer and environmental recorder in fishes: methodology and ecological implications.

(2) Panfili J, Darnaude AM, Lin YC, Chevalley M, Iizuka Y, Tzeng WN and Crivelli AJ: Use of LA-ICPMS and EPMA analytical tools for characterization of sedentarity of the European eel in the Rhone delta (South of France) : a collaborative study between France and Taiwan.

(3) Wang CH, Lin YJ, Shiao JC, You CF and Tzeng WN: Spatio-temporal variation in the elemental compositions of otolith of southern bluefin tuna *Thunnus maccoyii* in the Indian

Ocean and its ecological implication.

(4) Chang MY, Tzeng WN and You CF: Otolith elemental fingerprints as biological tracer for tracking larval dispersal of black porgy, *Acanthopagrus schlegeli* and yellowfin seabream, *A. latus* among estuaries of western Taiwan.

(5) Lin SH, You CF, Iizuka Y and Tzeng WN: Habitat use and migration behavior of Japanese eel, *Anguilla Japonica* in the river as revealed by strontium calcium ratios and strontium isotopes in otolith.

3. **The 6th Framework Programme of European Commission for Main Uses of the Grey mullet as Indicator of Littoral environmental changes project (FP 6/MUGIL, INCO-CT-2006-026180) : Seminar 2(S2), 11-13 Mar. 2009, Taipei, Taiwan**

(1) Ibanez LA, Hsu CC, Chang CW, Wang CH, Iizuka Y and Tzeng WN: The diversity of migratory environmental history of striped mullet *Mugil cephalus* and white mullet *M. curema* in the Mexican waters as indicated by otolith Sr: Ca ratio.

(2) Shen KN, Hsu CC, Shao KT, Lin PL, Wu KY and Tzeng WN: Molecular taxonomy and phylogenetics of mullets (Pisces: Mugilidae) in Taiwan.

(3) Rosel RCN, Hsu CC, Iizuka Y and Tzeng WN: Population biology of a local Flathead Mullet *Mugil cephalus* population found at Kao Ping River, Taiwan.

(4) Chang CW, Hsu CC, Shen KN and Tzeng WN: Tracing sea surface temperature variability of Taiwan Strait by otolith stable oxygen isotope of the grey mullet *Mugil cephalus*.

4. **The 8th Indo Pacific Fish Conference & 2009 ASFB Workshop and Conference, 31 May-5 June 2009, Fremantle, Western Australia**

(1) Han YS and Tzeng WN: Diverse habitat use by the Japanese eel is a phenotypic plasticity as the dispersal of swimbladder parasite *Anguillicola crassus*.

(2) Lin YJ, Ozdilek SY, Iizuka Y and Tzeng WN: Migratory behaviors of American eels *Anguilla rostrata* as indicated by mark-recapture data and otolith Sr/Ca ratios.

(3) Tzeng WN: The otolith as a chronometer and environmental recorder in fishes: methodology and ecological implications.

(4) Hsu CC and Tzeng WN: Difference in growth rate of the flathead mullet *Mugil cephalus* between the offshore waters of northeastern and southwestern Taiwan.

5. The 4th International Otolith Symposium, 24-28 Aug. 2009, Monterey, California

(1) Panfili J, Darnaude AM, Lin YC, Chevalley M, Iizuka Y, Tzeng WN and Crivelli AJ: European eel movements during continental life in the Rhone River Delta (South of France): High level of sedentarity revealed by otolith microchemistry.

(2) Tzeng WN, Yeh NT, Shen KN and Iizuka Y: The larval dispersal of giant mottled eel *Anguilla marmorata* as indicated by otolith daily growth increment and Sr/Ca ratios.

(3) Chiang CI, Tzeng WN, Wang CH and You CF: Differences in elemental composition among three pairs of otoliths of Japanese eel *Anguilla japonica*.

(4) Ibanez A, Hsu CC, Chang CW, Wang CH, Iizuka Y and Tzeng WN: The diversity of migratory environmental history of striped mullet *Mugil cephalus* and white mullet *M. curema* in the Mexican Waters as indicated by otolith Sr:Ca ratios.

(5) Rosel RC, Hsu CC, Iizuka Y and Tzeng WN: Otolith microchemistry and life history strategies of a resident population of grey mullet *Mugil cephalus* from the Kao Ping River, Taiwan.

(6) Shen KN, Hsu CC, Wang CH, You CF and Tzeng WN: Population genetic structure and migratory life history of the flathead mullet *Mugil cephalus* in the coastal waters of Taiwan as indicated by microsatellites and otolith elemental signature.

(7) Lin SH, Thibault I, Dodson JJ, Caron F, Iizuka Y and Tzeng WN: Migratory behavior of yellow-stage American eel *Anguilla rostrata* in the St Jean River watershed of Canada as indicated by microtagging and otolith Sr/Ca ratio.

(8) Lin SH, You CF, Iizuka Y and Tzeng WN: Migratory behavior and micro-habitat use by Japanese eel *Anguilla japonica* in the Kao-ping River of Taiwan as indicated by otolith Sr/Ca ratios and Sr isotopes.

(9) Lin YJ, Shiao JC, Lozys L, Plikshs M, Minde A, Iizuka Y, Isaak R and Tzeng WN: Does European eel*Anguilla anguilla* in the yellow eel stage deposit a transition check in the otolith during their first freshwater entrance?

(10) Wang CH, Hsu CC, You CF and Tzeng WN: Otolith elemental composition as natural tag in studying migratory environmental history of flathead mullet *Mugil cephalus* L. in the coastal waters of Taiwan.

(11) Tzeng WN, Lin SH, Iizuka Y, You CF and Weyl O: Unprecedented high Sr/Ca ratios in oto-

lith of wild *Anguilla mossambica* in Madagascar: a signal of volcanism.

(12) Lin YT, Wang CH, You CF and Tzeng WN: Elemental composition in otoliths of southern bluefin tuna (*Thunnus maccoyii*) in the Indian Ocean: habitat-specific differences and upwelling signal.

2008

1. **Advance in Fish Tagging& Marking Technology International Symposium, 24-28 Feb. 2008, Auckland, New Zealand**

(1) Chang MY, You CF and Tzeng WN: Otolith elemental fingerprints as a biological tracer for studying larval dispersal among estuaries: a case study of black porgy (*Acanthopagrus schlegeli*) in Taiwan.

(2) Lin SH and Tzeng WN: Application of marking and tagging to study the migratory environmental history of Japanese eel (*Anguilla japonica*) in Taiwan.

(3) Shen KN and Tzeng WN: The possible speciation route of short finned eel *Anguilla australis*: a view from genetic marker.

(4) Tzeng WN, Lin YJ, Shiao JS, Plikshs M, Mindle A, Lizuka Y and Rashal I: Otolith annulus pattern and Sr/Ca ratios as natural tags for discriminating naturally-recruited and restocked eels in Latvia.

(5) Wang CH, You CF and Tzeng WN: Elemental composition in otolith as the tracer for discriminating the estuarine origin of the juvenile grey mullet (*Mugil cephalus*) in Taiwan.

(6) Wang CH, Hsu CC, You CF, Chen H, Shih H and Tzeng WN: Otolith fingerprints and parasite's as natural tags for studying the migratory process of euryhaline fishes: a case study of flathead mullet *Mugil cephalus* L. in the Tanshui River of Taiwan.

2. **The 6th Framework Programme of European Commission for Main Uses of the Grey mullet as Indicator of Littoral environmental changes project (FP 6/MUGIL, INCO-CT-2006-026180) : Workshop 5 (WS5) MUGIL database, 11-16 July 2008 in EPOMEX, Campeche, Mexico**

3. **The 6th Framework Programme of European Commission for Main Uses of the Grey mullet as Indicator of Littoral environmental changes project (FP 6/MUGIL, INCO-CT-2006-026180) : Workshop 6 (WS6) Bio-indicator, 27 Sep.-6 Oct., 2008, Athen, Greecc**

(1) TzengWN, Shen KN, Yang HN, Huang DJ, Lin SW, Chiu YW and Chen MH: Study on

heavy metal pollution of flathead mullet *Mugil cephalus* in Taiwan.

(2) Shen KN, Hsu CC and Tzeng WN: Microsatellite DNA as genetic marker for population identification of flathead mullet *Mugil cephalus* in Taiwan.

4. 第二屆海峽兩岸魚類生理與養殖學術研討會，2008年10月13～15日，中國科學院水生生物研究所，中國大陸

(1) Han YS, Sun YL, Liao YF and Tzeng WN: Spatial and temporal analysis of population genetic in the Japanese eel.

(2) Shen KN, Hsu CC, Chang CW and Tzeng WN: The genetic relationship between the migratory spawning population and the early recruited juveniles of flathead mullet (*Mugil cephalus*) in the coastal waters of western Taiwan.

(3) Tzeng WN, Hsu CC, Wang CH and You CF: Salinity history of flathead mullet (*Mugil cephalus*) as revealed by otolith elemental signature with reference to environmental and physiological effects.

5. The 5ᵗʰ World Fisheries Congress: Fisheries for Global Welfare and Environmental Conservation, 20-25 Oct.2008, Yokohama, Japan

(1) Jamandre BW, Durand JD and Tzeng WN: Phylogeography and demographic history of northwest Pacific *Mugil cephalus*.

(2) Lin YJ and Tzeng WN: Evidence of overfishing for the Japanese eel population in the Kaoping River, Southern Taiwan.

(3) Han YS, Sun YL, Liao YF, Shen KN, Liao IC and Tzeng WN: Population genetic structure of the Japanese eel in temporal scale in Taiwan.

(4) Hsu CC, Wang CH, You CF and Tzeng WN: River spawning by Flathead mullet *Mugil cephalus* L. evidence from otolith microchemistry.

(5) Shen KN, Hsu CC, Wang CH and Tzeng WN: Population differentiation between migratory and resident population of grey mullet *Mugil cephalus* in Taiwan: evidences from microsatellites and otolith microchemistry.

(6) Rodolph Charles N. Rosel, Hsu CC and Tzeng WN: Life history strategies of a local flathead mullet *Mugil cephalus* population found at Kao Ping River, Taiwan.

(7) Lozys L, Butkauskas D, Shiao JC, Iizuka Y, Minde A, Pliksh M, Sruoga A, Rashal I and Tzeng WN: DNA and otolith microchemistry as natural tags for pikeperch (*Sander lucioperca*)

and perch (*Perca fluviatilis*) stock management in the Baltic Sea.

(8) Tzeng WN, Jessop BM, Wang CW and Lin SH: Identification of habitat use and movement behaviour of freshwater eels (*Anguilla* sp.) in the river by two-dimension profiles of otolith Ba/Ca vs. Sr/Ca ratios.

(9) Leander NJ, Shen KN and Tzeng WN: Long marine larval duration might d iminish the population genetic differentiation of amphidromous goby *Sicyopterus japonicus* in the northwestern Pacific.

6. **Taiwan-Australia Aquaculture, Fisheries Resources and Management Forum IV: Innovation in Marine Biotechnology and Bioresources for Sustainable Development, 18-19 Nov. 2008, National Taiwan Ocean University, Keelung, Taiwan**

(1) Jamandre BW, Durand J-D and Tzeng WN: Phylogeography of *Mugil cephalus* in Northwest Pacific based on mitochondrial DNA sequences.

(2) Lin YJ and Tzeng WN: A case study on the sustainable use of Japanese eel *Anguilla japonica* in Kao-ping River in Southern Taiwan.

(3) Wang CH, Lin YJ, Shiao JC, You CF and Tzeng WN: Spatio-temporal variation in the elemental composition of otolith of southern bluefin tuna *Thunnus maccoyii* in the Indian Ocean with reference to ontogenetic effect and environmental history.

(4) Shen KN, Hsu CC, Wang CH and Tzeng WN: Population genetic differentiation of grey mullet *Mugil cephalus* in Taiwan: evidences from both microsatellites and otolith elemental signature.

(5) Han YS, Tzeng WN and Liao IC: Eel resource management: population genetic structure analysis and catch forecast of the Japanese eel elvers.

7. **2008中國魚類學會學術研討會，2008年10月5～10日，中國大陸**

(1) 沈康寧、許智傑、邵廣昭、林沛立、吳高義和曾萬年：臺灣鯔科mugilidae的分類及其類緣關係。

(2) 曾萬年：耳石是魚類定時器同時也是環境記錄器：談解析方法及生態應用。

2007

1. **The 6ᵗʰ Framework Programme of European Commission for Main Uses of the Grey mullet as Indicator of Littoral environmental changes project (FP 6/MUGIL, INCO-CT-2006-026180)：Workshop 1(WS1) Mugil database, 9-11 May 2007, Grahamstown,**

South Africa

2. The 6th Framework Programme of European Commission for Main Uses of the Grey mullet as Indicator of Littoral environmental changes project (FP 6/MUGIL, INCO-CT-2006-026180) : Workshop 2 (WS2) Mugil life history traits, 4-6 July 2007, Montpellier, France

Tzeng WN, Hsu CC and Chang CW: Age marks in the otolith and scale of cultured and wild *Mugil cephalus* in Taiwan: the past and recent studies.

3. The 6th Framework Programme of European Commission for Main Uses of the Grey mullet as Indicator of Littoral environmental changes project (FP 6/MUGIL, INCO-CT-2006-026180) : Workshop 3 (WS3) Mugil migration studies, 26-28 Sep. 2007, Montpellier, France

Tzeng WN, Hsu CC and Chang CW: Mugil cephalus migration around Taiwanese waters assessed through fishery data.

4. The 6th Framework Programme of European Commission for Main Uses of the Grey mullet as Indicator of Littoral environmental changes project (FP 6/MUGIL, INCO-CT-2006-026180) : Workshop 4 (WS4) on Population Genetics, 14-16 Nov. 2007, CIBNOR, La Paz, Mexico

(1) Jamandre BW and Tzeng WN: Phylogeography of flathead mullet *Mugil cephalus* in the Northwest Pacific as revealed from Dloop of mtDNA.

(2) Shen KN, Jamandre BW and Tzeng WN: An overview and prospect of the population genetics of *Mugil cephalus* research in Taiwan.

5. The 8th Asian Fisheries Forum: Fish and Aquaculture, Strategic Outlook Asia, 20-23 Nov. 2007, Kochi, India

(1) Han YS, Chang YT, Taraschewski H, Chang SL, Chen CC and Tzeng WN: Diverse infective patterns of swimbladder parasite *Anguilla crassus* in native Japanese eels and exotic American eels in Taiwan.

(2) Lin YJ and Tzeng WN: Effects of culture and fishing gear on the sex and size compositions of Japanese eel *Anguilla japonica* in the Kao-ping River, Taiwan.

(3) Lin YJ, Iizuka Y and Tzeng WN: Potential contribution of escaped cultured Japanese eel *Anguilla japonica* to the wild population in the Kao-ping River, southern Taiwan.

(4) Lin YJ and Tzeng WN: Vital population statistics of the exploited Japanese eel (*Anguilla japonica*) stock in the Kao-ping River, southern Taiwan, using length frequency analysis.

(5) Tzeng WN, Iizuka Y, Lin YJ and Chiang CI: Differences in migratory history types of Japanese eel, *Anguilla japonica*, in the Kao-ping River of Taiwan: implication for management strategies.

(6) Yang CS, Wang CH, You CF, Iizuka Y and Tzeng WN: Relationships between water chemistry and otolith elemental concentrations of Pacific tarpon (*Megalops cyprinoides*) during metamorphosis.

(7) Lin SH, You CF, Iizuka Y and Tzeng WN: Habitat use and migration behavior of Japanese eel, *Anguilla japonica*, in the river as revealed by strontium calcium ratios and strontium isotopes in otolith.

(8) Shen KN and Tzeng WN: Microsatellites variations reveal the evolutionary history of oceanian eels *Anguilla australis* and *Anguilla dieffenbachii*.

(9) Jamandre BW and Tzeng WN: A hypothesis of population differentiation among flathead mullet *Mugil cephalus* in East Asia as inferred from mitochondrial DNA sequences.

2006

1. **The 2nd year annual meeting for the collaborative study on the application of genetic and microchemical markers as implements for diadromous and endangered commercial fish species population management (GMM) project among Lithuania-Latvia-Taiwan and the eel symposium on population genetics, stock assessment and restocking of the freshwater eel, 5-6 July 2006, National Taiwan University, Taiwan**

(1) Tzeng WN: The eel resource and research in Taiwan.

(2) Lin YJ, Chang SL, Chang MY, LinSH, Chen TI, Su MS, Su WC and Tzeng WN: Estimation of the abundance of Japanese eels *Anguilla japonica* in the Kaoping River estuary of Taiwan using the mark-recapture method.

(3) Han YS, Tzeng WN and Chu YW: Use of the sex ratio as a means of resource for the Japanese eel: A case study in the Kaoping River of Taiwan.

(4) Shiao JC, Lozys L, Iizuka Y and Tzeng WN: Discrimination of eel stock and migratory history by otolith Sr: Ca ratio.

(5) Wang CH, Tzeng WN, You CF, Li MD and Iizuka Y: Elemental composition in otolith of

Japanese eels *Anguilla japonica*: Effects of ontogeny and habitat use.

(6) Shen KN and Tzeng WN: Non-panmixia of shortfinned eel *Anguilla australis* in east Australia and New Zealand as revealed by microsatellite DNA.

(7) Jamandre BW, Shen KN and Tzeng WN: Genetic population structure of American eels *Anguilla rostrata*.

(8) Lin YJ, Lozys L, Shiao JC, Iizuka Y and Tzeng WN: Effects of habitat and restocking on the growth of European eel *Anguilla anguilla*.

(9) Shiao JC, Iizuka Y, Tzeng WN, Lozys L, Repecka R, Rashal I, Minde A and Tzeng WN: Migration history of eel, perch and pikeperch , inferred from otolith Sr: Ca ratio.

2. The 7th International Congress on the Biology of Fish, 18-22 July 2006, St. John's, Newfoundland, Canada

(1) Chang CW, Wang YT and Tzeng WN: The vertebral deformity of thornfish (*Terapon jarbua*) in thermal effluent outlet of a nuclear power plant in Taiwan.

(2) Han YS, Tzeng WN and Liao IC: Gonadotropin induced synchronous changes of morphology and gonadal development in the Japanese eel (*Anguilla japonica*) .

(3) Wang CH, Shiao JC, Lin YT, You CF, Chang SK and Tzeng WN: Otolith trace elements record natal origin of southern bluefin tuna (*Thunnus maccoyii*) in the Indian Ocean.

3. American Fisheries Society 136th Annual Meeting: Fish in the balance, 10-14 Sep. 2006, Lake Placid, New York, USA

(1) Lin YT, Shiao JC, Tzeng WN and Chang SK: Age and growth of southern bluefin tuna in the central Indian Ocean.

(2) Wang CH, Tzeng WN and You CF: Geographical variation of otolith elemental signature on the juvenile grey mullet collected from Taiwanese estuaries.

(3) Chang CW, Hsu CC, Iizuka Y and Tzeng WN: Estuarine recruitment dynamic of the grey mullet in Taiwan.

(4) Chang MY, Wang CH, You CF and Tzeng WN: Tracking the dispersal of larval gobies among the estuaries of western Taiwan by otolith elemental fingerprints.

(5) Lin SH, Chang SL, Iizuka Y and Tzeng WN: Tracing habitat use and migration behavior of wild Japanese eels in the lagoon,Ta-Pong Bay by otolith Sr/Ca ratios.

(6) Yang CS, Wang CH, You CF, Iizuka Y and Tzeng WN: Relationship between water chemis-

try and otolith elemental concentrations of Pacific tarpon during metamorphosis.

4. **ICES Annual Science Conference, 19-23 Sep.2006, Maastricht, The Netherlands**

(1) Lin YJ, Chang SL, Chang MY, Lin SH, Chen TI, Su MS, Su WC and Tzeng WN: Estimation of the abundance of Japanese eels *Anguilla japonica* in the Kao-Ping River estuary of Taiwan using the mark-recapture method.

(2) Tzeng WN: Sex-dependent habitat use of the Japanese eel *Anguilla japonica* in Taiwan.

(3) Tzeng MC, Tzeng WN and Lee SC: Comparing the population structure of temperate Anguilla japonica with tropical *A. marmorata* in the northwestern Pacific Ocean.

(4) Lin YJ, Lozys L, Shiao JC, Iizuka Y and Tzeng WN: Effects of habitat and restocking on the growth of European eel *Anguilla anguilla*.

(5) Lozys L, Wang CH, Shiao JC, Iizuka Y, You CF and Tzeng WN: Stock discrimination of the European eel *A. Anguilla* in Lithuania waterbodies by otolith Sr:Ca ratios and other elemental signatures.

5. **The 6th Framework Programme of European Commission for Main Uses of the Grey mullet as Indicator of Littoral environmental changes project (FP 6/MUGIL, INCO-CT-2006-026180) : Seminar 1 (S1) State of the art of Mugil research, 2-4 Nov. 2006, Dakar, Senegal**

Tzeng WN, Chang CW and Wang CW: Grey mullet in Taiwan-Fishery, life history and migratory environment.

2005

1. **International Symposium on Fish and Diadromy in Europe: Ecology, management, conservation, 29 Mar.-1 Apr. 2005, Bordeaux, France**

(1) Iizuka Y, Tzeng WN, Shiao JC, Dodson J and Caron F: Alternative migratory behavior of American eel (*Anguilla rostrata*) in the Saint John River, Gaspe (Quebec) .

(2) Tzeng WN, Wang CH, You CF, Lee MD and Iizuka Y: Elemental composition in otoliths of Japanese eels, *Anguilla japonica*: Effects of ontogeny and habitat use.

(3) Tzeng MC, Chen CA, Tzeng WN and Lee SC: Evolutionary patterns in sex microsatellite loci of freshwater eels.

(4) Jessop B, Iizuka Y, Tzeng WN and Shiao JC: Migration between freshwater and estuary of juvenile American eels *Anguilla rostrata* as revealed by otolith microchemistry.

2. The 7ᵗʰ Indo-Pacific Fish Conference, 16-20 May, 2005 Howard International House, Taipei, Taiwan

Tzeng WN: How can otoliths tell us the life history of eels? Analysis and interpretation of otolith elemental fingerprints.

2004

The 3ʳᵈ International Symposium on Fish Otolith Research and Application, 11-16 July 2004, Japiter's Hotel and Casino, Townsville, Queensland, Australia

(1) Chen HL and Tzeng WN: Formation of daily growth increments in otolith of Pacific Tarpon (*Megalops cyprinoides*) during Metamorphosing.

(2) Chu H, Tzeng WN and Wang YT: Seasonal variation of larval growth rate of *Stelophorus insukaris* and its connection to survivorship.

(3) Chen KY and Tzeng WN: The difference in otolith microstructure between damselfishes and angelfishes at early life stage.

(4) Lin SH and Tzeng WN: Effect of salinity and food on otolith Sr/Ca ratios of the Japanese eel, *Anguilla japonica*.

(5) Shen KN, Chen HL, Iizuka Y and Tzeng WN: The migratory history of Pacific Tarpon, *Megalops Cyprinoidesas* revealed from otolith Sr/Ca ratios.

(6) Tzeng WN, Severin KP and Wickstrom H: Elemental composition in otoliths of European eel *Anguilla anguilla*.

(7) Chu H, Shao KT, Chen LS and Tzeng WN: Geographic variation of early life history traits of *Apogon doryssain* the coastal waters of Taiwan.

(8) Wang CH, Lu SK, Chang CW, Wang YT and Tzeng WN: Early life history traits of Sillaginids (*Sillago* spp) in the northern Taiwan as indicated from otolith daily growth increment.

(9) Iizuka Y, Shiao JC, Chang CW and Tzeng WN: Development of optimum conditions for electron microprobe analysis of Sr/Ca ratios in fish otoliths.

2003

1. 2003 Joint Meeting of Ichthyologists and Herpetologists, 26 June-1 July 2003, Manaus, Brazil

(1) Shen KN, Chang CW, Iizuka Y, Wang YT and Tzeng WN: The early life historyof pacific tarpon *Megalops cyprinoides* in the three estuaries of western Taiwan.

(2) Shiao JC, Iizuka Y, Chang CW and Tzeng WN: Disparities in the habitat use and migratory behavior between a tropical eel *Anguilla marmorata* and a temperate eel *Anguilla japonica* in the rivers of Taiwan.

2. **International eel symposium, in Annual meeting of American Fisheries Society, AFS, 10-14 Aug. 2003, Quebec, Canada**

Tzeng WN: Variability in growth rate and age at maturity of American eels (*Anguilla rostrata*) transplanted from North America to Tropical Taiwan.

3. **The North Pacific Marine Science Organization (PICES) 12th Annual Meeting, 10-18 Oct. 2003, Seoul, Korea**

(1) Tseng MC, Tzeng WN and Lee SC: Historical decline of Japanese eel, *Anguilla japonica*, in northern Taiwan.

(2) Tzeng WN: Relative importance of oceanic, estuarine and riverine growth histories of the Japanese eel,*Anguilla japonica*, as revealed by otolith microchemistry analysis.

2002

1. **The Direct Age Estimation Workshop of the CCSBT, 11-14 June 2002, Queensclif, Australia**

A manual for age determination of southern bluefin tuna (*Thunnus maccoyii*): Otolith sampling, preparation and interpretation. 36pp.

2. **International Conference on Sustainable Management of Tropical and Subtropical Fisheries, 18 July 2002, Keelung, Taiwan, ROC**

Tzeng WN: Resource and ecology of elvers of the Japanese eel *Anguilla japonica* in Taiwan.

3. **International Congress of the Biology of Fish, 22-25 July 2002, University of British Columbia, Vancouver B.C., Canada**

Tzeng WN, Han YS and He JT: The sex ratios and growth strategies of wild and captive Japanese eels *Anguilla japonica*.

2001

1. **The 6th Indopacific Fish Conference(20-25 May 2001, Durban, South Africa). International Symposium on Advances in Eel Biology, 28-30 Sep. 2001, Tokyo, Japan**

Tzeng WN: The processes of onshore migration of Japanese eel *Anguilla japonica* as revealed by otolith microstructure.

2. The 6th Asian Fisheries forum, 25-30 Nov. 2001, Kaohsiung, Taiwan

(1) Wang YT, Shao KT and Tzeng WN: Bycatch of the larval clupeoid fishery in the coastal waters of Taiwan.

(2) Shiao JC, Iizuka Y, Chang CW and Tzeng WN: Use of Sr/Ca ratios in otoliths to study the migratory behaviors of Japanese eel *Anguilla japonica*.

(3) Han YS, Huang YS, Liao IC and Tzeng WN: Age and energy store of the slivering Japanese eel in the Kaoping River of southwestern Taiwan.

(4) Chru H, Shao KT, Chen LS, Wang YT and Tzeng WN: The study on larval fish community from coral reef areas in Yehliu, Suao and Ken-ting, Taiwan.

(5) Chang CW, Iizuka Y and Tzeng WN: Migratory environmental histories of grey mullet *Mugil cephalus* L. in the coastal waters of Taiwan as revealed by their otolith Sr/Ca Ratios.

2000

1. The 1st International catadromous eel symposium in association with the 130th annual meeting of the American fisheries society, 20-24 Aug. 2000, St.Louis, Missouri, USA

Tzeng WN, Shiao JC, Yamada Y and Oka HP: Life history patterns of Japanese eel *Anguilla japonica* in Mikawa Bay, Japan.

2. The 3rd East Asian symposium on eel research: sustainability of resources and aquaculture of eels, 16-18 Nov. 2000, Keelung, Taiwan

(1) Han YS, He JT, Chang CW, Tzeng WN and Liao IC: Morphological change and gonadal development of silvering Japanese eel (*Anguilla japonica*) in Kao-Ping River of southern Taiwan.

(2) ShiaoJC, Tzeng WN, Collins A and Iizuka Y: Comparison of the early history of Australian tropical eel *Anguilla reinhardtii* and temperate eel *A. australis* by otolith microstructure and microchemistry.

(3) Tseng MC, Lee SC and Tzeng WN: Genetic variation of the Japanese eel, *Anguilla japonica*, based on microsatellite DNA.

(4) Tzeng WN and Chang CW: Stock status and management prospect of the freshwater eel (*Anguilla* spp.) in Taiwan.

(5) Tzeng WN, Shiao JC, Iizuka Y, Yamada Y and Oka HP: Growth-habitat diversity of the Japanese eel (*Anguilla* spp.) as revealed from otolith Sr/ca ratio analysis: phenotypic plasticity

and aquaculture implication.

(6) Yu HT, Yu CS and Tzeng WN: Species composition of the Anguillid elvers in estuaries of Taiwan-an application of molecular genetics.

3. The 3rd World Fisheries Congress, Oct. 2000, Bejing, China

Tzeng WN: Surface seawater temperature as a potential cause of delayed arrival of the Japanese eel *Anguilla japonica* elvers on the coast of Taiwan.

1999

1. 鰻魚資源管理現況及保全對策研討會，13-14 Sep. 1999, University of Tokyo, Japan

曾萬年和廖一久：臺灣鰻魚資源研究現狀

2. ICES/EIFAC Working Group on Eel Meeting, 20-24 Sep. 1999, Denmark

1998

1. Symposium on marine fisheries beyond the year 2000: Sustainable utilization of resources, 25 May 1998, Keelung, Taiwan

Tzeng WN: The resources and ecology of the Japanese eel, Anguilla japonicus.

2. The 2nd International Symposium on Fish Otolith Research and Application, 20-25 June 1998, Bergen, Norway

(1) Wang CH, Tzeng WN and Williamson GR: A comparison of the larval lives of *Auguilla rostrata* and *A. anguilla* eels as revealed by examination of otoliths of glass eels collected from eleven locations around the Atlantic Ocean.

(2) Chang CW, Tzeng WN and Lee YC: Daily age growth and the backcalculated hatchig dates of juvenile grey mullets *Mugil cephalus* in the northwestern coast of Taiwan as revealed from otolith microstructure.

(3) Tzeng WN, Severin KP, Wickstrom H and Wang CH: High strontium bands in otolith of European eel *Anguilla Anguilla* (L.) -An alternative method of age determination.

3. The 5th Asian Fisheries Forum, 11-14 Nov. 1998, Chiang Mai, Thailand

Tzeng WN: Can European eel *Anguilla Anguilla* complete their entire life cycle in the seawater?

4. 日本鰻生活史的解明和制御研討會，13-14 Nov. 1998, University of Tokyo, Japan

曾萬年：日本鰻的資源和生態研究

5. Taiwan-Australia Aquaculture and Fisheries Resources and Management Forum, 2-8 Nov. 1998, Keelung, Taiwan

Tzeng WN: Resources and ecology of elvers the Japanese eel *Anguilla japonica* in Taiwan.

1997

The 5ᵗʰ Indo-Pacific Fish Conference, 3-8 Nov. 1997, New Caledonia

Tzeng WN: Age of Pacific tarpon, *Megalops cyprinoides*, at estuarine arrival and growth during metamorphosis.

1996

1. EIFAC/ICES Working Party on Eel, 23-27 Sept.1996, Ijmuiden, the Netherlands

Tzeng WN: Use of otolith microchemistry to investigate the environment history of European eel, *Anguilla Anguilla*.

2. The 2ⁿᵈ World Fisheries Congress, 28 July to 2 August 1996, Brisbane, Australia

Tzeng WN: Short-and long-term fluctuations in catches of elvers of the Japanese eel, *Auguilla japonica*, in Taiwan.

1995

1. International Larval Fish Conference, 25 June-2 July 1995, Sydney, Australia

Tzeng WN: Delayed metamorphosis as means of long-distance dispersal of the Japanese eel, *Anguilla japonica* .

2. ICES (International Council for the Exploration of the Sea) 1995 Annual Science Conference, 21-29 Sep. 1995, Aalborg, Denmark

Tzeng WN: Effects of salinity gradient and ontogenetic shift on strontium: calcium ratio in otolith of the Japanese eel, *Anguilla japonica* .

3. The 4ᵗʰ Asian Fisheries Forum, 6-20 October 1995, Beijing, China

Tzeng WN: Feeding habit of Japanese eel in polluted streams of northern Taiwan.

1994

Ⅷ Congress Societas Europaea Ichthyologorum-Fishes and their environment, 26 Sep.-2 Oct. 1994, Oviedo, Spain

Tzeng WN: Effects of ambient salinity on the incorporation of strontium in otolith of the eel, *Anguilla japonica*.

1993

1. An International Symposium on Fish Otolith Research and Application, 23-27 Jan. 2003, Hilton Head, South Carolina, USA

Tzeng WN and Tsai YC: Changes in otolith microstructure and microchemistry of young eel, *Anguilla japonica*, during its migration from the ocean to the rivers of Taiwan.

2. **EIFAC/FAO Working Part on eel 1993, 24-29 May, 1993, Olsztyn, Poland**

Tzeng WN: Validation and structure of annulus in otolith of European eel.

3. **The 4th Indo-Pacific Fish Conference: Systematics and Evolution of Indo-Pacific Fishes, 28 Nov.-4 Dec. 1993, Bangkok, Thailand**

Tzeng WN and Wang YT: Tidal stream transport of fish larvae and juveniles in the Tanshui River estuary, Taiwan.

1992

1. **First World Fisheries Congress, 14-19 Apr. 1991, Athens, Greece**

(1) Tzeng WN: Utilization of estuarine nurseries by juveniles fishes in the north coast of Taiwan: abundance, species diversity and seasonality.

(2) Liao IC, Kuo CL, Yu TC and Tzeng WN: Preliminary study on the tagging and releasing of the Japanese eel,Anguilla japonica, in Taiwan.

2. **The 3rd Asian Fisheries Forum: Asian Fisheries Society, 26-30 Oct. 1992, Singapore**

(1) Tzeng WN and Wang YT: Life history stage and distribution pattern of fish larvae and juveniles in the Tanshui River estuary: Transportation mechanism of fish larvae.

(2) Chern YT and Tzeng WN: Feeding habits of two species of anchovy larvae, Encrasicholina punctifer andStolephorus insularis from the Tanshui River estuary.

3. **The Symposium on Eel Production and Marketing, 24-25 Nov. 1992, Keelung, Taiwan**

Tzeng WN: Current studies on the biology of the Japanese eel, *Anguilla japonica* Temminck & Schlegeli, in Taiwan.

1991

1. **The 11th Biennial International Estuarine Research Conference, 10-14 Nov. 1991, San Francisco, USA**

Tzeng WN and Wang YT: Structure, composition and seasonal dynamics of fish larvae and juvenile community in the mangrove estuary of Tan-sui River, Taiwan.

2. **IRISH Fisheries Investigations: Papers presented to the 7th Session of the EIFAC Working Party in Eel, 20-25 May 1991, Ireland**

Tzeng WN and Tsai YC: Otolith microstructural growth patterns and daily age of the eel, *An-*

guilla japonica, elvers from the estuaries of Taiwan.

1990

The 14th Larval Fish Conference, 6-9 May 1990, Beaufort, North Carolina, USA

Tzeng WN: Effects of starvation on the formation of daily growth increment, in otolith of milk-fish *Chanos chanos* (Forsskal) larvae.

1989

The 2nd Asian Fisheries Forum, 17-22 Apr. 1989, Tokyo, Japan

Tzeng WN and Yu SY: Age and growth of milkfish larvae in the coastal waters of Taiwan as indicated by daily growth increments of otolith.

1988

1. Workshop of USA-Taiwan collaboration study on the Frontal Exchange Processes, 4-6 May 1988, Stony Brook, New York, USA

Tzeng WN: Species composition of fish larvae and juveniles in relation to oceanographic conditions in the Kuroshio waters adjacent to Taiwan.

2. International conference for celebrating the 75th Anniversary of COPEIA: Herpetologists' league, American Elasmobranch Society, early life history section AFS for the study of amphibians and reptiles, American society of ichthyologists and herpetologists, 24-29 June 1988, Ann Arbor, Michigan, USA

Tzeng WN and Yu SY: Validation of daily growth increments in otolith of juvenile milkfish, *Chanos chanos* (Forsskal) , by oxytetracycline labeling.

1987

European Inland Fisheries Advisory Committee (EIFAC /FAO) Working Party on Eel, 13-16 Apr. 1987, University of Bristol, England

Tzeng WN: Resource and biology of the eel, *Anguilla japonica*, elvers in the estuaries of Taiwan.

1986

The First Asian Fisheries Forum, 25-31 May 1986, Manila, Philippines

Tzeng WN : On the fishery and biology of mackerels and scads in the waters adjacent to Taiwan.

1985

The 9th Annual Larval Fish Conference, 24-28 Feb.1985, Port Aransas, Texas, USA

Tzeng WN: Migration and upstream behavior of the eel, *Anguilla japonica*, elvers in the estuary of Taiwan.

2. 國際耳石研討會論文（1993～2018）

　　國際耳石研討會（International Symposium on Fish Otolith Research and Application，簡稱International Otolith Symposium, IOS），每4～5年舉辦一次。第一屆於1993年在美國東岸South Carolina舉行，第二至第五屆，分別在挪威Bergen（1998年）、澳洲Brisban（2004年）、美國加州（2009年）和西班牙Mallorca（2014年）等大城市舉行。第六屆首度移師到亞洲舉行，於2018年由國立臺灣海洋大學和海洋科學博物館聯合主辦。

　　每次研討會內容都推陳出新，以第三屆為例，研討主題包括：(1)耳石的構造和功能、(2)年齡和成長的估算和驗證、(3)深海及熱帶魚類的年齡查定、(4)耳石化學元素組成在氣候、生態及族群生物學的應用、(5)年齡資料的統計學模擬、(6)漁業資源評估和管理、(7)年齡判讀資料的品管及(8)耳石研究技術的開發等。近年來，耳石研究更結合DNA探討仔魚族群的擴散機制和生活史，從生態系、氣候變遷和人為影響的角度了解漁業資源的興衰原因，做為資源管理和保育的因應之道。

　　早期臺灣幾乎沒有人從事耳石研究。第一屆國際耳石研討會只有筆者一人參加，第二屆起帶領研究生王佳惠參加，後來研究計畫多了，出席的研究生人數和發表的論文也增加了，第三、四屆發表的論文達到巔峰。以下是研究團隊所發表的論文：

第一屆國際耳石研討會

1st International Otolith Symposium, 23-27 Jan. 1993, Hilton Head , South Carolina, USA

　　Tzeng WN and Tsai YC: Changes in otolith microstructure and microchemistry of young eel, *Anguilla japonica*, during its migration from the ocean to the rivers of Taiwan.

第一屆國際耳石研討會內容，請參考Secor DH, DeanJM and Campana SE (1995) Recent Developments in Fish Otolith Research. University of South Carolina Press, Columbia, South Carolina.

第二屆國際耳石研討會

2ⁿᵈ International Otolith Symposium, 20-25 June 1998, Bergen, Norway

(1) Chang CW, Tzeng WN and Lee YC: Daily age growth and the backcalculated hatchig dates of juvenile grey mullets *Mugil cephalus* in the northwestern coast of Taiwan as revealed from otolith microstructure.

(2) Tzeng WN, Severin KP, Wickstrom H and Wang CH: High strontium bands in otolith of European eel Anguilla Anguilla (L.) : An alternative method of age determination.

(3) Wang CH, Tzeng WN and Williamson GR: A comparison of the larval lives of *Auguilla rostrata* and *A. anguilla* eels as revealed by examination of otoliths of glass eels collected from eleven locations around the Atlantic Ocean.

第二屆國際耳石研討會內容請參閱 Fisheries Research 2000, Vol. 46: 1-2.

第三屆國際耳石研討會

3ʳᵈ International Otolith Symposium, 11-16 July 2004, Townsville, Queensland, Australia

(1) Chen HL and Tzeng WN: Formation of daily growth increments in otolith of Pacific Tarpon (*Megalops cyprinoides*) during metamorphosing.

(2) Chen KY and Tzeng WN: The difference in otolith microstructure between damselfishes and angelfishes at early life stage.

(3) Chu H, Shao KT, Chen LS and Tzeng WN: Geographic variation of early life history traits of *Apogon doryssa* in the Coastal waters of Taiwan.

(4) Chu H, Tzeng WN and Wang YT: Seasonal variation of larval growth rate of *Stelophorus insukaris* and its connection to survivorship.

(5) Iizuka Y, Shiao JC, Chang CW and Tzeng WN: Development of optimum conditions for electron microprobe analysis of Sr/Ca ratios in fish otoliths.

(6) Lin SH and Tzeng WN: Effect of salinity and food on otolith Sr/Ca ratios of the Japanese eel, *Anguilla japonica*.

(7) Shen KN, Chen HL, Iizuka Y and Tzeng WN: The migratory history of Pacific Tarpon, *Megalops Cyprinoides* as revealed from otolith Sr/Ca Ratios.

(8) Tzeng WN, Severin KP and Wickstrom H: Elemental composition in otoliths of European eel

Anguilla anguilla.

(9) Wang CH, Lu SK, Chang CW, Wang YT and Tzeng WN: Early life history traits of Sillaginids (*Sillago* spp) in the Northern Taiwan as indicated from otolith daily growth increment.

第三屆國際耳石研討會的內容請參閱 Marine and Freshwater Research 2005, Vol. 56 (5) Fish Otolith Research and Applications Special Issue. Proceedings of the Third International Symposium on Fish Otolith Reasearch and Application. Townsville, Queensland, Anstralia, 11-16 July 2004.

第四屆國際耳石研討會
4th International Otolith Symposium, 24-28 Aug. 2009, Monterey, California

(1) Chiang CI, Tzeng WN, Wang CH and You CF: Differences in elemental composition among three pairs of otoliths of Japanese eel *Anguilla japonica.*

(2) Lin SH, Thibault I, Dodson JJ, Caron F, Iizuka Y and Tzeng WN: Migratory behavior of yellow-stage American eel *Anguilla rostrata* in the St Jean River watershed of Canada as indicated by microtagging and otolith Sr/Ca ratio.

(3) Lin SH, You CF, Iizuka Y and Tzeng WN: Migratory behavior and micro-habitat use by Japanese eel *Anguilla japonica* in the Kao-ping River of Taiwan as indicated by otolith Sr/Ca ratios and Sr isotopes.

(4) Lin YJ, Shiao JC, Lozys L, Plikshs M, Minde A, Iizuka Y, Isaak R and Tzeng WN: Does European eel *Anguilla anguilla* in the yellow eel stage deposit a transition check in the otolith during their first freshwater entrance?

(5) Lin YT, Wang CH, You CF and Tzeng WN: Elemental composition in otoliths of southern bluefin tuna (*Thunnus maccoyii*) in the Indian Ocean: habitat-specific differences and upwelling signal.

(6) Ibanez A, Hsu CC, Chang CW, Wang CH, Iizuka Y and Tzeng WN: The diversity of migratory environmental history of striped mullet *Mugil cephalus* and white mullet *M. curema* in the Mexican waters as indicated by otolith Sr:Ca ratios.

(7) Panfili J, Darnaude AM, Lin YC, Chevalley M, Iizuka Y, Tzeng WN and Crivelli AJ: European eel movements during continental life in the Rhone River Delta (South of France) : High level of sedentarity revealed by otolith microchemistry.

(8) Rosel RC, Hsu CC, Iizuka Y and Tzeng WN: Otolith microchemistry and life history strategies of a resident population of grey mullet *Mugil cephalus* from the Kao Ping River, Taiwan.

(9) Shen KN, Hsu CC, Wang CH, You CF and Tzeng WN: Population genetic structure and migratory life history of the flathead mullet *Mugil cephalus* in the coastal waters of Taiwan as indicated by microsatellites and otolith elemental signature.

(10) Tzeng WN, Lin SH, Iizuka Y, You CF and Weyl O: Unprecedented high Sr/Ca ratios in otolith of wild *Anguilla mossambica* in Madagascar: a signal of volcanism.

(11) Tzeng WN, Yeh NT, Shen KN and Iizuka Y: The larval dispersal of giant mottled eel *Anguilla marmorata* as indicated by otolith daily growth increment and Sr/Ca ratios.

(12) Wang CH, Hsu CC, You CF and Tzeng WN: Otolith elemental composition as natural tag in studying migratory environmental history of flathead mullet *Mugil cephalus* L. in the coastal waters of Taiwan.

第四屆國際耳石研討內容，請參照Miller JA, Wells BK, Sogard BM, Grimes CB and Cailliet GM (2010) Introductional Otolith Symposium. Environ. Biol. Fish. 89: 203-207

第五屆國際耳石研討會

5ᵗʰ International Otolith Symposium, 20-24 October 2014, Mallorca, Spain.

　　筆者於2010年屆齡退休後，沒有再申請科技部計畫和帶領學生參加國際耳石研討會。所幸過去培養的學生：王佳惠博士（海大），蕭仁傑博士（臺大）和張至維博士（東華大學、屏東海生館）等已經能獨當一面，帶領她（他）們的學生，繼續參加國際耳石研討會發表論文。

　　第五屆國際耳石研討會內容，請參照Moralis-Nin B and Geffen AJ (2015) The use of calcified tissues as tools to support management: the view from the 5th International Otolith Symposium, ICES J. Mar. Sci. 72: 2073-2078.

第六屆國際耳石研討會

6ᵗʰ International Otolith Symposium, 15-20 April 2018, Keelung, Taiwan.

　　臺灣近年來，耳石研究成果豐碩，受到國際耳石研討會籌備委員的重視，首度將國際耳石研討會移師到亞洲舉行，臺灣作為這次指標性會議主辦國，可謂意義重大。這次會議主要針對「耳石型態與生理學」、「化學與元素組成」、「硬組織定齡學與環境生態」、「生活史與漁業資源」、「統計學與模型分析」及「其他主題」等六大主題進行研討，共有來自37個國家，超過200多位海內外知名學者發表研究成果。

　　筆者藉著這次研討會，發表臺灣過去30年來的耳石研究發展經過和成果，和與會者分享。有國外學者表示，他們很欽佩筆者過去在鰻魚耳石微化學的研究。晚宴時，大會主席向筆者獻花致敬，感謝筆者在臺灣耳石研究和培育人才的貢獻。以下是筆者發表的論文題目：

(1) Tzeng WN, Wang CH, Lin YJ, Shiao JC and Chang CH: Review of the fish otolith research in Taiwan since 1980s.

(2) Yang SH and Tzeng WN: Sr/Ca ratios and Ba/Ca ratios in the otolith as a tracer of migratory behavior of grey mullet in the estnary.

　　歷居（第一至六屆）國際耳石研討會的論文摘要可前往AFORO網站下載：

http://isis.cmima.csic.es/aforo/oto-sym.jsp

第六屆國際耳石研討會（IOS 2018）晚宴貴賓。右起本書作者曾萬年，Jacques Panfili, IOS 2014召集人Audrey J. Geffen and Beatriz Morales-Nin, Arild Folkvord, IOS 2018召集人王佳惠，Dennis Swaney, Karin Limburg, Benjamin Walther, and Bronwyn Gillanders。

第六屆國際耳石研討會召集人向本書作者曾萬年教授及其夫人獻花致敬，表揚其在臺灣耳石研究和培育人才的貢獻。

索 引

英文詞彙

A

B

C

D

中文詞彙

我學術生涯中的貴人

我的學術生涯中，除了研究生和助理之外，也受到許多貴人的幫助，例如：

1. 我的父親曾順安先生和母親曾邱在女士，從小就勉勵我讀書，不要像他們一樣目不識丁，一輩子當農夫。父親活到97高齡，可惜母親因積勞成疾，在我大一暑假（1965年）的中秋節前一天過逝，子欲養而親不在，留下我人生最大的遺憾。

2. 王文耀老師是我就讀高雄中學時的生物老師，教學有方，使得原本對生物就有興趣的我更加努力，1964年大專聯考時，我的生物科分數高居全國之冠，順利考進國立臺灣大學理學院動物系（今生命科學系）漁業生物組。

3. 朱祖佑教授，是我大學的海洋學老師，臺大海洋研究所的第一任所長，1969年我預官退伍後，他引薦我進入臺大動物系當海洋學助教，讓我找到人生的第一份工作，海洋後來變成我一生的職志。

4. 劉錫江老師是我1970～1972年在臺大海洋研究所念碩士班時的指導教授，他引導我進入學術殿堂、奠定學術研究基礎，碩士畢業後介紹我回到母系臺大動物系擔任講師。1977年我考取日本交流協會獎學金，他介紹我去日本東京大學海洋研究所資源環境部門，跟隨平野敏行教授攻讀博士學位。動物系是我的衣食父母，上述老師的栽培永生難忘。

5. 1977～1980年我留職停薪，前往東京大學攻讀博士時，岳母周許阿丹女士幫忙照顧妻小，讓我無後顧之憂。內人周玲惠女士，待我學成歸國後，才重拾課本，回母校臺大，半工半讀完成碩、博士學位。我們育有三女一男（維英、睿英、毓英和澤豐），內人是我一生中最難得的貴人。

6. 余水金先生，從1980年起，每天連續不斷幫我們收集新北市福隆地區核四廠附近河口域鰻苗捕撈量資料和標本，讓我1985年完成教授升等論文，也讓研究團隊發表了幾篇有價值的SCI論文。很慶幸地，我2010年退休後，上述資料和標本也順利移轉給接班人繼續使用。

7. 臺灣大學動物系副教授陳家全先生，1990年教我們耳石日週輪的掃描式電子顯微鏡拍攝技術，我們拍攝了臺灣第一張鰻魚耳石日週輪的照片，存放在蘭陽博物館展示。耳石日週輪的電子顯微鏡拍攝技術，對我們研究魚類初期生活史的貢獻非常大。

8. 臺灣大學地質系陳正宏教授，1994年教我們用電子微探儀（EPMA）測量耳石Sr/Ca比的技術，讓我們發表了臺灣第一篇日本鰻耳石Sr/Ca比的SCI文章，從此開啓了鰻魚國際合

作的契機。中央研究院地球科學研究所Dr. Toshiyuki Iizuka是我們國際合作團隊中，負責測量耳石Sr/Ca比的幕後功臣。

9. 中國大陸遼寧省水產研究所解玉浩先生，幫我們收集中國大陸主要河川的鰻苗標本，讓我們結合日本和臺灣的鰻苗標本，利用耳石日周輪研究西北太平洋日本鰻的洄游擴散機制。

10. 英國鰻魚專家Dr. Gorden Williamsons，協助我們收集美洲鰻和歐洲鰻的鰻苗標本，讓我們進行跨國性的美洲鰻和歐洲鰻耳石日週輪的研究，解開這兩種大西洋鰻的分離洄游機制。

11. 瑞典的Dr. Hakan Wickstrom，於1987年我參加歐洲內陸漁業諮詢委員會（EIFAC/FAO）鰻魚工作小組會議時，送給我們瑞典的歐洲鰻耳石標本，讓我們研究歐洲鰻耳石Sr/Ca比，於1997年發表第一篇瑞典歐洲鰻洄游環境史，開啓了與波羅的海國家合作研究鰻魚的管道。

12. 加拿大Bedford海洋研究所Mr. Brian M Jessop以及馬里蘭大學蔡柱發教授，在我們論文投稿時，協助語文的修飾，讓我們順利將研究成果登上國際期刊。

曾萬年 （Wann-Nian Tzeng）

2018年7月於臺大漁科所101室

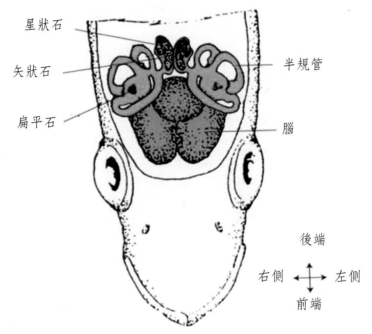

星狀石

矢狀石

扁平石

半規管

腦

後端

右側 ←→ 左側

前端

圖1.2　真骨魚類的內耳前庭器和三對耳石（矢狀石、扁平石和星狀石）。

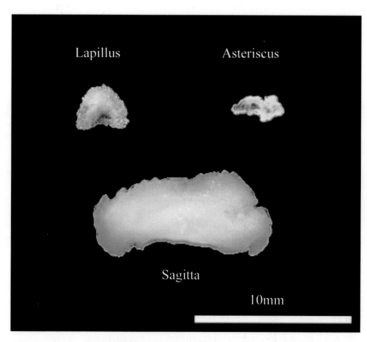

相片1.1　烏魚三對耳石的形態和相對大小的比較（Sagitta：矢狀石，Lapillus：扁平石，Asteriscus：星狀石）。

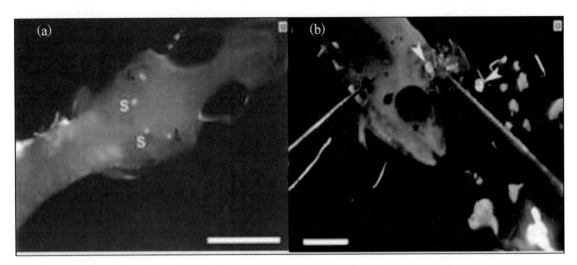

相片4.1 仔魚耳石的摘取。(a)在偏光解剖顯微鏡下所看到的智利串光魚*Vinciguerria nimbaria*（Photichthyigae）仔魚的耳石；S為矢狀石，L為扁平石，比例尺 ＝ 500微米；(b)利用解剖針移除其頭蓋骨及大腦之後取出耳石，黃色箭頭指矢狀石，紅色箭頭指扁平石，比例尺 ＝ 1毫米（相片來源：Ifremer O. Dugomay）。

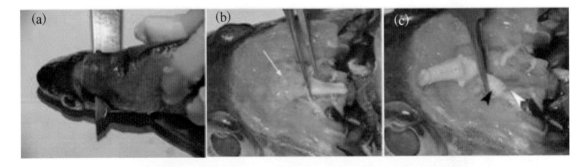

相片4.2 成魚耳石的摘取。(a)用解剖刀以水平切方式切開條長臀鱈*Trisopterus luscus*（Gadidae）成魚的頭蓋骨，魚的標準體長25公分。(b)掀開頭蓋骨和肌肉之後大腦明顯可見（白色箭頭）。(c)用鑷子夾取耳石，白色三角形指內耳位置、黑色三角形指矢狀石（相片來源：Ifremer O. Dugomay）。

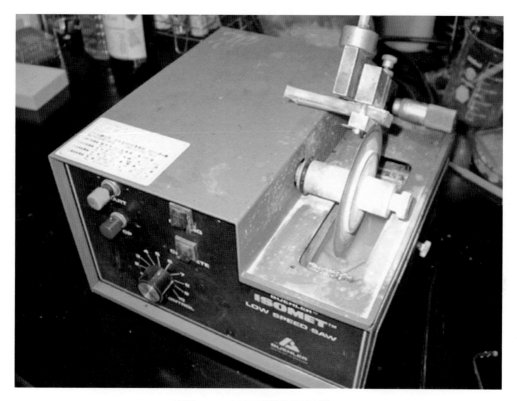

相片4.5　耳石慢速切割機。

相片4.6　單槽和雙槽平置轉盤式耳石研磨機。

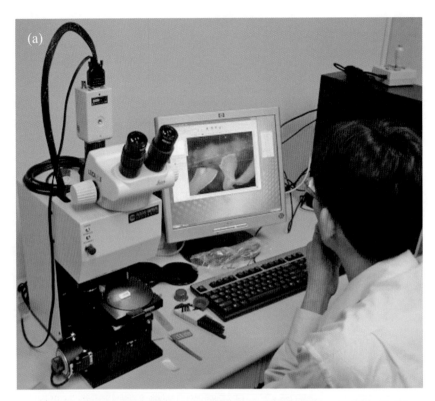

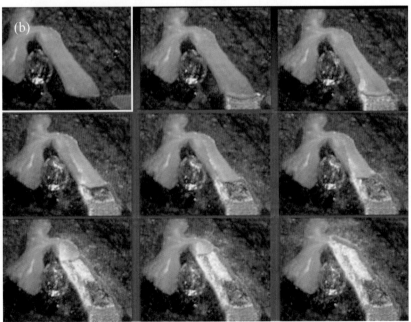

相片4.9　微取樣儀鑽取南方黑鮪耳石粉末樣品的過程。(a)由電腦自動控制微取樣儀鑽頭，設定要鑽的耳石樣品面積和深度；(b)微取樣儀的鑽頭從耳石腹軸邊緣往核心陸續鑽取粉末。

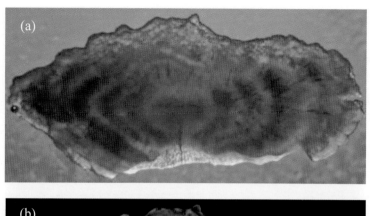

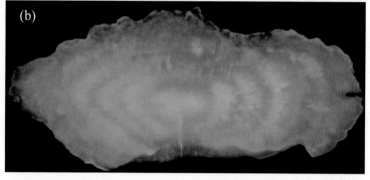

相片5.4 烏魚耳石（矢狀石）的年輪。(a)在穿透光光學顯微鏡下呈現暗帶；(b)在反射光
光學顯微鏡下呈現明帶。

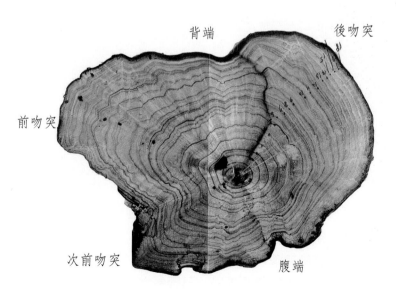

相片5.6 美洲鰻耳石（矢狀石）縱切面經拋光、酸蝕刻之後，在穿透光顯微鏡下所呈現
的年輪。這尾美洲鰻捕自加拿大新科斯河，數字1至18表示年輪。

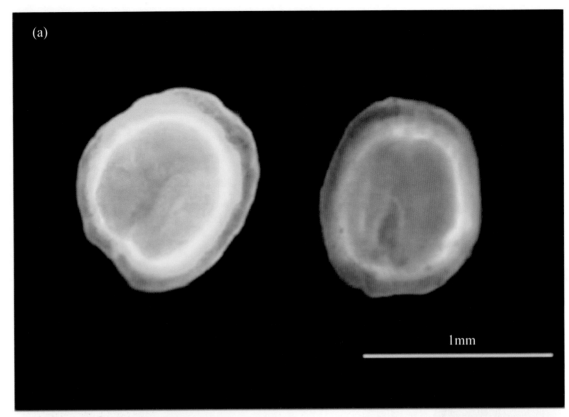

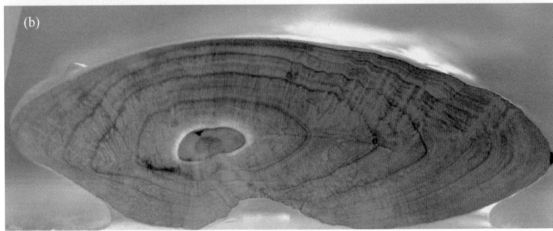

相片7.1 美洲鰻鰻線的標識及其成長和成熟年齡的追蹤調查。(a)加拿大學者於2005年利用氧化四環黴素（OTC）標識美洲鰻鰻線，使其耳石產生黃綠色OTC螢光標識環，然後放流於加拿大的Richelieu河。(b)5年後的2009年於St. Lawrence河出海口捕獲一尾曾經被標識的鰻線，已經長大變成即將降海產卵的銀鰻，其耳石上的OTC螢光標識環依然清晰可見，有5個年輪，證明年輪與年齡相符（相片來源：Dr. Guy Verreault提供）。

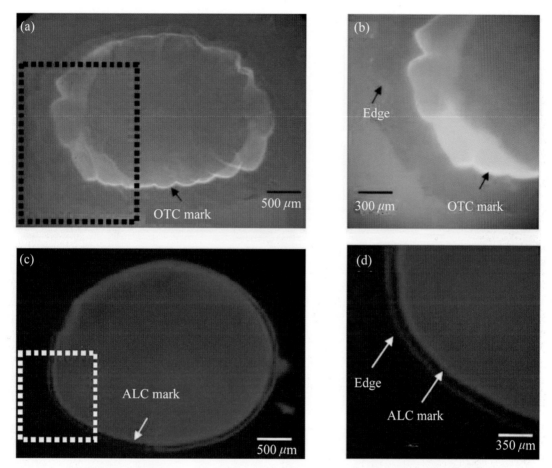

相片7.2 耳石的螢光標識法。日本鰻經由腹腔注射氧化四環黴素和茜素溶液後耳石在螢
光顯微鏡下呈現黃綠色OTC標示環（a, b）和紅色ALC螢光標示環（c, d）。（b,
d）是（a, c）相片的局部放大。Edge指耳石邊緣，OTC和ALC mark指螢光環記
號（取自林世賢2011）。

相片8.1 孵化後第21天的虱目魚苗，全長約12毫米。背鰭、臀鰭和尾鰭以及消化道色素
胞都很明顯，表示運動和消化器官已很發達。

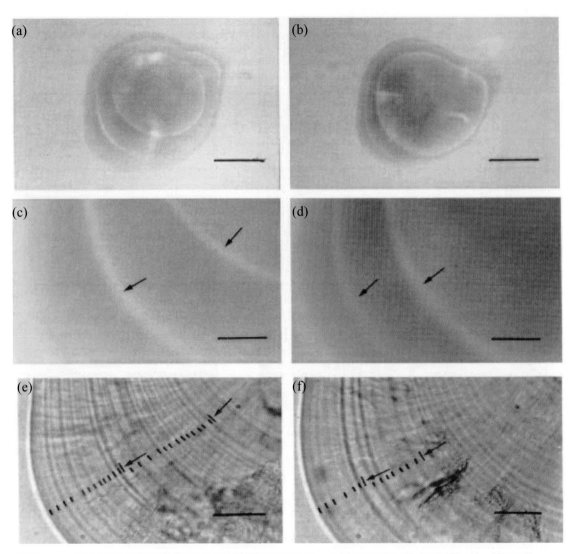

相片8.3　虱目魚苗經過兩次氧化四環黴素標識後，其耳石產生兩個黃色OTC螢光環。(a,
　　　　c, e)為每天餵食3次，(b, d, f)為飢餓組的虱目魚苗耳石。(e, f)分別為(a, b)的局部
　　　　放大，顯示OTC標示後新生的日週輪。比例尺(a)、(b) = 100微米、(c)～(f) = 25
　　　　微米（Tzeng and Yu 1992a）。

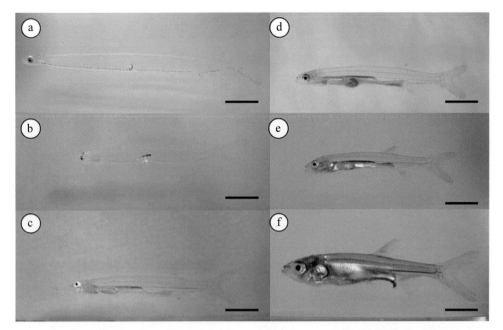

相片8.4　大眼海鰱柳葉型仔魚變態過程中的形態變化。(a)剛剛從野外捕獲回來的大眼海
　　　　鰱柳葉型仔魚，全身透明。(b)、(c)飼養2、4天後柳葉型仔魚開始變態，體色逐
　　　　漸變深，身體內部器官開始發育。(d)、(e)飼養6、8天後腹部出現銀白色光澤，
　　　　發育良好。(f)16天後變成稚魚。比例尺 = 5毫米（Chen and Tzeng 2006）。

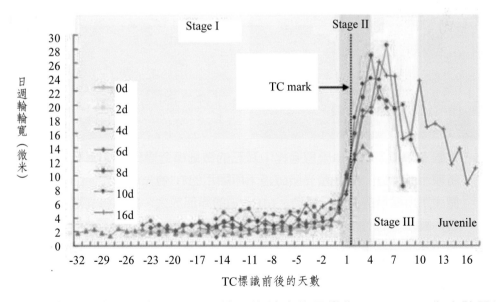

圖8.11　大眼海鰱柳葉型仔魚耳石日週輪平均輪寬的日變化。TC mark為實驗開始的
　　　　第一天，0-16d表示不同的實驗天數，負的天數是由耳石日週輪逆推而來。
　　　　Stages Ⅰ-Ⅲ與Juvenile表示發育階段（Chen and Tzeng 2006）。

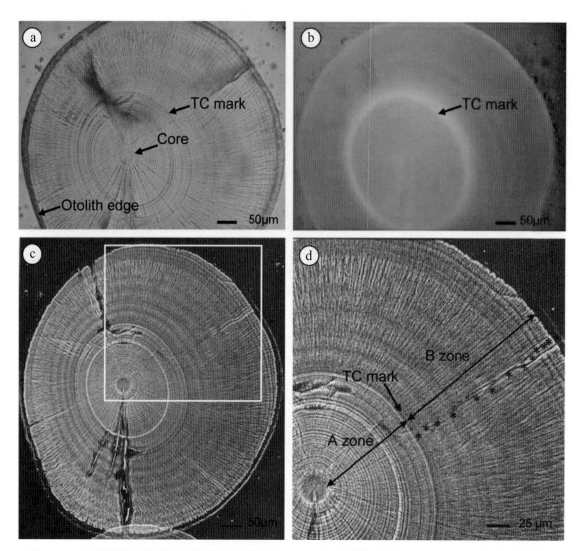

相片8.5   大眼海鰱柳葉型仔魚變態過程中耳石的微細構造變化。(a)耳石在光學顯微鏡下
所顯示的構造。(b)在螢光顯微鏡下所顯示的TC螢光環記號。(c)在掃描式電子顯
微鏡下所顯示的日週輪構造。(d)是(c)的局部放大，顯示螢光環記號前後的耳石
日週輪輪寬的明顯差異，A zone（柳葉型仔魚期）日週輪輪寬很窄，B zone（變
態中和變態後）日週輪輪寬由寬變窄。＊號為日週輪的不連續帶（Chen and
Tzeng 2006）。

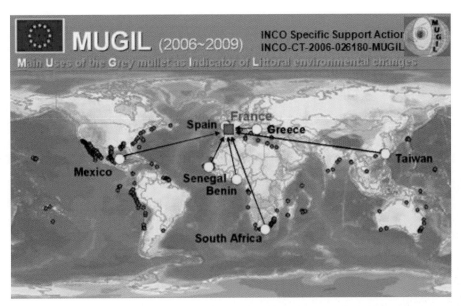

圖9.2　歐盟FP6/MUGIL烏魚計畫的八個參與國，法國是該計畫的召集國。烏魚為溫帶性的世界廣布種，分布於南北緯42度之間的溫帶沿岸水域、潟湖和河口域。褐色圓圈為有調查資料的烏魚分布點。

相片12.1　剛剛被漁民捕撈上岸的新鮮鮈仔魚，全身透明（http://g.udn.com.tw/community/img/PSN_ARTICLE/HungGee/f_1814748_1.jpg）。

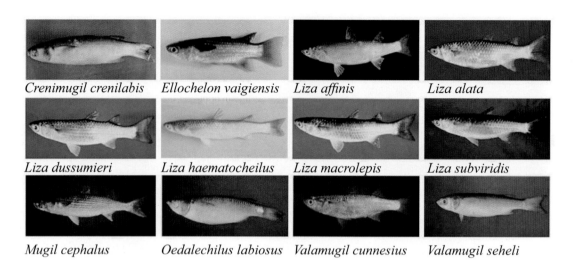

Crenimugil crenilabis　Ellochelon vaigiensis　Liza affinis　Liza alata

Liza dussumieri　Liza haematocheilus　Liza macrolepis　Liza subviridis

Mugil cephalus　Oedalechilus labiosus　Valamugil cunnesius　Valamugil seheli

相片13.1　臺灣的6屬12種鯔科魚類。紅圈為烏魚（Chang and Tzeng 2000）。

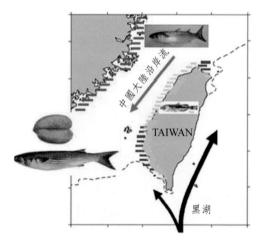

圖13.3　臺灣沿近海烏魚的生活史和洄游。西南和東北海域的藍色橫線指產卵場，沿岸的黃色和紅色分別指孵育場和攝餌場，綠色指烏魚養殖區。

相片13.2　漁民利用巾著網於臺灣西南海域的黑潮支流（深藍色）與中國大陸沿岸流（綠色）冷暖水團交匯的潮境水域捕撈前來避寒、產卵的烏魚。

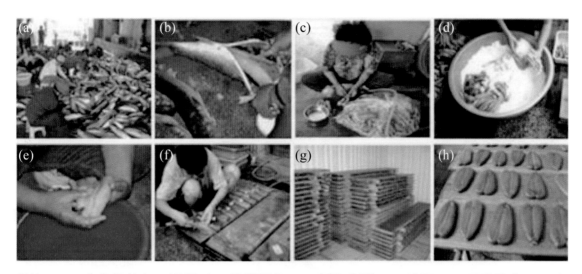

相片13.3　烏魚子的加工過程（(a)挑選母魚、(b)採取卵巢、(c)清理、(d)用鹽脫水、(e)去鹽、(f)整型、(g)壓榨、(h)曬乾）。

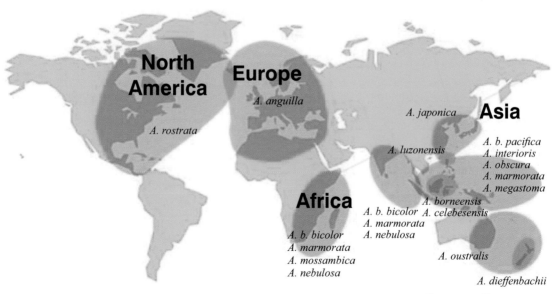

圖16.2　全世界19種淡水鰻（Genus *Anguilla*）的地理分布。

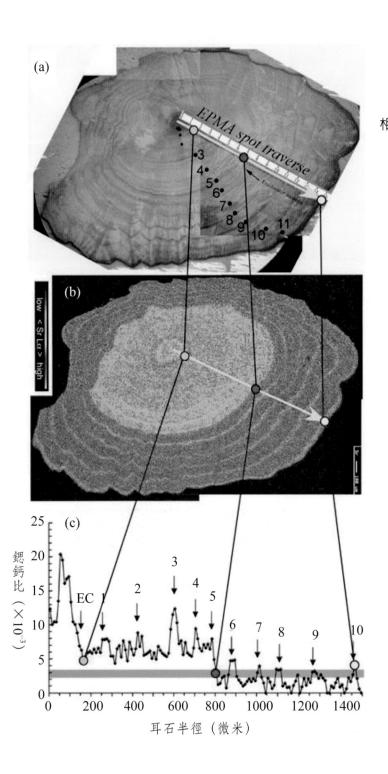

相片21.2 耳石的年輪、鰓濃度圖和鍶鈣比曲線變化圖顯示：這尾體長56公分的天然歐洲鰻在大西洋藻海的產卵場誕生之後、由北大西洋深流輸送，進入低鹽度的波羅的海、5歲進入立陶宛Curonian淡水潟湖，11歲被捕。(a)耳石縱切面上的數字表示年齡，箭頭指電子微探儀測量軸。(b)鍶濃度掃描圖，顏色表示不同濃度。(c)鍶鈣比測量值的變化，數字1-10指年齡（或耳石年輪位置），EC指鰻線輪，鍶鈣比 = 3×10^{-3}的灰色橫帶為海水和淡水分界線（Shiao et al. 2006）。

發育階段　　　耳石　　　　　　　魚體外部形態

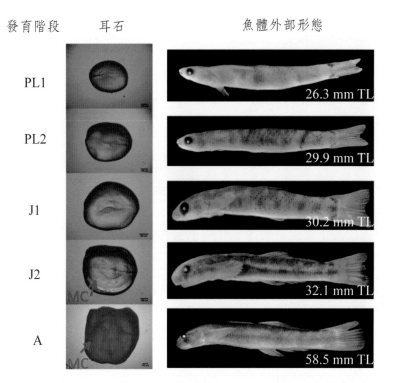

PL1　　　　　　　　　　　　　　　　　26.3 mm TL

PL2　　　　　　　　　　　　　　　　　29.9 mm TL

J1　　　　　　　　　　　　　　　　　30.2 mm TL

J2　　　　　　　　　　　　　　　　　32.1 mm TL

A　　　　　　　　　　　　　　　　　58.5 mm TL

相片24.2　寬頰瓢鰭鰕虎魚的耳石外側面觀和尾鰭形狀隨發育階段的變化。PL1：第一期
　　　　　後期仔魚，PL2：第二期後期仔魚，J1：第一期稚魚，J2：第二期後期稚魚，
　　　　　A：成魚，MC：變態輪，TL = 全長（陳昱翔2011）。

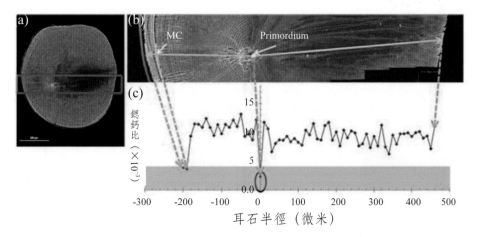

相片24.4　寬頰瓢鰭鰕虎魚耳石鍶鈣比的時序列變化圖。(a)耳石縱切面。(b)是(a)圖紅色
　　　　　區塊的放大，顯示電子微探儀從耳石縱切面的前端，經原基（Primndium），
　　　　　至後端測量耳石鍶鈣比的軌跡（黃色直線），因耳石的不對稱性成長，變態
　　　　　輪（MC）只出現在前端。(c)耳石鍶鈣比的時序列變化，4×10^{-3}以下（藍色部
　　　　　分）代表淡水環境，以上代表海水環境（陳昱祥 2011）。

相片25.2　淡水河關渡大橋附近烏魚大量死亡現場（2006年8月10日攝）。

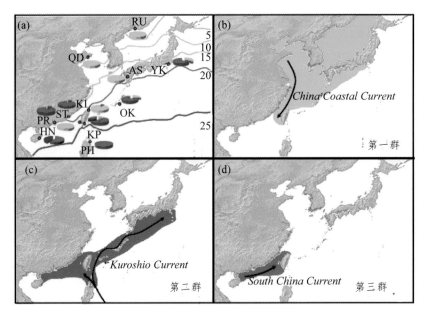

圖25.15　微衛星DNA的分析結果顯示，臺灣沿近海的烏魚可分為三個族群。(a)不同地
區三個烏魚族群的百分比圓餅圖以及攝氏溫度等溫線和DNA標本的採集點，
(b)第一群對應中國沿岸流，(c)第二群對應黑潮，(d)第三群對應南中國海流。
標本採集位置RU = Russia, QD = QinDao, Yk = Yokosuka, AS = Ariake Sea, Ok
= Okinawa, KL = KeeLung, KP = Kao-Ping, ST = Santou, Pr = Pearl River, Hn =
HaiNan, PH = Philippines（Shen *et al.* 2011）。

國家圖書館出版品預行編目資料

魚類耳石：探索神祕的魚類生活史／曾萬年
著. ──初版.──臺北市：五南, 2018.08
　面；　公分
ISBN 978-957-11-9698-5（平裝）

1.魚類　2.生活史

388.5　　　　　　　　　　107005890

5P24

魚類耳石：探索神祕的魚類生活史

作　　者 ─ 曾萬年（280.7）

發 行 人 ─ 楊榮川

總 經 理 ─ 楊士清

主　　編 ─ 王正華

責任編輯 ─ 金明芬

封面設計 ─ 姚孝慈

出 版 者 ─ 五南圖書出版股份有限公司

地　　址：106台北市大安區和平東路二段339號4樓

電　　話：(02)2705-5066　　傳　　真：(02)2706-6100

網　　址：http://www.wunan.com.tw

電子郵件：wunan@wunan.com.tw

劃撥帳號：01068953

戶　　名：五南圖書出版股份有限公司

法律顧問　林勝安律師事務所　林勝安律師

出版日期　2018年8月初版一刷

定　　價　新臺幣700元

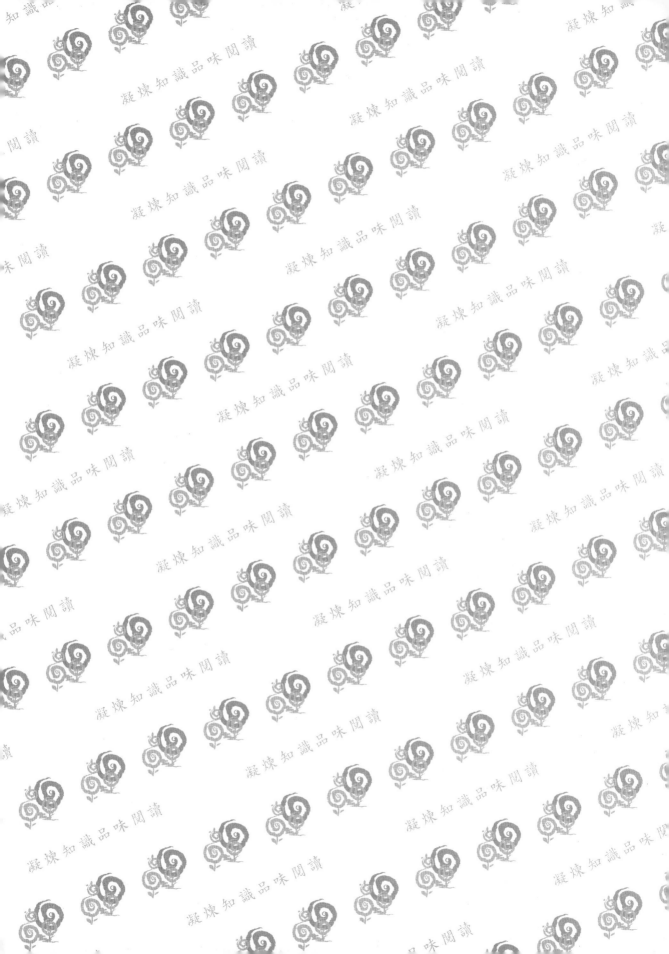